碳酸盐岩油气藏高效勘探开发"筋脉"理论与实践

（第二版）

刘建勋　著

石油工业出版社

内 容 提 要

本书提出了碳酸盐岩油气藏高效勘探开发的"筋脉"理论,阐述了在"筋脉"理论指导下碳酸盐岩油气藏的精细评价、储量计算、精细控压安全钻井和开发技术政策,分析总结了该理论在塔里木油田的应用实例,具有很高的理论意义和实用价值。为了满足读者的要求,本书在第一版的基础上,新增了"筋脉"理论指导勘探开发实践和"筋脉"理论实现油气藏系统整体效益开发的概率推导两部分内容,使其理论体系与方法更加完善实用,内容更加丰富、详实。

本书可供从事油气勘探、开发、工程等专业的管理人员、研究人员和技术人员及相关院校师生参考。

图书在版编目(CIP)数据

碳酸盐岩油气藏高效勘探开发"筋脉"理论与实践/刘建勋著 . —2 版 . —
北京:石油工业出版社,2015.5
ISBN 978 - 7 - 5183 - 0707 - 4

Ⅰ. 碳…

Ⅱ. 刘…

Ⅲ. 碳酸盐岩油气藏 – 油田开发 – 研究

Ⅳ. TE344

中国版本图书馆 CIP 数据核字(2015)第 090125 号

出版发行:石油工业出版社
　　　　(北京安定门外安华里 2 区 1 号　　100011)
　　　　　网　　址:www.petropub.com
　　　　　编辑部:(010)64523541　　发行部:(010)64523620
经　销:全国新华书店
印　刷:北京晨旭印刷厂
2015 年 5 月第 2 版　 2015 年 5 月第 2 次印刷
787 × 1092 毫米　 开本:1/16　 印张:16.25
字数:420 千字
定价:160.00 元
(如出现印装质量问题,我社发行部负责调换)

前 言

我国深层碳酸盐岩油气的勘探开发,普遍面临着储量资源的有效评价和高效勘探开发利用的难题。20 世纪 70 年代,华北任丘震旦系雾迷山组的开发就遇到了产量递减过快的问题,整体(近 4×10^8 t 的原油储量,中深层)开发的效果也不理想。近 20 年来,中国以塔里木盆地为代表,又着手开始了深层(5000 ~ 7000m)碳酸盐岩油气勘探开发的探索,主要参加单位有中国石油塔里木油田公司、中国石油西南油气田公司以及与塔里木油田毗邻的中国石化西北分公司。西北分公司虽已形成了年产超 500×10^4 t 的原油规模,但利用的储量资源已超过 10×10^8 t,显然,并未实现资源高效利用与开发的目标。塔里木油田公司和西南油气田公司都相继遇到一些难题。但值得欣慰的是塔里木油田公司自 2008 年初至今在塔里木盆地塔中地区开展的勘探开发一体化项目攻关,取得了实质性、突破性的进展,并在实践中针对深层碳酸盐岩油气藏的高效勘探开发,创立了一套全新的理论体系和方法,称之为"筋脉"理论,并有效地指导了塔中地区的高效勘探开发。

仅用了两年多的时间,勘探开发形势取得了全面突破与发展,探明储量超过了 3×10^8 t 油气当量,平均探井成功率大于 70%,开发井成功率达到了 100%,选用两口开发水平井试采,实现了高产稳产的目的。尤其是近两年,利用"筋脉"理论的成藏理论研究,将塔中 I 号坡折带的总体勘探开发轮廓细分为"三带两块",即:台缘带(塔中 85—中古 2 区带)、中古 10—中古 21 区带、中古 44—中古 51 区带、中古 15 区块和中古 29 区块,整体控制油气面积近 2500km²,结合对储层的进一步分析与研究成果,通过井的优化钻探,勘探开发的综合钻探成功率达到了 90% 以上,并取得了一系列勘探开发成果。两年来,在勘探投资削减了 50% 的情况下,勘探成果较往年不降反增,中古 15 区块新增控制油气面积 86km²,原油储量超过 2000×10^4 t,中古 10—中古 21 区带鹰山组新增控制油气面积大于 100km²(ZG503 井、ZG502 井和 ZG516 井 3 口井滚动扩边成果),中古 44—中古 51 区带多口井在良里塔格组新获重大发现,控制油气面积大于 500km²(ZG441 - 1H 井和 ZG441 - 2H 井以及 ZG435H 井等多口井获得高产工业油气流),ZG29 井—间房组的突破,又新增控制油气面积 400km²。以上勘探成果,由于勘探投资的限制,有 80% 以上属开发投资的兼探成果。另外,中古 8—中古 43 区块的 200×10^4 t 建设项目,开发井的钻探成功率大于 85%,平均单井日产能力大于 90t 油当量,达到了方案设计要求。

本书结合勘探开发实践成果,对"筋脉"理论的原理与应用方法进行了深入分析和系统介绍,包括油气藏分类,储层分类与判别,"筋脉"理论的方法、原理,"筋脉"理论的运用与实践及其要点,储量计算,"筋脉"理论对工艺技术的指导应用以及该理论与方法对其他类型油气藏开发的拓展应用等,从方法论角度讲,不仅对碳酸盐岩油气藏,而且对其他类型的油气藏以及一些复杂类型油气藏的勘探开发都有很大的指导意义。本书为修订版,理论体系与方法更加完善实用,内容更加丰富、详实。本书的出版,能对我国深层碳酸盐岩油气勘探开发有所裨益。

在刘建勋的统筹下,塔里木油田公司多位专家参与了第二版的编写工作:邓兴梁参与了第一章、第三章、第四章和第六章的编写,蔡振忠、韩剑发、胥志雄、李怀忠、彭建新、刘会良、朱绕云、康延军、何思龙、黄龙藏、丁志敏参与了第四章的编写,汪如军、施英参与了第五章和第六章的编写,宋玉斌参与了第一章、第六章的编写,朱绕云、刘会良、伍文峰参与了第六章的编写,海川参与了第二章的编写。另外,汪如军、宋周成、潘文庆、邓兴梁、刘会良、施英、张浩、伍文峰、宋玉斌等专家参加了本书的修订与审核工作,伍文峰、宋玉斌全面负责书稿的修订及稿件整理工作。

在塔中碳酸盐岩油气藏勘探开发的实践与理论的创新过程中,中国石油天然气集团公司副总经理赵政璋在政策和技术方面给予了宏观指导,并得到了中国石油勘探与生产分公司吴奇、王元基、任东、张守良、汤林、谭健等领导和专家的指导、帮助与支持;特别是西南油气田公司总经理马新华,从理论的建立与实践,给予了全面的技术指导与把关;塔里木油田公司相关领导提供了极大的帮助与支持,在此一并表示由衷的感谢!同时,也感谢项目攻关实践与理论创新中参与具体工作的同志们所付出的艰辛与努力!

由于笔者水平有限,书中难免有疏漏和不妥之处,恳请读者批评指正。

目　　录

第一章 概　述

第一节　引　言

一、世界碳酸盐岩油气资源现状

1. 世界碳酸盐岩油气储量

碳酸盐岩分布面积占全球沉积岩总面积的20%,所蕴藏的油气储量约占世界总油气储量的50.4%(据 HIS 和 C&C 数据库,截至2009年底);世界碳酸盐岩油气探明可采储量为1434.5 × 10^8 t 油当量,其中石油探明可采储量750.1 × 10^8 t,天然气探明可采储量684.4 × 10^8 t 油当量。截至2009年,世界共发现碳酸盐岩油气田320个,其中油田211个,气田109个。

2. 世界碳酸盐岩油气产量

世界碳酸盐岩储层的油气产量约占油气总产量的60%。中东地区石油产量约占全世界产量的2/3,其中80%的原油产自碳酸盐岩。碳酸盐岩油田的产量较高,世界目前已确认的7口日产量达到1 × 10^4 t 以上的油井都产自碳酸盐岩油气田,而日产量稳产千吨以上的油井,绝大多数也分布在碳酸盐岩油气田中。

二、中国碳酸盐岩油气资源现状

中国有近300 × 10^4 km^2 的碳酸盐岩分布,约占沉积岩分布面积的55%,其中在塔里木盆地、四川盆地、鄂尔多斯盆地和华北地区广泛发育,为潜在的碳酸盐岩油气勘探区。中国在碳酸盐岩中累计探明石油地质储量15.2 × 10^8 t,探明率为6.5%,探明天然气地质储量1.36 × 10^{12} m^3,探明率为28.65%。

塔里木盆地碳酸盐岩油气资源丰富,在新生界、中生界、古生界均有分布,主力产层为奥陶系。主要的油气田有位于塔北隆起的哈拉哈塘油田(产层奥陶系)、轮古油田(产层奥陶系)、英买力潜山油田(产层寒武—奥陶系),塔中隆起的塔中Ⅰ号气田,巴楚隆起的和田河气田(产层石炭系、奥陶系)、鸟山气田(产层奥陶系),西南坳陷的巴什托普油田(产层石炭系)。截至

2012年底,塔里木盆地碳酸盐岩油气藏探明石油地质储量 4.38×10^8 t,占塔里木盆地总探明石油地质储量的53%,天然气 4675×10^8 m³,占塔里木盆地总探明天然气地质储量的33%。塔里木盆地近几年发现的碳酸盐岩油气藏占很大比例,预计今后碳酸盐岩也是主要的勘探目标之一,碳酸盐岩油气藏同时也是塔里木盆地油气产能建设的主力,特别是原油产能建设的主力。2009年,碳酸盐岩油田原油产量只有 70×10^4 t,占当年塔里木油田原油产量的13%;2012年上升到 160×10^4 t,占油田原油产量的28%。

■ 三、碳酸盐岩油气资源勘探、开发技术

目前,国内外碳酸盐岩油气勘探方法有地质综合法、地球物理勘探法、地球化学勘探法、钻井法,采用多学科综合勘探是碳酸盐岩油气勘探的发展方向。

碳酸盐岩油气开发技术主要有多分支井技术、定向射孔技术、压裂酸化技术等。近年来,成像测井和随钻测井技术的发展及扫描系列仪器的问世,推动了碳酸盐岩地层评价技术的进步,改善了碳酸盐岩地层的天然裂缝评价、内部结构研究和含油饱和度评价。

上述方法和技术虽然在碳酸盐岩油气藏的勘探开发中得到有效应用,但要真正实现碳酸盐岩油气藏的高效勘探开发,尚缺乏一套系统的理论方法指导,而"筋脉"理论的提出和发展就是为了指导碳酸盐岩油气藏的高效勘探开发。尤其是近年来开展的对古构造应力场的深入反演研究,对"筋脉"理论体系和方法的应用提供了更加强劲有力的支撑"平台",这也是应用效果大幅提升的主要原因之一。

目前,我国碳酸盐岩油气勘探、开发的技术水平基本与国外先进水平相当,但勘探开发的效果却并不理想。缺乏将技术集成应用,实现碳酸盐岩油气藏高效勘探、开发的理论和方法。而"筋脉"理论正是在这种情况下诞生的:它是塔里木油田为突破深层碳酸盐岩油气藏效益开发的瓶颈,实现碳酸盐岩油气藏高效勘探开发,在塔中地区深层碳酸盐岩油气藏试验开发重大攻关项目中,广大技术人员通过多年的艰苦探索而创立的一套油气藏地质与工程技术相结合的理论和方法。它成功地指导了塔中碳酸盐岩油气藏高效勘探开发实践。

自2012年初以来,随着"筋脉"理论体系与方法的不断完善和工程技术的不断进步,塔中地区碳酸盐岩油气勘探开发的钻探成功率(探井+开发井)达到了90%以上,其中高产高效井比例(单井稳定日产油气当量大于100t)超过了50%。在高效勘探开发"瓶颈"取得全面突破的同时,勘探新获控制油气面积超过1000km²,探明加控制油气储量当量超过 3×10^8 t,勘探开发的实践成果,充分展示了其理论体系与方法的强大生命力。

第二节 "筋脉"理论概述

随着我国复杂油气藏勘探开发技术攻关的全面展开,碳酸盐岩油气藏规模效益勘探开发正是其中重要的攻关课题之一,尤其是我国西部深层碳酸盐岩油气藏的勘探开发更是世界级难题。

碳酸盐岩油气藏不同于碎屑岩油气藏。虽然其油气藏的形成条件、储盖组合的控制因子大致相同,但是,其储层的成因有别,储集空间的内幕结构更是截然不同,油气开采时的油气渗流方式也不一样(表1-1)。所以,碳酸盐岩油气藏勘探开发不能套用碎屑岩油气藏的老模式,这也是我国西部深层碳酸盐岩油气藏规模高效勘探开发多年来未取得实质性突破的主要原因之一。

表 1 – 1 碳酸盐岩油气藏与碎屑岩油气藏的差别

类别	碳酸盐岩油气藏	碎屑岩油气藏
油气藏主控因子	生、储、盖、圈闭组合等因子控制,断层分割、遮挡,岩性遮挡	与碳酸盐岩油气藏基本相同
油气储集空间	缝洞为主,孔隙、微小缝次之,主要为次生孔	孔隙为主,微小缝为辅,主要为原生孔
油气藏类型	以块状、潜山隆起复合型为主,断块分割常见,欠完整,空间差异性明显,流体性质不稳定	以背斜或半背斜圈闭成藏为主,断裂分割常见,成藏完整性好,空间差异性小,常有统一的油气水界面,流体性质相对稳定
储层成因	以构造成因的裂缝和风蚀、岩溶作用的洞穴为主,压溶及成岩作用的孔隙为辅	以沉积作用的孔隙为主,构造成因的内幕微小裂缝为辅

碳酸盐岩油气藏的储集空间主要由天然裂缝和借助裂缝通过地表风蚀、水蚀作用,深层岩浆侵入或喷发造成的热液岩溶作用形成的洞、穴,以及压溶和其他成岩作用形成的孔隙(晶间孔、粒间溶蚀孔等)构成。通过对地面溶洞的观察及成因分析,可以得出这样一个结论:没有缝,就没有洞,有洞必有缝。如果把"构造 + 岩溶"作用形成的空间储集体"人性化"描述,可以这样描绘:缝是"筋脉",是"精、气、魂",洞穴是"器官",是"形、体、肢",孔隙和微小缝只能算人体的"毛细血管";针对油气藏的开发,我们只能打井,就好似给人扎针,而一针下去,能通遍全身的只有"筋脉",任何"器官"恐怕都难当此任。这种"筋脉"对"器官"的主导性原理,我们称之为"筋脉"理论。

这里"筋"乃枢纽与控制之意;"脉"乃导引与导流之意。故而,"筋脉"理论就是充分利用自然形成与人工改造有机结合之共同作用,采取最经济的办法,达到区域控制、实现高效勘探开发碳酸盐岩油气藏之目的的系统理论。

"筋脉"理论认为,为了最大限度地提高油气藏开发的效果,就要最大限度地发挥"筋脉"对"器官"和"毛细血管"的控导作用。而无论是"筋脉"、"器官"还是"毛细血管",都要受到"人体场"(古构造应力场)的控制,就是扎针后的人造"筋脉"(人造裂缝)的植入,仍属当前应力场控制的范畴,所以,扎针(打井)时,不主张直孔(直井)一点扎入,而倡导高角度斜插多条"筋脉"水平(水平井)扎入,并辅以人工改造,植入人造"筋脉",借助"天然筋脉"和"人造筋脉"的共同作用,充分发挥"筋脉"、"器官"和"毛细血管"的综合效应,从而最大限度地提高单井的产量和控制储量(扎针效果),达到油气藏高效勘探开发的目的,既追求单井效益的最大化,也可有效提高探井发现的成功率。

当今世界,相对论与新能源技术、基因论与生物工程技术、系统论与系统管理方法、信息论与信息技术的兴起,推动了人类社会的大发展。表面看来,"筋脉"理论似乎与它们毫不相关。其实不然,"筋脉"理论正是利用了一个完整的系统中事物都是普遍联系的相关原理,从系统论的认识出发,以油藏大系统为背景,将若干彼此相关的子系统规整为一个整系统,并充分依靠石油工程技术的渗透,尽可能打通各子系统间的关联渠道;同时,利用"基因遗传"学和信息学的原理,强调古构造应力场和当前应力场的研究,去尽量捕捉油气藏"原生态"的信息,从众多杂乱无序的结构展布中,提取一些规律性的特征信号,依此建立一套有效的控制体系,从而实现对油气藏整个系统的全面控制开发。可以说"筋脉"理论有效地运用了这些科学方法和原理,充分结合石油勘探开发相关的专业知识而构建的一套针对碳酸盐岩油气藏如何实现高效勘探开发的理论体系,也是从实践中归纳与总结出的一套理论方法,以下用图1-1、图1-2加以说明。

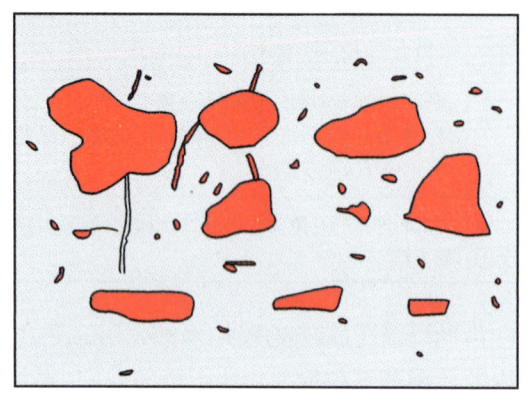

图1-1　碳酸盐岩储层储集空间原始状态　　　　图1-2　加入沟通渠道和主线后的碳酸盐岩
　　　　　　　　　　　　　　　　　　　　　　　　　　　储层储集空间示意图

　　假设图1-1是油气储层的"原生态",各缝洞体、孔穴体、微裂缝与孔隙,因沉积压实充填等作用,虽处于一个大系统中,但彼此间的联系却是十分微弱的,分布也十分杂乱,似乎难以梳理;但是,我们一旦人工植入一条主线(图1-2),并提供一些新的沟通渠道,这些新的渠道与"原生态"下的联系共同作用,似乎就有规律可循了。通过新的沟通系统,在一定的压差导引下,流体向主轴线汇流,就形成了一个统一的控制系统;而如果在整个油藏背景下依据不同的地质结构特点,把油藏切割成若干区域系统,经个性化的科学设计,建立各自的控导开采系统,它们一起就构成了对整个油藏的整体开采系统。也就是从局部杂乱的现象中寻找规律,构建体系,然后汇集构建整体的系统网络体系。这是考虑到碳酸盐岩油气藏储集空间结构差异性十分突出的特点而采取从系统的整体布局→区域的个性化优化设计→整体系统的高效勘探开发的一种循环设计思路。它不同于碎屑岩均质油气藏均匀布井的设计思路,而要充分考虑工程技术应用的地质条件,科学设计每一个单元的控采子系统。所以,"筋脉"理论特别要求对古构造应力场的研究,并与岩溶作用和沉积环境的研究相结合,以强化对油气藏"原生态"的认识。目前,这方面的研究还有待加强。"筋脉"理论强调对事物"原生态"的深入认识,于混乱中寻找规律性,将杂乱无序的状态,通过人工的改造与引导,变成可控而有序的系统,这正是"筋脉"理论的精髓所在。对于勘探而言,利用这一理论方法,可有效提高钻遇天然缝洞系统的成功率,尤其是针对一些以孔、穴为主,内幕天然裂缝欠发育的储层,经分段改造后,更加有效(我们对过去一些直井钻探未获工业油气流的这类储层,经水平井钻探,分段改造后获得较好的效果)。

　　依据以上认识,"筋脉"理论不强调对单一储集体结构形态的精雕细刻(从技术层面上讲也难以做到这一点),而是将复杂问题简单化,充分注重储层特征规律性的判断与空间系统展布的"精准"预测,从技术层面上讲,也完全能够做到这一点,这就为"筋脉"理论的应用提供了坚实的基础。以往的实践中,人们往往热衷于对单一缝洞体的精雕细刻,而忽略了对系统规律性的认识,这不利于对事物的整体把握,是"筋脉"理论所不倡导的。这里还有一点需要说明的是,书中之所以采用人体科学的概念词,是因为人体对于每个人来说再熟悉不过了,这样,既形象又使读者易于理解和掌握。

鉴于以上的"筋脉"理论认识,综合多年来塔里木油田针对塔中Ⅰ号坡折带勘探开发一体化项目实践的总结、分析与研究成果,形成理论和方法体系,谨供从事深层碳酸盐岩油气勘探开发的同仁们斟酌与参考,以期通过抛砖引玉,对我国深层碳酸盐岩油气规模高效勘探开发瓶颈问题的攻关有所裨益。

第二章 "筋脉"理论基本原理

"筋脉"理论抓住事物的本质，充分强调油气藏的系统性和完整性，同时，将复杂问题以大局的眼光使其简单化和显性化，使人们更易于理解和掌握理论之精要，更加有利于实践与应用。本章从理论解析、勘探开发指导原则、油气藏的储层认识及成藏分类和储量计算等四个部分对"筋脉"理论进行了系统、全面的阐述。

第一节 碳酸盐岩油气藏高效勘探开发"筋脉"理论的解析

任何理论的提出，首先必须充分了解其研究的对象，而"筋脉"理论研究的对象是碳酸盐岩油气藏。碳酸盐岩油气藏最主要的特征表现是非均质性和储集空间排列的杂乱性，而且，每个油气藏的特征都各不相同，就是单一油气藏的内部也是千变万化的，这是较之碎屑岩油气藏最主要的区别和表现形式。虽然，两种油气藏的油气聚集过程及其主控因子大体相同，但其油气藏的形成却大不相同。碎屑岩油气藏主要依靠后期构造运动形成圈闭，并由岩石颗粒支撑形成的孔隙以及后期运动形成的微小裂缝构成储集空间，以原生孔隙为主；碳酸盐岩油气藏则主要依靠先期构造运动加之岩溶、变质和风化淋滤等地质作用形成的孔、洞、穴和裂缝等构成储集空间，以次生孔隙为主，然后，由后期构造运动和沉积覆盖而形成圈闭。也正是通过对两种油气藏特征差异性的分析(表1-1)，编制了碳酸盐岩油气藏高效勘探开发"筋脉"理论解析图(图2-1)。

解析图解释如下。

针：即"井"，储层太深，人力难至，只能打孔，似行医扎针。针有铁针、银针、金针，但无论用何种针，针入药到病除，方显神奇，则可视为"神针"。

铁针：可谓"差"，一针下去，虽立竿见影(出油气)，但病根难除，即刻复发(油气无影或规模有限)，针废(井废)，此乃头痛医头，脚痛医脚，实为庸医也！此等医术能不谓差乎？虽然一次投入不高，但实际代价惨痛，真不值，冤！

金针：一针下去，一功多效，可消局部疼痛(不似铁针的只消一点痛)，但金针依的是贵金自身功效，乃奢侈品，且虽消局部病痛，但病根不能除(油气规模受限，而且人工改造有限、资源浪费严重)，这样的代价太贵！不值！

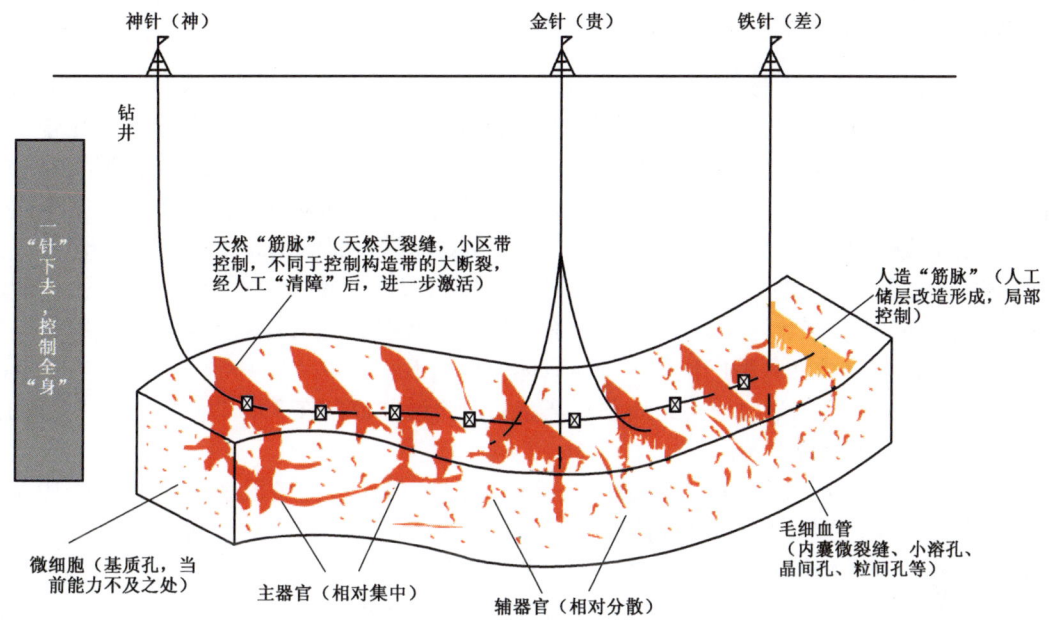

图 2-1 "筋脉"理论解析图

神针:一针下去,通达全身,再经药力辅佐(分段改造),打通自身"筋脉"(天然"筋脉"清障),并与人工植入"筋脉"(人造"筋脉"改造)共同作用,药到病除,一劳永逸(资源充分利用,且达高效开发目的),医术之高,岂不谓神呼!纵有代价,但比金针低得多,值!

通过以上分析,我们提出了高效勘探开发的十六字方针——缝洞串联(人工加天然),点面兼顾,区域控制,系统开发。同时,"筋脉"理论充分强调油气藏地质背景的认识和工程技术应用地质条件的研究,并确定了地质基础研究的方向:通过古构造应力场的研究,反演古构造运动、风蚀作用、岩溶作用、变质作用、热液岩溶作用等,并利用地震资料的反演和精细解释,以及油气藏早期综合地质精细评价,进行深层储层发育区的精准预测、储层区带分类和油气藏类型的准确判断,充分结合钻探资料的分析研究,不断加深对含油气区带构造地质背景的认识;同时综合当前应力场的研究成果,依此制定合理的勘探开发方式和指导水平井勘探开发的优化部署,并通过强化动态测试资料的录取,进行动静结合的综合地质精细评价,科学地制定相适应的勘探开发政策和相关技术对策。

在此需说明的一点是,对于探井而言,以求发现为主,对于一些裂缝十分发育的缝洞带,可个性化地设计直井钻探,而开发井只能在技术受限的情况下,个性化考虑,但无论从地面的观察和地下的钻探结果来看,都只能作为小概率事件的个例。

第二节 "筋脉"理论的勘探开发指导原则

"筋脉"理论在把油气藏作为一个完整的系统进行综合考虑的前提下,制定以下开发指导原则。

■■ 一、把诊关键:地下迷宫错综复杂,抓住主题,找准切入点十分关键

油藏地质研究决定把诊问脉的水平,地质学家是油气藏的诊断医师,从"生"管到"死"。"筋脉"理论要求油藏地质应充分注重油气储层的精准预测和静、动态结合的油气藏综合地质精细评价,尤其强调油气藏构造地质背景的深化认识。这里并不强调单一缝洞体的精细刻画,因为它既耗精费神又难以实现,而且意义不大。碳酸盐岩油气藏勘探开发的总体原则不能违背油气藏勘探开发的基本原则,目标不宜针对单一的缝洞体,而应把整个(或预测)含油气区带视为准层状系统进行勘探开发更为合适,即:没有洞,没有所谓"串珠"也能出油气,也能出高产油气。勘探更要强化区域地质背景下的成藏分析和储层识别,针对不同的油气藏和储层类型,合理地确定井位和井型的优化设计。具体分析如下:

(1)在5000m深度,通过综合地质预测把储层预测误差控制在30m以内,是可以实现的,误差率为0.6%,不能说不精准。

(2)深层地质刻画,假设单一洞(缝)高10m,若误差2m(这已经很小了),但相对10m的洞(缝)高,误差率可达20%,加之物探资料误差至少30m以上,其误差率更可达到300%,谈何精细?并且,对于缝洞单元内的充填状况也难以说的清楚,深层缝洞形态的精细刻画更是难于上青天。对于充填的情况,无论探井还是开发井,提高钻探的成功率,水平井是不二的选择。

(3)静、动态结合的综合地质精细评价,不究其缝、洞形态,着眼于其成因条件和区带规模,当十拿九稳,误差率控制在5%以内并非难事,也可谓精细。

■■ 二、插针关键:一点插入是"铁针",多点插入是"金针",只有高角斜入方可变腐朽为神奇,当为"神针"

一井多效,连片控制,系统开发,才是高效。水平井开发要尽量延长水平井段,最大限度地提高单井控采面积和高产、稳产的物质基础,减少井数的投入;水平井段的方位设计要高角度斜插区带主应力方向。当然,垂直插入是理想状态,但在实际布井时,要兼顾到缝洞发育带,故设计为高角度斜插是比较合理的。这样既可最有效穿插更多的天然"筋脉",又能有效植入人造"筋脉",也有利于油气井的智能完井和后期调整开发。而对于勘探而言,不但有效提高发现成功率,同时,还可有效提高单井产量效益,有效转入后期开发利用。

■■ 三、医术关键:针入"筋脉",不伤器官,不污血管,不毁体格,方是高深医术之道

钻井沿洞顶边缘走,只穿洞顶缝,可防漏失,不伤器官;精细控压作业,有效保护储层,不伤血管;合理的井身结构设计和防塌措施可确保井腔安全,不毁体格。当然,实际钻井过程中,因穿越多条天然"筋脉"或由于储层预测精度误差,有时也难免发生漏失,除采用井控措施外,还需要采取一定的堵漏措施。为了油井的高效勘探开发,要严禁使用非酸溶性固体堵剂,工程技术的应用必须服从地质目的的需要。目前,精细控压钻井技术的应用,结合综合地质精细评价技术有效地缓解了这一"医术"的"瓶颈"。

■■ 四、用药关键:一针下去,病情了然,体情好转,药力所及,通身舒坦,病体安康

酸化压裂改造既要创造纵深效果,又不得伤害井腔,所以,采用分段酸化压裂改造,变密度、变黏度、变浓度、变排量、变液量,一体化、个性化地优化配置酸化压裂工艺。天然免疫(天

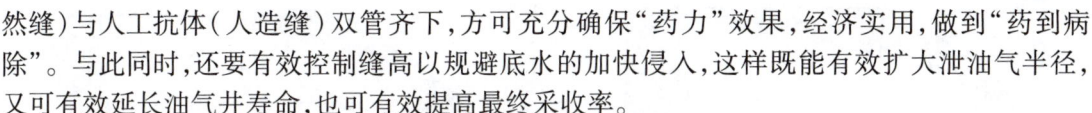

然缝)与人工抗体(人造缝)双管齐下,方可充分确保"药力"效果,经济实用,做到"药到病除"。与此同时,还要有效控制缝高以规避底水的加快侵入,这样既能有效扩大泄油气半径,又可有效延长油气井寿命,也可有效提高最终采收率。

采用生物技术配制的自生酸液体系,如果技术与经济可行,有望进一步改善与提高酸化压裂作业的纵深改造效果。目前,因生物技术配置的自生酸液技术有待完善,拟采用的化学自生酸技术,有效减缓了纵向滤失,一定程度上提高了深度改造效果。

第三节 "筋脉"理论的油藏认识

油气藏的认识不外乎两个方面,即油气藏构造地质背景和油气储集空间内幕结构的认识。我们通过对碳酸盐岩油气藏和碎屑岩油气藏差异性的分析、研究,重新认识与划分了碳酸盐岩储层类型和油气藏类型。

一、储层分类

根据储集空间的特点,从勘探开发的角度出发,依据主控因子,可将碳酸盐岩储层主要分为5类。

1. 缝洞型(图2-2)

以大型裂缝和溶洞为主要储集空间,小孔、小洞和微小裂缝依然存在。钻井过程中普遍有钻具放空或大量钻井液漏失;试井曲线呈视均质型或复合型特征(高渗);开采过程呈两段式,前期高产,大部分不能稳产,后期低压低产,生产压差大,反映微小裂缝、孔穴供液;地震反射剖面特征主要以"串珠状"及"杂乱"反射为主,但有30%左右的情况下为弱反射或空白反射带。属Ⅰ类储层,改造以"清障"扩缝为主。注意:地震反射特征无法区别充填"泥洞",有10%~20%为非储层;同时,又有一部分无法反映出来,我们称之为"隐形"缝洞体。

2. 缝穴型(图2-3)

裂缝发育,但因溶蚀作用不强所限,未能形成大型和巨型溶洞,主要发育了一些中、小规模溶洞。钻井过程中普遍有钻井液漏失;试井曲线呈复合型特征(高渗);开采过程前期高产稳产,生产压差小,反映主缝洞体供液特征,后期低压低产,生产压差大,反映微小裂缝、孔穴供液;地震剖面偶有"小串珠状"或"杂乱"反射特征,但通过钻探水平井发现,弱反射与空白带也属于此类储层。属Ⅰ、Ⅱ或Ⅲ类储层(隐形缝洞体的存在),利用水平井开发连片控制,仍可获得高产,并相对稳产,酸化压裂以扩缝和改造兼顾。

3. 孔穴型(图2-4)

裂缝欠发育,主要是一些微小裂缝以及一些岩溶、风蚀作用和岩变作用形成的晶间孔、粒间溶蚀小孔、小洞(穴),相对分散,但有相当潜力。钻井过程中无放空漏失或有少量漏失,可能有溢流或钻时加快;试井曲线呈中、低渗复合型特征;开采过程呈长期中、高或低产稳产特征;地震没有异常特征反映。测井解释为Ⅱ、Ⅲ类储层,直井开发效果极差,只有依靠长延伸水平井,才有明显的经济效果,酸化压裂以改造为主,而且必需分段改造(深度体积改造),方见奇效。这类储层,在实际钻探中普遍发育,潜力巨大。

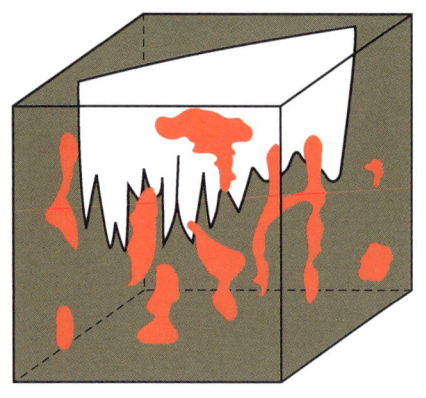

图 2-2 缝洞型储层示意图

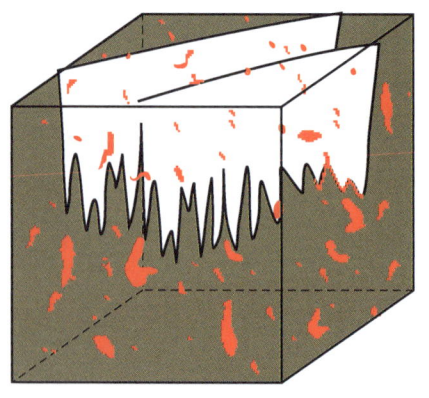

图 2-3 缝穴型储层示意图

4. 基质孔隙型(图 2-5)

以基质微孔隙为主,少有小孔、小洞,综合孔隙度一般在 1% 以下,以目前的工艺与技术水平无法做到经济有效开发。

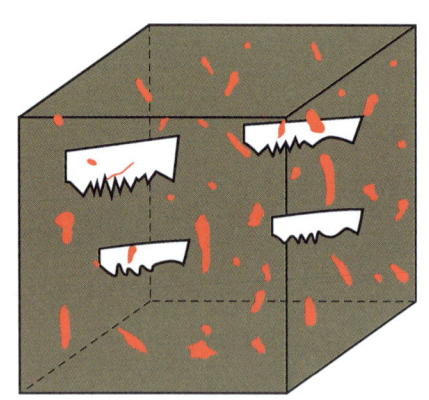

图 2-4 孔穴型储层示意图

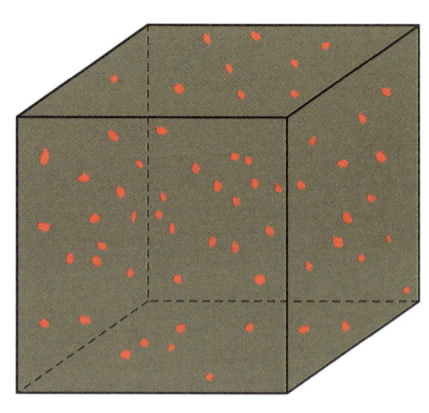

图 2-5 基质孔隙型储层示意图

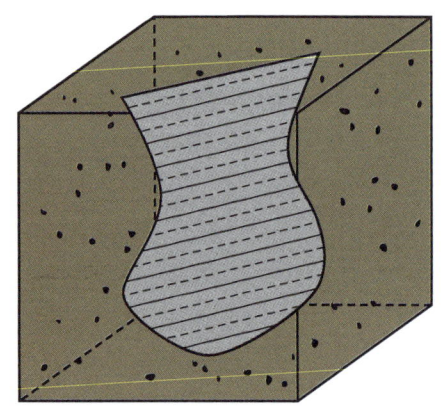

图 2-6 充填型储层示意图

5. 充填型(图 2-6)

原有缝洞体被泥质或其他物质充填,已没有有效的储集空间。但由于岩性的变化,地震属性图上仍有"串珠"反射特征。但是往往在周边有好储层发育,所以,碳酸盐岩油气藏水平井勘探开发应是不二的选择,直井钻探无论是勘探还是开发,成功率和单井效益都不会好,显然是不可取的。

综上所述,碳酸盐岩储层总体上可划分为 5 类(表 2-1),前 3 类为有效储层,应作为我们开发的主要对象。储集空间主要以次生的孔、穴、洞、缝为主,明显有别于碎屑岩储层。

表 2 – 1 碳酸盐岩储层判别标准及划分依据

油气储层类型	钻、录井	测井	地震	测试动态
缝洞型	钻井有放空、严重漏失,气测显示强烈,全烃90%以上,槽面有气泡或油花,气层喷口火焰大于5m(气井)	入洞后有效孔隙度100%,综合有效孔隙度大于5%,解释油气层,井径可能个别段无限扩大	"串珠"反射特征明显(隐型缝洞体例外),属性图上大部分在"红色区域",部分隐形缝洞体分布在其他区域,已有发现实例	直井开发初期产量高,极个别较稳产,能量衰竭快,压力递减快,后期低产相对稳产,压力恢复曲线井筒效应扩大,不符合达西定律渗流原理,初期反映高渗,后期反映低渗
缝穴型	钻井个别有放空、严重漏失,但堵漏有效,气测显示强烈,全烃50%以上,槽面有气泡或油花,气层喷口火焰大于5m	个别小段有效孔隙度100%,综合有效孔隙度大于5%,解释油气层	部分有明显反射特征,但隐型裂缝众多,有时有破碎带的杂乱反射,属性图上偶有分布在"红色区域",大部分分布在"黄色区域"或"蓝色区域"	直井开发产量高、不稳产,水平井相对稳产,压力恢复曲线井筒效应扩大,反映高渗
孔穴型	钻井基本无漏失,气测显示明显,全烃小于50%,槽面有时有气泡或油花(钻井时一般取1~2MPa负压钻进)	综合有效孔隙度1%~5%,解释差油气层	基本没反映,属性图上主要分布在"黄色或蓝色区域"(大部分为蓝色区域)	水平井经分段酸化压裂后产量中等或中高,相对稳定,压力恢复曲线分段酸化压裂后井筒效应扩大,反映中低渗,长水平井段开发有效益
基质孔隙型	钻井液无漏失,气测无显示	综合有效孔隙度小于1%,解释干层	无反映,属性图上分布在"蓝色区域"	地层反映特低渗,致密,基本无产
充填型	钻井液无漏失,气测无显示,有时垮塌严重	综合有效孔隙度小于1%,解释干层	"串珠"反射特征明显,属性图上分布在"红色区域"	地层反映特低渗,无产,改造无效

二、储层识别

储层的识别对于碳酸盐岩油气藏的钻探十分重要,要采取地质综合识别的方法,没有绝对的标准可言。此外,储层的识别还必须与油藏的发育特征相结合,有些滩相沉积的溶蚀作用形成的储层,虽然总体上讲不如缝洞型储层发育,但这一类储层成层性较好,储层横向发育相对均匀,直井开发效果欠佳,但特别适合采用水平井并进行体积改造,相对均匀布井整体系统开发。塔中西部良里塔格组的滩相沉积储层就属于这一类,而且规模较大,整体含油气面积有望突破2000km²。同时,当前资料无法识别的一些内幕小断裂的导流作用更是不容忽视。所以我们既要做好当前局部区域应力场的分析,更要注重古构造应力场的研究,充分应用综合研究成果,科学设计水平井,才能真正实现整体高效勘探开发的目的。

对地震剖面"串珠"与"片状"的认识,主要是地震资料品质较差,层面反射波信号紊乱或缺失所造成,在上下岩层反差较大时,反射波信号较强,反差小时信号太弱甚至丢失,依此对"串珠"与"片状"的认识就要一分为二,认真加以分析研究。而且,在钻探过程中,在没有任何反射波阻特征的地方,也常有钻探发现,仍然有好储层(如ZG1C井、ZG162 – 1H井等十多口井甚至出现遭遇战),同时,个别断层也会出现"串珠"响应;此外,盖层岩性不同,也会出现不同响应,如盖层是泥岩,"串珠"与强反射的"片状"恰恰是物性差的反应,所以我们对物探地震剖面的响应特征不可盲目钻探。最近,我们在多口井上发现在地震反射资料缺失的"空白"带、"杂乱"反射带或弱反射带钻探出现严重漏失的良好储层,在以往的认识中,认为属于储层不发育带,但我们通过实例对油藏进行准层状系统整体开发后,对以往的看法有了颠覆性的创新认识,进一步论证和坚定了"筋脉"理论的科学体系。长期实践证明,只要坚持用"筋脉"理论的科学体系指导实践,油气藏的勘探开发成功率就达到了90%以上,高产高效井比率也超过了50%,但如果抛弃了"筋脉"理论的科学体系的指导,成功率就降到了50%以下,高产高效井比率小于10%(2010年下半年至2011年底)。储层的认识是碳酸盐岩油气勘探开发"筋脉"理论科学体系中不可或缺的重要部分,通过长期的实践认识,碳酸盐岩油气藏的储层展布,并非如人们想象的那样大跳跃式的不规则空间展布,而是以一种准层状的小跳跃式展布,总体上成层性,这就为我们后面油气藏分类提供了有力的科学依据,而且,从目前的钻探情况看,都跳不出后面九类油气藏的范畴。塔中Ⅰ号坡折带西部"三带两块"的总体勘探开发的格局就是通过"筋脉"理论在区域地质大背景认识的前提下,经过成藏分析研究后预测形成的,西部良里塔格组的突破正是这一预测的结果,"三带两块"的总体控油气面积有望突破2000km^2,这就为千万吨塔中建设奠定了坚实的物质基础。

通过钻探结果与物探资料结合对储层的综合判断,我们对过去储层判别认识带来了一场深刻的革命,比如:ZG431－H3井等多口水平井在物探资料的反射空白带,在储层识别图上为非储层发育区带,连续钻遇了几百米的好储层,钻井液漏失严重,油气显示活跃,都进一步证明了"筋脉"理论对碳酸盐岩油气藏本质性认识的正确性,实际结果远优于过去某些人对碳酸盐岩油气藏储量品质差的错误性判断。

关于储层识别,在此,还想做一些理论上的科学分析。

"筋脉"理论认为,从科学、严谨的角度讲,用地震资料进行储层判别,是多解的、模糊的,相对于储层的内幕结构来说,需要"显微镜"对其进行详细的观察方可,但物探技术相对于油气勘探开发来说是"望远镜",根本就无法完成"显微镜"的工作,所以说,用物探资料对所谓的缝洞系统进行精细的雕刻纯粹是无稽之谈。显然,我国碳酸盐岩油气勘探开发始终难以取得突破性和实质性进展,可能是大方向错了,就像我们观察宇宙,并不一定亮的就是"太阳",绿色的就一定是"地球"。我们远远地看到一个天体,圆圆的,就认为它是一个光滑的"球形",从而忽略了它的"高山与深谷",表面上看到了大海,就否定他的"海底深沟",地震反射波的接收,依时定深的目的是为了了解地下岩层的大体形态,并不是为了了解岩层的内幕结构,但由于地层埋藏深,有些层间波阻抗特征不明显,从而出现地震反射波信号变弱或其他原因造成反射波出现散射,甚至缺失,由于资料品质差而出现的地震反射波剖面资料上出现的所谓"串珠"、"强发射"、"弱反射"、"空白缺失"等现象来作为储层的识别依据,甚至用来进行储层的精细雕刻,是不可取的。对于这样的资料,首先要严把关,从工艺技术和管理上强化资料的录取,消除人为因素的影响,其次,再从工艺原理出发,科学分析出现这种现象的原因,其实,通过我们的分析,任何一种现象都可以由"好储层"、"中好储层"、"差储层"或者"没有储层仅为岩性差异"等造成,如此看来,用物探资料直接进行储层识别,毫无意义。

那么,"筋脉"理论也倡导物探资料可适度参照用于进行储层识别(但不倡导精细雕刻),又是怎么回事呢? 其实这是一种误解,"筋脉"理论的方法是间接识别,而并非直接识别(这点不同于目前常用的方法),我们倡导的是利用物探资料(这也是我们钻探前唯一可用的)结合区域地质特征,针对物探资料的各种现象特征进行科学合理的地质解释(主要是构造与沉积单元的解释),再经过综合地质研究,在进行成藏地质分析的基础上(不成藏不做储层识别,做了也是无用功),充分结合早期钻探资料,确定储层发育层位和储层相对发育区带,坚决反对进行缝洞系统的"精细雕刻",只有充分结合钻探资料和动态评价资料分析研究后,方可进行精细评价。比如通过钻探,我们发现了过去用物探资料预测的储层发育带(没有经过综合地质分析,只利用强反射与串珠),仍然存在储层不发育的情况,而在反射波资料缺失带(内幕油藏,以往除灰泥界面附近出现这一现象可解释为储层外,内幕油藏均不解释为储层),由所谓物探专家们预测为非储层发育区带,钻探结果却恰恰相反,如 ZG15 - 6H 井钻探中连续放空(其实在塔中有大量这种井例)。应该说,我们通过长期实践,利用"筋脉"理论的成藏地质分析方法,采用整体控制、系统勘探开发的方法,基本推倒了过去仅利用物探资料进行储层识别与判断的理论与方法,取得了连我们自己都不敢相信的显著效果,探井与开发井成功率并驾齐驱,均达到了 90% 以上,高产、高效井比例较以往成倍提升。

油气勘探与开发是系统理论与方法,过分夸大物探的作用,显然是不可取的,但物探作为油气勘探开发的基础与平台之一,也是不可或缺的。

下面,我们举两个不同的储层类型出现相同地震反射的例子加以说明,如图 2 - 7 和图 2 - 8 所示。

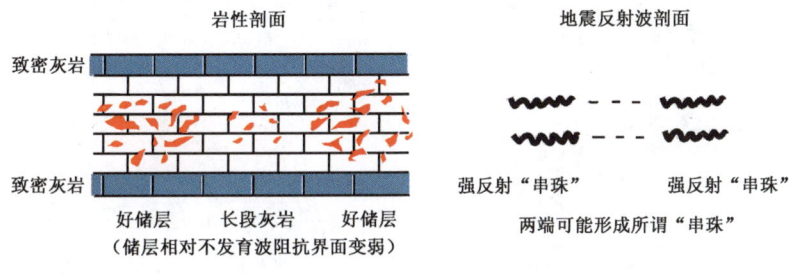

图 2 - 7 岩性与地震反射关系图(一)

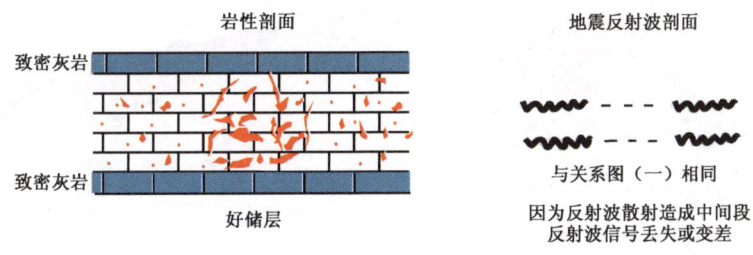

图 2 - 8 岩性与地震反射关系图(二)

显然,不同的储层类型可形成相同的地震反射波特征,这要做综合地质分析才能加以正确判断。

两种情况在实际钻探中均有遇到,"弱反射"或"空白带"均有发现油气显示良好或连续放空的情况,同样,强反射的区带也有储层不发育的情况。所以,"筋脉"理论强调的是经过区域综合地质分析的前提下,进行储层的间接识别,关键是要在成藏地质分析之后,通过油气藏的精细刻画,方可作出钻探储层的精确预测。这也是"筋脉"理论能够做到指导勘探开发取得高成功率的真正原因。

三、油气藏类型

虽然碳酸盐岩油气藏成因及其储层结构特点与碎屑岩油气藏有明显差别,但油气聚集成藏的主控因素却是一致的,即生、运、储、盖、圈闭五要素。碳酸盐岩油气藏类型主要有以下几类(图2-9)。

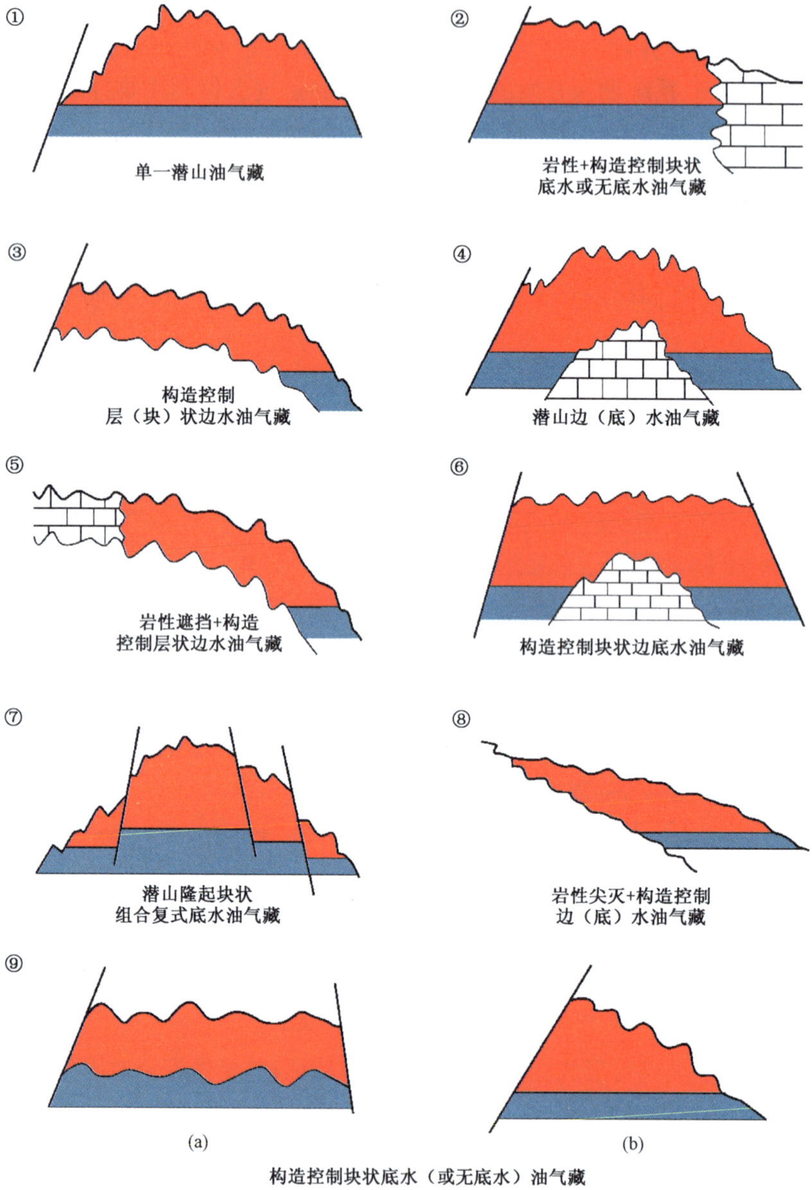

① 单一潜山油气藏

② 岩性+构造控制块状底水或无底水油气藏

③ 构造控制层(块)状边水油气藏

④ 潜山边(底)水油气藏

⑤ 岩性遮挡+构造控制层状边水油气藏

⑥ 构造控制块状边底水油气藏

⑦ 潜山隆起块状组合复式底水油气藏

⑧ 岩性尖灭+构造控制边(底)水油气藏

⑨ (a) (b) 构造控制块状底水(或无底水)油气藏

图2-9 碳酸盐岩油气藏类型示意图

1. 单一潜山油气藏

油藏完整,属潜山构造控制,具有统一的压力系统和油水界面,流体性质相对稳定,差异性小。塔里木盆地发育了一大批这类油气藏,以英买 32 井区白云岩潜山油藏最为典型。

2. 岩性 + 构造控制块状底水或无底水油气藏

依靠断层分割或岩性遮挡控制形成,也具有统一的压力系统和油水界面,流体性质稳定,差异性小。该类油藏周边均为岩性遮挡的可能性极小,理论上也不成立。塔里木盆地塔中与轮古地区可能发育了一批这类油藏。该类油藏规模较小。

3. 构造控制层(块)状边水油气藏

依靠断层分割或岩层倾伏遮挡控制,具有统一的压力系统和油水界面,流体性质相对稳定,差异性小。塔中 62 井区的东南部和塔中 26 井区可能就属于此类油藏,其北边为 1 号主断层遮挡,东、西为区域性断层分割或岩层倾伏遮挡,南边为倾伏油水边界。

4. 潜山边(底)水油气藏

整体属构造控制,但油藏内幕有局部定容水(锅底水)❶,个别缝洞系统自成体系,流体性质差异大,就整个油藏系统而言,甚至会出现上油下气,上水下油和上气下水的情况,油藏内幕结构十分复杂,但有一个系统的油水界面。

5. 岩性遮挡 + 构造控制层状边水油气藏

主要为构造与岩性遮挡控制,有统一的油水界面和压力系统,流体性质稳定,差异性小,油藏规模有限,中古 17 井区油气藏就属于此类。

6. 构造控制块状边底水油气藏

主要由构造控制成藏,属性与 4 类相似,中古 5 – 7 井区可能属于此类油(气)藏。

7. 潜山隆起块状组合复式底水油气藏

整体上属潜山隆起背景,但由于穹隆构造运动被断裂分割分别成藏,就如同切豆腐块一样,每个单一油(气)藏没有统一的油水界面,流体性质差异明显。断层因充填起分割作用,但在深部水力系统整体相通,具有统一的压力系统。塔中 45 井—中古 162 井—中古 15 井区和中古 8 – 21 井区很可能就是这样一种巨型的潜山隆起块状分割的复合型油气藏。该类油气藏往往也有"锅底水"复杂情况的出现。

8. 岩性尖灭 + 构造控制边(底)水油气藏

依靠岩性尖灭遮挡和地层倾覆及断层分割成藏,这类油藏较多,一般整体规模较大,塔中西部的鹰一段成藏大部分属于此类。

9. 构造控制块状底水(或无底水)油气藏

完全依靠断层切割遮挡成藏,如"方形豆腐块"或"鼻隆块"等,中古 157H 井区油气藏正是此类。

---

❶ 锅底水(定容水):次生的洞穴中,可能其原生态是充满水的,油气聚集时渗入或溢出点以下的洞底水无法被油气置换而形成的油气藏内幕水。同时形成局部的油水或气水界面,而非油气藏系统的油(气)水界面。

在此,我们还要做一个特例分析,提出封存油气的概念。由于在油气运移聚集成藏的过程中,油气是依次生孔道运移,在经过一些没有圈闭的运移通道时,会遇到一些局部的穹隆处,就会残留一些油气,但不具备成藏规模,无工业开采价值,这些残留油气可称之为"封存油气",如图2-10所示。

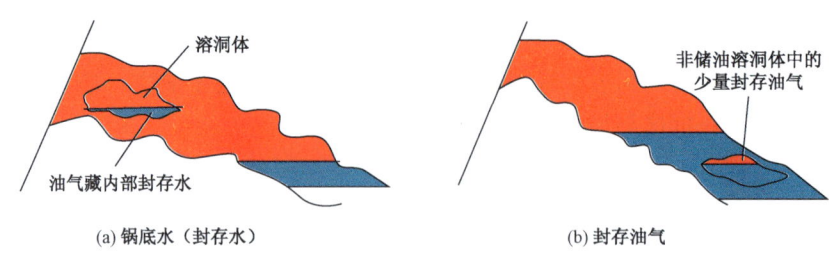

(a) 锅底水(封存水)　　　　　　　　(b) 封存油气

图2-10　碳酸盐岩油气藏内幕封存水及运移成藏过程中形成的封存油气示意图

这些封存油气的开发,只能在中后期向边底水中注气保压开采时,用气替油开采,但对于少量的封存油气,只能在后期的衰竭式开采时,尽量采出一部分(排水采气时),对于这部分油气采用钻探开发显然是毫无意义的,如果不做成藏分析,盲目钻探,短期试油结果往往还会误导我们后期的评价与开发。

值得说明的是,第2类、第5类油气藏属相变成藏或次生改造限制成藏,形成物性遮挡并借助构造地质单元共同作用成藏。以上9类是目前我们在塔里木盆地所能认识到的油气藏类型,就现已发现的油气藏看,都能找到其归属。从理论上分析,均适合水平井开发。如果结合分段酸化压裂工艺,从开发技术的难度和开发效果看,采用水平井开发无疑是最佳的选择。

■ 四、综合评述

对碳酸盐岩储层和油气藏的分类,是综合了塔里木盆地已发现油气藏的基本情况提出的,并非全面,也不一定科学。目前,地震反演图上一般只能借助物探资料标明所谓Ⅰ类储层区(以红、黄标出),而且,由于泥质和钙质充填作用和岩性变化的影响,有10%~20%形成不了有效储层;另有60%~70%大片的"蓝色深海"区域分布了大量的Ⅰ、Ⅱ、Ⅲ类储层,最近,由于深化了对裂缝的刻画,部分Ⅱ类储层得到标识,但对油藏地质背景的研究,还有待进一步深入(图2-11)。

就塔中Ⅰ号坡折带而言,目前的勘探形势十分有利,大场面的轮廓基本明朗。东部塔中26井至塔中83井试验区油气储量已接近1000×10⁸m³气和5000×10⁴t油的规模,所谓Ⅲ类区效益开发技术瓶颈在"筋脉"理论的指导下已取得历史性突破,其油气藏类型主要以2、3类为主。其北端的中古5-7井区的鹰山组也有望再新增天然气探明储量(300~500)×10⁸m³,尤其是中古10井的成功,已和中部中古8-21井区延伸连片。中部中古8-21井区鹰山组可能发育了一巨型潜山复式油气藏,最近中古11井和中古13井的成功,北边油水边界基本明朗,南边是地震三维区带,所以,该区带向南是当前最有利的勘探方向。西部的塔中45井区,随着中古162井和中古15井的成功,其良里塔格组向东南已与中古8-21井区叠合连片;中古162-1H井的评价成果也显示了"筋脉"理论对勘探的指导意义。这一成果意味着西部整体含油气,同时,往西南又展布了一裂缝发育区带,一旦取得突破,很可能是一规模可观的以油

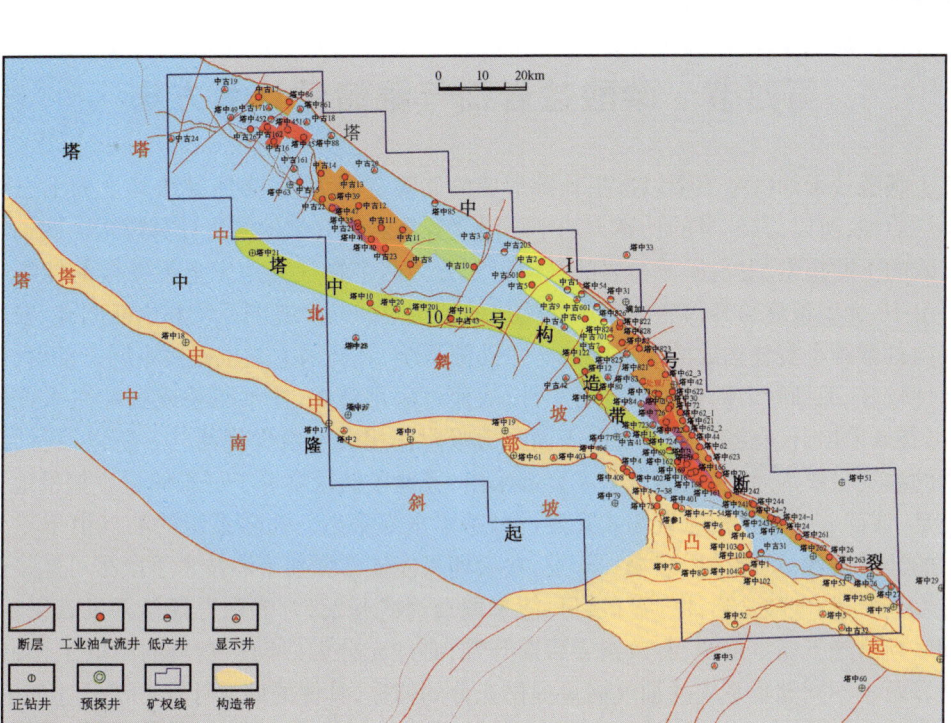

图 2-11 塔中地区 2009 年成果图

为主的区块分割的整装底水油气藏,最近中古 29 井的钻探成果,已基本得到控制。整个塔中 I 号坡折带近 4000km^2 的三维区内近 3~5 年有望探明的含油气区面积将突破 2000km^2,累计探明油气当量储量可望超过 10×10^8t。此外,塔中 I 号坡折带西部的良里塔格组滩相沉积,依据"筋脉"理论的认识很可能整体规模成藏,如果南边的一条"人"字形断裂具备封隔油气的条件(往南秃头无盖子),整体形成油气藏面积有望达到 2500km^2 左右,这样,一旦探明,塔中 I 号坡折带碳酸盐岩油气藏东西部累计探明原油储量大于 2×10^8t,天然气大于 8000×10^8m^3,完全具备建设千万吨塔中的资源条件。我们认为,只要部署与投资到位,千万吨塔中建设的目标有望在 2018 年前后实现。

塔中 I 号坡折带勘探开发形势良好,前景广阔,潜力巨大。将 2500km^2 的控油气区分为三带两块,即:中古 21 - 中古 10 带、中古 44 - 中古 51 带(塔中 10 号带)、塔中 85 - 中古 6 带(西部台缘带)和中古 15 区块与中古 29 区块,另外,依据"筋脉"理论的成藏认识,塔中东南部由于古生界盖层的缺失,油气上窜运移聚集成藏的概率增大,应采取碎屑岩与碳酸盐岩一体化勘探,作为千万吨塔中稳产的接替,深部寒武系勘探还有待突破,有相当潜力,可作为远景接替与发展。

"筋脉"理论的认识是在勘探开发实践中,经过广大技术人员不断探索与攻关,形成的一套针对碳酸盐岩油气藏地质理论和工程技术实践应用相结合的实用的综合理论认识,能有效地指导碳酸盐岩油气藏的勘探开发。当然,理论指导实践,也源于实践,这一理论体系还有待在今后不断的勘探开发实践中发展与完善。

第四节　碳酸盐岩油气藏储量计算方法

鉴于碳酸盐岩油气藏主要以次生孔隙形成的储集空间为主,必然导致其平面上与纵向上的极不均质性,所以,其储量的计算方法不可沿袭碎屑岩油气藏的储量计算模式。我们通过理论与实践的不断探索,发现碳酸盐岩油气藏可划分为两个物理特性完全不一样的储集空间系统,即:由中、大型裂缝与其伴生的溶洞所构成的储集空间——缝洞系统和由晶间孔、粒间溶孔及一些内幕微细小裂缝构成的储集空间——孔隙系统,其开采方式也截然不同。前者,由于横向沟通性较好,毛细管力的作用可忽略不计,故而可采用衰竭、注水驱替或吞吐注水置换等方式,便可有效采出,仅有缝壁和洞壁因表面张力吸附作用会残留少量油气。所以,我们认为缝洞系统的油气只要沟通良好,即可基本全部采出,其地质储量略等于可采储量。如果地下水体能量充足,该部分储量仅依靠衰竭式开发也可基本全部采出。孔隙系统的油气由于不具备注采驱替的地质条件,只能采用衰竭式开发,在后期只能依靠深抽采油技术手段尽可能多的采出油气。综上所述,碳酸盐岩油气藏最终只能采取衰竭式开发,方能取得最佳开发效果。同时,为了彻底摸清地下储量资源,有效指导后期开发,必须充分做好动态资料的录取工作,以便为准确计算两个不同储集系统的油气储量提供充分的依据,具体的储量计算方法分述如下。

一、参数说明

为了便于储量公式的换算,首先有必要对公式中使用的各种参数加以说明。

1. 储量参数

W_e:可采总储量,m^3 或 t;

W_d:地质总储量,m^3 或 t;

W_{e1}:缝洞系统可采储量,m^3 或 t;

W_{e2}:孔隙系统可采储量,m^3 或 t;

W_{d1}:缝洞系统地质储量,m^3 或 t;

W_{d2}:孔隙系统地质储量,m^3 或 t。

2. 物理量

V:油气藏(岩体 + 储集空间)总体积,m^3;

S:含油气面积,km^2;

h:平均油气层厚度,m;

f:弹性溢出系数(地层温度状况和当前压降下($p_i - p_{HD}$)的油气体积溢出比,采用早期试油资料);

p_i:油气藏原始地层压力,MPa;

$\bar{p}_{HD}$:缝洞系统当前平均地层压力,MPa;

p_f:生产流压,MPa;

p_t:套管抗挤强度压力,MPa;

Δp_k:孔隙毛细管力形成的流动阻压差,MPa;

p_H:井筒某点的井下压力,MPa;

B:地层系数(产出地面油气与地下相应储集空间的体积比),m^3/m^3;

$\overline{\phi}_{HD}$:缝洞系统平均孔隙度,%;

$\overline{\phi}_K$:孔隙系统平均孔隙度,%;

Q:油气产量,m^3 或 t;

ξ:气油比(最好是 PVT),m^3/t;

ρ:原油密度,g/cm^3;

R:试井探测半径,m;

C:采收率,%;

p_K:孔隙系统允许的最低平均地层压力,MPa;

α:地层状况下的油气体积与地面状况下的油气体积比率(即压缩比率);

$S_{o(g)}$:含油气饱和度。

3. 其他代码

o:油;

g:气。

■■ 二、储量计算公式

为了将问题简化,可分为缝洞系统和孔隙系统分别计算。

1. 地质储量的计算

$$W_d = W_{d1} + W_{d2}$$

其中:

$$W_{d1} = \left(\frac{Q_o}{f_o} + \frac{Q_g}{f_g}\right)\frac{S}{\pi R^2} = W_{d1o} + W_{d1g}$$

考虑到碳酸盐岩油气藏的平面非均质性,可将公式写为:

$$W_{d1} = W_{d11} + W_{d12} + \cdots + W_{d1n} = \sum_1^n W_{d1x} = \sum_1^n W_{d1ox} + \sum_1^n W_{d1gx}$$

其中:

$$W_{d1x} = \left(\frac{Q_o}{f_o} + \frac{Q_g}{f_g}\right)\frac{S_x}{\pi R_x^2} = W_{d1ox} + W_{d1gx}$$

说明:Q 及 $\overline{p}_{HD}$ 的确定只能采用试油的早期评价资料。

$$W_{d2} = (V - V \cdot \overline{\phi}_{HD}) \cdot \overline{\phi}_K \cdot (B_o \cdot \rho + B_g) \cdot S_o = W_{d2o} + W_{d2g}$$

其中:

$$W_{d2o} = (V - V \cdot \overline{\phi}_{HD}) \cdot \overline{\phi}_K \cdot B_o \cdot \rho \cdot S_o$$

$$W_{d2g} = (V - V \cdot \overline{\phi}_{HD}) \cdot \overline{\phi}_K \cdot B_g \cdot S_o \quad (气藏可将 S_o 换成 S_g)$$

2. 可采储量的计算

$$W_c = W_{c1} + W_{c2}$$

原则上认为 $W_{c1} = W_{d1}$（前已述及）

$$W_{c2} = W_{d2} \cdot f' = W_{d2o} \cdot f_o' + W_{d2g} \cdot f_g'$$

式中 f'——相对于地层而言允许的最大生产（流动）压差（Δp_{max}）下的油气体积溢出比，
Δp_{max}（最大生产压差）$= p_i - p_k$，$p_k = \bar{p}_{fx} + \Delta p_k$，$\bar{p}_{fx}$ 为允许的井筒最低平均流动压力；Δp_k 为孔隙毛细管力引起的流动阻压差，MPa。

对于凝析气藏而言，公式要减去因反凝析作用造成的油气损失量。

3. 相关参数的求取

（1）p_i：可由测试资料获取。

（2）$\bar{p}_{HD}$：由于先期保压（小压差）试生产，主要由缝洞系统贡献，而孔隙系统贡献极少，地质工程演算可忽略不计，而试井压力恢复先期反映缝洞系统压力传导，具井筒效应特征，可通过数字模拟方法演算出缝洞系统探测半径内的当前平均地层压力，即：$\bar{p}_{HD}$。

（3）探测半径 R：可由试井解释方法计算，反映的也应是缝洞系统导压半径。

（4）ϕ_K：可由测井资料扣除缝洞系统的影响后，解释得出。

（5）ϕ_{HD}：可由试井结果，结合 PVT 取样分析资料演算求出；ϕ_{HD} 与 h 有互动效应，由于碳酸盐岩油气藏只能以准层状开发，故而，h 的确定可能会有一定的误差，正是由于 ϕ_{HD} 是由动态资料反演计算得出，此消彼长，不会影响储量的准确计算。$\phi_{HD} = \dfrac{\sum Q}{\pi R^2 \cdot h \cdot f \cdot B}$，$\bar{\phi}_{HD}$ 为 ϕ_{HD} 的加权平均值，$\bar{\phi}_{HD} = \dfrac{S_1 \cdot \phi_{HD1} + S_2 \cdot \phi_{HD2} + \cdots + S_n \cdot \phi_{HDn}}{S}$。

（6）Δp_k：可由试验室样品分析得出（仅供参考），也可由试井资料后期压力恢复曲线数据演算得出孔隙系统相对渗透率和 Δp_k（最低渗流压差）。

（7）p_{fx}：允许的最低流动生产压力可由井下地层（井下全系列）和井筒条件结合采油气工艺技术的现状水平进行较为准确的计算。

（8）S_o、S_g 的确定原则上以测井资料为准，取心资料不具有代表性。

（9）S_x：为油气藏物性特征相近的区块分割面积。

4. 储量计算公式的变换与规范

我们回到常规的储量计算方法，即：

$$W_d = S \cdot \bar{a}$$

式中 a——单位面积的地质储量（油田储量丰度）；
　　　$\bar{a}$——a 的加权平均值。

$$a = \frac{1}{\pi R^2}\Big[\frac{Q}{f} + (\pi R^2 \cdot h - \pi R^2 \cdot h \cdot \phi_{HD}) \cdot \phi_K \cdot S_o \cdot B\Big]$$

$$= \frac{\phi}{\pi R^2 \cdot f} + (1 - \phi_{HD}) \cdot \phi_K \cdot S_o \cdot B \cdot h$$

$$W_c = S \cdot \bar{a}_c$$

式中 $\bar{a}_c$——单位面积的可采储量(油田可采储量丰度);

$\bar{a}_c$——a_c 的加权平均值。

$$a_c = \frac{1}{\pi R^2}\Big[\frac{Q}{f} + (\pi R^2 \cdot h - \pi R^2 \cdot h \cdot \phi_{HD}) \cdot \phi_K \cdot S_o \cdot B \cdot C_K\Big]$$

$$= \frac{Q}{\pi R^2 \cdot f} + (1 - \phi_{HD}) \cdot \phi_K \cdot S_o \cdot B \cdot C_K$$

$$C = \frac{a_c}{a}$$

式中 C——采收率;

C_K——孔隙系统采收率。

一般情况下:$C_K = f'$,但对于凝析气藏和挥发性油藏而言,要考虑衰竭式开采所造成的损率(ε),即:$C_K = f' - \varepsilon$。

■ 三、储量计算方法模拟示意图及其说明

依图 2 – 12 可以看出,碳酸盐岩油气藏不同于碎屑岩油气藏,驱替开采的地质条件复杂,中后期要采取针对性强,甚至一井一策的补压开采方式,因而无论是直井还是水平井注水(气)均无法完成碎屑岩油气藏的注采模式,其油气储量的准确计算也无法套用碎屑岩的方法,所以,从理论上讲,碳酸盐岩油气藏最终只能采用衰竭式开采才是最有效的。

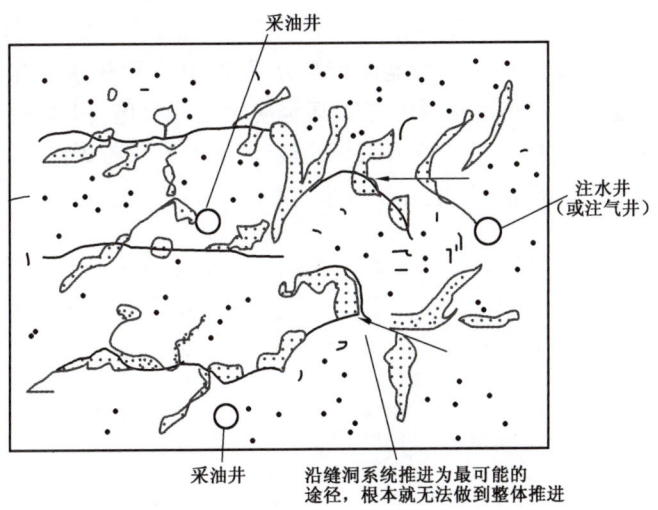

图 2 – 12 储量计算方法模拟示意图

四、计算公式的变化

由于碳酸盐岩油气藏只能采用衰竭式开采,虽然从理论上并不难推导出它的储量计算公式,但要确定其最终的采收率,却是一件十分困难的事,其中包括了很大的不确定性。首先,就缝洞系统而言,它并非是一个十分完整的系统,也似人体一样,难防各种疾病的侵入(充填),依靠井及"筋脉"也很难达到对每个角落完全彻底的沟通,这种"盲肠"效应[1]也就决定了 W_{d1} 并不完全与 W_{c1} 相等(图 2–13)。所以,我们要设定一个"盲肠"系数"b",那么公式也就变成了 $W_{c1} = W_{d1} \cdot b$,当然,我们可通过加密井网和水平井的改造工艺,使 b 尽量接近于 1,这也是我们推荐水平井开发的主要原因之一,而直井开发的效果是很难使 b 达到接近 1 的效果的。

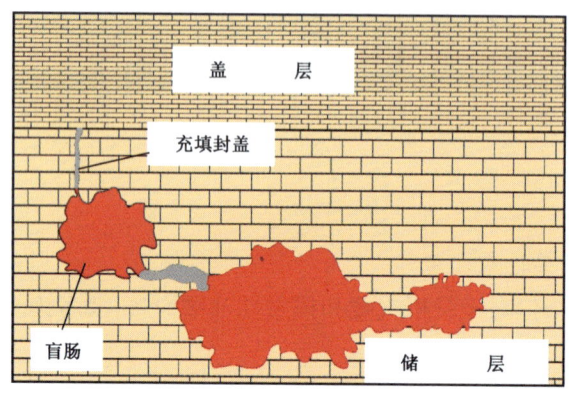

图 2–13　盲肠效应图示

其次,对于孔隙系统来说,ε 可通过典型取心样品室内模拟实验近似求出,但是,我们也可通过现场吞吐注气开发的方式,使 ε 值尽量变小,以提高开采效果。但这种效果是有限的,而且,随着吞吐注气开采时间的延续,效果会越来越差。此外,该项工艺的投资相对较大,要通过认真的论证后,方可实施。它完全不同于注气驱的开采工艺。由此,使用吞吐注气后的可采储量计算公式变化为:$W_{c2} = W_{d2} \cdot C_K$,$C_K = f' - \varepsilon'$,$\varepsilon'$ 即为变化后的损率,也就是工艺改进后(吞吐注气后)的损率。当然,如果开采井网能做到充分优化,并且通过水平井工艺改进能将油气藏充分"切片"开发,也有望使 ε 降到接近 0,甚至使 ε' 变成负值,但这是理想状况,由于实际开发要充分考虑开采的效益性和工艺技术水平的限制,因而是很难做到的。那么,我们只能努力使 ε 降到最小,尽可能提高油气藏的开发效果。

---

[1] "盲肠"效应:是指一些孤立而又曲折的羊肠小洞对油气藏中的油气流入井筒的阻碍作用,是一种副效应。油气运移聚集时,因密度差造成的重力作用,油气可以置换出原存的水,但开采时由于"盲肠"效应的存在却无法实现反置换。

第三章

"筋脉"理论指导勘探开发实践

第一节　井位论证部署形成标准化工作程序

近几年,随着"筋脉"理论在塔中Ⅰ号气田的应用实践,不同类别井位部署已形成详细的、标准化的部署原则和工作程序(表3-1)。

表3-1　塔中Ⅰ号气田井位部署工作标准

预探井	一体化评价井 (既探边评价又兼顾开发评价)	开发井 (在油气藏系统开发方案要求下)
综合地质成藏分析	进一步成藏综合地质分析和油藏识别	在油藏综合地质分析的基础上进行油藏精细描述
油藏识别与油气藏形态初步刻画	油气藏形态精细刻画	对不同油气开发单元在三维空间进行准刻画与连通性评价
储集单元综合地质评价	不同储集单元精细地质评价	系统井网优化设计,突出"以好带差、好中兼顾"的原则,水平井为主
原则上以直井+水平井钻探为主,寻求发现	工程、地质结合进行井轨迹、井身结构优化设计	

■ 一、井位论证部署原则与工作程序

"筋脉"理论指导下的井位部署三原则:(1)地质背景:即区域地质背景和油气藏地质背景;(2)储层认识:依据地质背景认识,以储层综合地质精细分类评价为依据,明确钻探目标;(3)井的优化设计:依据工程技术的保障平台和地质力学分析的结果,优化钻井工艺及井身结构的设计。

(1)探井。

"筋脉"理论要求进行综合地质成藏分析,在此基础上进行油藏识别和油气藏形态初步刻画,并开展储集单元综合地质评价。因探井以发现为目的,故原则上采用直井+水平井井型,不做过多井型优化和复杂化设计。

（2）评价井。

根据评价油气藏储量规模和产能特征的不同目的，将评价井部署分为勘探评价和开发评价两个阶段。"筋脉"理论强调在勘探部署基础之上，将勘探评价和开发评价融为一体，进行两者兼之的评价钻探。相对勘探评价而言，评价井井位部署要求做进一步成藏地质综合分析和油气藏识别，充分利用预探井基础资料精细刻画油气藏形态。并在此基础之上进行不同储集单元综合地质精细评价，从而实现三维地质准雕刻。相对于开发评价而言，要在勘探评价的基础上，进一步进行产能测试和系统试井，为后期开发方案的编制提供依据。而井的优化设计，要依据油气藏研究认识设计不同井型，原则上以水平井为主兼顾直井评价。

（3）开发井。

依据"筋脉"理论"缝洞串联，点面兼顾，区域控制，系统开发"的十六字方针，开发井井位论证要求在油藏综合地质分析的基础上进行油气藏形态精细刻画和油气藏精细描述，加强不同储集单元或油气开发单元在三维空间地质准雕刻与连通性评价，按照"以好带差、好中兼顾"的原则进行系统的、整体的开发井网优化设计，并在井网优化设计的基础上进行井的优化设计。原则上以水平井井型为主，尽量不用直井但不完全排除，只要满足"筋脉"理论，以追求单井效益最大化为准则，裂缝十分发育，油气藏厚度大，也可考虑用直井。同时，"筋脉"理论强调在工程、地质结合的基础上进行井眼轨迹、井身结构优化设计，既要考虑地质要求，又要考虑工程技术水平的限制。

> ➤ 地质小层划分、对比及储层预测
>   —— 储层层位与隔夹层有效性界定
> ➤ 油气藏形态精细刻画
>   —— 避水高度分析
> ➤ 储层地震反射类型划分与评价
>   —— 储层有效性评价
> ➤ 裂缝预测、地应力场预测研究、工程地质力学应用
>   —— 轨迹方位确认
> ➤ 特殊岩性体预测与描述（高GR）
>   —— 随钻标志层识别

图3-1　水平井轨迹优化设计基本原则

二、制定了水平井轨迹优化设计基本原则

塔中Ⅰ号气田特殊的层状层间岩溶特征，决定了以水平井为主要开发井型。从储层精细对比、油气藏形态精细刻画、储层预测评价、裂缝与应力场研究及特殊岩性体预测描述等方面制定了水平井轨迹优化基本原则（图3-1）。

三、应用实例

下面以ZG16-H1井阐述开发井井位论证部署的工作程序。

1. 油藏形态精细刻画

ZG16-H1井是部署在中古16油藏内的一口开发井，位于ZG16井西3.37km。根据走滑断裂具有明显分割油气藏的认识，中古16油藏东西面以北东—南西走向的塔中86号和塔中45号大型走滑断裂作为油藏边界之一，北面以多因素刻画的台缘与台内良二段物性界线作为油藏边界之二，南面以北西—南东走向的逆冲断裂作为油藏边界之三，平面上刻画中古16油藏面积达63.3km²（图3-2）。

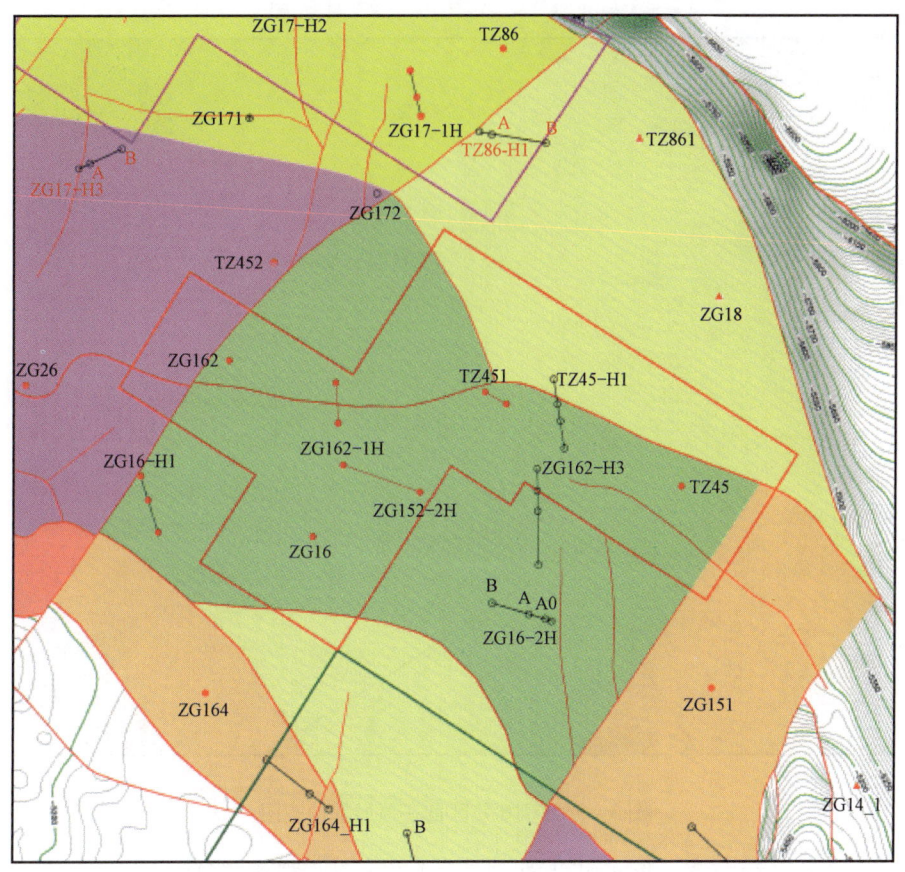

图 3-2 中古 16 油藏形态平面分布图

目前,该油藏已完钻 8 口井:6 口井获工业油气流(ZG16 井、TZ45 井、ZG162 井、ZG162-1H 井、ZG162-H2 井、ZG16-H1 井),1 口显示井(TZ451 井),1 口正试井(TZ45-H1 井);正钻 2 口井(ZG162-H3 井、ZG16-2H 井)。截至 2013 年 8 月 30 日,中古 16 油藏累计产油 10.16×10^4t,累计产气 0.61×10^8m^3,累计产水 1.21×10^4t。从试采效果分析,该油藏产水主要为 ZG162-1H 井间歇产水 0.86×10^4t,ZG162-2H 井间歇产水 0.30×10^4t。

2. 储集单元综合地质评价

1)构造特征

中古 16 油藏整体构造形态为受中古 162 西走滑断裂、ZG16 井南、北二条逆冲断裂夹持的北西向倾斜的断背斜(图 3-3)。

2)储层特征

(1)中古 16 油藏已有多口完钻井在钻井过程中发生工程异常,TZ451 井钻至良三段上部(6228.14m)井漏严重,累计漏失钻井液 1788.70m^3;ZG162 井在良二段至良三段多井段处发生放空漏失,累计放空 0.38m,累计漏失钻井液 3715.61m^3;TZ45-H1 井钻至良三段顶部

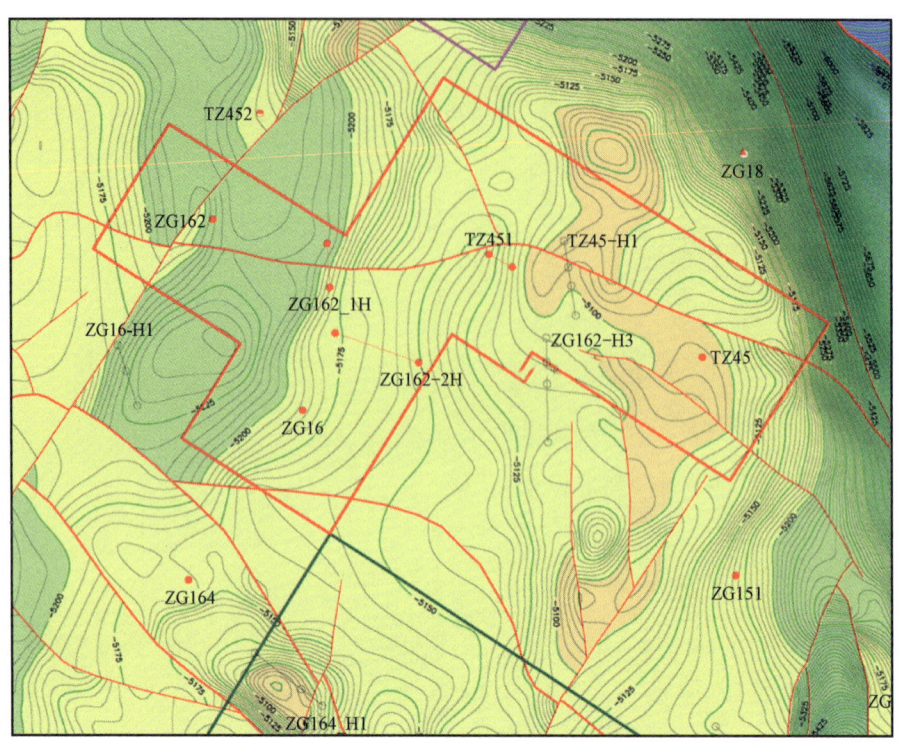

图 3-3　ZG16 井区良三顶局部构造图

(6379.66m)溢流 0.7m³,累计漏失钻井液 1455.64m³。岩心观察 TZ45 井孔洞发育,以大洞为主,大洞可达 50mm×110mm,石英、方解石半充填,个别洞中原油外渗;TZ451 井岩心显示裂缝局部发育,多数水平裂缝、垂直裂缝被方解石、泥质全充填。成像测井 ZG16 井可见较大面积的暗色斑块,常规测井曲线中电阻率值低,深、浅侧向差异大,密度值降低很多,其洞穴特征明显。综合钻井工程异常,岩心观察和成像测井解释,ZG16 油藏储层类型以缝洞型储层为主。

(2)中古 16 井区精细储层对比表明,该油藏良三段高 GR 顶部之下 14～37m 范围为主力储层发育段(图 3-4)。ZG16 井、ZG162-H2 井、TZ451 井和 ZG162 井均在该层段钻遇优质储层并获工业油气流,TZ45-H1 井在该层段钻遇较好储层且见良好油气显示(目前正试油)。从储层纵向发育位置分析,该区储层发育层段较为集中(区域上储层厚度约 23m),其层位性十分稳定(距高 GR 段顶之下 14m 开始发育)。

3)应力场、裂缝预测

采用叠前地震弹性参数反演技术构建力学模型,开展良三段应力场模拟分析,该区块构造缝受挤压应力和拉张应力的影响,逆断层附近裂缝集中分布,压应力引起的裂缝方向与断层走向一致。中古 16 油藏受挤压应力作用影响不太明显,其内部裂缝较为发育(图 3-5、图 3-6)。

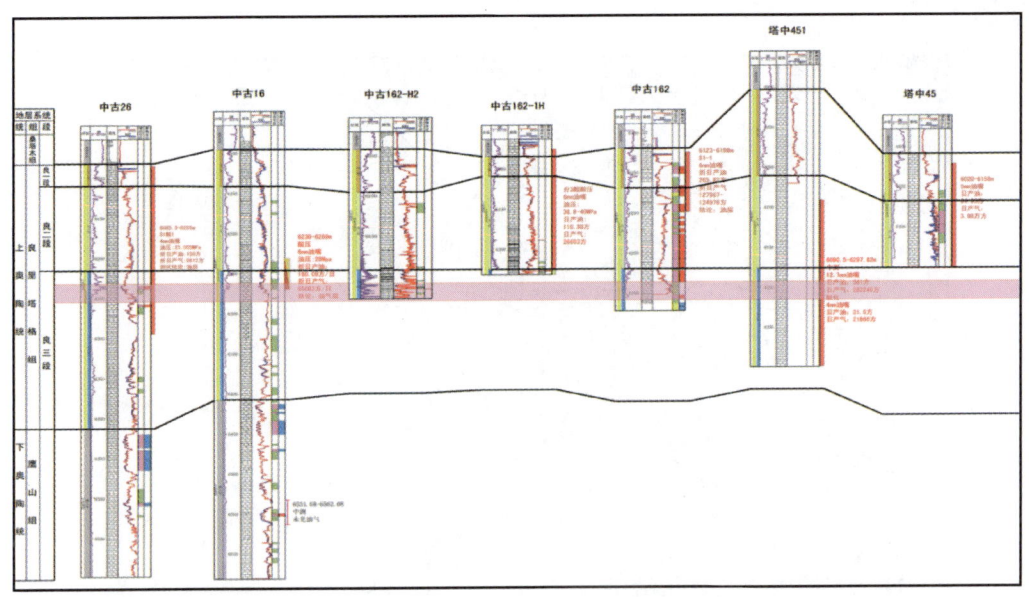

图 3-4　中古 16 井区上奥陶统良里塔格组储层对比图

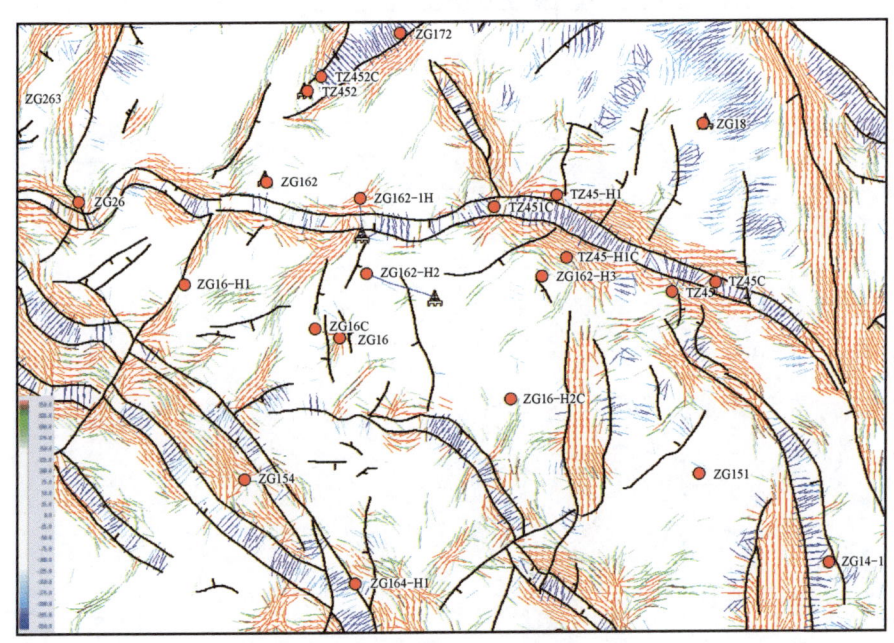

图 3-5　基于叠前反演的应力场模拟

3. 井网优化设计

按照"整体部署、分批实施、区域控制、系统开发"的思路,结合储层与裂缝发育程度,对中古 16 油藏整体部署 15 口开发井(图 3-7),从而达到充分动用油藏内油气资源,实现准层状开发的目的。根据目前该区块断裂控制高产高效井点分布的认识,优先选择 ZG16 - H1、ZG162 - H3、ZG16 -2H 三口开发井钻探。

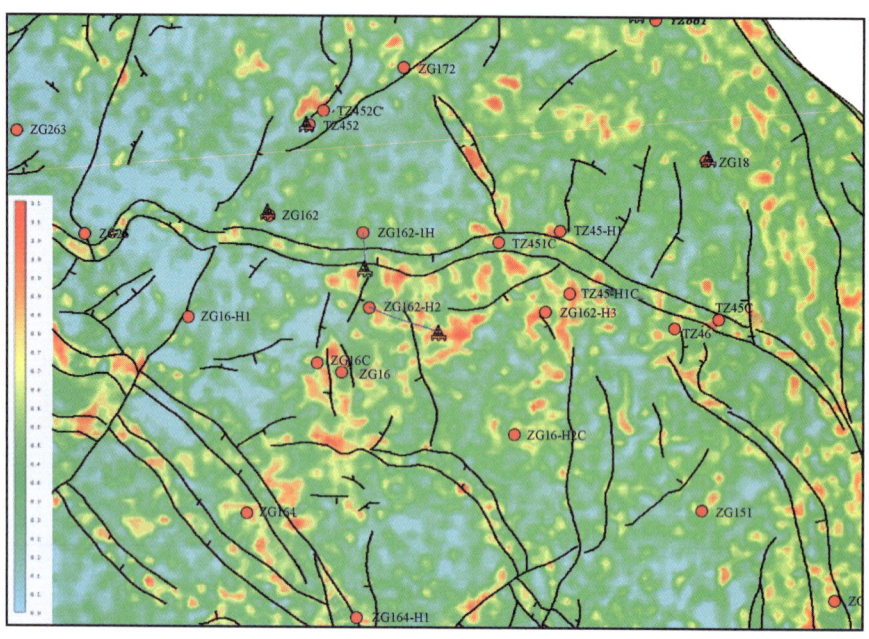

图 3 – 6　叠前裂缝预测分布图

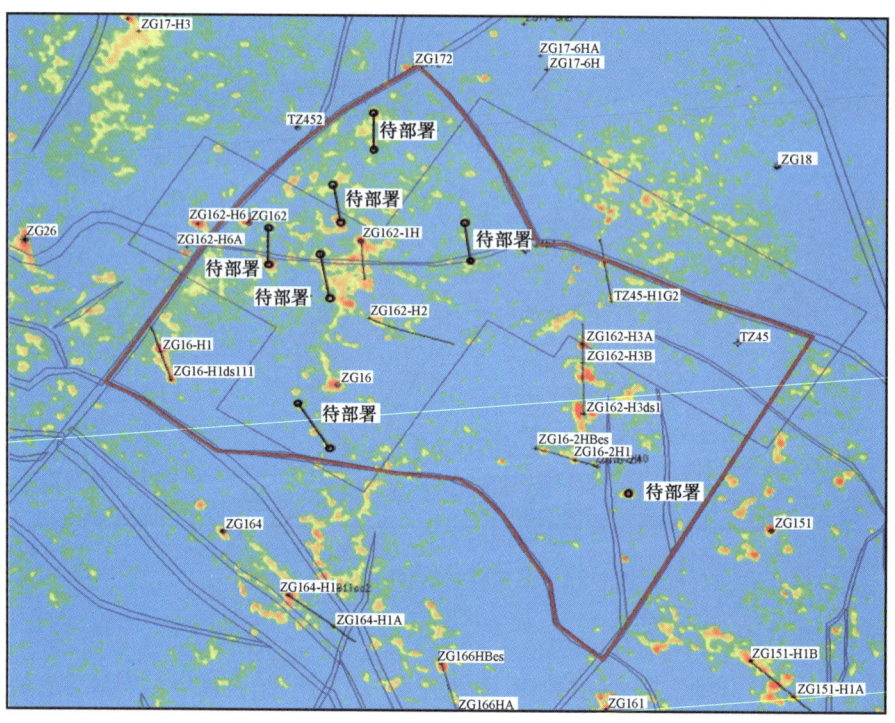

图 3 – 7　中古 16 油藏井网部署图

4. 井点优化设计(以 ZG16 – H1 井为例)

(1)水平井段平面轨迹设计。

成像测井解释邻井 ZG26、ZG16 井最大主应力方向为北东—南西向,高导缝方向近东西向,按照"新设计轨迹大角度斜交最大主应力和天然裂缝方向"的原则,设计 ZG16 – H1 水平井轨迹方向为北西—南东方向(图 3 – 8)。从叠前反演应力场预测分析,该轨迹基本垂直于最大主应力方向,沿井壁最稳定方向钻探。

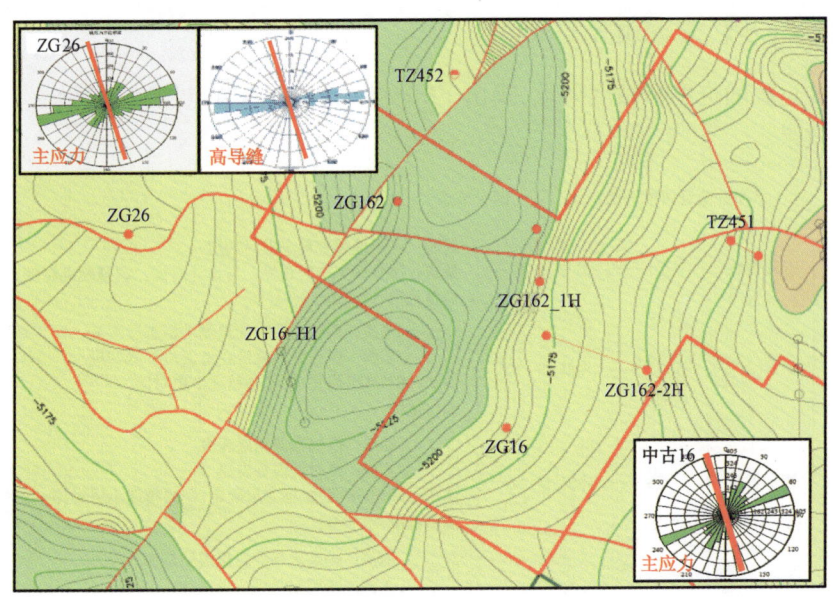

图 3 – 8　ZG16 – H1 井平面轨迹设计方向

(2)水平井段垂向轨迹优化。

基于"筋脉"理论强调工程、地质结合分析的原则,既要保证设计水平井段能钻揭区域上主力储层,又要防止井漏复杂等工程事故。因此,为实现 ZG16 – H1 井成功钻探异常强反射的目标,按照"穿头皮❶"的思路设计水平井轨迹 A、B 点为区域主力储层顶部(图 3 – 9)。从实钻效果分析,水平井钻探过程中仅漏失 410.6m³,在井漏漏失量较小的情况下成功钻至设计井深,达到地质目的。

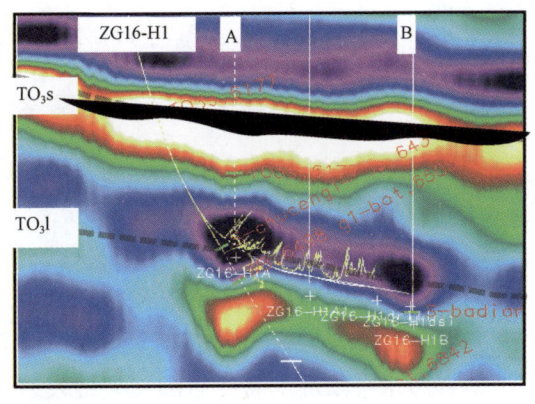

图 3 – 9　ZG16 – H1 井垂向设计轨迹

---

❶ "穿头皮":把缝洞储集体顶部形象地比喻为其"头皮",水平井井眼轨迹从离缝洞储集体 10 ~ 20m 的"头皮"中穿过即为"穿头皮"。这样既能钻遇储层获油气显示,又可避免发生漏失和溢流等复杂情况,还可保证后期改造能沟通缝洞储集体。

第二节　形成水平井钻完井过程控制规范

水平井的钻完井过程不同于直井,一方面要考虑水平段更多的钻遇储层,另一方面为了提高改造效果,水平井完井改造多采用分段酸化压裂改造措施。针对水平井的特殊情况,制定了水平井轨迹调整与试油酸化压裂分段的基本规范。

一、水平井轨迹调整基本规范

根据钻井过程的进度和精度要求,提出了"宏微观调整,四节点控制"的做法(图3-10),取得了显著效果。

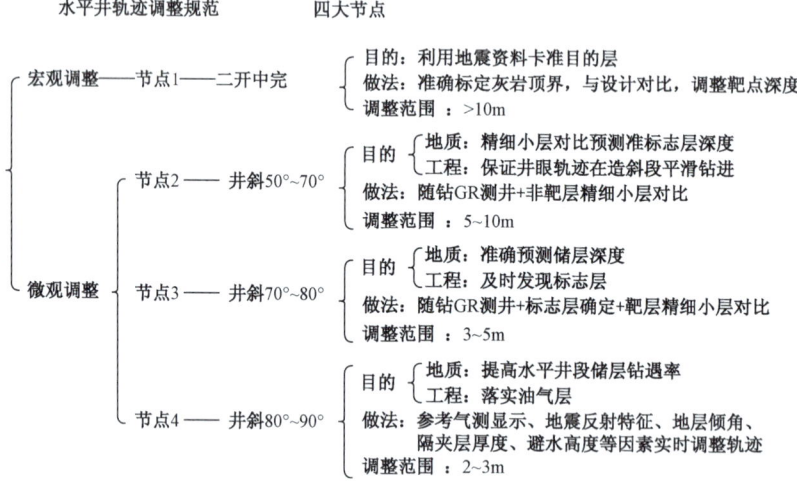

图3-10　水平井轨迹调整基本规范

二、水平井试油酸化压裂分段基本规范

根据地震反射特征、钻录井显示、测井解释成果及井径状况制定了"分段五原则"。

(1)每段长度100m左右,不超过200m;

(2)参考不同地震反射特征,宏观分大段,原则上不同地震反射特征不分到同一段;

(3)参考测井解释与钻录井显示情况,原则上把储层类型与物性相近的井段分到同一段;

(4)参考井径与岩性状况,适当调整坐封位置;

(5)参考水平段避水高度与断裂裂缝发育程度,适当控制酸化压裂规模,避免沟通深部水体。

试油讨论须准备资料:

(1)综合柱状图(标注分段情况);

(2)测井解释成果图;

(3)过水平井轨迹地震剖面(标注分段情况);

(4)连井地震剖面;

(5)连井储层划分对比图;

(6)连井储层—油气藏剖面图;

(7)过水平轨迹地震剖面与综合柱状图的对照多媒体一张(相互对照进行分段讨论)。

三、水平井轨迹调整、分段酸化压裂实例(以 TZ45 – H1 井为例)

1. 水平井轨迹调整

根据邻井储层对比,TZ45 – H1 井原设计目的层为奥陶系良里塔格组良二段储层,靶点 A 斜深 6316.6m/垂深 6066m,靶点 B 斜深 6630.5m/垂深 6116m,靶点 C 斜深 7131.6m/垂深 6162m,水平段长度 815.31m。

该井在钻至良二段井深 6286m/垂深 6060.6m,井底井斜 78.1°,方位 107.94°时,根据随钻 GR 测井、碳酸钙录井资料及与邻井精细小层对比,判断良一段顶界深度 6044m/垂深 5980m,底界斜深 6193m/垂深 6039m,因此靶点 C 垂深偏浅,将原靶点 C 垂深由 6162m 加深至 6203m,地震剖面如图 3 – 11 所示。

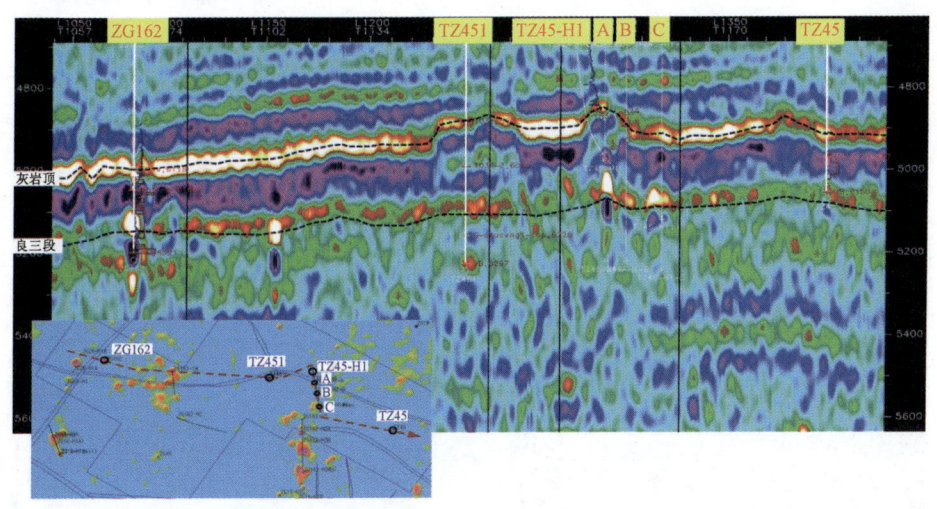

图 3 – 11 过 ZG162—TZ451—TZ45 – H1—TZ45 井连井地震剖面(恒泰艾普深度域资料)

该井在调整轨迹后又钻进 226m 至斜深 6512m/垂深 6100m,在良二段无任何油气显示,且已钻穿邻井 TZ45 井良二段的二类储层发育段。此时井斜已达 80.7°,井斜偏大,无法钻遇靶点 B,因此决定回填侧钻,新轨迹如图 3 – 12 所示,靶点 A 斜深 6424m/6170m,靶点 C 斜深 7174m/6203m。

回填侧钻过靶点 A 后,钻至斜深 6450m/垂深 6181.6m,井底井斜 77.9°,方位 171°,钻揭良里塔格组斜深 406m/垂深 201.6m。根据塔中 45 井区精细地层对比表明,该区块内良三段高 GR 段厚度从西向东逐渐减薄,且良三段高 GR 段之下发育两套储层,第一套储层发育在高 GR 段底界之下 8 ~ 10m 范围内(以 TZ452 井为代表),第二套储层发育在高 GR 段底界之下 25 ~ 28m 范围内(以 TZ451C 井为代表)。根据储层发育位置,分别对靶点 B 和靶点 C 进行了加深调整,轨迹如图 3 – 13 所示。

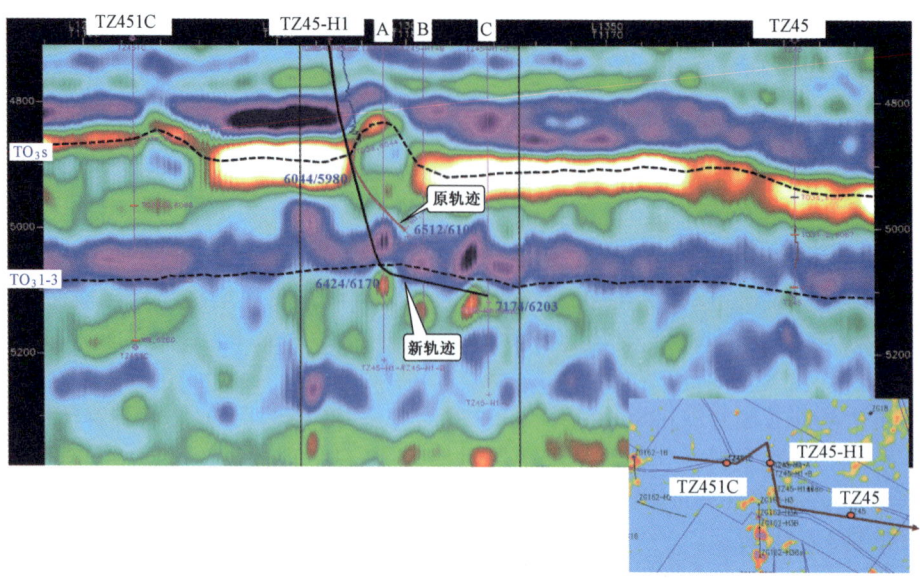

图 3 - 12 过 TZ451C—TZ45 - H1—TZ45 井连井地震剖面(西地所深度域资料)

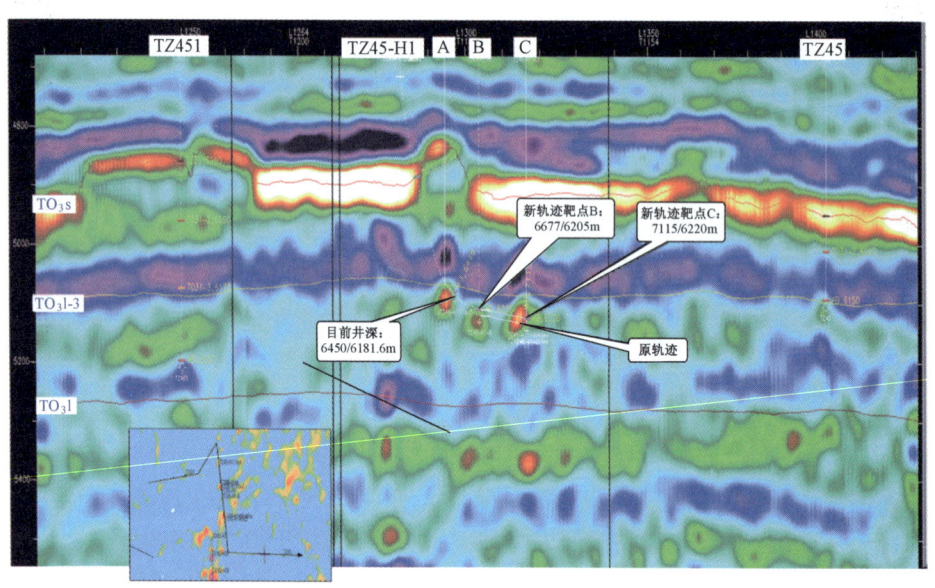

图 3 - 13 过 TZ45—TZ45 - H1—TZ45 井连井地震剖面图(西地所深度域资料)

2. 水平井分段酸化压裂

目前,该井已成功钻遇靶点 B 和靶点 C,水平段长度 718m。测井解释储层一类油气层 22m/1 层,二类油气层 25.5m/3 层,二类差油气层 41.5m/7 层,三类储层 273.5m/19 层,储层 钻遇率达 50.5%。

根据酸化压裂分段原则,该井发育三个串珠,储层发育段主要集中在串珠发育位置,为了更好地进行储层改造,对每个串珠进行分段,串珠间进行分段,每段控制在100m左右,最长不超过200m。总体分五段进行改造,每段长度分别为130m、135m、112m、103m和95m。酸化压裂改造分段如图3-14所示。

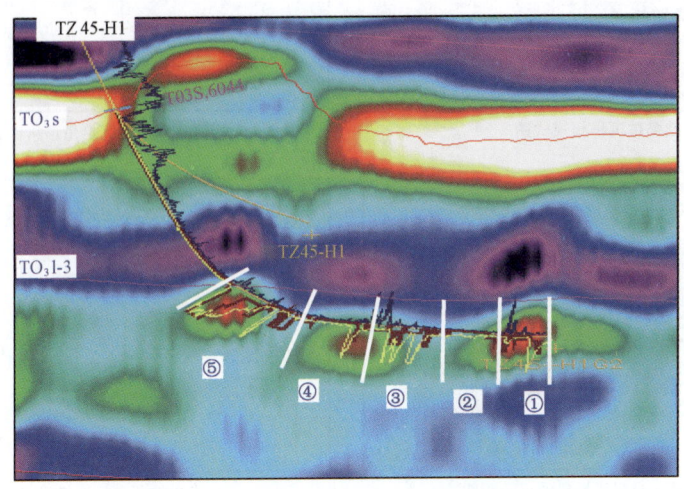

图3-14 TZ45-H1井酸化压裂改造分段图

第三节 "筋脉"理论助推与指导"三带两区"发现

以拓展新的勘探领域、寻找开发接替区块为目标,针对台内礁滩体勘探一直未突破现状,强化"筋脉"理论与技术相结合、地质与物探一体化,重新认识台内礁滩体,精细解剖、整体评价。利用"筋脉"理论的成藏理论分析,以礁滩体高能相带的识别为突破点,以台内礁滩体储层预测技术为手段,精细雕刻台内礁滩体的发育分布规律,实现了台内礁滩体储层分段预测并完成了整体综合评价。

(1)创新了礁滩体沉积微相识别方法,利用古地貌恢复、波形分析、桑塔木组底部异常反射雕刻等多种方法实现了礁滩体高能相带的精细刻画(图3-15),依据"筋脉"理论为"三带两区"的发现,提供了重要的成藏理论依据。评价出台缘礁滩带、礁后滩带、台内丘滩带3个高能相带,中古15井区和中古29井区两块平台区(图3-16)。

(2)创新了台内礁滩体储层解释预测技术,明确了台内礁滩体储层发育特征;综合运用相干体分析、地震多属性提取、波阻抗反演等技术预测优质储层范围,实现了台内礁滩体储层分层分类预测。预测结果:良一段储层主要为弱反射、良二段储层主要为组合强反射,良一段有利储层5块,面积197.8km²,良二段有利储层5块,面积198.2km²(图3-17)。

(3)2012年重新认识台内礁滩体、全面评价台内礁滩体勘探潜力,在ZG434井、ZG518井、ZG512井上返良里塔格组获得成功,证实了台内礁丘的资源潜力。在获得发现的基础上,优选区块,重点评价,利用水平井扩大勘探成果,在塔中16井区部署的ZG541H井获得高产,日产油气当量83t,开拓了良里塔格组新的接替区块。目前塔中83井区TZ721-8H井、塔中10号带ZG435H井均已经获得工业油气流,ZG441-1H井和ZG441-2H井获重大发现。优选出中

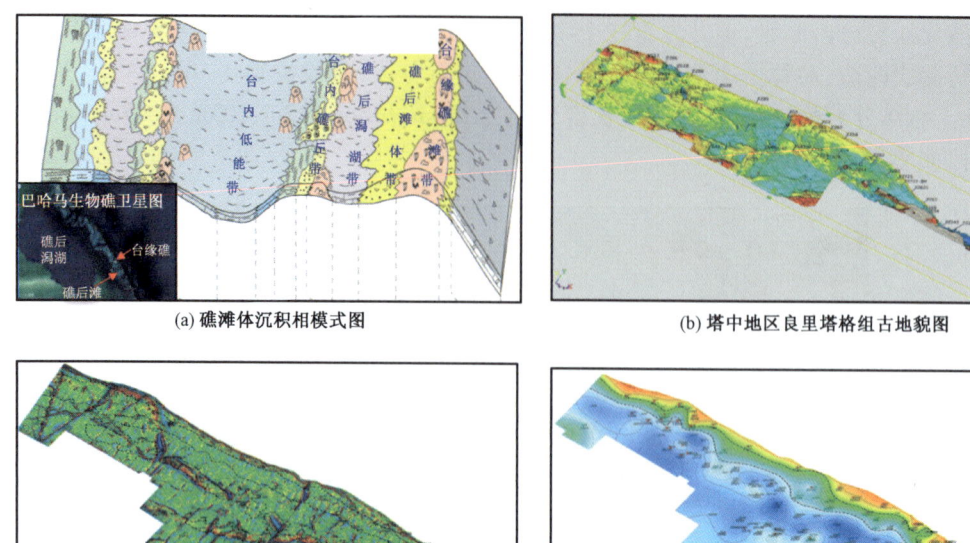

(a) 礁滩体沉积相模式图

(b) 塔中地区良里塔格组古地貌图

(c) 塔中地区良里塔格组波形分析图

(d) 塔中地区良里塔格组GR等值线图

图 3-15 礁滩体高能相带的精细刻画技术

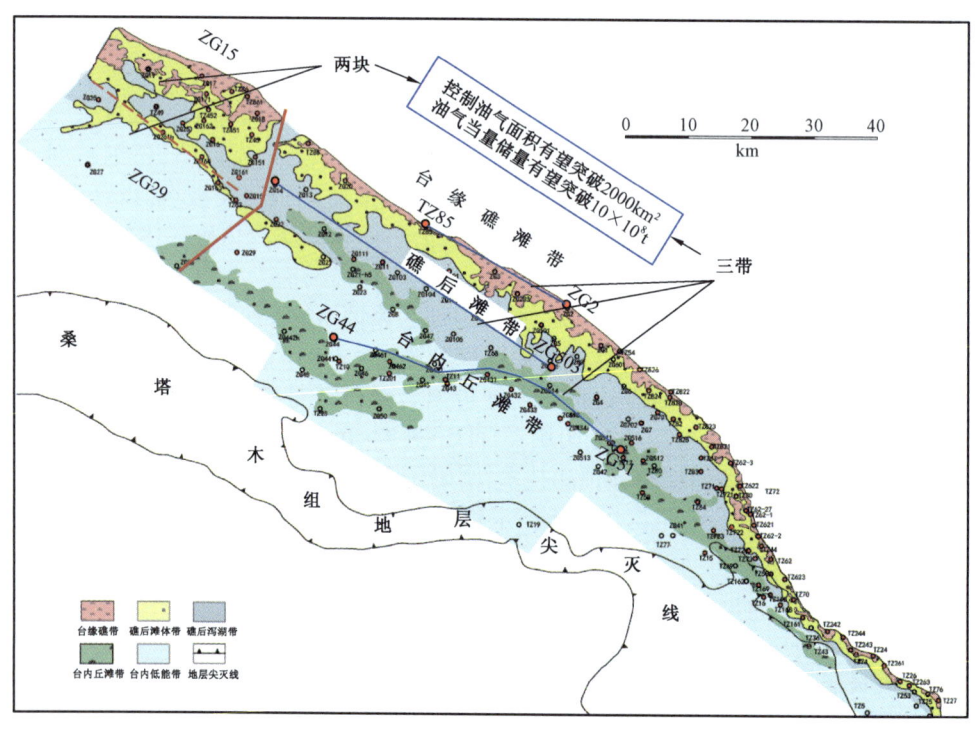

图 3-16 塔中地区奥陶系良里塔格组沉积相平面图

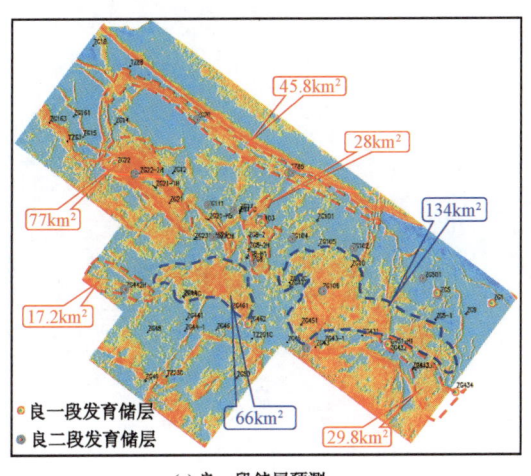

(a) 良一段储层预测

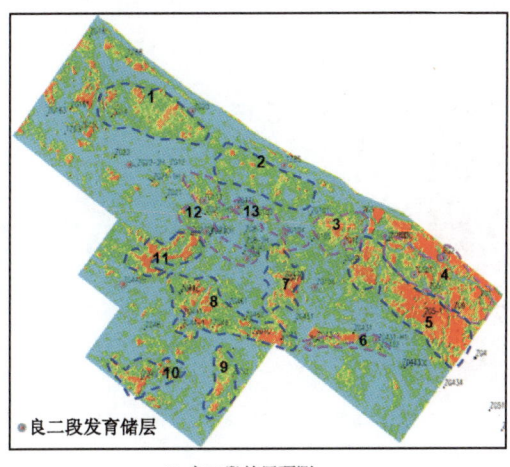

(b) 良二段储层预测

图 3 – 17 中古 8—中古 43 井区良里塔格组储层预测平面图

古 20—塔中 85 台缘带、塔中 83—塔中 16 井区礁后滩带、中古 8—中古 10、中古 44—中古 541 台内丘滩带,储备了中古 435H 井区、中古 434 井区、中古 2 井区 3 个储量区块,有利面积 670km²,预测资源量石油 1.2×10⁸t,天然气 258×10⁸m³(图 3 – 18)。

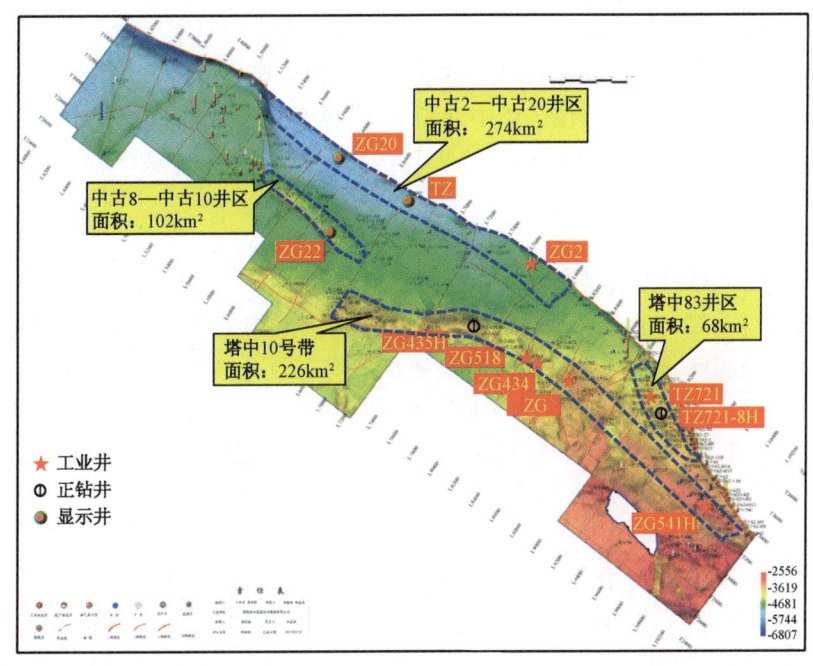

图 3 – 18 塔中地区良里塔格组顶面构造图

"筋脉" 理论指导技术应用

第一节 塔中Ⅰ号气田总体概况

■ 一、区域地质位置

塔中Ⅰ号气田位于塔里木盆地塔中隆起北斜坡带塔中Ⅰ号坡折带。塔中隆起位于塔里木盆地中央,西与巴楚凸起相接,东为塔东凸起,南为塘古孜巴斯坳陷,北接满加尔凹陷,是一个长期发育的继承性古隆起,自北向南划分为塔中北斜坡带、塔中中部凸起、塔中南斜坡带三个二级构造单元。塔中Ⅰ号坡折带位于塔中北斜坡带,紧邻北部坳陷,为北西—南东走向,展布长度约260km,南北宽2~8km,矿权面积约9313.9km²,三维区面积6493km²。

■ 二、塔中Ⅰ号气田的特点

塔中Ⅰ号气田主要开发层系为奥陶系良里塔格组及鹰山组。良里塔格组有利储层段主要分布在良里塔格组上部150m范围内,储层岩石主要为礁滩相生屑灰岩、砂砾屑灰岩、礁灰岩;主要储集类型为缝洞型、裂缝—孔洞型;测井解释平均有效孔隙度1.8%~4.09%,试井解释渗透率为0.01~452.29mD。鹰山组为半局限海台地相及台地边缘滩相沉积,主要岩石类型为亮晶砂砾屑灰岩、白云质砂屑灰岩、灰质云岩和泥晶灰岩;储层段主要分布在鹰山组顶风化壳上下200m范围内,主要储集类型为缝洞型;测井解释平均有效孔隙度为1.8%~8.7%,试井解释渗透率为0.02~65.9mD。

良里塔格组天然气CH_4含量83.72%~93.21%,N_2含量3.00%~10.12%,CO_2含量1.09%~4.37%;气藏H_2S含量变化较大,含量范围为11~23600mg/m³,天然气相对密度为0.61~0.69。地面原油密度0.7716~0.82241g/cm³,黏度0.9202~2.862mPa·s,凝固点-28~18℃,含蜡3.63%~10.25%。鹰山组天然气CH_4含量84.6%~94.57%,N_2含量1.11%~1.68%,CO_2含量2.40%~4.91%;气藏H_2S含量范围为3800~607000mg/m³,明显较良里塔格组硫化氢含量高,天然气相对密度为0.6~0.685。地面原油密度0.7678~0.8265g/cm³,黏度1.073~1.302mPa·s,凝固点-30~42℃,含蜡7.71%~23.44%。

试验区良里塔格组埋藏深度4711.5～5381.0m,西部中古15－塔中45井区埋藏较深,达6300m,因此良里塔格组压力变化范围较大,为58.31～70.10MPa,压力系数为1.14～1.20,温度为127～141.12℃。鹰山组埋深5714～6460m,地层压力为65.33～71.94MPa,压力系数为1.13～1.18,地层温度为139.84～141.88℃。

气藏类型主要以岩性控制的低—中含凝析油凝析气藏为主,局部地区存在油藏,早期驱动类型以弹性驱为主,局部有底水驱(图4－1)。

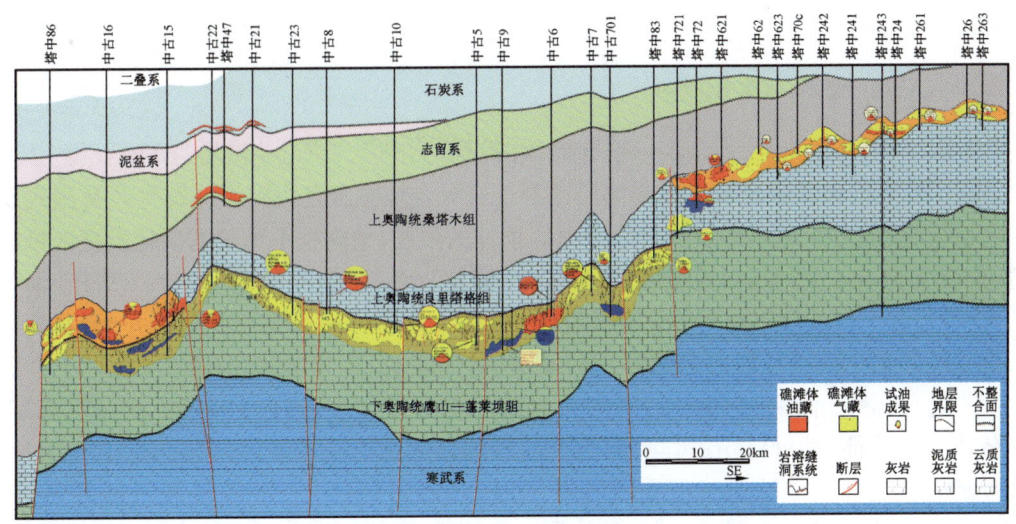

图4－1 塔中低凸起奥陶系北部斜坡带油气藏剖面图

三、勘探程度

自1989年塔中1井取得战略突破以来,截至2013年7月底,塔中地区共完成三维采集、处理、解释共6493km²。共计钻井271口,完钻井253口,正钻井18口,获得工业油气流井151口,工业油气流井占55.7%。取心进尺共计3619.45m,心长3347.91m,平均取心收获率为92.5%。CSU、ECLIPS 5700、MAX500、EXCELL 2000测井系列的常规地球物理测井271口井,FMI成像测井133口,VSP测井45口。对248口井进行测试,测试层位308层。进行分析化验27项,样品数共计24921块。

截至2012年12月,在塔中地区奥陶系探明天然气地质储量3824.98×10⁸m³,石油地质储量17900×10⁴t;控制天然气地质储量1886.20×10⁸m³,石油地质储量10505×10⁴t;预测天然气地质储量1188.87×10⁸m³,石油地质储量7877×10⁴t;三级天然气地质储量6900.05×10⁸m³,石油36282×10⁴t,油气当量9.1×10⁸t。

气田目前部分井投入试采,试采井中高效井比例只有33%,多数直井产量低而无法达到经济效益开发要求。并且直井单井控制动态储量小,其中凝析气井动态储量在(0.04～1.65)×10⁸m³,多数都小于1×10⁸m³。即使部分单井初期产量较高,但由于控制动态储量小,递减率非常大,多数直井年递减率高达60%以上,无法满足气田稳产及高效开发的要求。

由于超深、易漏易喷、含H₂S,提高单井产量配套技术面临挑战。在迎接这一挑战过程中,

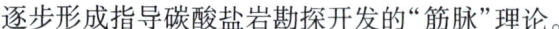

逐步形成指导碳酸盐岩勘探开发的"筋脉"理论。

　　"筋脉"理论并非一套纯地质的理论，它充分注重工程技术应用的地质条件的研究，不仅强调准确找到"病源"，更强调如何扎"针"和有效"医病"，这也是理论之实用价值极高的原因之一。下面，我们主要就三个方面常用的技术应用实践做一些经验性的说明与总结。

第二节　油气藏综合地质精细评价技术应用

■ 一、评价技术的优化选择

　　"筋脉"理论开发指导原则第一条是把诊，找到"穴位"，"穴位"就是"筋脉"（缝）及"器官"（洞）。常规的做法主要依靠地震储层预测结合综合地质研究找到裂缝发育区及洞穴发育区，在此基础上布井。由于地震资料分辨率等条件的限制，地震技术预测的裂缝发育区可能有裂缝，但不知道这些裂缝是否被充填，依此确定"筋脉"（裂缝）分布区来"插针"（钻井）十分危险：TZ262 井位于地震储层预测的裂缝发育区（图 4 - 2），但实钻证实该井为干井，测井解释以Ⅲ类储层为主（图 4 - 3），岩心观察早期有裂缝，且有溶蚀，但被充填（图 4 - 4）；对于个别大"器官"（洞）的储层预测目前是较为准确的，在地震剖面上主要表现为"串珠"状反射特征，但单纯依靠这一特征"插针"也有风险，因为目前预测技术难以确定洞内所装的是油气还是水，是充填还是不充填的。钻遇洞但充填的有 TZ161、TZ171 等井；打到洞但装水的井更多，有 TZ62 - 27C、TZ721 - 5 直井等。另外，仅依靠地震预测，也难以区分岩性变化和物性所形成的"串珠"响应。"筋脉"理论强调通过油气藏构造地质背景的研究与成藏分析确定油气富集带，通过古构造应力场和当前应力场的研究确定"筋脉"（裂缝）发育区，通过储层精准预测及动静态结合的地质精细评价确定"器官"（洞）及"毛细血管"（孔隙、微小裂缝）发育区，通过区域断裂展布及其油气藏内幕小断裂精细刻画，进一步确定"插针"（钻井）位置。

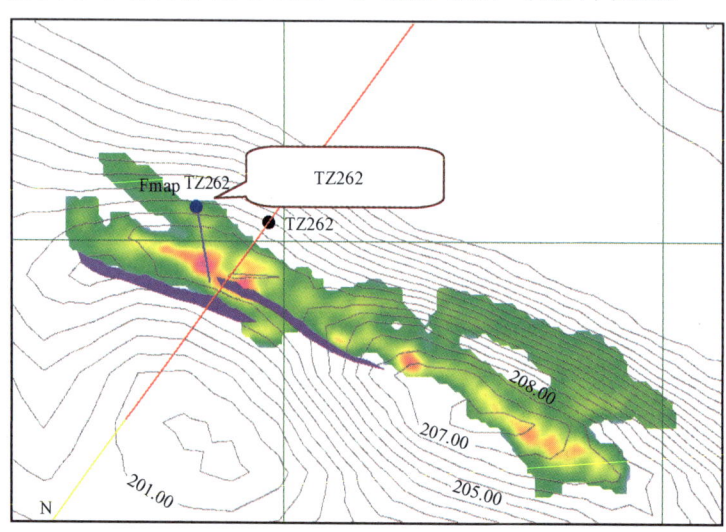

图 4 - 2　TZ262 井附近奥陶系碳酸盐岩顶面以下 0~120m 裂缝异常平面展布图

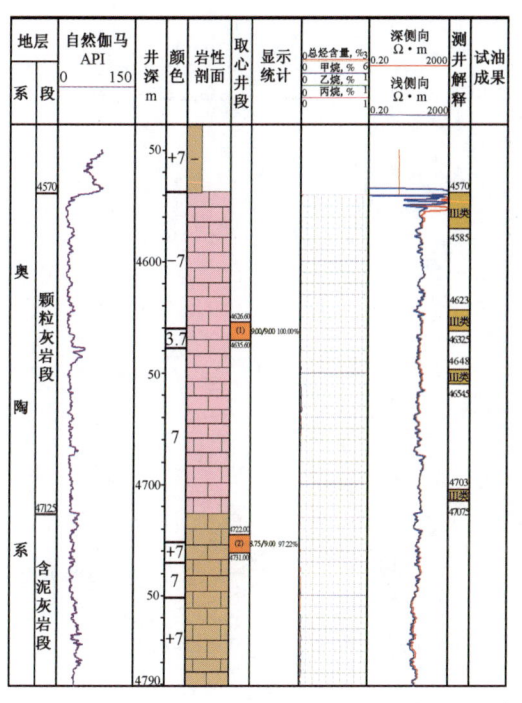

图 4-3 TZ262 井综合柱状图

图 4-4 TZ262 井奥陶系 4722~4731m 岩心照片

二、油气藏构造地质背景的精细刻画与成藏分析

1. 塔中低凸起构造特征

塔中低凸起位于塔里木盆地中央隆起带中段。塔中地区下古生界可划分为六大构造带：塔中Ⅰ号断裂构造带、塔中10号断裂构造带、中央断垒构造带、塔中1—8号断垒构造带、塔中5号潜山构造带、塔中南缘断裂构造带（图4-5）。其中塔中10号断裂构造带和中央断垒构造带表现为背斜和断块，形成古潜山构造。这些断裂与褶皱自东向西呈扇状发散，形成了塔中低凸起东窄西宽的构造格局。断裂带之间为三个相对平缓的斜坡，分别称为南部、中部、北部斜坡区。自西向东三个斜坡区逐渐向中央断垒构造带收缩合并，东部又分解出塔中8号和塔中5号潜山带。此外，塔中低凸起上还发育一系列北东向的走滑断裂，斜向切割了北西向断裂，形成网状断裂系统（图4-6）。

2. 塔中Ⅰ碳酸盐岩油气分布规律

塔中奥陶系油气主要分布在中央断垒构造带、塔中Ⅰ号断裂带和塔中10号断裂带（图4-5），油气分布主要受储层和断裂控制。

1）塔中断隆继承性发育控制油气运聚态势

由于塔中古隆起长期稳定发育，塔中Ⅰ号、Ⅱ号断裂控制了古隆起的基本构造格局，中央主垒带、塔中10号构造带的断裂在中奥陶世已经形成，控制了后期断裂的发育部位，具有明显的多期继承性发育的特征，因此油气自斜坡向隆起高部位运聚、自深层沿断裂垂向聚集的基本

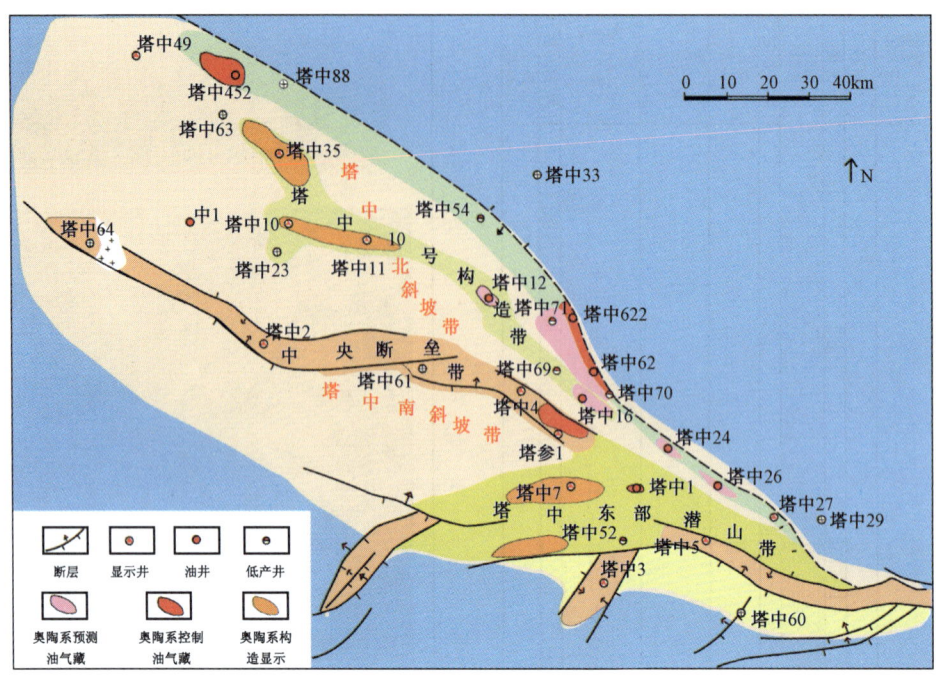

图 4 - 5　塔中地区下古生界构造单元划分图

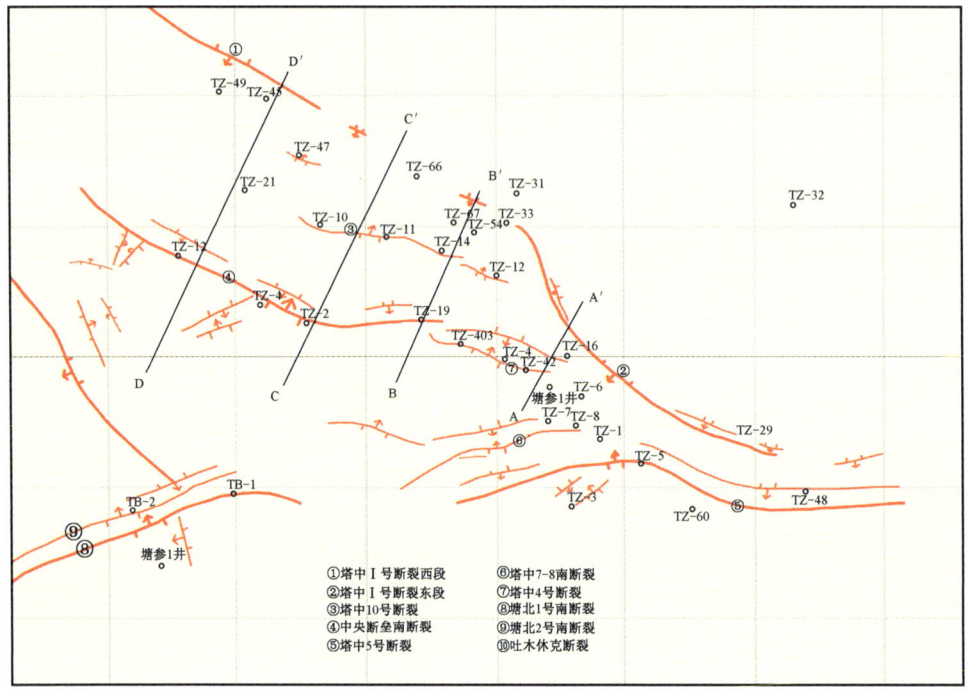

图 4 - 6　塔中地区奥陶系断裂系统分布图

（李本亮等, 2008）

态势长期保持不变,特别是塔中下奥陶统西北低、东南高的构造格局控制了东南方向是油气运聚的收敛区。

2)断裂与构造格局控制油气的运移方向

油气通过塔中Ⅰ号断裂带向南部凸起高部位,自北往南运移,并在沿途的有利圈闭中汇聚(图4-7)。与之相比,自西向东的运移调整仅发生在局部地区。受走滑断裂和局部构造的影响,塔中低凸起油气运移被分隔为复杂的运聚单元。

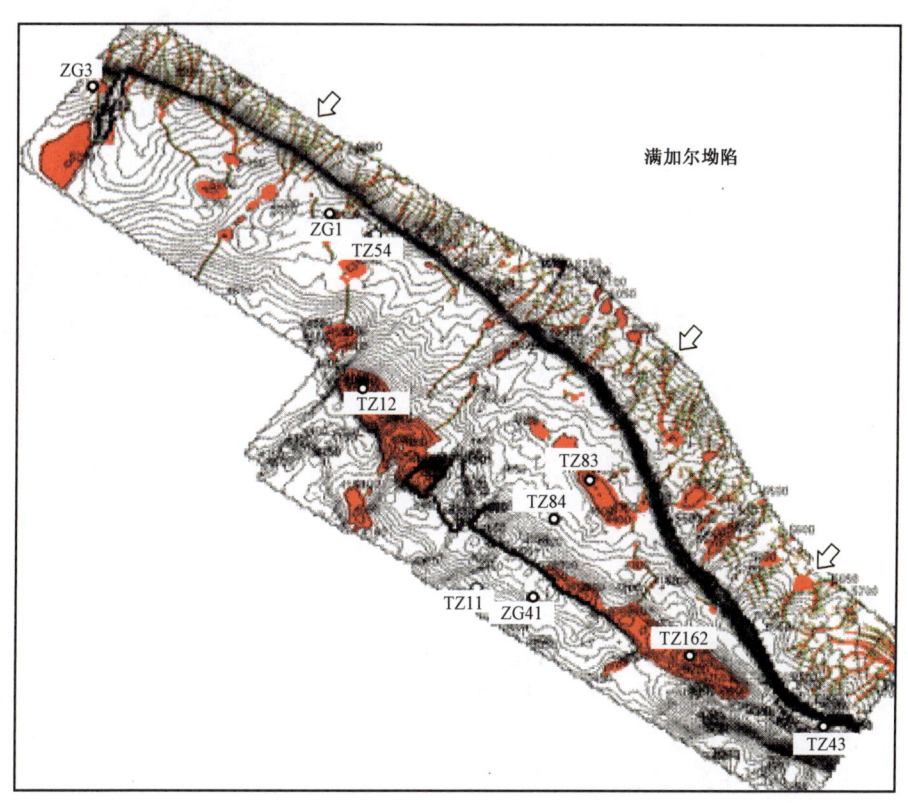

图4-7 塔中奥陶系断裂对油气的控制作用
(油气运移流线流量分析图,李本亮等,2008)

3)断裂控制着油气的富集区分布

油气藏主要分布在断裂与不整合面附近。断裂控制了油气纵向上的分布。塔中Ⅰ号带断裂主要断至奥陶系,奥陶系以上层位油气产出很少。塔中Ⅰ号上奥陶统台缘礁滩体,沿塔中Ⅰ号断裂带展布,油气通过裂缝或断裂充注其中,塔中Ⅰ号上奥陶统台缘礁滩体是油气富集区之一。

早海西期发育的近北东—南西向、南北向的走滑断裂体系,对鹰山组岩溶储层进行了进一步改造,同时成为重要的油气垂向运移通道,不整合面作为油气横向运移通道,配置连片发育的鹰山组岩溶储层,形成规模巨大的鹰山组准层状油气藏。其中岩溶最为发育的北斜坡、多期继承性发育塔中10号构造带应是油气最为富集的地区之一。

4) 局部构造控制油气水分布

虽然说塔中Ⅰ号气田为准层状油气藏,但在局部区域,富集程度还受构造控制,构造高部位油气更为富集,低部位出水概率加大。TZ721-5直井段、TZ726、TZ62-27C均处于局部构造低部位(图4-8),完钻后产水;TZ721-5直井完钻出水后往构造高部位侧钻水平井获高产(图4-9)。

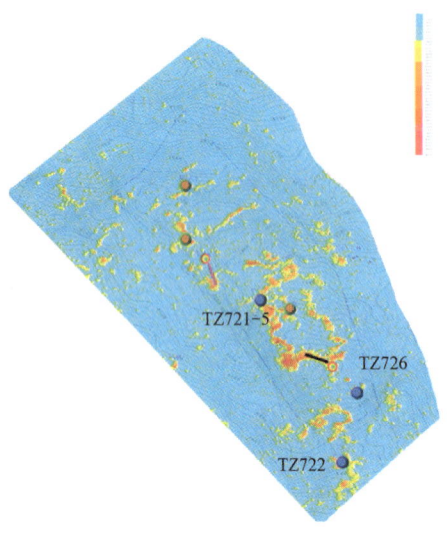

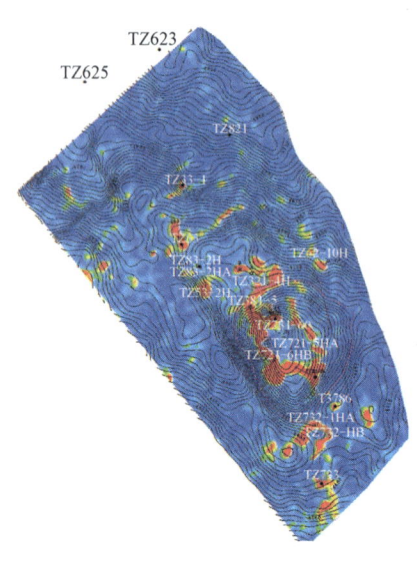

图4-8 塔中83井区奥陶系鹰山组
储层预测与构造叠合图

图4-9 塔中83井区奥陶系鹰山组
储层预测与储层顶面形态图

局部构造精细描述的常规作法是描述某个地层界限的构造,如鹰山组顶面构造(图4-10)。"筋脉"理论认为碳酸盐岩储层因为受岩溶及断层的改造,储层顶面往往不是地层顶面(图4-11),用地层顶面构造图不能真实反映储层的分布特征,所以"筋脉"理论强调做储层顶面构造的精细评价,作为"把诊"的重要依据。

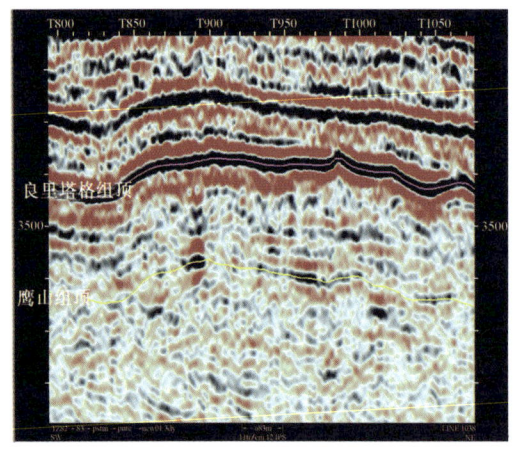

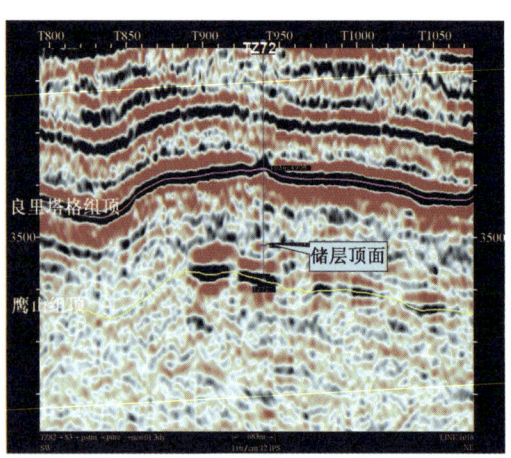

图4-10 过构造高部位地震剖面Line1038

图4-11 过TZ721井地震剖面Line1018

■ 三、古构造应力场和当前应力场研究的重要性、必要性及其评价方法

碳酸盐岩储层复杂,非均质性极强,其中裂缝是控制储层乃至油气单元的主要因素,是有效储层发育的"筋脉",对沟通岩溶系统有重要作用,同时控制油气单元的分布;"筋脉"理论强调水平井段的方位设计要高角度斜插区带主应力方向,为此,裂缝成为勘探开发井位部署中必须搞清的关键。

裂缝分不同期次,其发育受塔中地区古应力场控制,有效裂缝与当今应力场关系更为密切,所以研究古构造应力场和当前应力场非常重要,也是必要的,只有这样才能有效指导裂缝的预测和探井、开发井位的部署。

1. 评价方法简介

构造研究表明,工区经历了三次构造运动,但对于裂缝形成起主要作用的是第一、二次构造应力作用。第一次 NE—SW 向构造应力作用,形成了近 NW—SE 向构造及断层,产生了规模较大、数量较多的裂缝;第二次以 NE—SW 向的剪切应力为主,形成了 NE 和 NW 向的大量裂缝;第三次构造作用相对较弱,对前期构造作用有所叠加,产生了数量较多但规模较小的微裂缝。

为此,根据构造运动的期次、强度以及数值分析模拟出的古构造应力场和应变场特征,同时参考研究区的地质、构造、裂缝发育的观察资料,可以对工区上奥陶统储层岩体裂缝进行预测。

裂缝预测主要以古构造应力模拟和岩石破坏接近度计算的结果为依据,以岩石力学和构造地质学的构造力学分析理论为基础,同时结合生产现场的实际资料进行综合考虑而进行的。根据岩石破坏接近程度系数和岩石破坏接近度关系可知:岩体的破坏程度不仅与最大主应力有关,而且还与最小主应力、剪应力、岩石的材料力学性质等多种因素有关,而岩石的破坏接近程度系数(η)就是上述各类因素的综合体现,也是我们预测岩体裂缝发育程度的直接标志。

2. 裂缝发育程度预测标准

根据构造运动模型模拟所得到的构造应力场结果以及岩石破裂变形结果,结合塔中地区的地质、构造特征、钻井和试油等方面的生产资料以及对工区岩心裂缝观察资料进行综合分析,制订了该区裂缝发育程度评价标准(表 4 - 1)。

表 4 - 1 塔中 I 号气田奥陶系裂缝预测的 η(岩石破坏接近程度)值

η 值	破裂程度	裂缝发育级别
<0.89	破裂雏型区	裂缝发育过渡区
0.89 ~ 1.074	破裂欠发育区	IV
1.074 ~ 1.163	破裂发育临界区	III
1.163 ~ 1.253	破裂较发育区	II
1.253 ~ 1.432	破裂发育区	I
≥1.432	破坏区	断裂带

3. 裂缝发育程度

根据上述裂缝预测的标准,对工区上奥陶统层岩体破裂特征及裂缝发育规律分别预测如下。

1）Ⅰ级裂缝发育区

根据裂缝预测的标准可知,当 η 值为 1.253~1.432 时,其为Ⅰ级裂缝发育区的表征。一、二期构造运动形成的Ⅰ级裂缝主要分布于 TZ83 井以南断裂区、TZ82 井走滑断裂区及塔中Ⅰ号断裂带(图 4-12);三期构造运动较弱,在工区内无Ⅰ级裂缝发育区。

2）Ⅱ级裂缝发育区

根据裂缝预测的标准可知,当 η 值为 1.163~1.253 时,其为Ⅱ级裂缝发育区的表征。一、二期构造运动形成的Ⅱ级裂缝主要分布在 TZ83 井以南断裂区、TZ82 井走滑断裂区、TZ161 井、TZ70-TZ242 井及塔中Ⅰ号断裂带(图 4-12);三期构造运动对工区影响较弱,无Ⅱ级裂缝发育区(图 4-13)。

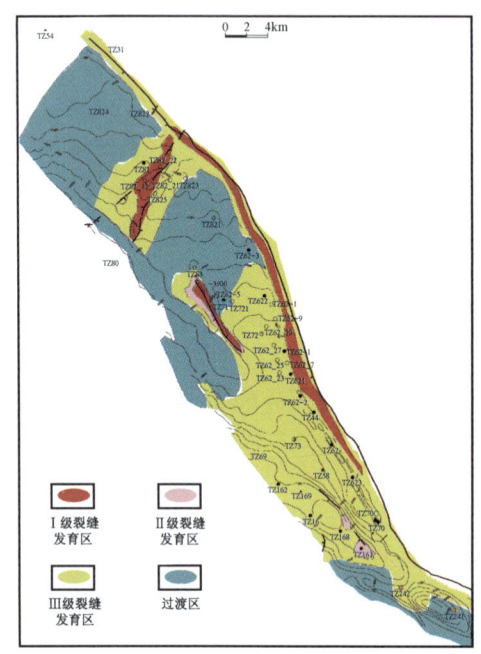 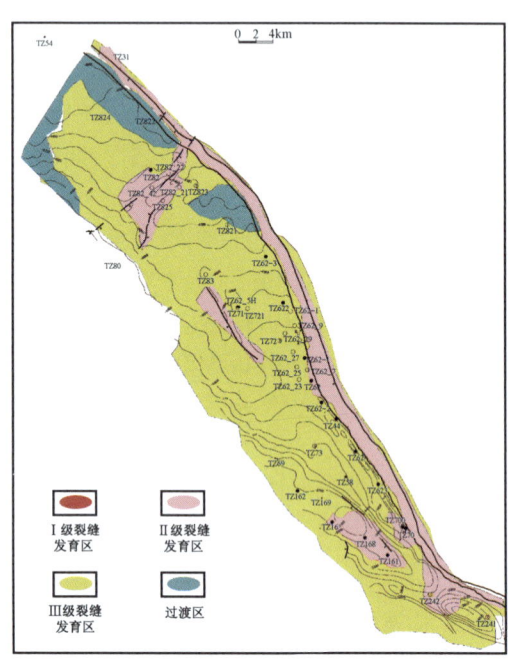

图 4-12 塔中Ⅰ号气田一期构造裂缝发育分布图　　图 4-13 塔中Ⅰ号气田二期构造裂缝发育分布图

3）Ⅲ级裂缝发育区

根据裂缝预测的标准可知,当 η 值为 1.074~1.163 时,其为Ⅲ级裂缝发育区的表征。一、二期构造运动形成的Ⅲ级裂缝在工区分布较广;三期构造运动形成的Ⅲ级裂缝在工区分布较少,主要分布在Ⅰ、Ⅱ级及断裂发育区周边。

4）裂缝发育过渡区

所谓裂缝发育过渡区是指岩体接近破裂强度极限值,虽然岩体未发生破裂但在岩体内部已有破裂的雏形,故而岩体内部就会产生众多的潜在微裂缝,在后期构造运动下极易发展成为宏观的裂缝。一、二期构造运动在塔中Ⅰ号气田西北部除塔中 82 区块外就以裂缝发育过渡区分布特征为主;三期构造运动较弱,在工区东南端出现了大面积的裂缝发育过渡区。

4. 裂缝发育度综合预测

前面已对各期构造运动裂缝发育特征进行了分析,结果表明:一、二期构造运动较强烈,出现了Ⅰ~Ⅲ级和过渡带裂缝发育区;三期构造运动对本区影响较弱,其裂缝发育度较差,以裂缝发育过渡区分布特征为主。综合三期构造运动特征,分析认为工区在三期构造运动特征的共同叠加影响下,工区内塔中Ⅰ号断裂、走滑断裂及其伴生断裂区以Ⅰ~Ⅱ级裂缝发育为特征,其他地区主要为Ⅲ级裂缝发育区(图4-14、图4-15)。

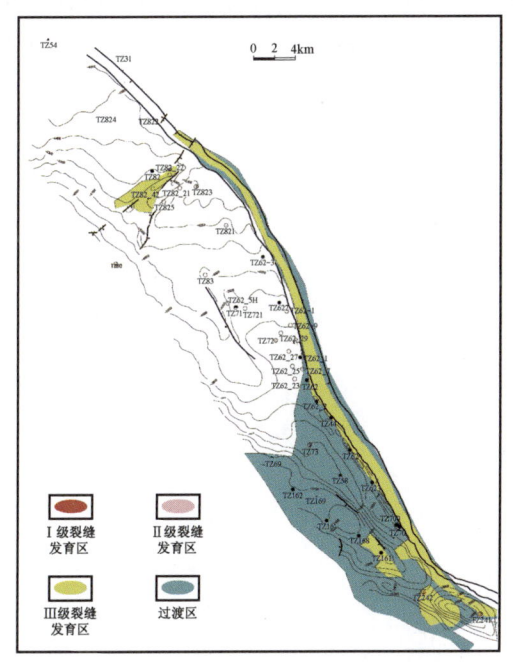

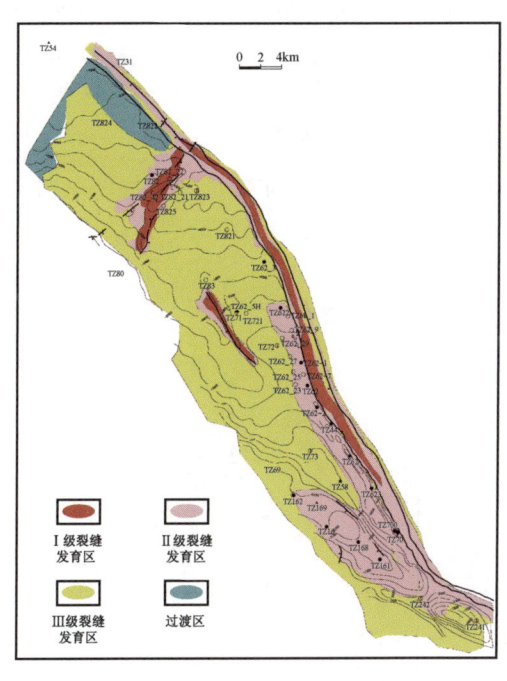

图4-14 塔中Ⅰ号气田三期构造　　　　图4-15 塔中Ⅰ号气田构造裂缝
　　　　裂缝发育分布图　　　　　　　　　　　综合发育特征分布图

虽然用古应力场对裂缝进行了初步预测,但还不够,今后对塔中地区古应力场和当今应力场的研究思路如下:

基于三维地震资料,在构造和断裂精细解释的基础上,对塔中Ⅰ号气田区奥陶系良里塔格组和鹰山组碳酸盐岩进行多期(良里塔格组、桑塔木组、志留系、石炭系、二叠系、中生界、新生界沉积前、现今)古构造恢复,开展构造和断裂演化的精细研究;利用平衡剖面原理进行构造恢复,利用构造趋势法、厚度趋势法,结合地层对比法进行剥蚀量恢复,利用压实曲线恢复压实量,分别确定它们各主要构造期的构造格局,并据此建立三维的地质模型;利用构造地质成因法,结合钻测井资料所获取的应力场、岩石类型等参数,预测各期裂缝的发育,应用应力方向机制计算裂缝的扩张趋势,计算各地质时期裂缝的开启和闭合程度,分析裂缝的密度和交切关系,采取多期叠合的方法,探讨裂缝的发育规律;利用叠前叠后地震资料,通过多种地震信息的提取分析,并利用地震数据体空间曲率体计算、识别裂缝的发育特征,预测现今储集单元的发育特征。综合以上多种方法的预测结果,综合判别裂缝的发育规律和特征。

四、区域断裂展布及其油气藏内幕小断裂精细刻画技术

1. 断层刻画技术

对于碳酸盐岩油气藏,断层的作用不仅仅是改造储层,同时是油气纵横向运移的主要通道,因此断层的解释非常重要。而利用地震资料来识别断层是目前比较重要的断层描述手段,常规的方法是根据地震解释人员的经验,手工在地震剖面上识别断层,该方法的人为因素比较重,并且对于内幕小断层的识别非常困难。伴随着计算机运算能力的提高和解释软件功能的不断强大,断层解释手段也日益更新,目前主流的解释技术为波形相干处理及分析技术、基于高精度相干加强的微断裂预测技术,这些技术进一步提高了断层解释的合理性及精度。

2. 区域断裂展布

塔中Ⅰ号带断裂主要形成于加里东期和海西期,海西期以后基本停止活动,根据断层成因机理、形成期次划分为三组断裂体系:塔中Ⅰ号断裂体系、走滑断裂体系、东西向次生断裂体系(图4-16)。

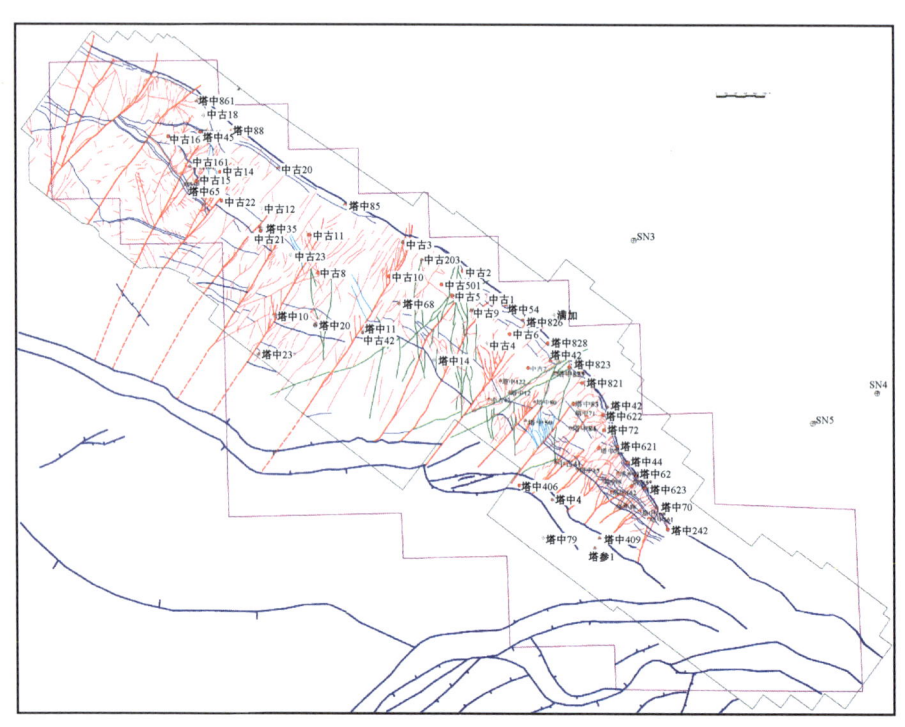

图4-16 塔中北坡奥陶系良里塔格组顶面断裂系统图

3. 内幕小断裂精细刻画

裂缝本身储油空间有限,但是裂缝作为沟通周围溶蚀孔洞的"筋脉",对油气的勘探开发至关重要。近年来,应用高精度相干加强的微断裂预测技术对大尺度的裂缝及内幕小断裂进行了精细刻画(图4-17),与钻井情况吻合程度较高。大尺度的裂缝及内幕小断裂发育区往往是储层发育区,所以"扎针"(钻井)时要瞄准这些区域。2012年,钻探 TZ82-TH 井,以水平井钻探的方式"扎针"(钻井),最大限度连通有利储层,提高单井产量。但在水平井钻井轨迹

设计过程要注意避开大断层,以避免打到断层造成大量钻井液漏失形成复杂情况,如TZ62 – 4H井、TZ26 – 2H井、TZ26 – 4H井均因此提前完钻,无法达到地质目的。

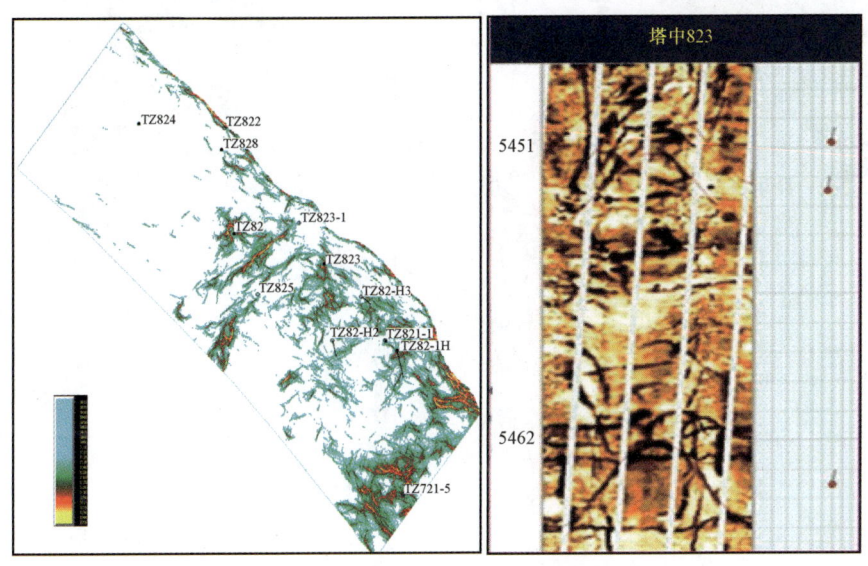

图4 – 17 塔中82 – 83井区奥陶系良里塔格组裂缝预测图和TZ823井成像测井图

■五、储层精准预测及动静态结合的综合地质精细评价

针对"器官"(洞)及"毛细血管"(孔隙、微小裂缝)的精准预测技术主要有精细储层标定技术、模型正演技术、地震相划分、频谱分解、地震属性提取及分析技术等。在储层精准预测的基础上,结合井的生产动态特征,建立了塔中Ⅰ号气田试验区有利储层发育区划分标准(表4 – 2)。

表4 – 2 塔中Ⅰ号气田试验区有利储层发育区划分标准

优质储层分区标准	沉积微相	地震异常体	典型井
高产区(Ⅰ类区)	礁核、礁翼中低能生屑滩	强异常	TZ62 – 2井、TZ82井、Z721井
中低产区(Ⅱ类区)	礁坪、灰泥丘 中高能砂、砾屑滩	中—弱异常	TZ623井、TZ62井、TZ243井、TZ26井 TZ622井、TZ828井
未获工业油流区(Ⅲ类区)	中低能砂屑滩	弱—无异常	TZ74井、TZ822井

按上述标准,塔中82区块(图4 – 18)强异常的Ⅰ类区面积为12.06km²,Ⅱ类区14.94km²;塔中62区块(图4 – 19)Ⅰ类油区5.5km²,Ⅱ类油区6.5km²,Ⅰ类气区2.4km²,Ⅱ类气区9.6km²;塔中26区块Ⅱ类区20km²(图4 – 20)。

塔中83区块用均方根振幅来进行储层预测,发育4个储集体,Ⅰ类储层区面积51km²(图4 – 21)。

在油气藏综合地质精细评价的基础上,确定井位的部署原则:首先是找到有利的油气藏地质背景区带;二是通过储层精准预测确定"器官"及"毛细血管"发育位置,从而确定井位平面位置;三是以准层状确定水平井轨迹进行评价开发。ZG12井及ZG162 – 1H井就是按这一

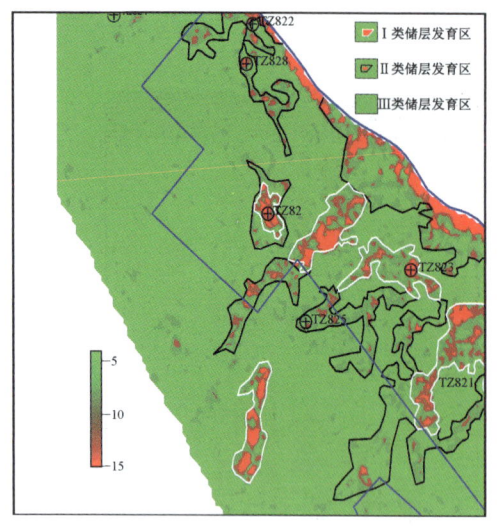

图 4-18　塔中 I 号气田塔中 82 区块
良一 + 良二段储层评价图

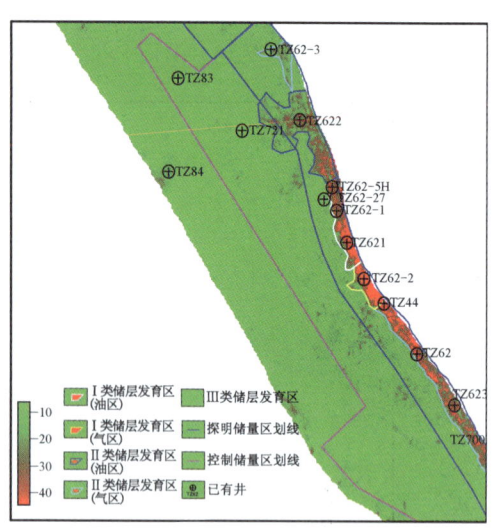

图 4-19　塔中 I 号气田塔中 62 区块
良一 + 良二段储层评价图

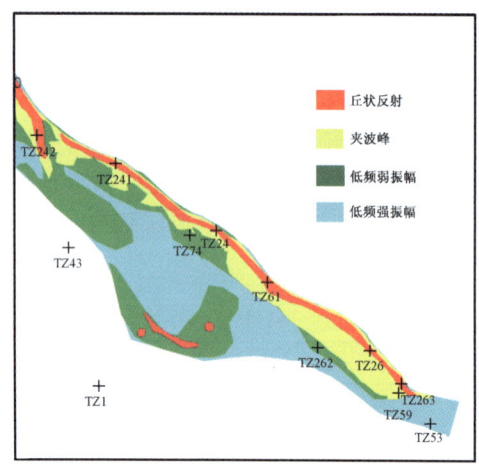

图 4-20　塔中 I 号气田塔中 26 区块
良一 + 良二段储层评价图

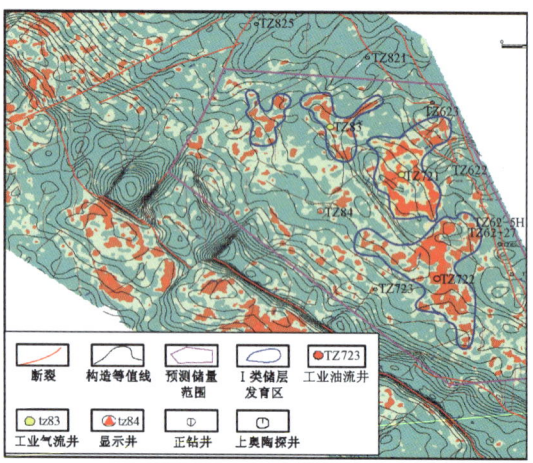

图 4-21　塔中 I 号气田塔中 83 区块
鹰山组储层评价图

原则实施成功的典型:ZG12 井在钻遇鹰山组目的层后录井显示有水,试油初期出水,经分析该井平面上处于构造高部位,构造位置相比高产邻井 ZG111 井更高(好的地质背景),初期出水应是定容水,后经酸化压裂获高产油气流;ZG162-1H 水平井水平段轨迹穿过三个储层发育区,垂向轨迹按准层状开发部署,钻井过程中录井显示差,测井解释以Ⅲ类储层为主,但分三段酸化压裂后获高产,目前稳产(见单井典型实例分析)。ZG12 井及 ZG162-1H 井的成功,证实"筋脉"理论强调油气藏综合地质精细评价的重要性,地质背景评价尤其重要,按上述部署三原则确定井位是可行的。

第三节　水平井随钻地质导向技术应用

■ 一、塔中碳酸盐岩随钻跟踪技术需求分析

1. 塔中碳酸盐岩油气藏储层特征

目前塔中碳酸盐岩油气藏储层地震反射特征主要为串珠状、片状、杂乱、弱反射四种类型（图4－22）。串珠状反射特征储层60%～70%为Ⅰ、Ⅱ类储层,孔隙度一般大于4%,钻探时漏失严重、经常发生放空;片状反射特征储层Ⅰ、ⅡⅢ类储层均有发育,储集空间为近层状发育;杂乱地震反射特征储层以裂缝型和裂缝孔洞型为主,其次为孔洞型,孔隙度一般为2%～6%,储集空间为裂缝和孔洞的复合体;弱反射特征储层主要为裂缝型和孔洞型,孔隙度一般小于2%,储集空间为较不连续的孔洞和少量裂缝。随勘探开发的深入,片状、杂乱、弱反射特征储层已成为攻关的重点目标,以上无论哪一类储层,钻探过程中常发生漏失和放空,说明地震反射特征与储层类型并无直接关系,仅有大体的趋势关系,采用水平井开发效果均优于直井。

反射类型	地震剖面特征	钻井异常	储集类型	孔隙度分布范围	裂缝发育情况	储集空间	储层评价
串珠状	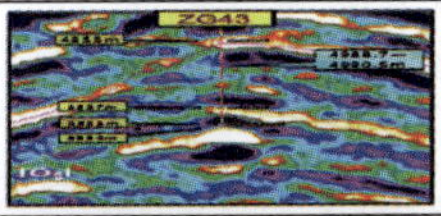	多数井漏失严重、放空常见	溶洞型、裂缝孔洞型	主要产层段一般大于4%	发育	大型溶洞为主	Ⅰ类、Ⅱ类
片状	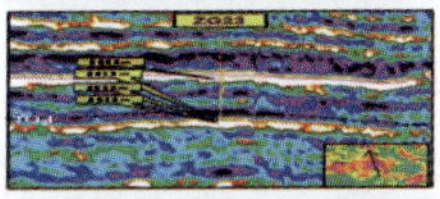	可见少量漏失或放空	裂缝孔洞型为主,其次裂缝型、孔洞型和溶洞型	主要产层段一般2%～8%	发育	近层状发育的裂缝和孔洞层	Ⅰ类、Ⅱ类,Ⅱ类为主
杂乱		可见少量漏失	裂缝孔洞型为主,裂缝型、孔洞型和溶洞型	主要产层段一般2%～6%	较不发育	裂缝和孔洞的复合体	Ⅱ类、Ⅲ类
弱反射	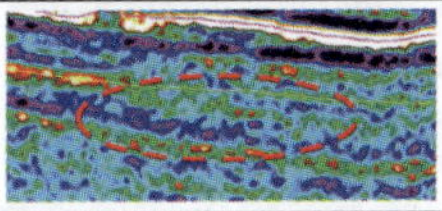	一般无漏失或放空现象	储层相对致密	一般小于2%	一般不发育	较不连续的孔洞和少量裂缝	少量Ⅱ类、Ⅲ类为主

图4－22　地震反射特征对应的静态储层特征

2. 实现单井高产、稳产和油气田高效开发工艺需求分析

碳酸盐岩储层非均质性强,储层发育位置在地震剖面上难以确定,水平井轨迹设计难度大,难以保证钻遇多套缝洞体;且水平井对储层预测的准确性和井身轨迹的控制要求严格。

塔中Ⅱ区鹰山组层间岩溶储层及Ⅲ区台内良三段储层顶部普遍发育高GR盖层,纵向分布范围广,横向变化大,油(气)水界面十分复杂。钻探过程急需一种工具或手段获取实钻地层信息,根据实钻和邻井资料进一步分析地震响应与储层发育位置的对应关系。

通过分析塔中碳酸盐岩鹰山组储层发育位置与区域高GR段特征的对应关系和现场随钻GR导向技术的应用,形成适用于塔中地区的施工技术方案,创新碳酸盐岩水平井随钻动态研究技术,应用随钻GR技术根据地层变化不断修正轨迹,不仅提高入靶精度,同时提高储层钻遇率,最大化泄油气面积,进而提高单井产量,实现少井高效,加快塔中Ⅰ号气田勘探开发步

伐,实现效益、规模开发。

■■ 二、水平井轨迹优化设计

1. 塔中区块水平井轨迹设计难点

2012 年塔中部署碳酸盐岩开发井 48 口,其中水平井 42 口,所占比例达 87.5% ;2013 年碳酸盐岩开发井已部署 45 口,44 口为水平井,水平井已是塔中碳酸盐岩油气藏开发的主要井型。

塔中西部碳酸盐岩油气藏埋深普遍较深,水平段延伸长,地震地质层位标定难以满足入靶精度和储层识别需求。而碳酸盐岩储层的非均质性强,纵向上靶层识别难度大,而实际钻探过程因轨迹不断调整导致井眼不能达到完井要求,致使完井周期长,井控风险大。

塔中Ⅱ区鹰山组层间岩溶储层及Ⅲ区台内良三段储层顶部普遍发育高 GR 盖层,但高 GR段之下的油气层在区域上发育位置存在不确定性,仅根据地震响应无法准确确定储层发育位置。

现场实钻过程中仅通过录井手段获取的地层信息不满足水平井确定储层发育位置的需求,无法及时准确地修正轨迹。

介于以上难点,在 2011 年水平井钻探初期,由于技术手段不成熟,水平井钻探的成功率较低。图 4 – 23 为塔中Ⅰ号气田历年水平井钻探效果指标曲线,表 4 – 3 为 2008—2013 年水平井钻探成果统计对比表。

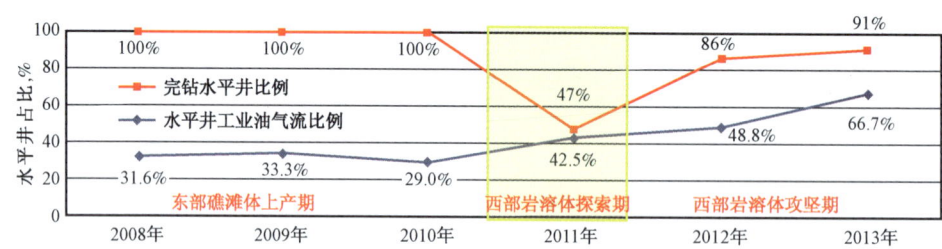

图 4 – 23   塔中Ⅰ号气田历年水平井钻探效果指标曲线

表 4 – 3   2008—2013 年水平井钻探成果统计对比表

时间	2008 年	2009 年	2010 年	2011 年	2012 年	2013 年
当年总井数,口	19	27	38	40	43	40
完钻水平井,口	6	9	11	17	21	32
水平井工业油气流,口	6	9	11	8	18	29

2. 水平井轨迹优化设计

通过系统分析塔中碳酸盐岩区域性特征高 GR 段展布规律,发现塔中Ⅱ区鹰山组普遍发育两套高 GR 段。高一 GR 段,层状泥质条带;高二 GR 段,洞穴(半)充填泥质。高一 GR 段,位于鹰山组顶附近,已钻探井有 14 口发育高一 GR 段,比例 17.7% ,GR 值平均 30 ~ 60° API;高二 GR 段,位于鹰山组内幕,已钻探井有 18 口发育高二 GR 段,比例 22.8% ,GR 值平均 90 ~120° API(图 4 – 24) 。

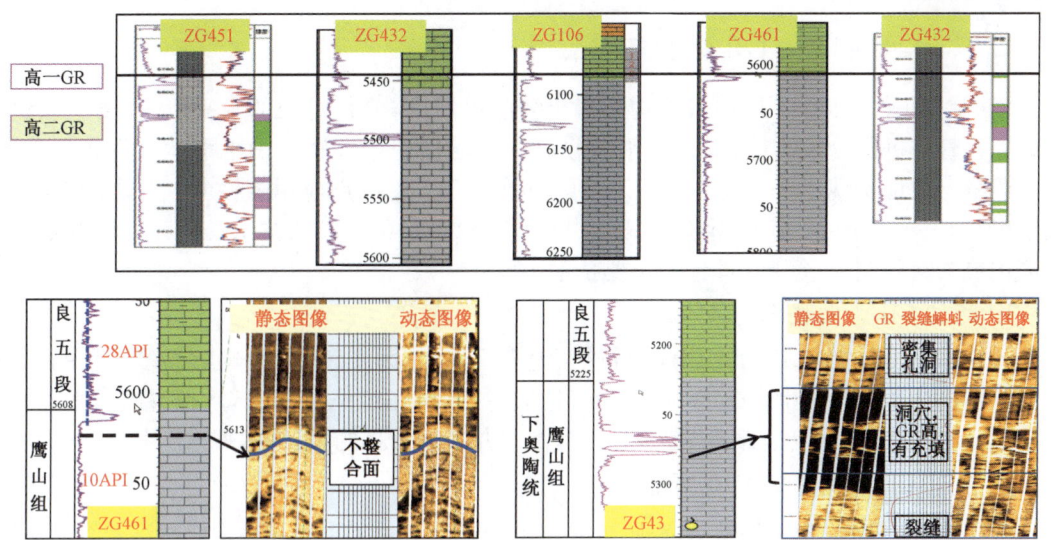

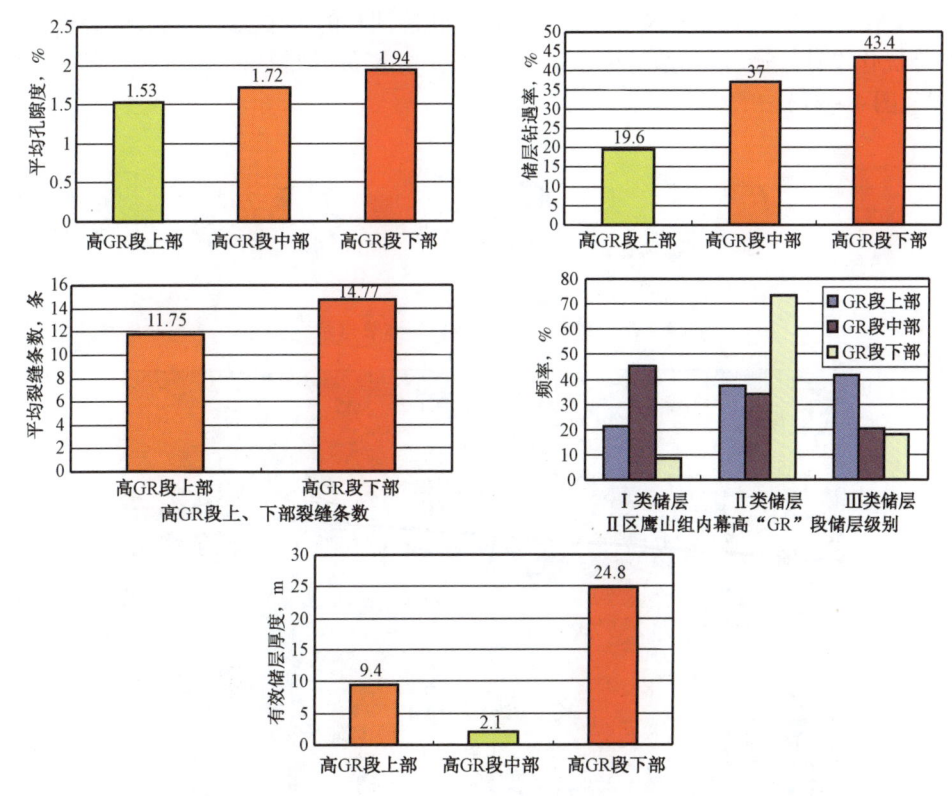

图 4-24 鹰山组高 GR 段示意图

通过塔中碳酸盐岩区域性高 GR 段展布规律及储层发育位置与高 GR 段的对应关系的分析,确定高二 GR 段下部为优质储层发育段(图 4-25),落实储层发育位置,准确定位靶点,保证水平井轨迹设计的准确性和合理性。

图 4-25 高二 GR 上下段对比直方图

三、水平井随钻 GR 地质技术应用

"筋脉"理论要求水平段尽可能沟通多个缝洞单元，需要相对长的水平段，并要下入较复杂的完井管柱进行分段改造，保证水平井较高的储层钻遇率和轨迹的平滑就显得尤为重要。为了经济有效地实现水平井的高效开发目的，塔中 2012 年试点应用随钻 GR 工具，2013 年全面推广，2013 年应用 30 口井，准确入靶 30 口。因此，随钻 GR 导向技术及研究方法的技术创新应用成为有效实现"筋脉"理论的重要技术手段。

1. 随钻 GR 导向技术特点

随钻 GR 导向技术，综合运用地质特征、地震反射、钻井工程、测井响应等多学科的研究。通过分析塔中碳酸盐岩储层发育特征，精细地层对比，准确定位储层发育位置，以水平井轨迹优化设计为前提，随钻动态跟踪为手段，以提高单井产量为目的，最终实现水平井高效开发。

2. 随钻 GR 导向技术的应用实践

为了保证"筋脉"理论的有效实现，水平井充分利用随钻 GR 导向技术穿越多套缝洞系统，保证水平井轨迹平滑，避免工程风险的同时兼顾勘探潜力。

随钻 GR 导向技术在塔中的成功应用大体经历了两个阶段：一是摸索阶段，二是成熟应用阶段。

2012 年塔中开始试点应用随钻 GR 工具，2013 年全面推广应用。为准确定位靶层，确保水平井精确入靶，并尽可能多的穿越多套缝洞体，提高储层钻遇率，通过多口井的实钻经验，结合随钻 GR 曲线，摸索总结出了水平井钻探过程中轨迹调整的 4 个关键节点，层层递进，及时、合理、精细优化设计轨迹，增加泄油面积，有效提高单井产量，创新出一套水平井随钻跟踪技术（图 4 - 26、图 4 - 27）。

图 4 - 26　动态跟踪的 4 个关键节点示意图

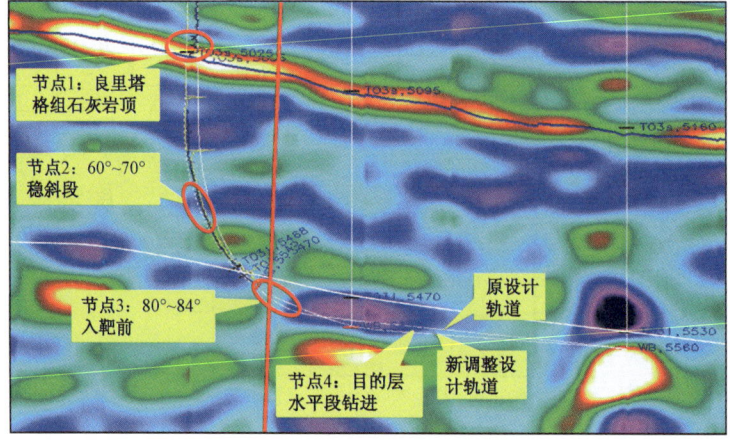

图 4 - 27　4 个关键节点地震剖面示意图

节点1:根据实钻良里塔格组顶,依据地震标定宏观确定靶层深度,进行初步调整,调整幅度大于20m;

节点2:井斜60°~70°,依据随钻GR曲线确定井底位置,与邻井精细对比,对靶层进行优化调整,调整幅度10~20m;

节点3:入靶前,结合区域储层顶部GR特征,根据随钻GR曲线变化,准确确定靶点位置,调整幅度5~10m;

节点4:目的层水平段钻进,根据随钻GR特征、录井显示及地震响应形态进行精确调整,调整幅度小于5m。

为有效地控制水平井井身轨迹平滑,最大化水平井在储层中的延伸能力,并减小后期分段改造的工程风险。通过系统分析入靶角度与轨迹调整合理化的对应关系,实现了水平井轨迹定量调整,确定最佳入靶角度范围,在避免工程风险的同时兼顾勘探潜力,增加轨迹调整合理性和实用性,基本形成水平井钻探轨迹调整角度优化技术(表4-4)。

表4-4 井斜角度与轨迹调整对应关系表

稳斜度数	以3°/30m挑平		以4°/30m挑平		以5°/30m挑平		以6°/30m挑平		稳斜30m	稳斜50m	稳斜100m
	水平位移 m	垂直位移 m	水平位移 m	垂直位移 m	水平位移 m	垂直位移 m	水平位移 m	垂直位移 m	垂直位移 m	垂直位移 m	垂直位移 m
75°	148.29	19.52	111.22	14.64	88.98	11.71	74.15	9.76	7.76	12.94	25.88
76°	138.61	17.02	103.96	12.76	83.17	10.21	69.31	8.51	7.26	12.10	24.19
77°	128.89	14.68	96.67	11.01	77.33	8.81	64.44	7.34	6.75	11.25	22.50
78°	119.12	12.52	89.34	9.39	71.47	7.51	59.56	6.26	6.24	10.40	20.79
79°	109.33	10.53	81.99	7.90	65.60	6.32	54.66	5.26	5.72	9.54	19.08
80°	99.49	8.70	74.62	6.53	59.70	5.22	49.75	4.35	5.21	8.68	17.36
81°	89.63	7.05	67.22	5.29	53.78	4.23	44.82	3.53	4.69	7.82	15.64
82°	79.74	5.58	59.81	4.18	47.84	3.35	39.87	2.79	4.18	6.96	13.92
83°	69.83	4.27	52.37	3.20	41.90	2.56	34.91	2.14	3.66	6.09	12.19
84°	59.89	3.14	44.92	2.35	35.93	1.88	29.95	1.57	3.14	5.23	10.45
85°	49.94	2.18	37.45	1.64	29.96	1.31	24.97	1.09	2.61	4.36	8.72
86°	39.97	1.40	29.98	1.05	23.98	0.84	19.98	0.70	2.09	3.49	6.98
87°	29.99	0.79	22.49	0.59	17.99	0.47	14.99	0.39	1.57	2.62	5.23
88°	20.00	0.35	15.00	0.26	12.00	0.21	10.00	0.17	1.05	1.74	3.49

绿色表示在该井斜角、狗腿度下可在5m内挑平的相关数据区;棕红色表示稳斜不同长度垂直位移可在5m之上相关数据区。

由表中数据可以清楚看出,从方便、及时挑平以及方便下探的角度出发,最佳入靶角度应在81°~84°,但也可根据储层厚度灵活选择。

综合运用随钻GR工具及配套技术方案,2013年塔中碳酸盐岩水平井平均储层钻遇率为44.9%,较2012年(37.4%)提高了7.5个百分点,较2011年(21.9%)提高了23个百分点。随钻GR导向技术成为有效实现"筋脉"理论的重要手段。

3. 随钻GR导向技术应用效果

2013年塔中项目部随钻GR成功应用30口,"片状、杂乱"地震反射储层攻关井效果良好,碳酸盐岩开发井试油完井 32 口,成功井 29 口,钻井成功率达 90.6%。多口水平井获得高产,ZG5 - H2 井随钻 GR 导向技术准确命中鹰一下亚段 1 油组储层,储层钻遇率达 61.8%,经测试,6mm 油嘴,油压 31.29MPa,日产气 $7.8 \times 10^4 m^3$,日产油 $42m^3$(图 4 - 28);ZG17 - 1H 井准确命中良二段"杂乱"地震反射特征储层,经测试,6mm 油嘴,油压 45.82MPa,日产气 $14 \times 10^4 m^3$,日产油 $71m^3$(图 4 - 29)。

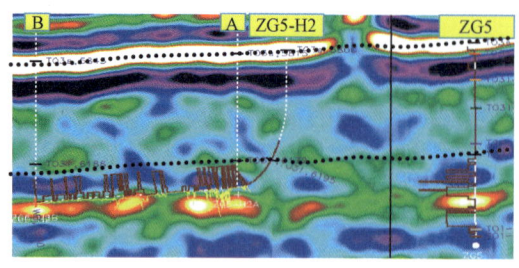
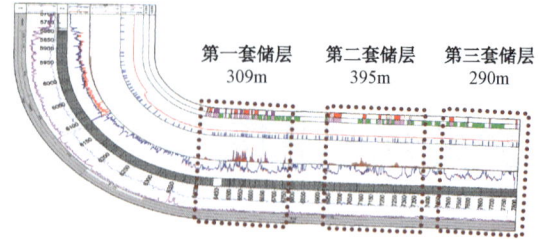

图 4 - 28　ZG5 - H2 井地震剖面及综合柱状图

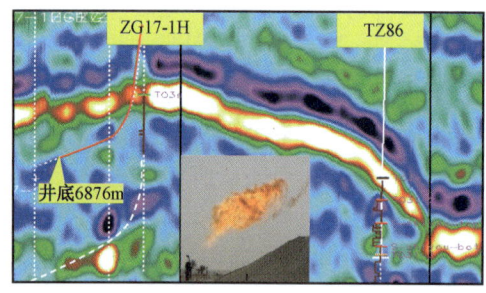
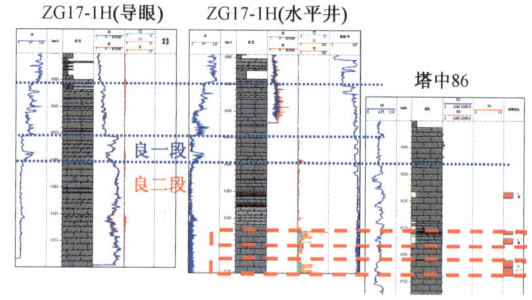

图 4 - 29　ZG17 - 1H 井地震剖面及综合柱状图

随钻 GR 导向技术从 2012 年试点应用,到 2013 年全面推广,水平井动态随钻跟踪效果显著,水平井储层钻遇率明显上升。2013 年塔中碳酸盐岩钻井成功率为 90.6%,较 2012 年(78%)提高 16.2%;2012 年碳酸盐岩水平井平均储层钻遇率为 37.40%,较 2011(21.9%)提高 70.8%;2013 年碳酸盐岩水平井平均储层钻遇率为 44.9%,较 2012 年(37.4%)提高 20.1%(图 4 - 30)。随钻 GR 导向技术已趋成熟,有效实现了"筋脉"理论钻遇多套缝洞体的目的,提升了水平段延伸能力,有利于提高单井产能,实现了水平井高产稳产、高效开发的目标。

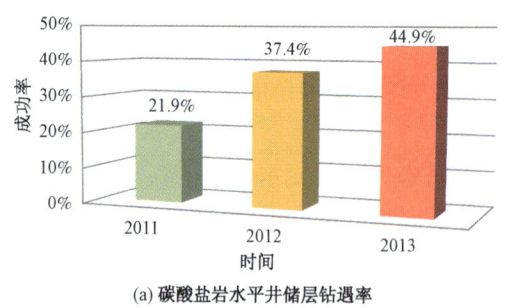
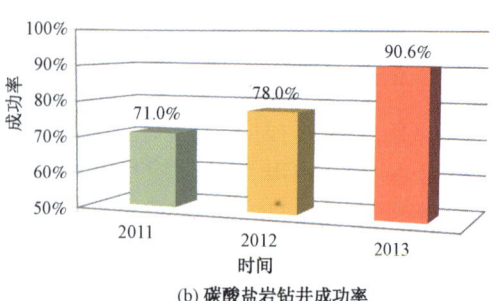

图 4 - 30　2011—2013 年碳酸盐岩水平井储层钻遇率和钻井成功率对比图

第四节　深层长延伸水平井钻井技术应用

一、塔中Ⅰ号气田碳酸盐岩勘探开发技术需求分析

1. 塔中Ⅰ号气田储层特征

塔中Ⅰ号气田奥陶系储层主要集中在良里塔格组和鹰山组。

上奥陶统良里塔格组大型礁滩复合体：上奥陶统大型礁滩复合体是在早奥陶世末形成的大型逆冲断裂带的基础上发育的一套高能镶边台缘礁滩相沉积体系。岩性主要为生屑灰岩、砂砾屑灰岩和礁灰岩。主要储集类型为裂缝－孔洞型、孔洞型和裂缝型。钻井过程中容易发生放空及钻井液大量漏失等现象。储层主要分布在良里塔格组上部良2段内，单井储层有效厚度30~90m，储层纵向上叠置、横向连片，形成叠置连片、沿台缘高能相带广泛分布的具有非均质性变化的礁滩体储层。

下奥陶统鹰山组大型岩溶不整合：塔中北斜坡下奥陶统鹰山组储层，主要是一套受古地貌和断裂作用等多种因素控制的古岩溶储集体，平面上呈准层状分布于整个塔中北部斜坡带，垂向上分布于碳酸盐岩不整合面附近280m深度地层厚度范围内。储集类型主要为洞穴型和裂缝－孔洞型。钻井过程中易发生放空和严重的钻井液漏失。

2. 实现单井高产、稳产和油气田高效开发工艺需求分析

塔中直井单井产量低、产量递减快，气田安全、经济、高效开发和快速回收投资难度大。对比分析同一区块试采井情况，水平井与直井在相同生产周期内，日产量是直井的6~8倍，累计产量也比直井高，而直井只有20%左右的井基本能达到效益产量，说明水平井开发效果好于直井。

塔中碳酸盐岩奥陶系储层埋深均在4500m以上，其中西部储层埋深普遍超过6000m，对地震资料精度影响较大，加之储层横向分布复杂，对于弱反射与片状地震反射特征的储层，实钻过程中也出现与串珠状反射特征储层同样的溢漏现象，部分井甚至出现连续井段的放空现象，此类特征储层若继续采用直井打串珠的方式，势必难以实现高效开采。即使对于串珠状反射储层，每一个串珠井控半径也很有限，直井也同样难以实现高效开采。结合塔中储层特点，依据"筋脉"理论分析，水平井开发具有明显的技术优势，稀井高产、稳产，可显著提高单井产量。水平井能最大限度提高控制储量、产量，提供稳产物质基础，实现高产、稳产；水平井开发可实现区域控制，分段酸化压裂切片能最大限度沟通更多的储集空间，减少盲肠效应，实现油气井的稀井、高效和最大限度提高采收率的目的。

开采实践表明，单纯的水平井只能实现效益开发而不能实现高效开发，TZ62－6H井水平段长262m，TZ62－7H井水平段长360m，两口井均因无法控制井漏而限制了水平段的钻进，考虑到钻井风险大、周期长、成本高，未达到地质目的而提前完井，但通过分段酸化压裂仍然取得了较好的效果。

储层特征和油藏模式决定了所采取的开发井型。通过塔中62井区试采情况可知，采用水平井分段改造技术可以大幅度提高单井产量，实现高效开发。塔中开发以水平井为主，但随着

西部水平井井深、水平段长度和井温的进一步增加以及储层分布的复杂性、储层特征的多样性,流体性质的差异性增加,水平井钻井难度也越来越大,原东部配套的成熟钻井技术不能完全满足西部水平井钻井需要,周期及成本也大幅上升。2013 年塔中西部水平井完井周期达到199d,平均进尺成本 10325 元/m,周期较东部水平井增加 60d,周期及成本的增加严重影响了水平井单井的经济效益。为整体解决深层长延伸水平井钻完井工程技术难题,并降低钻井成本,2012 年下半年开始针对塔中西部水平井钻完井综合配套技术进行集中攻关。通过一年艰辛探索与实践,基本实现了深层长延伸水平井钻井技术配套,满足了 "筋脉" 理论指导塔中碳酸盐岩储层高效开发对大延伸水平井的技术及成本控制需求。

■ 二、深层长延伸水平井钻井难点

1. 长裸眼井壁稳定性难题

塔中 I 号气田主要分为东部、西部两个区块。由于东部储层埋深较浅、温度较低,地层相对稳定,适合快速钻进。塔中西部三叠系大套红棕色泥岩段易水化分散导致井壁缩径,钻进及起下钻时易泥包钻头;三叠系与二叠系交界面、二叠系与石炭系交界面以及奥陶系桑塔木组的大套泥岩段、二叠系火成岩段,钻井过程中易垮塌卡钻,加之石炭系、志留系地层机械钻速低,导致上部井段侵泡时间长,钻井中往往出现周期性垮塌现象,见图4 – 31。

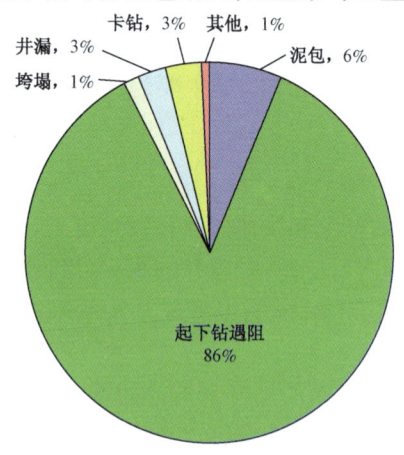

图 4 – 31　2013 年塔中西部长裸眼井壁不稳定影响结果统计

2. 西部石炭系、志留系钻井时效低

塔中西部石炭系、志留系地层埋藏深,平均在 4000m 以下,石炭系主要为砂泥岩交互地层,志留系沥青质石英砂岩研磨性强,可钻性差,钻头选型困难,影响机械钻速及钻头寿命。西部该套地层平均机械钻速一般在0.83 ~ 2m/h,加之志留系地层厚度大,普遍在 500m 以上,常规螺杆 + PDC 钻头提速工艺均未实现一趟钻钻穿石炭系及志留系,一般需要 3 ~ 7 趟钻方可钻穿该套地层,起下钻次数大为增加。

3. 长裸眼井固井质量如何保障

塔中 I 号气田开发广泛采用以塔里木油田第三套标准化井身结构(简称塔标三)为主的三开型简化井身结构,但受长裸眼(3000 ~ 4700m)、大温差(70 ~ 100℃)、地层承压能力差异性大等多种因素影响,常规固井工艺难以保障全封固固井成功,往往产生大段自由套管,最高达到3000m,自由段套管与白垩系、三叠系、二叠系大套水系发育地层的地层水长期作用,严重影响 "三高油气井" 井筒持久完整性,制约油气井后期措施作业,影响碳酸盐岩高效开发。

塔中西部缝洞发育目的层钻井,受储层展布、油气水关系复杂、缝洞体井控体积过小、导眼井等因素影响,往往需注水泥塞填井,调整轨迹侧钻,以期在有效储层内进一步延伸水平段,为后期大规模分段改造而获取较高的工业产能。但常规注水泥塞工艺难度大、风险高、成功率低。塔中奥陶系易喷易漏储层注水泥塞主要存在以下问题:(1)无法建立循环,实现正常注水泥塞作业。储层缝洞发育,堵漏不易成功,施工时间长、作业成本高;受井径、井斜等因素影响,桥塞及裸眼封隔器难以实现有效密封;(2)井下漏失严重,水泥浆无法在注塞井段存留;(3)油气置换快,易喷易漏,井控风险高,水泥塞面控制难度大,卡钻风险高。

4. 如何增减水平段延伸能力

塔中西部超深水平井井深普遍超过6500m,部分井井深甚至已接近8000m,水平段长度一般在800～1300m,井眼轨迹控制难度大。表现为井身质量差,轨迹不平滑,井径不规则,井下摩阻大,钻具托压严重,最高达60t,导致定向钻进困难,复合钻进比例小,平均机械钻速低,部分井滑动机械钻速甚至不到1m/h。模拟完井管柱通井时间长,攻关前期,西部超深水平井目的层钻井作业时间高达124d,平均试油通井准备时间31.7d,分别远远超过东部水平井46.5d、12.5d。图4－32为ZG151－H1井完井通井管柱起出的弯曲钻杆。

图4－32　ZG151－H1井完井通井管柱起出的弯曲钻杆

另一方面,由于碳酸盐岩目的层裂缝发育,钻进中由于轨迹设计误差等因素,往往会直接钻开缝洞体,由于裂缝、洞穴型储层地层压力敏感,井筒压力难于控制,溢、漏往往同时发生。在已钻塔中Ⅰ号坡折带的塔中72井区、中古15井区、中古8－43井区的多口井在钻进过程中都出现又喷又漏现象,高含H_2S,为了控制H_2S,只能采取过平衡钻进,造成钻井液的大量漏失。其中,塔中721井钻井液密度窗口在1.26～1.30g/cm³之间反复调整,全井漏失钻井液5000m³,人为正反挤1120m³,共6120m³,钻井周期长,钻井液漏失量大,对储层造成了很大的伤害,钻井成本压力加大,钻遇洞穴型和裂缝型储层经常因漏失严重不能继续钻进,对于水平井而言更易出现此种情况,直井采用的吊灌钻井工艺用于水平井钻井时,不能获得定向信息,且由于井筒压力控制难度大,井下漏速大,岩屑携带困难,托压严重,进一步增加了水平井轨迹控制难度。

根据"筋脉"理论,水平井往往需钻揭多个缝洞单元,以期单井获得更高产能,但每个缝洞单元的压力系数、气油比、硫化氢含量都略有差异,严重制约水平段的进一步延伸。如ZG157H井以1.08g/cm³的密度钻遇首个缝洞体,环空漏失,测静液面为100～150m,对应地层压力当量密度为1.04g/cm³,后改为清水＋坂土浆强钻,出口返出,带漏控压钻进至第二个缝洞体,由于第二个缝洞体压力系数约1.21g/cm³,且气油比高于首个缝洞体,钻进中油气异常活跃,气液置换严重,节流循环排气最高套压涨至20MPa,被迫完井。另外,由于钻井液漏失严重,进入储层后的钻井液占据原来充满油气的空间,使储层产生一个"圈闭压力"(表4-5)。圈闭压力的增加,导致钻井作业的密度不断增加以保证井筒安全,但钻井液密度的增加,进一步增加了钻井液漏失,在影响水平段延伸的同时,也给后期完井下试油管柱带来困难,另外钻井液密度超过 1.30g/cm³ 后,钻井液加重材料将不得不使用不可酸化的重晶石,也加大了储层污染治理的难度。

表4-5　2013年塔中易喷易漏井密度使用情况统计

序号	井号	漏失量 m³	初始密度 g/cm³	最终密度 g/cm³	密度涨幅 g/cm³
1	ZG16 - H1	3086	1.10	1.35	0.25
2	ZG17 - 1H	4060	1.16	1.60	0.44
3	TZ62 - H17	489.4	1.10	1.70	0.60
4	ZG441 - 1H	2584.7	1.19	1.25	0.06
5	ZG441 - 2H	1748	1.19	1.41	0.22
6	ZG163C	4010	1.12	1.30	0.18
7	ZG6 - 2	2172.6	1.14	1.27	0.13

同时Ⅱ类储层的伤害问题。该类储层为基质、细小溶蚀孔洞发育,裂缝不发育类储层,钻井期间的钻井液中的各类固相颗粒极易堵塞储层内的细小孔喉通道,而使储层受到伤害,且伤害后不易解除。塔中碳酸盐岩地质储量绝大部分集中于该区Ⅱ类储层,如何解放Ⅱ类储层,是摆在塔中地区碳酸盐岩储层钻井面前的首要任务。

即使是Ⅲ类储层,由于奥陶系石灰岩目的层上部没有明显标志层,无法精确预测储层深度,同时存在"隐性缝洞体",具有很强的不可预测性,增大了钻井难度,实钻中井眼一旦与"隐性缝洞体"沟通,不可避免遇到遭遇战,造成又漏又溢的复杂局面,井控风险大,轨迹调控难度大,将无法实施后续水平段钻进。

三、应用及实践

1. 优化设计

1)井身结构优化

在定向井、水平井钻井工程设计和施工中,井身结构设计的科学性、合理性是钻井成功与否的前提。根据目前塔中已知的储层情况及地层压力剖面,设计的井身结构主要为四开、三开井身结构,并随着大温差低密度固井技术在长裸眼全封固固井中的应用,三开型简化井身结构全面推广。优化前后井身结构对比见图4-33。根据井型、目的层垂深及水平段长的不同,三开井身结构主要分为两种:一种为 10¾in + 7⅞in + 6⅝in(裸眼),多集中于塔中西部,主要应用于垂深超过6000m或水平段长超过800m的水平井;9⅝in + 7in + 6in(裸眼)多集中于塔中东部,主要用于直井与垂深小于6000m或水平段长低于800m的水平井。同时根据地质需求、垂深及靶前位移、目的层裸眼长度控制等因素需要,二开可提前造斜,7⅞in 套管可直接下入斜井段。表层套管封固流沙层和第四系松散层;二开技术套管封固奥陶系桑塔木组泥岩及以上易垮塌地层,保证目的层以较低钻井液密度钻进,降低井漏风险、保护油气层,目前塔中Ⅰ号气田二开 $7\frac{7}{8}$ in 套管最大下深 6152m,最大斜度 88.5°;目的层为奥陶系石灰岩,水平段多采用裸眼封隔器分段酸化压裂改造,尽可能多的沟通储层缝洞,提高产量和稳产。2010—2013 年,全区完钻 137 口井,其中三开型简化井身结构 107 口,占 78.1%,2013 年三开型简化井身结构推广率达到 97.2%。井身结构的优化与三开型简化井身结构规模化推广,使得钻井综合成本大幅降低,平均单井套管费用可降低 252 万元,中完作业周期减少 20 天,机械钻速也大幅升高。

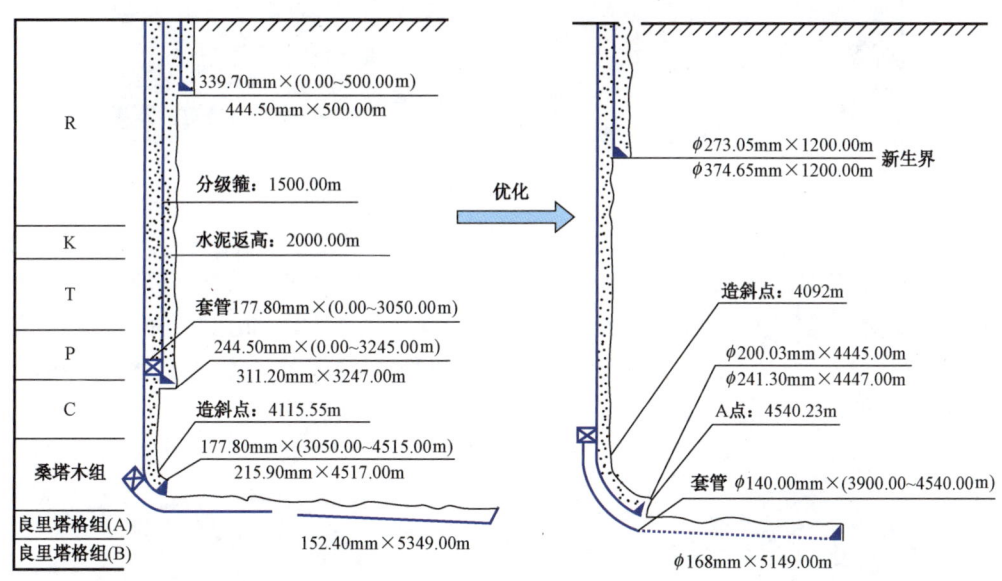

图 4-33 优化前后的井身结构对比

2) 井眼轨迹设计

"筋脉"理论要求水平段尽可能沟通多个缝洞单元,需要相对长的水平段,并要下入较复杂的完井管柱进行分段改造,优化水平井剖面就显得尤为重要,也是提高钻井效率的关键技术之一。

由于塔中各区块储层特征明显不同,轨迹设计也存在明显区别。塔中东部区块碳酸盐岩油气藏埋深普遍在 5000m 左右,井深较西部浅,储层离灰岩顶较近,储层井壁稳定性较好,定向段造斜率控制在 5°~6°/30m,靶前位移为 350m。塔中西部区块碳酸盐岩油气藏埋深普遍在 6200m 左右,定向时往往摩阻较大,储层井壁稳定性较差,定向段造斜率控制在 4°~5°/30m,靶前位移为 400~450m,通过降低定向段的狗腿度以达到增加复合钻比例、增加机械钻速和减少托压的目的。此外,为应对实钻储层比设计提前或落后,设计上以 81°~84° 的最佳入靶角度入靶,避免工程风险的同时兼顾勘探开发潜力。

目前钻机配置、井身结构、定向方式下的水平段延伸能力的限制是塔中水平井设计必须考虑的问题。2013 年 7 月 24 日,ZG5-H2 井顺利完钻,该井完钻井深 7810m,垂深 6306.2m,水平位移 1655.57m,水平段长 1358m(图 4-34),创中国石油陆上最深水平井纪录。该井在钻前进行了各项模拟,论证了该井工程上实施的可行性。

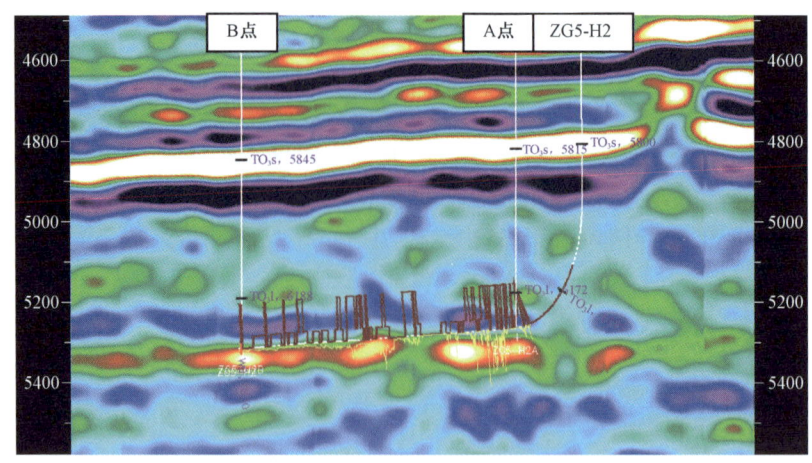

图 4 - 34　ZG5 - H2 井水平段地震剖面图

大延伸水平井井眼稳定性与井眼空间形态具有密切的相关性。根据地应力情况以及储层岩石力学性质,评价了塔中 62 井区井眼稳定性与井眼轨迹的空间形态、储层的坍塌压力和安全钻井液密度窗口等参数之间的相关性,具体分析结果见图 4 - 35 和图 4 - 36。分析可知,在这种地应力状态下,大斜度井、水平井较直井的井壁更稳定、更不易坍塌,沿近水平最小地应力方向钻水平井,地层较稳定。

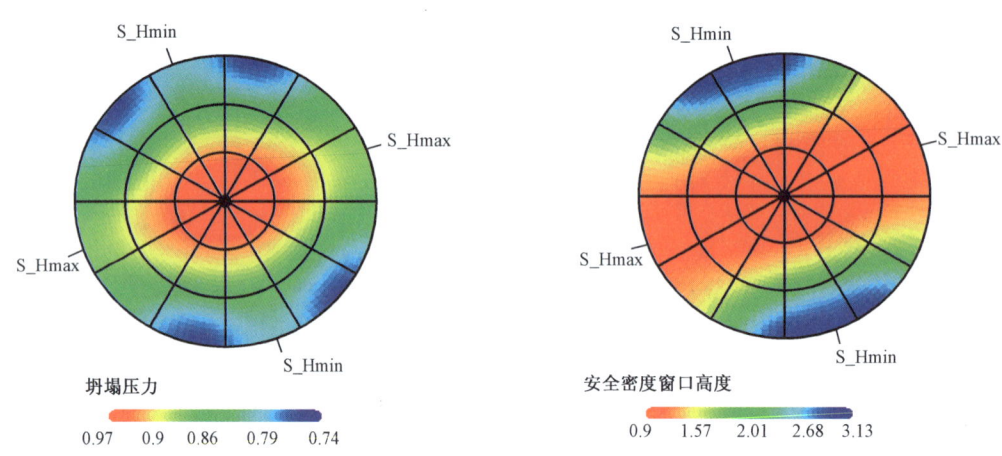

图 4 - 35　产层坍塌压力变化规律　　　　图 4 - 36　产层安全钻井液密度窗口变化规律

通过理论分析和计算以及对已完成井情况分析,结合"筋脉"理论,目前塔中水平井井眼轨迹应最好在缝洞顶部穿行,平面上穿多个储集体,垂向上实施水平段"擦头皮"策略,确保缝洞型易喷易漏、含硫化氢储层的井控安全,既达到钻遇储层获得油气显示,又可避免发生漏失和溢流造成井下复杂,有利于水平段延伸,最后利用分段酸化压裂沟通缝洞系统,提高单井产量。

为了确保"擦头皮"策略的成功实施,结合地质、储层及油气藏的研究成果,加强随钻动态监测,适时进行井眼轨迹调整。塔中 62 - 11H 井井眼轨迹的方位北西—南东向,主应力方位北东—南西向,有利于横切井筒造缝,沟通多个缝洞储集体,增大泄油半径,提高单井产能。考

虑了完井方式、储层分段酸化等技术要求,根据储层精细雕刻定量分析了井眼轨迹与有效储集体之间的空间距离,同时为储层的优化改造提供依据(图4-37)。

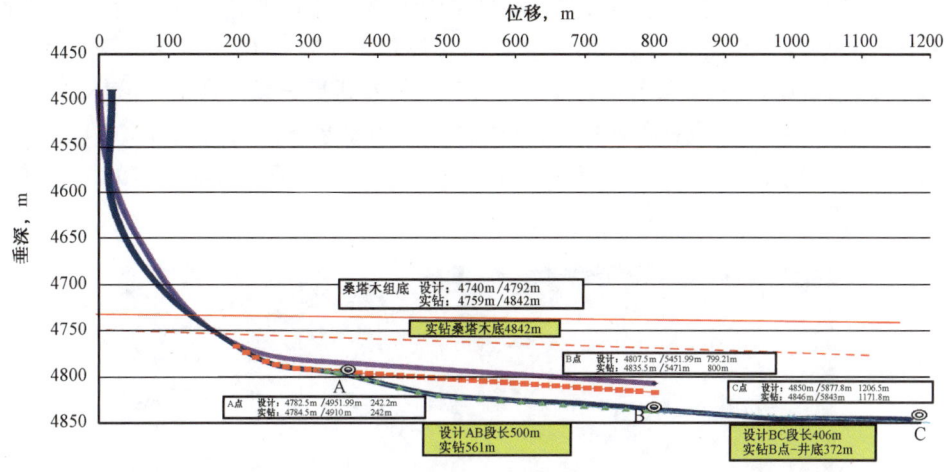

图4-37 TZ62-11H井井眼轨迹优化结果

塔中62-11H井钻井方案增加了一段探顶段,快到油层时,提前50m开始较大井斜、较小增斜率探油层顶,后迅速挑起井斜,以确保钻头在油层"头皮"中穿行。TZ62-11H井纵向上井眼轨迹位于缝洞储集体的顶部,距良里塔格组灰岩顶的距离为15~59m,距最近的缝洞储集体的距离为33~45m,距下部较远处缝洞储集体的距离为164~192m。TZ62-11H井进入A靶33.1m后,气测显示较差,轨迹下调30m,后又3次动态调整井眼轨迹。本井水平位移达到1171.79m,水平段长933m,为2009年塔中地区水平段最长的水平井,且没有造成井漏等复杂,是实施"擦头皮"策略的典范。而第1口水平井TZ62-7H井水平段长只有360m,且漏失钻井液3750m³。

采用类似的原理方法和技术思路,对TZ721-8H井井眼轨迹进行了优化。该井完钻井深6705m,水平段长达1561m,刷新了塔里木油田水平井水平段的记录,该井还以150m的日进尺刷新了该区块水平段目的层钻进日进尺最快纪录。

2. 非目的层提速

1)长裸眼井壁稳定钻井液技术

塔中深井和超深井在非目的层钻井过程中全面使用轻钻井液聚合物—KCL钻井液体系,该体系具有"强封堵、强包被、强抑制"及"低黏切、低固相、低失水"特点,在保障井壁稳定的同时,有利于提高钻井速度(图4-38)。

但随着西部钻探的不断深入,西部长裸眼井壁稳定问题日益暴露,原轻钻井液聚合物—KCL钻井液体系已不能满足西部三叠系以下地层井壁稳定的需要。通过对西部非目的层长裸眼井壁不稳定机理的研究,通过电镜扫描岩心分析,发现岩心中存在大量微

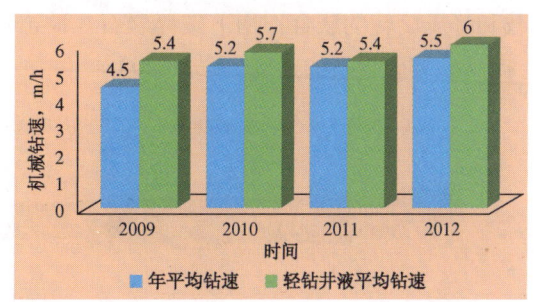

图4-38 塔中区块年平均机械钻速对比

孔和晶间孔,泥质片状矿物片与片间的层面缝和层理缝见图4-39。这些裂缝是钻井液渗漏或漏失的主要通道,是引起井壁不稳定的最重要因素。为此在轻钻井液基础上进一步增强钻井液抑制性将氯化钾加量提高至7%,并增加体系中钙离子及有机盐含量;依靠通过弹性粒子+刚性粒子+可变性纤维组合方式,增加乳化沥青加量至7%~10%,并引入乳化石蜡、超细钙、TP-2等随钻封堵材料,提高钻井液封堵性,发展了钾钙基—聚合物钻井液体系、有机盐—聚合物体系,超强封堵—聚磺钻井液体系,并配合严格的短起下技术措施,解决了塔中东西部上部地层长裸眼井壁稳定难题,推广应用34口井,基本杜绝了塔中西部非目的层长裸眼泥包钻头,井壁长时间、多井段、大面积垮塌现象。

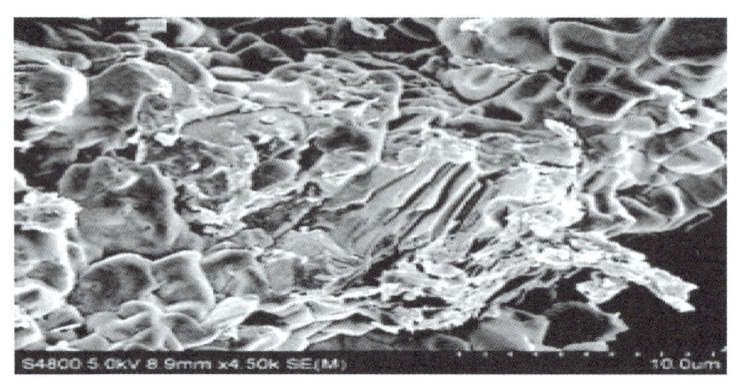

图4-39 ZG29井二叠系岩心电镜扫描图片(4500倍)

2)提速工具

(1)水力旋冲钻井技术。

水力旋冲钻井技术在塔中的实施应用借助于中国石油天然气股份有限公司科技攻关重大专项《塔里木油田勘探开发关键技术研究》项目的课题《碳酸盐岩安全、快速、高效钻完井技术》。目的是通过《旋冲钻井提速技术实验与应用》技术合作开发课题,进行工艺现场试验,减少钻头黏滑振动有效传递钻压,利用高效冲击破岩增加机械钻速达50%以上,延长钻头使用寿命,缩短钻井周期。

① 水力旋冲钻井工作原理。

旋冲钻井原理是在常规旋转钻进的基础上,再加上一个冲击器。冲击器是一种井底动力机械,一般接在井底钻头的上端,依靠钻井液推动其活塞冲锤上下运动,撞击钻头,钻头在冲击动载和静压旋转的联合作用下破碎岩石。冲击动载使得岩石中裂隙扩张,并形成大体积的破碎,提高了破碎岩石的速度(图4-40)。

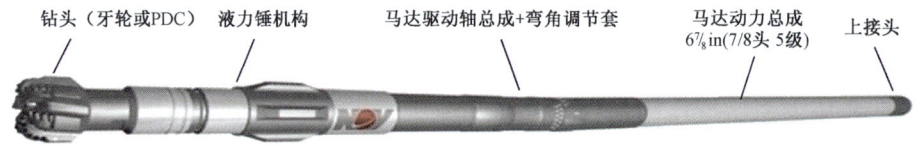

图4-40 旋冲钻具结构示意图

旋冲钻井技术是利用钻头的冲击动载和静压旋转的联合作用来破岩,其破岩方式决定了旋冲工具在硬地层钻进中具有破岩效率高、钻头寿命长、井眼规则的特点。通过采用液动冲击旋转钻井技术和对射流冲击器的改进与防空打机构的设计来大幅度加快逆掩推覆体地层的钻井速度,利用小钻压钻井来有效控制井斜。

② 水力旋冲钻井现场应用效果。

2013 年,水力旋冲钻井在塔中共实施应用 4 口井(TZ45 – H1 井、ZG5 – H2 井、ZG157 – H1井、TZ82 – H6 井),钻遇地层主要是:石炭系、泥盆系、志留系、奥陶系,主要岩性为:泥晶灰岩、泥灰岩、粉砂质泥岩、泥岩、含砾细砂岩、粉砂岩、沥青质粉砂岩、灰质泥岩。旋冲钻井工具在这几口井使用,大幅度提高机械钻速,缩短了钻井周期。

TZ45 – H1 井与邻井 TZ45 – H1 井的老井眼以及 ZG17 – 1H 井,在石炭系中钻进,老井眼和 ZG17 – 1H 井的平均机械钻速分别是 2.47m/h 和 2.98m/h,使用旋冲工具后 TZ45 – H1 井的侧钻井眼平均机械钻速是 8.87m/h,对比提高了 202%(图 4 – 41)。

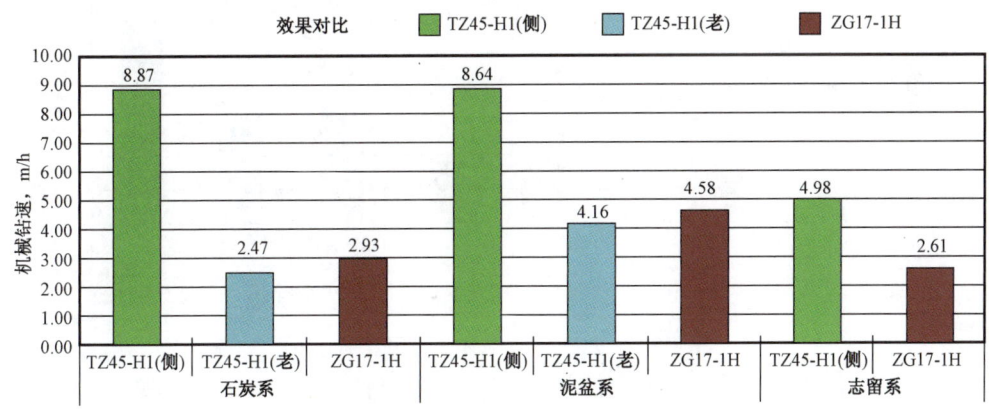

图 4 – 41　TZ45 – H1 井与邻井使用效果对比

ZG5 – H2 井在比邻井钻头尺寸大 1in 的情况下,旋冲钻具加个性化 PDC 钻头所取得的进尺相当于 ZG501 井 3 只国产 PDC 钻头加 1 只进口 PDC 钻头的进尺,平均机械钻速比 3 只国产 PDC 钻头平均提高 223.5%,比进口 PDC 钻头提高 64.4%,比相同井段平均机械钻速提高113.6%。钻进时间节省了 31.68%,节省了 2 只钻头(表 4 – 6、图 4 – 42)。

表 4 – 6　ZG5 – H2 与邻井钻头对比

井号	尺寸 in	型号	厂家	入井 m	出井 m	进尺 m	时间 d	机械钻速 m/h	地层	磨损
ZG501	8½	M1655SS	BEST	4684	4775	91	39.08	2.33	S	NA
	8½	M1655SS	BEST	4775	4940	165	77.23	2.14	S,O	NA
	8½	M1655SS	BEST	4940	4962	22	28.85	0.76	O	NA
	8½	FS2563BGZ	DBS	4962	5425	463	135.03	3.43	O	NA
						185.25	70.05	2.64		

续表

井号	尺寸 in	型号	厂家	入井 m	出井 m	进尺 m	时间 d	机械钻速 m/h	地层	磨损
ZG5－H2	9½	DSH519M－C2	瑞德	4296	5105	809	135.39	5.98	S,O	0－1－WT－S－X－I－NO－PR
	9½	DSH519M－C2	瑞德	5105	5464	359	71.27	5.04	O	0－1－WT－S－X－I－NO－PP
						584	103.5	5.64		

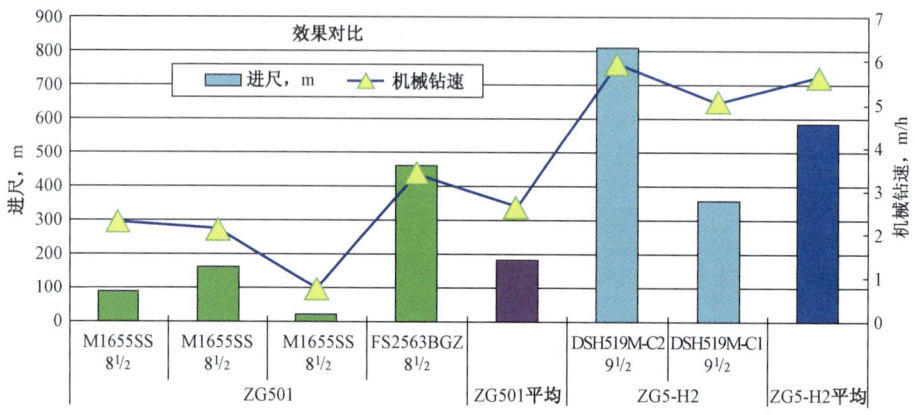

图 4－42 ZG5－H2 与邻井使用效果对比

ZG157－H1 井使用旋冲钻具加个性化 PDC 钻头单只钻头进尺 959m，远高于 ZG157 井所使用的涡轮加斯密斯 PDC 钻头，平均机械钻速比斯密斯 PDC 钻头平均提高 160.3%。相同进尺 ZG157－H1 井比 ZG157 井钻进时间节省了 34.95%（表 4－7、图 4－43）。

表 4－7 ZG157－H1 井与邻井钻头对比

井号	尺寸 in	型号	厂家	入井 m	出井 m	进尺 m	时间 d	机械钻速 m/h	地层	磨损
ZG157	9½	K705	史密斯	3695	4115	420	152.9	2.75	P	NA
	9½	K705	史密斯	4115	5000	885	235.7	3.72	P,C	NA
						1305	388.6	3.35		
ZG157－H1	9½	DSH519M－C1	瑞德	3771	4730	959	177.1	5.42	P,C	0－1－WT－S－X－I－NO－PR
	9½	DSH519M－C2	瑞德	4730	4807	77	15.9	4.84	C	0－1－WT－S－X－I－NO－DMF
						1036	193	5.37		

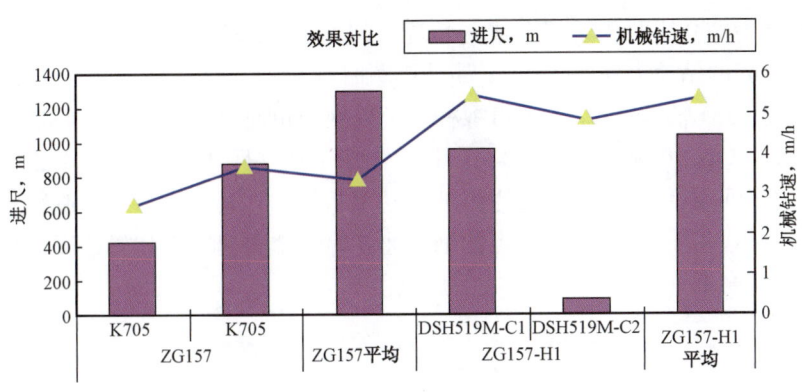

图 4 – 43 ZG157 – H1 与邻井使用效果对比

（2）高温螺杆 + 高效 PDC 钻头提速技术。

螺杆钻具也称为容积式马达（Positive Displacement Motor，简称为 PDM），是 1956 年 Smith International 公司根据勒内·莫伊诺（Rene Moineau）原理设计的，它的工作原理与螺杆泵相反，是把钻井液的液压能转换成机械能，其输出转速与钻井液排量成正比，输出扭矩与钻井液通过马达产生的压力降呈线性关系。

① 高温直螺杆工具结构及原理提速机理。

螺杆钻具主要由 5 个部件组成，从上至下依次是：旁通阀总成、马达总成、万向轴总成、传动轴总成、防掉总成（图 4 – 44）。马达是一个由钻井液驱动的容积式马达动力机，它只有两个主要元件，即转子和定子。

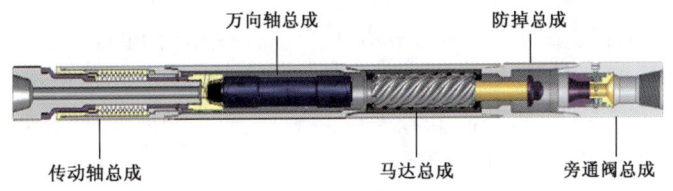

图 4 – 44 螺杆钻具基本结构简图

抗高温螺杆即是用了耐高温橡胶，以保证螺杆的橡胶定子在高温情况下不会发生损坏，此次试验的贝克休斯抗高温直螺杆具有以下 4 个特点：耐高温 160 ~ 190°C；动力强、稳定性高、工作时间长，最高寿命累计使用可达 1000h，在塔里木油田，一根 6¾in 螺杆最长入井使用时间 350h，一根 8in 螺杆最长入井使用时间 450h。

② 高温直螺杆工具结构及原理提速机理。

在实际的钻井工作中，常采用转盘与螺杆钻具进行联合钻进。即在螺杆转子工作状态下，转盘在旋转钻柱以带动螺杆定子（外壳）旋转。此时钻头既由螺杆传子带动旋转，同时又由螺杆定子带动旋转，形成复合运动模式。在两种转速的联合作用下，钻头的绝对转速可以明显地提高。下面具体介绍联合钻进时钻头的绝对转动速度（图 4 – 45）。

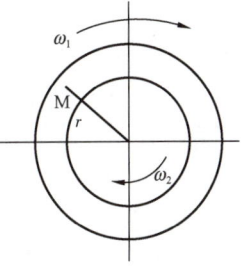

图 4 – 45 转盘和螺杆联合钻进示意图

先以直螺杆为例介绍两种转速合成的情况,设螺杆钻具转子带动钻头的转速为 n_1,钻柱带动螺杆钻具外壳的钻速为 n_2,n_1 和 n_2 都是按顺时针转动。设钻柱与螺杆外壳均以角速度 ω_2 绕垂直于井底的 O 轴转动,钻头则由螺杆转子以均匀角速度 ω_1 相对于外壳旋转,如图 4-45 所示。则 $\omega_1 = \pi n_1/30$,$\omega_2 = \pi n_2/30$。在钻头边缘上取一距中心为 r 的 M 点。在任意一瞬间,M 点的牵引速度为:$V_2 = \omega_2 r$,M 点的相对速度为 $V_1 = \omega_1 r$,其方向与钻柱旋转方向相同。

由运动学可知,在任意一瞬间,动点的绝对速度等于牵引速度与相对速度的矢量和。于是有,M 点的绝对速度 V 为:

$$V = V_1 + V_2 = r(\omega_1 + \omega_2) \tag{4-1}$$

因此,钻头上 M 点的绝对速度 ω 为:

$$\omega = V/r = \omega_1 + \omega_2 \tag{4-2}$$

从而得到:

$$n = n_1 + n_2 \tag{4-3}$$

③ 应用效果及评价。

2010—2012 年,6¾in 贝克休斯抗高温螺杆+高效 PDC 钻头在塔里木台盆区塔中区块 6 口井二开井段进行了使用,层位为石炭系、泥盆系、志留系以及奥陶系,井段区间为 3636~5892m,使用结果见表 4-8。

由使用结果可知,6¾in 贝克休斯抗高温螺杆 X-Treme+高效 PDC 钻头在塔中地区单井平均进尺 1235.3m;螺杆纯钻时间 170h,邻井国产螺杆纯钻时间 115h,提高 47.83%(图 4-46);平均机械钻速 4.04m/h,邻井同井段平均机械钻速 2.34m/h,效率提高 72.65%(图 4-47);平均行程钻速 3.09m/h,邻井同井段平均行程钻速 1.73m/h,提高效率 78.6%(图 4-48);此井段用时 16.65d,平均单井节约周期 13.1d,比邻井同井段降低 44%(图 4-49)。

塔中区块的使用效果表明,6¾in 贝克休斯抗高温螺杆 X-Treme+高效 PDC 在石炭系、泥盆系、志留系以及奥陶系取得良好的提速效果,平均机械钻速以及行程钻速都远远大于邻井。这是由于贝克休斯抗高温螺杆具有深井耐高温、质量好、稳定性高、动力强、工作时间长的特点,转速高,能够快速破岩,并且工作钻压不高,还能有效地防止井斜。贝壳休斯高效 PDC 钻头同样拥有高转速破岩的功能,砂泥岩地层又能够比较好地发挥出该钻头的破岩能力,因此当高效钻头配合上 6¾in 贝克休斯抗高温螺杆使用时能够取得比较高的钻速,表明塔中区块石炭系、泥盆系、志留系以及奥陶系对该技术有很好的适用性;同时使用了合理的钻井参数,还可有效地控制井眼轨迹和防斜。

2013 年贝克休斯抗高温螺杆+高效 PDC 钻头在 ZG7-H2 井实施应用,该井钻遇地层:志留系、奥陶系桑塔木组,使用贝克休斯螺杆一根(两次入井)。第一趟钻:施工井段 4392~4756m,进尺 364m,纯钻时间 81h,平均机械钻速 4.5m/h,起钻扭方位;第二趟钻:施工井段 4975~5425m,进尺 450m,纯钻时间 85h,平均机械钻速 5.29m/h。两趟钻总进尺 814m,平均机械钻速 4.90m/h,两趟钻使用同一根螺杆,螺杆入井时间累计 311.5h(表 4-9)。

表4-8　高温螺杆+高效PDC钻头使用结果表

井号	井段,m	进尺,m	地层	钻头	对比邻井	机械钻速,m/h 本井	机械钻速,m/h 邻井	提高比,%	行程钻速,m/h 本井	行程钻速,m/h 邻井	提高比,%	节约时间,d
ZG151	4026~5143	1117	C,S	HCD506ZX	ZG111	4.6	2.65	73.58	3.87	2.21	75.11	10.38
ZG151	5143~5419	276	S	HCD506ZX	ZG111	2.3	2.07	11.11	1.78	1.47	21.09	10.38
ZG8-1H	3919~4926	1007	C,D,S	Q605X	ZG8	4.83	2.44	97.95	3.97	1.9	108.9	11.52
ZG11-H7	3904~4979	1075	C,D,S	FS2563BGZ	ZG11	3.88	3.44	13	3.18	1.89	68.25	18.32
ZG11-H7	5107~5770	663	O	Q605X	ZG11	3.59	1.78	101.69	2.69	1.47	82.99	18.32
ZG106	4136~4893	757	C,D,S,O	Q605X	ZG47	5.04	3.00	68	4.04	2.03	99.01	13.66
ZG106	4893~5288	395	O	Q605X	ZG47	3.68	1.99	84.92	2.75	1.39	97.84	13.66
中深3	3636~5040	1404	C,S,O	Q605/ES1935SG	ZG8	4.91	2.44	101.2	3.24	1.9	70.53	12.73
ZG15-5H	5075~5202 5301~5614	440	S,O	Q605/FX56s	ZG15	2.75	1.68	63.69	2.16	1.17	84.35	7.17
ZG15-5H	5614~5892	278	O	FS3553BGZ	ZG15	2.81	1.39	102.2	1.9	1.11	71.54	4.35
平均		1235.3				4.04	2.34	72.65	3.09	1.73	78.6	13.1

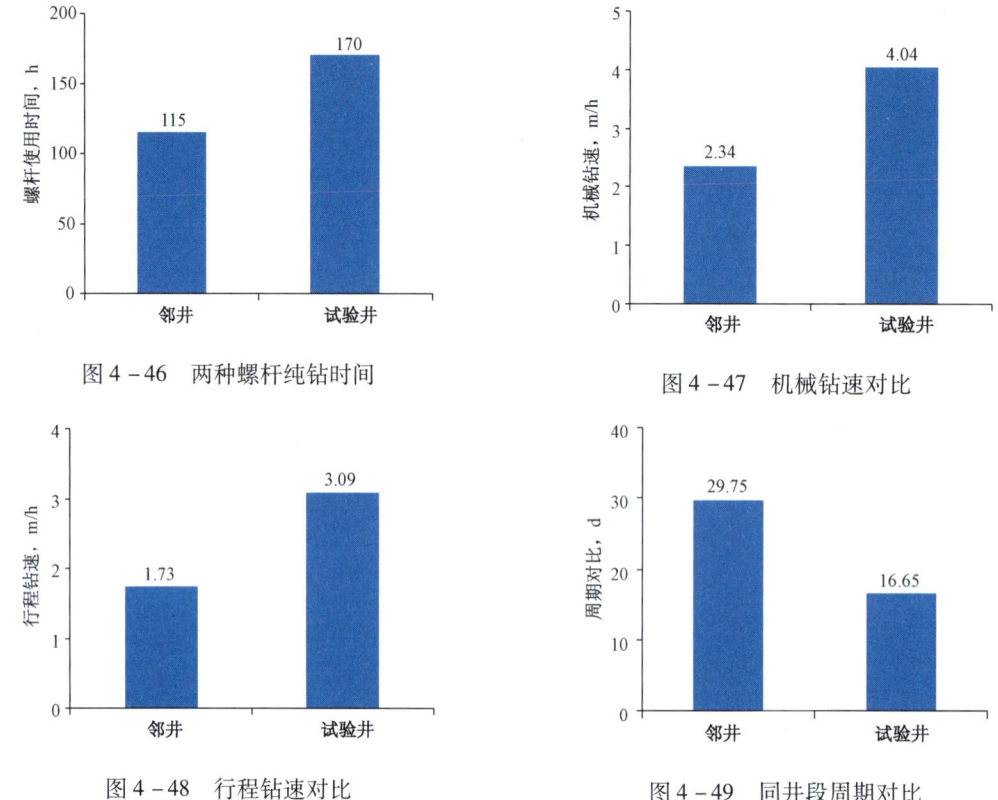

图 4-46 两种螺杆纯钻时间

图 4-47 机械钻速对比

图 4-48 行程钻速对比

图 4-49 同井段周期对比

表 4-9 ZG7-H2 井与邻井 ZG701 井钻速对比

井号	尺寸,mm	井段,m	进尺,m	纯钻时间,h	平均机械钻速,m/h	总平均机械钻速,m/h	平均行程钻速,m/h
ZG701	241.3	4402~4773	371	146	2.54	2.71	1.86
		4963~5440	477	167	2.8		
ZG7-H2	241.3	4392~4756	364	81	4.5	4.9	2.61
		4975~5425	450	85	5.29		

注:ZG7-H2 井机械钻速同比 ZG701 井提高 80%,行程钻速提高 40%。

经过现场实际应用,贝克休斯耐高温螺杆+高效 PDC 钻头提速取得了较好的效果,充分说明贝克休斯螺杆耐高温性能强,功率大,使用寿命长,PDC 钻头有较好的抗冲击、抗研磨性,攻击力强。在塔中深部地层温度高、井段长、岩石强度大、研磨性强井段使用合适的贝克休斯高效 PDC 钻头+贝克休斯耐高温、长寿命螺杆能够大幅度提高钻井速度,减少起下钻时间,具有积极的推广价值。

3. 固井及注水泥塞技术

1)长裸眼全封固固井配套技术及规模化应用

长裸眼全封固固井配套技术根据紧密堆积理论,采用水泥+漂珠+微硅三级颗粒级配,形成 1.20~1.40g/cm³ 的大温差低密度固井水泥浆体系,该水泥浆体系初始稠度低,可泵流动性较好,曲线平滑基本呈直角稠化,120℃下1.40g/cm³低密度水泥浆稠化曲线见图4-50。解决了70~135℃大温差固井,水泥浆易超缓凝顶部强度发展慢,一次性封固段长4000~6000m等技术难题。实施中以1.88~1.90g/cm³常规密度水泥浆封固井底以上500~1500m井段,以1.35~1.40g/cm³低密度水泥浆封固其余井段。该技术共计应用31口井,工艺成功率100%,基本解决了易漏失井长裸眼一次上返固井难题,且单井固井成本下降25%。在此工艺基础上,逐步摸清塔中区块非目的层纵横向承压能力,针对地层承压能力极低的特殊区块,进一步形成全封固正注反挤工艺,缩短常规密度水泥浆稠化时间,一般为200~300min,调整正注水泥浆上返高度,一般为井底以上2000~2500m,同时优化反挤水泥浆时机,共计应用18口井,工艺成功率100%,固井质量显著提高,环空段长封固合格率提升至82%,ZG6-2井二开固井质量CBL解释全封固固井合格率100%,TZ82-H4井二开固井质量CBL解释全优,创塔里木油田长裸眼全封固固井质量最高纪录。长裸眼全封固固井配套技术的实施,从根本上解决了易漏失井长裸眼全封固固井技术难题,保障了塔标三为主的三开型简化井身结构的全面推广。

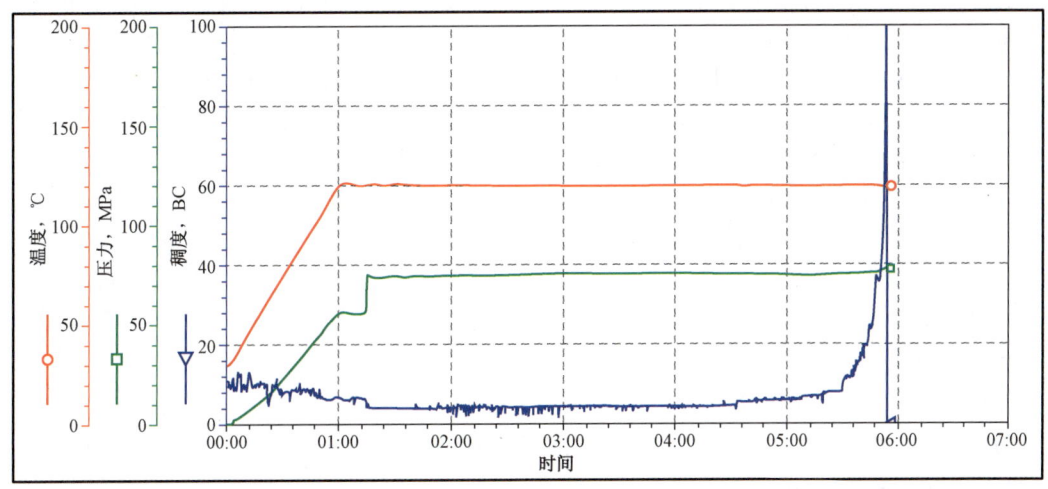

图4-50 120℃下1.40g/cm³低密度水泥浆稠化曲线

2)易喷易漏储层注水泥塞技术

通过对奥陶系易喷易漏储层特征分析及注水泥塞技术现状调研,提出了"平衡法"注水泥塞工艺,即依靠水泥浆自重及钻井液静液柱压力平衡储层压力的一种注塞工艺。当静液柱压力从大于储层压力到接近平衡时,井筒剩余水泥浆在漏层以上形成一段连续的水泥浆柱,凝固后形成一段连续的水泥塞封堵油气层。通过室内试验形成了注塞用快干水泥浆体系配方一套(配方:阿克苏G级水泥+25%硅粉+10%微硅+2%防气窜剂Flock-2+3%~5%降失水剂LANDY-806L+1.5%~4%分散剂LANDY-906L+0.2%消泡剂LANDY-19L+2%~3%中、高温缓凝剂),满足塔中区块不同温度范围,最低稠化时间可达150min;通过现场试验进一步对易喷易漏储层注水塞工艺在水泥塞面高度控制、水泥塞胶结质量控制、井控风险控制三方面进行了优化。综合储集体大小、连通性、流体特征、储层已漏失钻井液量、井筒流体密度分布及稳定的环空液面等数据,评估储层压力,控制快干水泥浆稠化时间,保持合理的吊灌量,准确控制塞面。同时,施工前在井筒反推一定高度的凝胶段塞,有助于将井筒存留的油气推入地层,进入储层的凝胶可进一步抑制后期油气与井筒水泥的置换。另外,清洁的井筒可防止钻井液中存留的油气上窜,影响水泥塞胶结质量。

该套技术先后在 ZG16 - H1 井等 7 口井取得成功,工艺成功率 100%。其中 TZ82 - TH 井依靠常规注水泥塞工艺,先期堵漏两次、注水泥塞 1 次、下桥塞 1 次均以失败告终,后采用了快干水泥浆体系及"平衡法"注水泥塞工艺,仅一次作业就成功封堵油气层,并保证了水泥塞胶结质量,侧钻造斜施工一次成功。ZG16 - H1 井施工井深 6446.5m(垂深 6300.56m),井斜 60.3°,静止温度 145℃。施工前火焰高度 3 ~ 5m,单日最高漏失钻井液 324.3m³,工艺应用的复杂条件(井斜、静止温度、油气活跃程度、井下漏速)属塔中首次,在国内也属罕见。该套技术解决了常规注水泥塞技术难以突破的塔中碳酸盐岩缝洞发育储层回填侧钻注水泥塞难题。该技术一次成功率高,工艺可操作性强,已成为塔中奥陶系易喷易漏储层轨迹调整、回填侧钻的核心配套技术,服务于塔中奥陶系碳酸盐岩缝洞发育储层高效开发。

4. 水平井水平段长延伸技术

自 2012 年下半年塔中油气勘探主战场逐渐由东部转向西部,在"筋脉"理论的指导下,塔中的水平井数量不断增多(2012 年水平井 37 口,2013 年水平井 55 口),井深不断加深、水平段逐步加长(2013 年水平井平均井深 7129m,较 2012 年增加 842m;2013 年平均水平段长 812m,较 2012 年增加 127m)。近一年多来,塔中尝试了各种水平井水平段延伸技术,以保障地质目的在工程上能够得以实现,逐步发展了以随钻 GR 技术、水力振荡器技术、旋转地质导向为核心的井眼轨迹控制技术。同时,精细控压钻井技术也得以发展完善并逐步国产化,常规控压技术得以普遍应用,使得在井漏情况下水平段延伸能力得以保障。在 2013 年,无论是井深还是水平段的长度都不断刷新了新的记录。

1)井眼轨迹控制技术

复合钻进及井下动力工具滑动钻进方式在施工过程中存在摩阻大,托压严重等困难,钻头无法保证真实、有效的钻压,严重制约着钻井工程进度,此外钻具长时间躺靠在井壁上存在卡钻风险。水力振荡器动力部分将钻井液动能转换为旋转的机械能,在钻具上产生温和的振荡力,通过钻传递给钻头,造成与工具连接的其他钻井工具在轴向上往复运动,形成周期性连续柔和变化的钻压,提高破岩效率、降低摩阻和扭矩。ZG5 - H2 井在井深 7082m 开始使用国民油井公司的水力振荡器,先后共入井 2 次,进尺 728m,使用井段平均机械钻速比未使用井段提高 32%,提速效果明显,尤其是在滑动钻进过程中优势明显,有利于提高水平段的延伸能力。

随着井深增加、水平段加长,传统定向方式所钻井眼摩阻大、托压严重、井壁不光滑,造成轨迹调整困难、水平段延伸能力受限、完井通井困难、完井作业时间长等问题日益突出。而旋转地质导向钻井技术由于钻进过程中一直处于旋转状态,可以从根本上解决托压、井壁不光滑的问题。

目前,旋转地质导向在塔中处于试验推广阶段。塔中率先在 ZG17 - H1 井首次开展了油田碳酸盐岩超深水平井旋转地质导向试验,该井使用贝克休斯 AutoTrak Express 旋转地质导向,提速效果明显。旋转地质导向累计进尺 753m,纯钻时间 143.9h,平均机械钻速达到 5.23m/h,较使用普通定向工具的邻井相比,定向段机械钻速提高 17.17% ~ 78.44%,水平段机械钻速提高 38.72% ~ 137.10%。塔中 EPCC 项目井目前已推广使用 4 口井,总进尺 3293.2m,也取得较好应用效果,较使用常规定向工具的邻井,平均机械钻速提高 41.9% ~ 175%(图 4 - 51)。旋转地质导向由于改善了井眼质量,解决了超深水平井通井难的难题,使

用该技术的井平均通井周期8.5d,较使用常规定向工具井的21.6d,降幅达154%,完井管柱100%顺利下到位,使用两种定向工具完井后通井情况对比见表4-10。

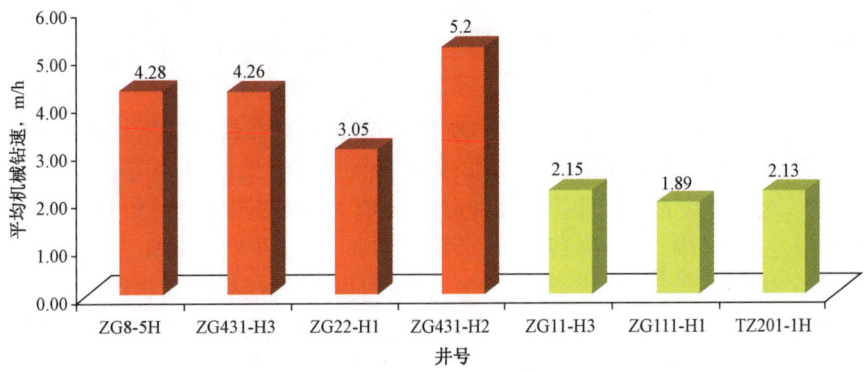

图4-51 使用旋转地质导向井与未使用井平均机械钻速对比图

表4-10 使用旋转地质导向井与未使用井通井情况对比表

	井号	完钻井深/垂深 m/m	裸眼段长度/水平段长度 m/m	定向段旋转导向使用	井眼尺寸 in	分段数	通井周期 d	通井组合	完井管柱下入情况
常规定向工具	ZG106-1H	7115/6058	1451/874	—	6¾	7	34	单扶+双扶+三扶+四扶+原钻具+裸封+原钻具	顺利到位
	ZG17-H2	7474/6406	1401/904	—	6¾	6	25	单扶+双扶+双扶	遇阻未下到位
	ZG151-H1	7447/6219	1333/996	—	6⅝	/	28	单扶+双扶+三扶+光钻杆+三扶	下打孔管完井
	ZG162-H2	7495/6227	1391/1050	—	6⅝	6	23	单扶+双扶+裸封+四扶	顺利到位
	ZG16-H1	7075/6301	877/623	—	6⅝	5	8	单扶+双扶	顺利到位
	TZ201-1H	6550/5431	1537/714	—	6¾	9	8	单扶+双扶	遇阻未下到位
	ZG17-H2	7428/6388	1355/834	—	6¾	5	25	单扶+双扶+四扶	通井困难,取消2段
	ZG111-H1	7372/6059	1594/987	—	6⅝	9	22	单扶+双扶+四扶	7000m以下下入过程困难
	平均						21.6		
旋转地质导向	ZG8-5H	7295/6131	1559/916	0	6¾	9	12	单扶+双扶+四扶	顺利到位
	ZG431-H3	6647/5556	1609/823	0	6¾	8	7	单扶+双扶+四扶	顺利到位
	ZG22-H1	7016/5999	1247/860	0	6¾	7	7	单扶+双扶+四扶	顺利到位
	ZG17-1H	6887/6206	799/520	276	6½	4	8	单扶+双扶	顺利到位
	平均						8.5		

旋转地质导向的成功应用,使塔中水平井水平段的延伸能力进一步得以扩展,提高机械钻速和降低钻完井周期成为可能。

2)控压钻井技术

近年来随着对石油天然气勘探开发力度的加大,各种复杂地区钻井日益增多,比如山前构造钻井、压力衰竭的老区块加密钻井或侧钻井、喷漏同存的窄安全密度窗口地区钻井、含硫地区钻井、高温高压高产区域钻井、海上钻井、天然气水合物钻井等,在这些地区应用常规的过平衡钻井(OBD)技术可能出现诸如压漏地层造成大量的钻井液漏失或者失返、井喷事故,或造成卡钻等多种井下复杂事故,这样会显著增加非生产作业时间(NPT)。根据国外统计资料表明,海上钻井非作业时间占40%左右(其中,井漏占12.8%、卡钻占11%、井涌井喷占10%左右),同时也会对产层造成伤害,水平井水平段延伸也会受到制约。在我国很多地区钻井,其非作业钻井时间也主要是由井漏、井喷与其他井下复杂事故所引起。特别是在山前构造、压力敏感性地层等钻井的过程中时常漏失大量钻井液,甚至失返并造成井喷事故,造成巨大的财产损失与人员伤害。

为了解决这些问题,目前国际上提出一种新的钻井技术理论 MPD(Managed Pressure Drilling,缩写 MPD),MPD 的概念在 2003 年举行的 SPE/IADC 钻井会议上首次提出,MPD 通过各种手段调节并精确控制环空压力剖面,使其在允许的压力操作窗口内。该技术与欠平衡钻井(UBD)和空气钻井(Air Drilling)技术被 IADC 划分为钻井过程中控制压力钻井的三大体系。

(1)控压钻井技术定义。

美国石油学会及 IADC 欠平衡作业委员会将 MPD 定义为一种能精确地控制整个井眼的环空压力剖面钻井程序,其目的在于确定井底压力范围,从而合适地控制环空压力剖面。目前,国内一部分人从广义角度叫"管理压力钻井",认为 MPD 包括微过平衡、近平衡、微欠平衡钻井等一系列钻井工艺技术,作业现场则把 MPD 称作是"控制压力钻井技术"。不管 MPD 中文名称如何,但目前其 MPD 主要技术特点和核心的技术目标都基本是一致的,即:

① MPD 将工具与技术相结合,通过预先控制环空压力剖面,可以减少与井底压差范围狭窄的井眼钻井有关的井下复杂情况的发生;

② MPD 可以包括对回压、流体密度、流体流变性、环空液面、循环摩擦力和井眼几何尺寸进行综合分析与加以控制;

③ MPD 可以更快地纠正作业,来处理观察到的压力变化,能够动态控制环空压力,从而能够经济地完成其他技术不可能完成的钻井作业;

④ MPD 技术可用于避免地层流体侵入,使用适当的工艺作业中产生的任何流动都是安全的。

(2)控压钻井技术的特点。

就目前国内外研究及应用来看,MPD 技术主要特点如下:

① MPD 技术能显著降低非生产作业时间。

② MPD 技术有利于钻井工程作业。

无论陆地与海上,还是深井、超深井或者高压、高含硫气井,MPD 技术都能应用,且能很好防涌、治漏,最大限度地降低非生产作业时间,安全高效,所以,能够适用于窄安全密度窗口地层的钻进,有效避免井漏、井涌等复杂问题。

③ MPD 技术有利于勘探:发现与评价。

无论是高渗透、裂缝发育,还是低渗透地层,均可一定程度地消除井漏和堵漏损害,尽量消除正压差下的液相、固相损害。钻进中的油气显示和计量(间断的或微量连续的),可随钻评价储层的真实产能和物性。

④ MPD 技术有利于开发:高产能、低成本。

MPD 钻井只需要在传统钻井的基础上增加少量设备或不更改设备,比其他欠平衡钻井具有更好的经济性。且 MPD 能够消除钻完井过程中的主要伤害,更大限度的提高水平段的延伸能力,可以获得最大原始产能。如果储层良好,可以免去改造作业,直接投产。良好保护造成的低生产压差,可以延长油井稳产高产期,延长油井寿命,提高最终采收率。同时,能避免其他钻进方式下的一些问题,如当钻遇地层出水,井壁易垮塌,空气、泡沫钻井不能实现欠平衡钻进时,采用常规的或充气的 MPD 技术仍然可以实现 MPD 钻进;且气体钻井易引起爆炸,可造成钻铤与钻头被熔化或烧毁。采用常规 MPD 钻井可以避免井下燃爆问题。

(3)控压钻井技术的分类。

精细控压钻井:通过采用旋转控制头、井口自动节流管汇并结合井下随钻压力测量系统等精确监测仪器实现对井下压力或溢流情况的实时监测,并在井口根据监测情况进行自动控制,从而实现井底压力平稳控制的钻井方式。

常规控压钻井:通过采用旋转控制头、井口节流管汇,依据钻井液池液面及立套压变化情况控制井内压力剖面,将井底压力控制在压力窗口以内的钻井技术。

① 精细控压钻井技术。

a. 精细控压钻井技术是依据"筋脉"理论实现高效开发的有效手段。

根据"筋脉"理论,水平井及分段改造技术能够起到贯通"筋脉"的作用,可有效沟通多套缝洞系统。在"筋脉"理论的指导下,首先在 TZ62 井区部署了两口水平井,TZ62 - 6H 井及 TZ62 - 7H 井。但两口井在水平段的钻进过程中,遇到了新的技术难题,因直接进洞后发生无法控制的井漏而被迫提前完钻,TZ62 - 6H 井水平段长 262m,TZ62 - 7H 井水平段长 360m,未能完全实现"筋脉"理论的目的(图 4 - 52、图 4 - 53、图 4 - 54)。

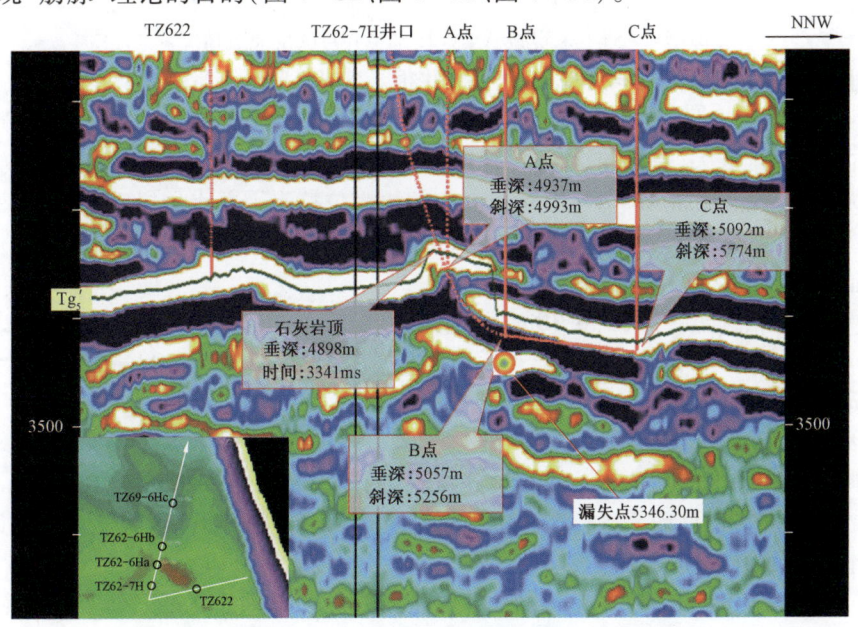

图 4 - 52　过 TZ622 井和 TZ62 - 7H 水平井连井地震剖面

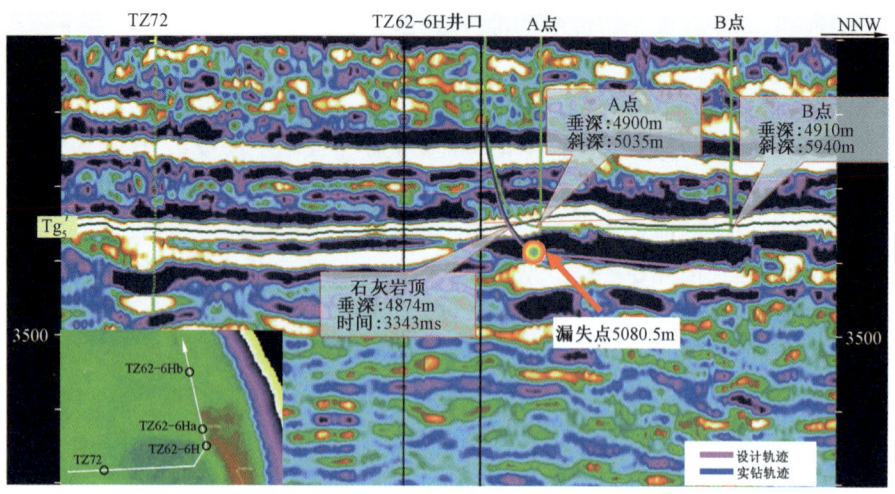

图 4 - 53　过 TZ72 井、TZ62 - 6H 水平井连井地震剖面

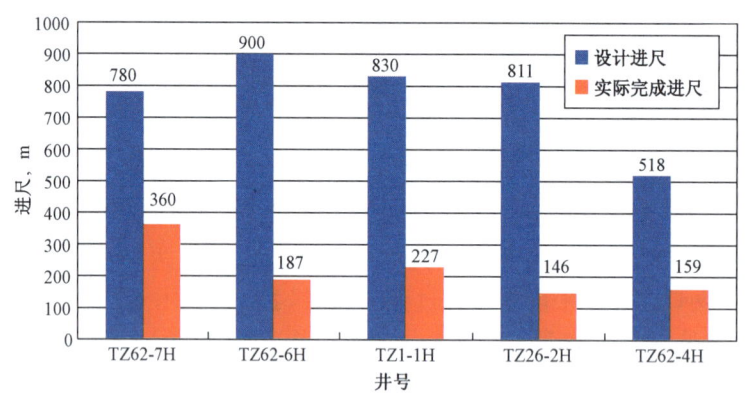

图 4 - 54　未实施精细控压水平井目的层完成情况

　　两口水平井的钻井实践表明,单纯的水平井很难实现"筋脉"理论的目的。奥陶系石灰岩储层上部没有明显标志层,利用现有技术难以精确预测储层深度,沿着大型缝洞单元顶部(即洞顶缝)钻进技术难度大,一旦与大型缝洞单元沟通,无法实施后续井段作业,完成钻井设计任务难度大,且造成井下复杂,完井周期长。为解决大位移水平井水平段安全高效钻进的技术难题,经过多次方案论证和安全风险评估,2009 年初引进精细控压钻井技术,2 月 5 日,精细控压钻井设备在塔中投入使用。

　　TZ62 - 7H 井钻进至井深 5346.30m,发生井漏,循环加重,钻井液密度由 1.20g/cm³ 提高到 1.40g/cm³,地层压力敏感,气层异常活跃,关井压力最高达 28MPa,累计漏失钻井液超过 3421.5m³。

　　b. 精细控压钻井技术特点。

　　精细控压钻井技术是一种高端控压钻井技术,该技术在常规钻井设备的基础上,增加了旋转控制头、回压补偿泵、自动节流管汇、井下随钻测压和计算机自动控制软件系统等设备,能够实现对环空压力的精确控制。与常规钻井技术相比,该技术具有以下技术特点。

　　精细控压能实时获取实际井底压力。井底压力是钻井作业中的重要数据,常规钻井依靠模拟计算来估算井底压力的大小,不能获取实际的井底压力大小,无法清楚掌握井底压力的变化。精细控压钻井技术引入了井下随钻测压工具(PWD),该工具可以实时测量井底压力的大小,通过 MWD 将实时井底压力数据传至地面计算机自动控制软件系统,该软件系统将根据井底压力变化对井口压力进行相应调整。同时,井底压力数据也为技术人员制定技术措施提供了可靠依据。

精细控压实现了井口压力的自动控制。常规钻井技术需要控制井口压力时,以手动方式调整节流管汇的节流阀,不但精度低,而且速度慢,往往会引起井底压力较大的波动。精细控压钻井所采用的节流管汇为自动节流管汇,该设备由计算机软件自动控制,井口压力控制精度可以达到 ±50psi(图 4 – 55、图 4 – 56、图 4 – 57)。

图 4 – 55　自动节流管汇

图 4 – 56　实时监控系统

图 4 – 57　回压补偿泵

精细控压能够实现地面不间断循环。接单根、起下钻等作业过程中,停泵后,将失去循环压耗,从而引起井底压力的降低,如果对该部分压力降低不给予补偿,井内很可能会处于欠平衡状态,大大增加溢流发生的风险,特别是高压、高含硫化氢气井,一旦发生溢流将会很难处理。为了补偿该部分压力降低,常规钻井主要采用提高钻井液密度的方法,即设计时把钻井液密度增加一个附加值。这样做的结果减小了井控风险,但会导致较大的过平衡,井漏风险大为增加。为了补偿该部分压力降低,精细控压钻井技术在地面设备中增加了回压补偿装置,该设备为回压补偿泵。精细控压在钻进过程中,使用钻井泵,在接单根、起下钻等作业过程中,停钻井泵,开启回压补偿泵,在地面建立小循环:钻井液罐→回压补偿泵→自动节流管汇→振动筛→钻井液罐。通过自动节流管汇的节流作用为井口提供所需要的补偿压力。

  精细控压作业中过平衡压力小。由于使用了井底随钻测压、自动节流管汇、计算机自动控制软件系统、回压补偿泵等先进设备和技术,既实现了对井底压力的精确控制,控制精度达到±50psi,又及时补偿了抽汲压力、激动压力及停泵引起的压力降低等因素引起的井底压力波动,从而克服了常规钻井中井底压力波动大的问题,如图4-58所示。因此,在精细控压钻井条件下,可以大大降低过平衡量,实现微过平衡,如图4-59所示,从而为降低井漏风险提供了技术保障。

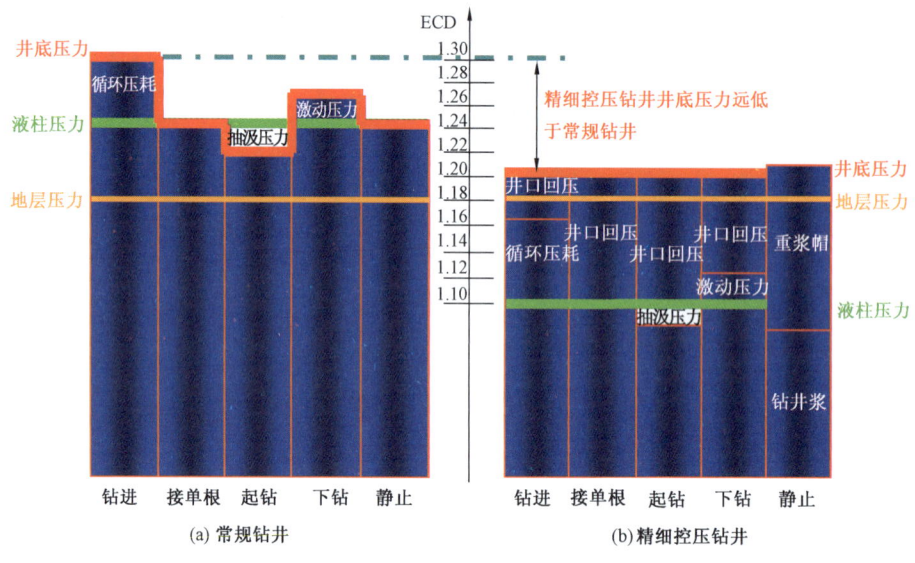

图4-58 精细控压钻井与常规钻井井底压力控制对比

  c. 精细控压钻井技术的应用实践。

  为了保证"筋脉"理论的有效实现,水平井充分利用精细控压技术穿越多套缝洞系统,精细控压钻井技术在塔中的成功应用大体经历了四个阶段:一是探索阶段,二是改进阶段,三是突破和成熟阶段,四是国产化应用阶段。

  第一阶段为探索阶段。塔中26井区裂缝发育,下部有洞,洞与裂缝沟通,易发生漏失。按照"筋脉"理论要求,水平段需要穿越多个缝洞,为了实现这一目的,决定在TZ26-2H井和TZ26-4H井两口井的水平段钻进采用精细控压。TZ26-2H井为第一口探索井,该井用6in

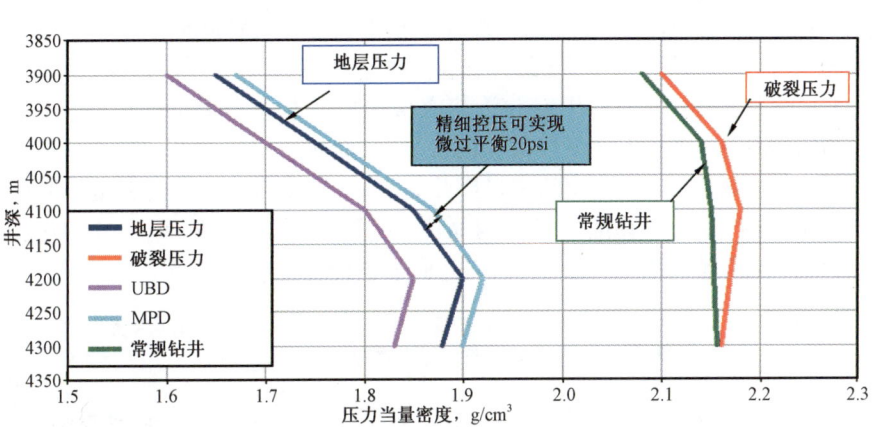

图 4-59　精细控压钻井的压力剖面

钻头钻进至井深 4570.48m 时井口失返发生严重井漏,后又发生溢流,油气显示非常活跃,节流循环点火火焰高达 10~20m。采取边漏边钻方式钻进至井深 4659.60m,决定上精细控压钻井装备。但在精细控压作业过程中油气显示异常活跃,套压波动幅度在 3~20MPa,根本无法实现精细控压。由于井下状况过于复杂,继续处理风险极大,经研究决定,该井就此提前完钻。随后,又进行了 TZ26-4H 井的探索实验,结果与 TZ26-2H 井相同。主要原因是水平段直接钻遇大洞,导致精细控压无效,未能实现"筋脉"理论的目的(图 4-60)。

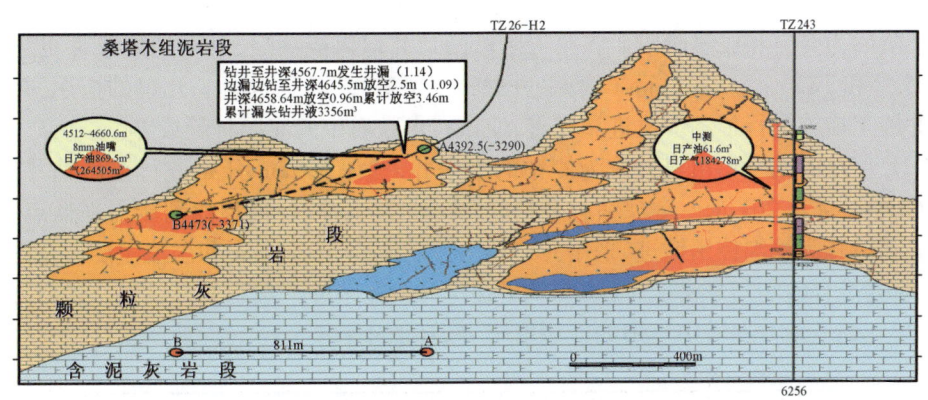

图 4-60　水平段直接钻遇大洞

　　第二阶段为改进阶段。完成 TZ62-11H 井和 TZ62-10H 井。该井区位于塔中东部,储层以礁滩体为基础,储集空间为裂缝-孔洞型。在吸取第一阶段所取得的经验教训基础上,为了实现水平段穿越多个缝洞的目的,采取的主要措施为:一是优化水平井的井眼轨迹设计,采用平面上穿多个储集体,垂向上水平段"擦头皮"的策略,即井眼轨迹尽量贴缝洞储集体顶部,既达到钻遇储层获得油气显示,又可避免发生溢漏造成复杂。二是水平井充分利用精细控压技术保证"擦头皮"成功。三是为了确保"擦头皮"策略的成功实施,采用三维地震资料精细刻画储层,研究缝洞储集体在剖面与平面上的分布特征,加强随钻动态研究,实时进行井眼轨迹调整。

TZ62－11H 井进入 A 靶 33.1m 后,气测显示较差,轨迹下调 30m,后又 3 次动态调整井眼轨迹。本井从 4869m 开始精细控压钻井作业,钻达井深 5843m 完钻,精细控压钻进进尺 974m,未发生井漏和溢流,精细控压钻井工艺取得成功。本井水平位移达到 1171.79m,水平段长 933m,为塔中地区 2009 年水平段最长的水平井,而相邻水平井 TZ62－7H 井水平段长只有 360m,且漏失钻井液 3750m³。TZ62－11H 井是实施"擦头皮"策略的典范。TZ62－10H 井采用同样的技术措施,尽管该井油气显示明显比 TZ62－11H 井活跃,但充分利用精细控压钻井的技术优势,有效控制了井漏和溢流,顺利完成了设计井深(图 4－61)。

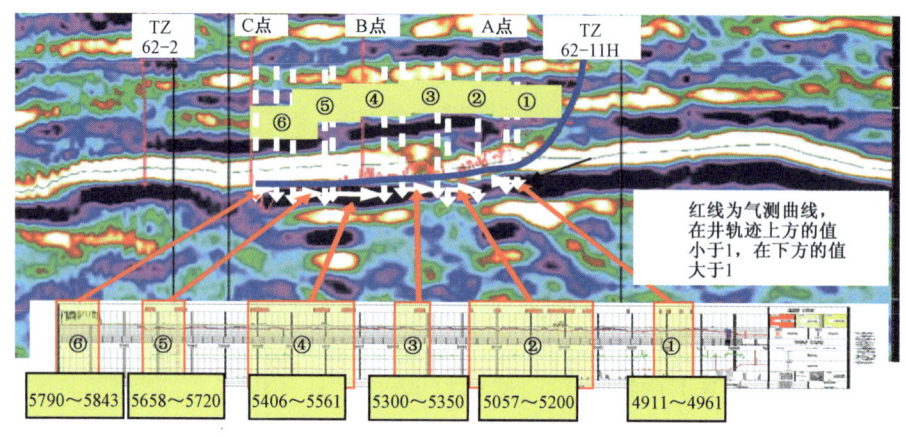

图 4－61　TZ62－11H 井地震反射剖面图

第三阶段为突破和成熟阶段。在第二阶段两口井取得成功后,又在地质条件更为复杂的 TZ721－5 井和 TZ26－5H 井进行了尝试,并取得了突破,之后又进行了几口的应用,并对精细控压钻井施工措施进行了逐步改进和完善,使该技术在塔中的应用日趋成熟。

TZ721－5H 井是一口由直井改为侧钻的水平井,井深 5952m 开始进行控压钻井作业,完钻井深 6213m,进尺 261 米。常规钻进至井深 5952m 发生井漏,很难找到压力平衡点,无法继续钻进。随后转为精细控压钻进,采用井口压力控制模式,根据漏失和溢流量随时精细调整井口压力,掌握了合适的当量密度,成功实现了在保持微漏条件下顺利安全钻进。这口井的成功钻进,使精细控压钻井在塔中气田的应用取得突破(图 4－62)。

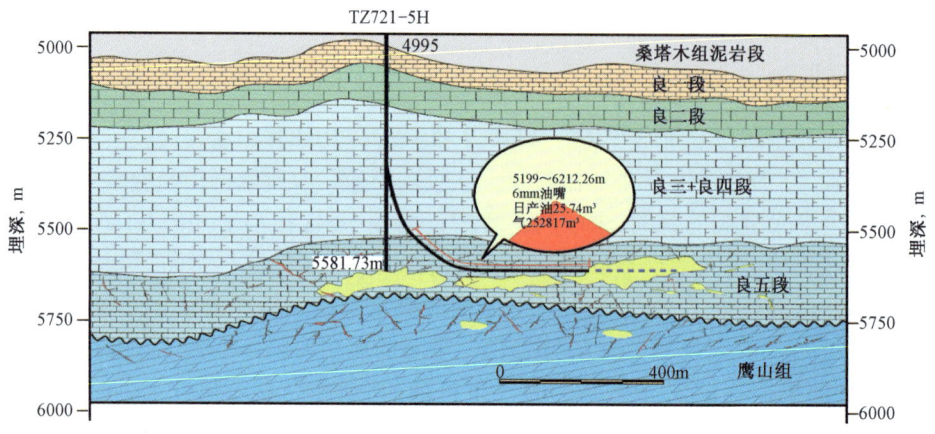

图 4－62　水平段钻缝避洞

TZ26-5H井与TZ26-2H井和TZ26-4H井在同一区块,储层缝洞非常发育,井漏和溢流的风险很高,水平段穿越多个缝洞难度极大(图4-63、图4-64)。

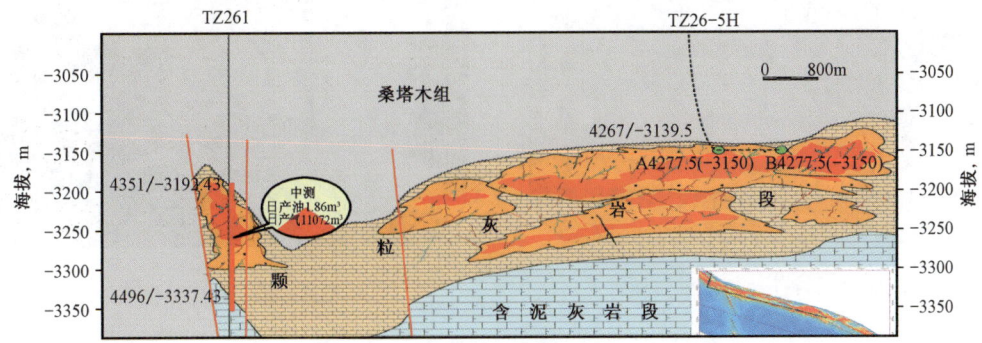

图4-63 TZ26-5H井奥陶系油气藏预测剖面图

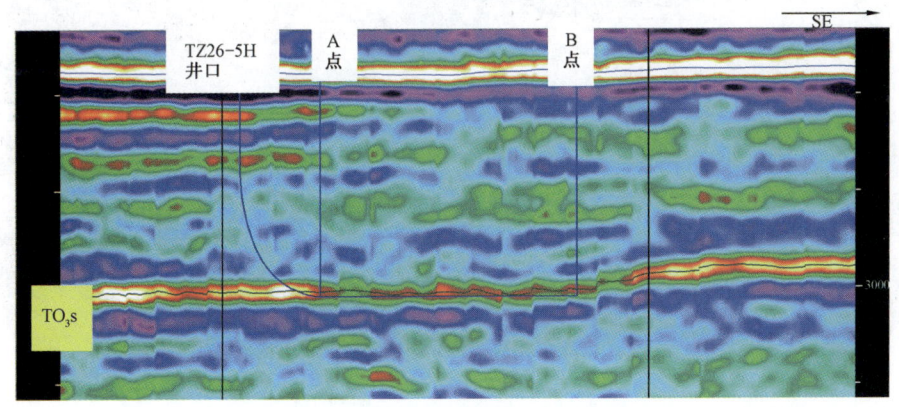

图4-64 TZ26-5H井地震反射剖面图

该井在制定技术措施时充分吸取前几口井所取得的经验,对精细控压技术方案进行了进一步改进。该井精细控压时采用井口压力控制模式,考虑到该区含硫化氢,采取微漏方式钻进,根据井漏和气测值变化情况随时精细调整井口压力,自4318m开始控压钻进,完钻井深5323m,钻进总进尺1010m,安全、顺利地实现了水平段穿越多个缝洞的地质目的。

精细控压在TZ721-5H井和TZ26-5H井应用取得突破后,又先后在ZG162-1H井、TZ82-1H井、ZG14-2H井等多口井成功应用,帮助水平井穿越多个缝洞单元,实现了"筋脉"理论的目的。

第四阶段为国产化应用阶段。精细控压钻井技术是解决窄密度窗口安全钻井以及井下复杂情况的主体钻井技术之一,可以精确控制环空压力剖面,实现井底压力的恒定控制。国外在2007年开始工业化应用,精细控压钻井技术已成为许多油田开发必备的钻井技术。为了打破国外技术垄断,填补国内空白,同时大幅度降低精细控压钻井成本,提升塔里木油田复杂深井钻井技术水平。塔里木油田结合中国石油钻井工程技术研究院依托国家科技重大专项项目21课题3"窄密度窗口安全钻井技术及装备"的攻关研究,通过室内1000余次实验研究,完成自动节流控制系统(图4-65)、回压补偿系统(图4-66)、液气控制系统、监测及自动控制系统、精细控压自动控制软件5大系统的研制(图4-67),完成了精细控压钻井国产化的任务,接近了国际先进水平。

图 4 - 65　自动节流控制系统　　　　　　　　图 4 - 66　回压补偿系统

图 4 - 67　精细控压钻井控制中心

通过在 ZG05H 井、TZ26 - H7 井、TZ26 - H9 井、TZ721 - 8H 井、ZG5 - H2 井现场应用,突破了以往单一使用的控压略过平衡的钻井方式,进一步发展了精确近平衡控压钻井技术,建立了压力、流量双平衡控制理念,形成了双平衡精细控压钻井技术,可根据不同的地质条件实施微溢流钻井,有利于发现产层;可实施微漏失钻井,解决复杂地层问题。同时水平段延伸能力得到有效提升,钻井液漏失量得到有效控制。

2012 年国产精细控压钻井工艺技术在 TZ26 - H7 井实现点火钻进,累计点火 214h,及时发现并控制溢流 2 次,创造了当时塔里木油田水平井水平段最长 1345m、水平段日进尺最高 134m 双项新纪录;次年 TZ721 - 8H 井又再次创造了塔里木油田超深水平井单日进尺 150m、水平段最长 1561m 两项新纪录,同时 ZG5 - H2 井完钻井深 7810m,垂深 6306.2m,水平位移 1655.57m,水平段长 1358m,创造了中国石油陆上最深水平井的新纪录。

d. 精细控压钻井应用总结。

利用精细控压技术能够成功实现储层精细"擦头皮"和穿越多套缝洞系统单元的策略,降低漏喷复杂事故的发生,提高钻井速度和水平段延伸能力,最大限度地裸露油气层,提高了供液能力,有利于提高单井产能,延长油气井寿命,实现了稀井高产稳产、高效开发的目标。

缝洞型和裂缝—孔洞型单元组合和具有准层状的裂缝—孔洞型单元适合用水平井开发,并能用精细控压技术帮助实现,主要采用水平段"擦头皮"+精细控压的应对措施。

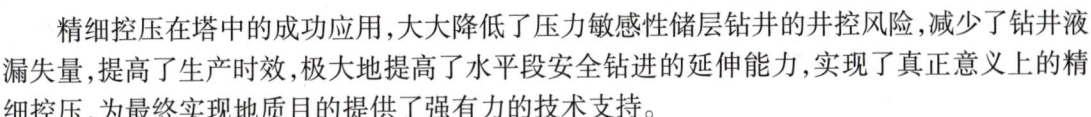

精细控压在塔中的成功应用,大大降低了压力敏感性储层钻井的井控风险,减少了钻井液漏失量,提高了生产时效,极大地提高了水平段安全钻进的延伸能力,实现了真正意义上的精细控压,为最终实现地质目的提供了强有力的技术支持。

为了提高精细控压在塔中地区的适应性,确保井控安全,必须将油田井控工艺与精细控压钻井技术有机结合,完善精细控压现场施工技术措施。

一是根据地质要求,控制少量溢流,可实现有效防漏。发挥国产精细控压钻井装备的优势,当大量后效返出时,适时加压,通过自动节流阀,控制溢流量在 $1m^3$ 以内,实现有效排出,避免关井、压井、人工节流所带来的井下复杂的发生,既保证不发生严重溢流,也及时控制井底压力的持续升高而诱发井漏,实现了小溢流量状况下的安全作业,规避了重浆压井导致井漏的风险。

二是井底压力控制走低限,实现边点火边控压钻进,有利于发现油气层,提高钻速。针对塔里木地区碳酸盐储层,典型窄压力窗口地层,缝隙发育,易漏易喷,井口控压变化最小 $0.5MPa$ 就会造成井底压力波动和液面变化,实际钻井地层压力极其敏感,在钻进过程中压力窗口很小,甚至低于 $0.005g/cm^3$。根据控压钻井设计原则,在缝洞系统,井底压力控制可尽量走低限,实现边点火边控压钻进,将有利于储层发现。

三是有效监测钻井液出入口流量变化,实现溢流、漏失早期控制。国产精细控压钻井装备具有高精度流量计,可测量瞬时过流质量、过流体积、密度和温度。在控压作业过程中,若发生溢流,该高精度流量计能最先监测到气体排出量的情况,明显检测到出口流量逐渐增加,此时液面上涨并不明显,当大量气体出现时,则出口流量变得极不稳定,液面监测开始上涨,此时已不是真实的出口流量,但此时出口密度的变化仍能大致地反映出气量的变化趋势和大小。针对漏失情况,微过平衡作业过程中漏失量控制在 $1m^3/h$ 之内。

四是及时微量的井口回压调整,有利于发现油气层。通过及时调整井口控压,为很好地发现油气层井段发挥作用。在基本保证井下安全的条件下,适时调整井口控压,特别是通过摸索,利用出入口流量变化、综合录井气测值等变化,调整井口回压,当新油气层出现时气测值升高,待钻穿后及时加压,使之降低,一旦再次升高,说明新的油气层出现,体现了精细控压在地质发现方面的价值。

五是调整井口控压,寻找压力平衡点,顺利穿越薄弱层。控压钻井过程中,通过调整井口控压,观察井底压力和井口出入口流量变化,寻找压力平衡点,基本确定地层平衡压力,并且通过井口压力变化和钻井液的溢漏情况顺利通过多个薄弱层。同时,为降低起下钻、接单根时的井口控压值,提高胶芯使用寿命,将钻进时控压值控制在 $4MPa$ 之内,超过 $4MPa$ 时以 $0.02g/cm^3$ 的幅度提高钻井液密度。

总之,实施精细控压作业,有利于水平段的延长,提高单井产量。塔里木地区勘探开发要求水平井水平段越来越长,希望产层暴露的越来越多,但是碳酸盐地层缝洞结构的特点,窄窗口特征明显,实施精细控压钻井作业,精确控制井底压力在窄窗口中,可保证钻井过程安全,相对常规钻井技术,可大幅提高水平段延伸能力,暴露更多的产层,大大提高单井产量。

② 常规控压钻井技术的实施及规模化应用。

目前,塔中碳酸盐岩油气藏储层地震反射特征主要为串珠状、片状、杂乱、弱反射及空白带等五种类型。储层中溶洞、裂缝、孔洞较发育,在钻井过程中经常发生"又溢又漏"现象,密度窗口窄,井控风险大,易出现井控险情,井眼轨迹及井身质量也得不到有效保障,水平井水平段延伸能力受到制约。鉴于精细控压成本过高,对于控压精度要求不高的井,常规控压钻井技术得到实施应用及规模化推广。

a. 常规控压技术概括。

常规控压钻井技术就是通常所说的井底恒压钻井技术,即"当量循环密度控制"钻井技术,用略低于常规经验密度的钻井液(如低密度钻井液或充气钻井液等)进行近平衡钻井,关井接单根或起下钻时,施加地面回压或采用连续循环系统,使井底压力间保持适当的过平衡状态,从而控制地层流体的侵入,确保井底压力和正常钻进时相对恒定。

在井底压力恒定的 MPD 作业中,无论是在钻进、接单根、还是起下钻时均保持恒定的环空压力剖面,在钻进孔隙压力——破裂梯度窗口狭窄的地层存在井涌或井漏现象时,通过精确控制流体密度、流体流变性能、环空液面、地面的环空回压、水力学摩擦阻力等,使井底压力接近于恒定,从而避免压裂地层或发生井涌,安全地钻过窄安全密度窗口地层。

在常规控压钻井中,钻井液密度可能低于孔隙压力,但这并非欠平衡钻井,因为,总的钻井液当量密度仍高于地层孔隙压力。在这种情况下,对发生意外侵入的流体应当使用 MPD 井口装置使侵入流体得到适当控制。

b. 控压钻井基本原理。

控压钻井工艺的核心是控制井底压力和井筒压力分布,在控压钻井过程中,钻井液在井筒内循环,以达预期的井底压力。通过地层破裂压力和孔隙压力梯度以及井壁稳定性来确定钻井液密度,如图 4 - 68 所示。

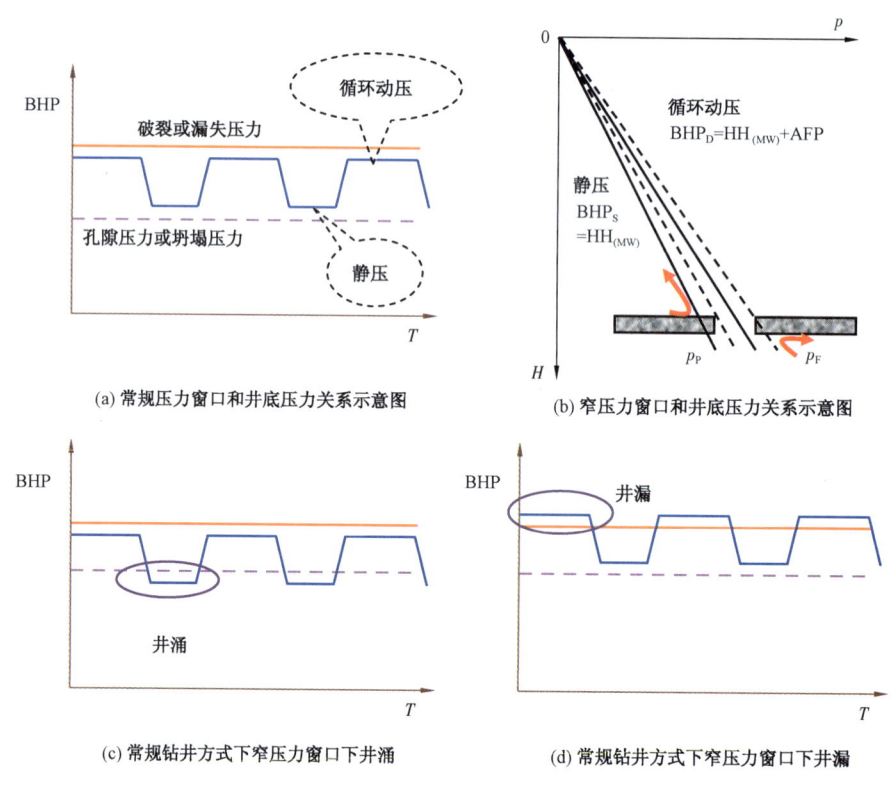

图 4 - 68　安全密度窗口和井底压力关系示意图

从图4-68中可以看出：常规钻井方式下，对于窄安全密度窗口的地层而言，按照动压设计井底压力，则在停泵时，钻井液处于静止状态，井底压力将降低至孔隙压力以下，地层流体将涌入井筒；按照静压设计井底压力满足安全窗口在循环钻井液时井底压力将升高，并超过地层破裂压力，这会压漏地层达不到控压钻井的目的。因此，想此时能控制井底在停钻和循环时都能保持井底压力在安全窗口内，那么就需要进行井口回压的控制。

从图4-69可以看出，通过调节钻井液密度，按照循环动压满足安全钻进要求设计，即循环过程中若降低钻井液密度便可使井筒压力低于地层破裂压力，停钻时在井口施加回压使井底压力高于孔隙压力，此时就能满足动静压均在安全密度窗口内，即保持井底压力任何时候相对恒定，这是陆地上窄安全密度窗口安全快速控制压力钻井的一种最有效的解决办法，这也是常规控制压力钻井的基本原理。

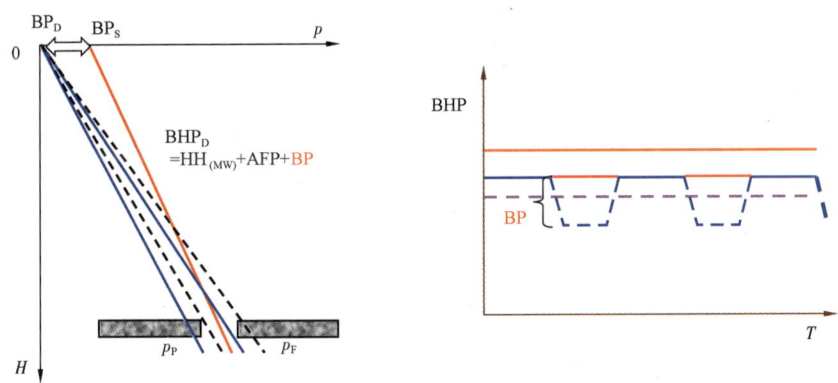

图4-69 控制回压时井底压力和安全窗口关系示意图

要比较准确地控制井底压力，并按要求调节井筒压力梯度或ECD（井底压力的当量循环密度）在安全窗口内，就需要准确计算井筒内的压力剖面，根据"U"型管原理（图4-70）可知井筒内压力关系：

当井内钻井液静止时，井筒内压力剖面为钻井液重力压力剖面，即：

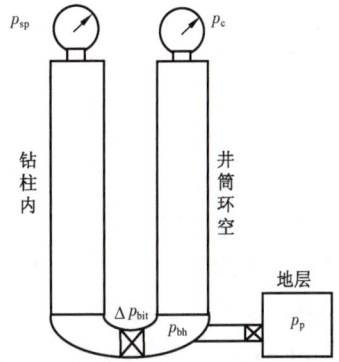

图4-70 井筒"U"型管原理示意图

环空内：
$$p_{bh} = p_c + \Delta p_{cg} \qquad (4-4)$$

钻柱内：
$$p_{bh} = p_{sp} + \Delta p_{pg} \qquad (4-5)$$

当循环时，井筒内动态压力剖面为：

$$p_{bh} = p_c + \Delta p_{cg} + \Delta p_{cf} + \Delta p_{ca} \qquad (4-6)$$

$$p_{bh} = p_{sp} + \Delta p_{pg} - \Delta p_{pf} + \Delta p_{pa} + \Delta p_{bit} \qquad (4-7)$$

$$p_c = \Delta p_j + \Delta p_{jl} + \Delta p_{atm} \qquad (4-8)$$

式中　p_{sp}——井口立压，MPa；

p_c——井口套压，MPa；

Δp_{bit}——钻头压耗，MPa；

Δp_{cg}——环空重位压降，MPa；

Δp_{cf}——环空压耗，MPa；

Δp_{ca}——环空加速度压降，MPa；

Δp_{pg}——钻柱内重位压降，MPa；

Δp_{pf}——钻柱内压耗，MPa；

Δp_{pa}——钻柱内加速度压降，MPa；

Δp_j——节流压耗，MPa；

Δp_{jl}——节流管线压耗，MPa；

Δp_{atm}——大气压，MPa。

从上述压力关系可知：常规钻井过程中，井底压力等于钻井液静液柱压力与环空摩阻压力之和，环空摩阻压力是在钻井过程中钻井液循环所产生的，接单根时，应关泵停止循环钻井液，这样就消除了环空摩擦压力，要想井底压力相对恒定就需要施加相应的回压。这些参数的确定需要建立井筒水力学理论模型进行求解或者进行实测。

c. 常规控压钻井井底压力监测技术。

如前所述，实现精确压力控制的主要关键参数是井底环空压力和循环压耗，对于深井，由于其高温高压特性，很难精确计算。通常实际作业过程中，循环压耗值的求取有两种可行的方法。即采用钻井水力学参数计算软件模拟在多种工况下的循环压耗，并配合井下压力计实测井底压力推算循环压耗，对软件计算结果进行校正。同时，介于精细控压井底压力监测的优势，目前正在摸索随钻压力监测仪 PWD 在常规控压钻井中的使用，通过压力的随钻监测，实时监测并控制井底压力，减少井底压力的波动，有利于窄压力窗口钻完井作业。

d. 常规控压钻井技术总结。

常规控压钻井技术已有数十年的历史，在塔中已应用 100 多口。常规控压钻井技术使用各种手段控制环空压力，从而有效实现安全钻井的目的，主要设备为旋转控制头和节流管汇，对环空压力控制精度较低，适用于对控压精度要求不高的井。

通过欠平衡专用设备旋转控制头用于井底压力控制，在一定程度上增强了压力敏感性储层水平段的延伸能力，降低了漏喷同存的作业风险；提高了钻井作业的安全性，成功保障了多井次的复杂施工作业，取得了良好的经济效益。

ZG16 – H1 井是塔中隆起塔中北斜坡塔中 I 号构造断裂坡折带中古 16 井区的一口开发井，钻井的主要目的层为志留系和奥陶系的良里塔格组—鹰山组。是以缝洞系统储集体掩藏的复杂油藏，奥陶系碳酸盐岩储集空间多样，且空间分布具有相当的随机性，表现为不规则形态和极强烈的非均质性，储层裂缝孔洞发育，井漏频繁发生。本井在用密度为 1.10g/cm^3 聚磺钻井液钻至井深 6446.5m 时，见到良好显示。关井后求得地层压力系数为 1.16。钻井过程中，多次遇到缝洞，井漏频繁，几乎没有密度窗口。后采用控压钻井技术和重浆帽起下钻技术及吊罐技术，全井漏失钻井液 2890m^3，成功打完进尺。邻井直井评价井 TZ451 井在钻井过程中，采用常规钻井技术，共漏失钻井液 5769m^3，2008 年完钻的直井 ZG162 井完钻井深 6321.15m，采用常规钻井技术，累计漏失钻井液 3614.61m^3（表 4 – 11）。

表4-11 同构造同层位不同钻井方式漏失量对比

井号	ZG162	TZ451	ZG16-H1
钻井方式	常规钻井	常规钻井	控压钻井
累计漏失量,m^3	3614.61	5769	2890

5. 水平井钻后泵出式测井技术

1)泵出式测井工艺特点

对于塔中水平井,最初钻后主要采用常规电缆传输测井,但随着水平段长的增加,管柱下入摩阻也逐步增大,加之塔中西部储层横向展布较东部更为复杂,钻探过程中为保证准确入靶,需对井眼轨迹进行多次微调,常常导致井眼质量差,常规电缆传输测井由于不能转动钻具,易卡仪器。另外,对于易喷易漏目的层,井筒油气相对活跃,常规电缆传输测井作业过程中,不能循环清排油气,常常导致井筒受油气侵后不能及时有效处理或处理手段单一,大大增加了井控风险。同时由于电缆测井不能一次性测量太多的项目,一口井测井任务的完成,常常需要多次起下钻测量,不仅增加了成本,也增大了井下风险概率。

通过调研和论证,首次试验并推广泵出式测井技术。泵出式测井工作示意图见图4-71。该技术可小幅转动钻具,能完成电缆测井工艺难以完成的大斜度井、侧钻井、水平井和井眼条件复杂井测井施工。无电缆作业,仪器安装在保护套内,随时可进行循环、压井及关井处理,测井施工更安全,特别适用于易漏易喷等复杂井。仪器可大满贯组合下井,一次测井获得侧向、声波、井斜方位、自然伽马、岩性密度、补偿中子、井径曲线,大大提高测井时效。在水平井大满贯施工时,比常规电缆传输测井节约时间50%~70%(图4-71)。

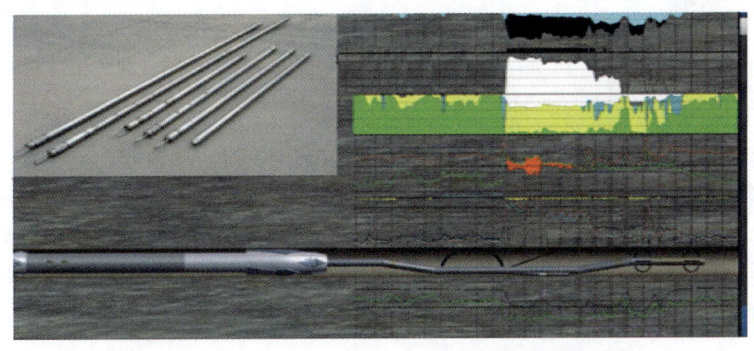

图4-71 泵出式测井工具工作示意图

2)应用情况及实例介绍

针对塔中喷漏同存,井控风险大的井,井眼质量差或钻杆内涂层脱落较多以及井底温度大于130℃的水平井,采用泵出式测井技术。结合区块特点,目前基本形成"西部泵出、东部传输"格局,共推广应用22口井(西部超深水平井17口),单井施工风险降低,一次成功率85%,平均单井可节约周期5天以上。其中ZG5-H2井完井测井,裸眼段长达1701m,采用泵出式测井一次成功,测井资料评价为优等。

(a)ZG106-1H井(6150~7115m)常规电测由于钻杆内涂层脱落造成三次对接失败,之间额外通井两次(划眼困难),后更换泵出式仪器一次成功完成常规测井项目。该井前期测井共耗时 28 天,其中测井时间 14 天,通井时间 14 天,泵出式仪器仅用时 2 天。

(b)ZG17 - H2 井和 ZG151 - H1 井两口井井眼质量差,通井困难,其中 ZG17 - H2 井电测前通井和划眼共计 24 天;ZG151 - H1 井电测前通井 4 天,测后通井 + 划眼一个多月。如果采用常规传输测井,存在仪器遇卡风险,也有仪器遇阻而不能取全测井资料的可能。通过泵出式仪器测井,作业一次成功,仅用时 2 天。

(c)ZG16 - H1 井、ZG17 - 1H 井和 ZG7 - H2 井钻井过程都出现溢漏同存现象,井控风险大,采用泵出式仪器测井,安全完成测井作业。

6. 水平井分段改造井眼准备技术

1)通井技术

(1)模拟通井原则。

通井管柱组合由易到难,模拟井管柱最大限度模拟完井管串的刚性和外径,应确保下入安全性。在达到模拟通井目的条件下尽量减少通井次数,减少完井时间。一般情况下遵循如下原则:

水平段长度 <600m,分段数 <6 段,采用单扶、双扶模拟通井组合。

水平段长度 ≥600m,分段数 <6 段,采用单扶、双扶模拟通井组合。

水平段长度 ≥600m,分段数 ≥6 段,采用单扶、双扶、四扶模拟通井组合。

(2)通井组合。

单扶通井:PDC 钻头 + 西瓜皮磨鞋 1 根 + 原钻具组合至井口。

双扶通井:PDC 钻头 + 3½in 加重钻杆 1 根 + 西瓜皮磨鞋 1 根 + 3½in 加重钻杆 3 柱 + 西瓜皮磨鞋 1 根 + 原钻具组合至井口。

四扶通井:PDC 钻头 + 3½in 加重钻杆 1 根 + 西瓜皮磨鞋 1 根 + 3½in 加重钻杆 3 柱 + 西瓜皮磨鞋 1 根 + 3½in 加重钻杆 3 柱 + 西瓜皮磨鞋 1 根 + 原钻具组合至井口。

目前东部水平井以 6in 井眼为主,水平段岩性稳定,井壁扩径率小,通井周期一般在 10 天以内,成熟通井组合为双扶 + 四扶。2013 年开始在塔中西部水平井施工,与东部水平井相比,西部由于井壁稳定性差、轨迹调整频繁、井深、钻井液适应性差、摩阻大等原因导致完井管串下入困难,施工周期较长,整体施工难度和风险大。成熟通井组合为单扶 + 双扶 + 四扶。

2)完井试油泥浆

塔中西部目的层静止温度一般在 145℃ 以上,ZG5 - H2 井最高温度达到 159℃,高温导致钻井液失水增大、易稠化,对于裂缝性地层易形成较厚的泥饼,易黏卡钻具,同时使高伽马泥质或含泥灰岩井段产生垮塌,岩心见图 4 - 72。从而产生不规则井眼,严重影响试油管柱的下入。对于超深超长水平井,由于水平段长大幅增加,管柱下入摩阻大,实钻资料表明:对于 1000m 水平段,摩阻一般至少可达到 30t 以上。因此,完井试油泥浆要求既具有良好的抗高温性能,又具有极好的润滑性能。实践中通过向钻井液中添加 4% ~6% 磺化酚醛树脂 +3% ~4% 褐煤树脂 +3% 防塌沥青 + 润滑剂,最高抗温 170℃,HTHP 失水均在 12mL 以内,静止高温 15 天无任何沉淀,采用固体润滑 + 液体润滑 + 成膜润滑,降低摩阻 10 ~15t 以上,解决了超深超长水平井试油管柱下入摩阻大、高伽马井段垮塌（图4－72）、暂缓试油导致的泥浆长时间静止沉淀堵塞管柱后的开孔问题，共推广应用水平井43口。中国石油陆上最深水平井ZG5－H2井完钻井深7810m，水平段长1358m，试油管柱一次下到位。

图4－72 塔中西部目的层高伽马易垮塌泥质或含泥灰岩岩心

■ 四、下一步攻关方向

1. 目的层地质力学研究

大力开展塔中奥陶系石灰岩储层地质力学的研究，首先钻前井轨迹优化，使定向井井轨迹能够穿越更多有效渗透区；同时对钻前井壁稳定性问题进行预测，分析不同方位的井壁稳定性情况，确定较为安全的井轨迹和钻井液窗口；及时对完钻井开展钻后地质力学综合评价，确定地应力方位及大小、岩石强度等信息，对下一步的储层改造进行科学指导，优选施工层段及施工压力，提高单井产量。

2. 国产精细控压技术

国产精细控压技术在塔中碳酸盐岩目的层钻井取得了良好的效果，自ZG105H井开始，通过几口井的现场试验，装备、软件及人员不断完善，已经实现本土化，作业费用也进一步降低，国产精细控压代替进口精细控压格局基本形成。但也认识到国产精细控压所应用井，除TZ26－H7井为裂缝发育储层，钻进中有一定的喷漏同存现象外，所应用的其他井油气显示虽然活跃，但大都为孔洞型储层或未直接钻遇发育的裂缝和洞穴。截至目前，尚未在塔中西部缝洞发育储层应用。后期将进一步丰富发展缝洞发育储层精细控压理论，加快国产精细控压钻井技术在塔中西部缝洞发育碳酸盐岩储层的应用，完善精细控压作业规范，并指导常规控压钻井技术以及带随钻测压装置的简易控压钻井技术。

加大对快速钻进、钻井液体系、提高实效等方面的研究；优化设计，加强现场生产组织、地质与工程紧密结合，优化控压、钻井液、钻头、定向配置，搞好设备、人员、技术措施保障。充分利用精细控压，提高进尺时效、提高机械钻速，降低钻井液漏失量，同时优化完井作业程序，降低进尺日费，控制单井成本。

3. 241.3mm井眼定向提速

目前，由于9½in裸眼段长达4000～5000m，二开定向段普遍托压较为严重（TZ11－2H井刚开始定向已托压30～40tf），再加上井眼尺寸大，造成定向段机械钻速低（据统计2013年9½in

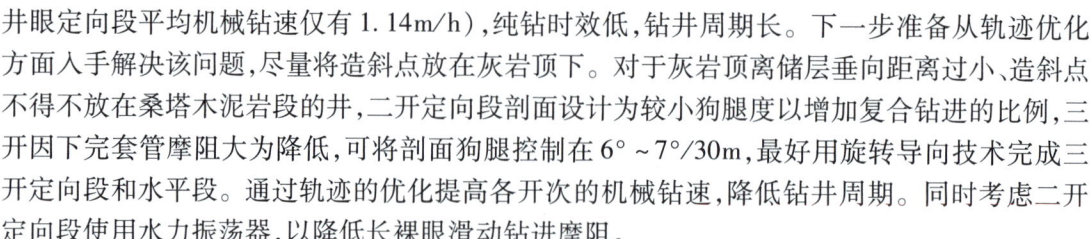

井眼定向段平均机械钻速仅有1.14m/h),纯钻时效低,钻井周期长。下一步准备从轨迹优化方面入手解决该问题,尽量将造斜点放在灰岩顶下。对于灰岩顶离储层垂向距离过小、造斜点不得不放在桑塔木泥岩段的井,二开定向段剖面设计为较小狗腿度以增加复合钻进的比例,三开因下完套管摩阻大为降低,可将剖面狗腿控制在6°~7°/30m,最好用旋转导向技术完成三开定向段和水平段。通过轨迹的优化提高各开次的机械钻速,降低钻井周期。同时考虑二开定向段使用水力振荡器,以降低长裸眼滑动钻进摩阻。

4. 井眼轨迹控制技术

2013年塔中旋转地质导向技术还处于试用推广阶段,还存在诸如定向段造斜能力不足、井队现有设备不配套等一系列问题。随着旋转地质导向在塔中的进一步推广,不断优选适合该区块的地质导向工具,该技术一定会在塔中得以规模化应用。

第五节　水平井分段改造高效完井技术应用

■ 一、碳酸盐岩储层改造面临的难题与技术需求

1. 碳酸盐岩储层改造面临的难题

塔中 I 号气田目的层为古生界奥陶系的碳酸盐岩,具有埋藏深(5000~7000m)、温度高(130~170℃)、易喷易漏、高含硫化氢($1 \times 10^2 \sim 40 \times 10^4 mg/m^3$)等特点;岩性以灰岩为主,其次是白云质灰岩和白云岩;储集空间以缝、洞为主,基质孔渗差(平均孔隙度小于1%、平均渗透率小于0.01mD),非均质性强;裂缝和溶蚀孔洞空间展布复杂,流体分布规律性差,属缝洞型准层状非均质的特殊油气藏。

该气田只有少数钻遇大型洞穴或裂缝很发育的井,能够直接完井放喷获得自然工业产能,大多数井需要进行储层改造。根据目前的资料统计显示,80%以上的井需要进行储层改造方可建产。按井型来说,直井开发只有少数井高产稳产(图4-73),大多数井产能衰竭迅速、单井累计采出量低(图4-74)。

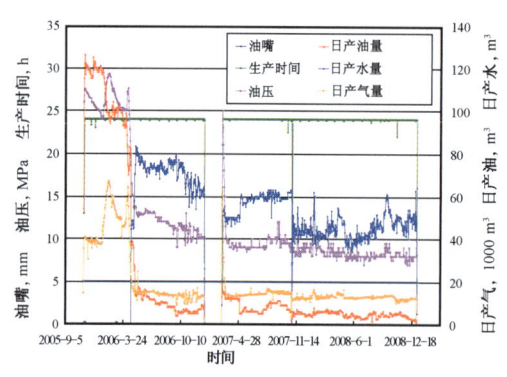

图4-73　TZ62-1井生产曲线(直井)

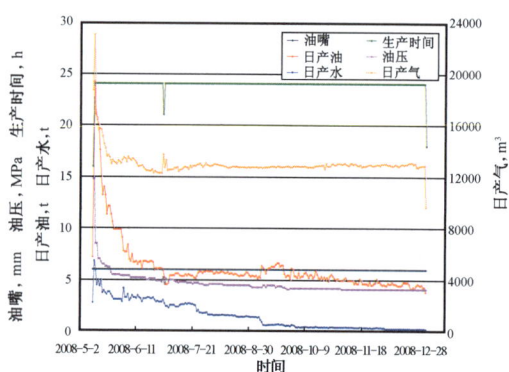

图4-74　TZ62-13H井生产曲线(水平井)

2. 碳酸盐岩储层改造的技术需求

经过调研,国内外的开发实践证明,水平井是提高单井产能、实现油气藏高效开发的重要

手段之一。2008 年 3 月 10 日,塔中碳酸盐岩油气藏第一口水平井 TZ62 - 13H 井完钻,该井位于塔中 I 号断裂坡折带东段 TZ62 区块奥陶系台缘礁滩体断隆圈闭,钻井过程中目的层有 6 个井段有气测显示(表 4 - 12),厚度 33m,气测显示良好,组分齐全,该井采用裸眼完井 + 笼统改造方式投产,未能通过分段改造植入多条人工筋脉(人工裂缝)、连接(沟通)天然筋脉(缝洞储集体),无法实现缝网体积改造的目的。因此,投产后产能急剧下降(图 4 - 74),因此可见,水平井采用裸眼完井 + 笼统改造方式完井不能有效解决储量转变为产量的开发难题。

表 4 - 12 塔中 62 - 13H 井目的层气测显示统计表

井段 m	厚度 m	钻时 min	全烃 %	甲烷 %	乙烷 %	丙烷 %	异丁烷 %	正丁烷 %
4742 ~ 4745	3	36↓16	0.08↑3.12	0.0165↑0.94	0.0007↑0.02	0↑0.01	0↑0.01	0↑0.01
4817 ~ 4821	4	34↓23	0↑48.41	0↑0.93	0↑0.50	0↑0.36	0↑0.82	
4881 ~ 4891	10	12↓10	0.11↑33.50	0↑15.16	0.0015↑0.12	0↑0.06	0↑0.02	0↑0.03
4894 ~ 4904	10	17↓9	3.02↑66.69	1.95↑64.09	0.03↑0.78	0.02↑0.48	0.01↑0.14	0.02↑0.20
4908 ~ 4912	4	10↓9	17.97↑66.68	12.28↑60.11	0.29↑0.78	0.23↑0.19	0.09↑0.12	0.14↑0.18
4914 ~ 4916	2	46↓36	14.27↑66.68	4.91↑59.29	0.11↑0.72	0.09↑0.38	0↑0.13	0.15↑0.20

鉴于水平井裸眼完井 + 笼统改造方式完井的效果未能达到提高单井产能、实现高产稳产和油气藏高效开发的目的,结合筋脉理论明确的"十六字"方针,提出了植入多条人工"筋脉"(人工裂缝)、连接(沟通)天然"筋脉"(缝洞储集体)的水平井分段改造技术(图 4 - 75),作为缝洞型碳酸盐岩油气实现高效开发的技术手段进行尝试,这也是一种必然选择。

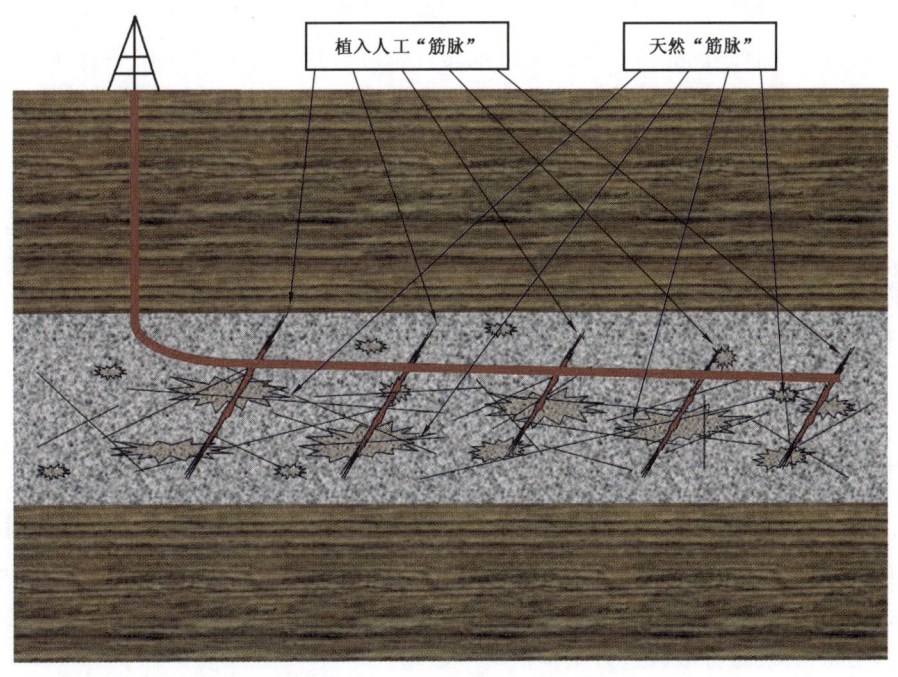

图 4 - 75 水平井分段改造示意图

二、水平井分段改造技术

由于受埋藏深度和储层特征的影响,采用直井开发的大部分井产能衰竭迅速、最终采出量低、投资回报率低。通过调研发现,国内外勘探开发的实践证明,水平井是提高单井产能、实现油气藏高效开发的重要手段之一。但是水平井裸眼完井+笼统改造方式未解决产能衰竭迅速、最终采出量低、投资回报率低等问题。

鉴于大位移水平井自身的特点和优势,可钻揭多个缝洞储集单元,而每个缝洞储集单元的规模、储层的物性、偏离井眼的距离各不相同,因此采用分段改造技术才更具有针对性、科学性和有效性,才能真正沟通多套缝洞体系,扩大泄流面积,提高单井产能,控制衰减速度,从而达到高效开发碳酸盐岩缝洞型、准层状的非均质油气藏的目的。

碳酸盐岩水平井分段改造究竟是采用何种完井方式更有效,裸眼完井或套管固井完井?自2008年塔中地区水平井分段改造技术攻关以来,其中2口井采用套管固井完井配合连续油管拖动喷射酸化压裂改造技术(ZG21-H1井和ZG47CH井),2口井均获低产油气,效果不甚理想。

由于塔中地区碳酸盐岩储层埋藏深、温度高,长水平段套管固井一直是难以突破的技术瓶颈,水泥浆分布不均导致固井质量难以保证,从而影响水平井分段改造效果;而且,由于固井作业大量的水泥浆浸入地层,造成储层深度伤害。生产实践证明,由于裸眼封隔器性能参数的改进和完善(下得去、坐得住、分得开),水平井裸眼完井比固井完井具有明显的优势,是配合分段改造工艺完井方式的不二选择。

1. 水平井科学分段技术

水平井如何分段是提高单井产能、实现油气藏高效开发的关键,是直接影响分段改造效果的首要问题。科学、合理的分段必须以区域地质背景综合地质分析对储层发育状况的预测认真研究钻揭储层的地质特征,结合钻录井显示和测井解释结果,以综合地质精细评价为基础,充分考虑井眼轨迹、最大地应力方位与有效储集体的空间距离。

具体的分段方法是:根据三维地震剖面和平面属性图所反映的储集体特征,对相对独立的储集单元进行划分,结合井眼轨迹、最大地应力方位与有效储集体的空间关系,结合钻录井显示和测井解释结果进行调整和细化。原则是充分利用井眼获得的各项资料,兼顾到每个缝洞储集单元(图4-76、图4-77、图4-78),通过人工植脉疏通天然"筋脉",形成一个"筋脉"导引系统。确保分段更具有科学性,才能真正沟通多个缝洞单元,扩大泄流面积,提高单井产能,实现高效开发。

2. 分段改造前的综合地质评估技术

鉴于大位移水平井自身的特点和优势,可钻揭多个缝洞储集单元,而每个缝洞储集单元的规模、储层的物性、偏离井眼的距离各不相同,受非均质性的影响,井眼所获取的测录井资料代表性较差,因此必须结合地质研究、地震、测试资料对储层进行改造前的综合评估。因为各项资料的探测半径和识别精度不同(图4-79),充分利用各种资料可以相互补充,对储层作出客观、全面的判断,为确定分段改造方案提供科学依据。

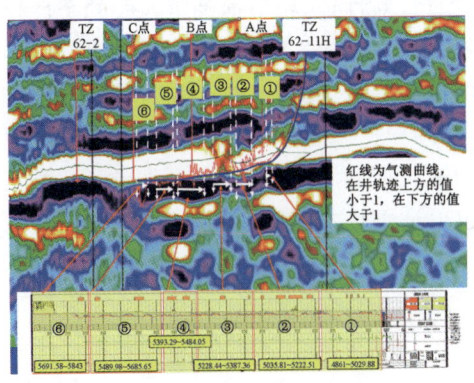

图 4 – 76　TZ62 – 11H 井轨迹、测井、
分段叠合剖面图

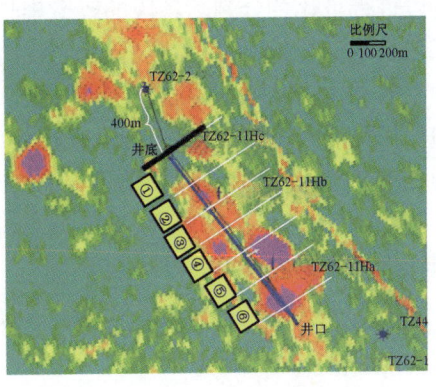

图 4 – 77　TZ62 – 11H 井目的层
分段叠合平面图

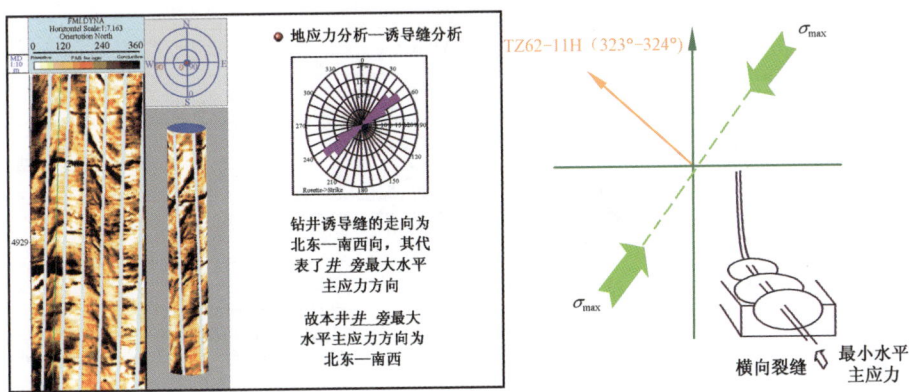

图 4 – 78　TZ62 – 11H 井井区最大地应力方位与 TZ62 – 11H 井轨迹、人工裂缝方位关系图

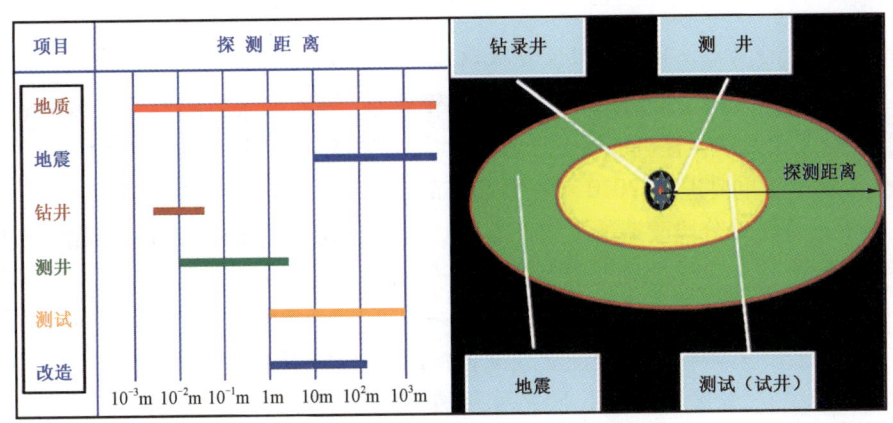

图 4 – 79　改造前综合地质评估元素相互关系图

方法思路:通过区域地质背景资料对储层的分类预测,初步确定井眼轨迹到有利储集体的空间距离,结合地质、物探、录井、测井、测试资料进行分段改造前综合的地质评估(表 4 – 13),

对各段进行量化评分判断各段的改造难易程度,据此有针对性地、科学地确定各段的个性化改造工艺及改造规模,最后形成分段改造优化设计方案。这样,分段改造才更具有针对性、科学性和有效性,才能达到提高单井产能,控制衰减速度,从而实现高效开发碳酸盐岩缝洞型、准层状的非均质油气藏的目的。当然,在现场施工时,还必须根据施工参数对各分段改造的规模做一些适度调整,一旦通过现场施工参数判断某段已沟通大型缝洞体,继续注入改造液已意义不大,则可适度酌减改造规模,在总量不变的情况下,也可适度扩大其他段的改造规模,以提高井的整体改造效果。

表 4 - 13　TZ62 - 11H 井碳酸盐岩储层改造前综合评估量化评分表

井段	项目	总分	评分	评分依据	评分人
第1段 5691.58 ~ 5843.00	地质	15	15	礁滩体发育,基质溶孔、溶洞发育,储层厚度大,显示非常活跃	李新生
	物探	40	35	与 TZ62 - 2 井特征相似、裂缝发育	黄广建
	录井	15	15	见良好气测显示:5790 ~ 5843m　TG:70.47%	宋玉斌
	测井	20	—	无测井资料	海川
	测试	10	—	未测试	—
	总分	100	65 + +	未测井井段气测显示最好	
第2段 5489.98 ~ 5685.65	地质	15	14	礁滩体发育,基质溶孔、溶洞发育,储层段分散,气测显示较活跃	李新生
	物探	40	38	轨迹下部有大串珠	黄广建
	录井	15	10	见气测显示:5537 ~ 5700m　TG:4.98%	宋玉斌
	测井	20	18	储层厚度大,孔隙度较大3% ~5%,电阻率在油层范围	海川
	测试	10		未测试	—
	总分	100	80 +		

注:综合评估井眼钻揭储层从好到差排序:①→②→③→⑤→④→⑥。

3."遇油膨胀封隔器 + 滑套"组合分段改造

2008—2011 年主要采用的水平井分段改造管柱是"遇油膨胀封隔器 + 压裂滑套"组合 + VF 悬挂器 + 插入式回接管柱(图 4 - 80),2008 年在 TZ62 - 6H 井、TZ62 - 7H 井进行了先导性试验,2009 年取得了重要进展,2010 年在前两年的基础上,逐步改进和完善了该项技术。分段改造管柱的下入是实现分段改造的重要环节,也是实现地质目的的先决条件,因此下工具前要进行必要的井筒准备。总体原则是要确保完井分段改造管柱:下得去、坐得住、分得开、压得成、放得出。

具体做法是:第一,调整完井液性能或配置新的完井液,确保完井分段酸化压裂管柱到位前井筒液体性能稳定,黏度和切力不下降,水平段不沉淀;第二,根据分段改造方案和确定的水平井分段改造管柱结构及其配置,采用"n - 1"(n 为分段数)的模拟通井原则,即按照完井分段酸化压裂管柱的结构和尺寸、井眼复杂位置、封隔器坐封位置及间距调整模拟通井管柱结构,由易到难模拟通井;第三,下入完井分段改造管柱,并替原油进行坐封;最后,下入插入式回接管柱。

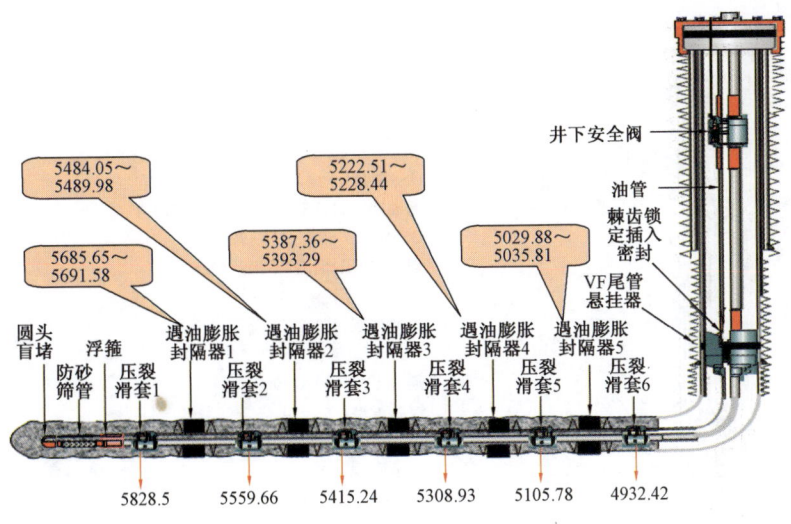

图4-80 TZ62-11H井分段改造工具与管柱结构示意图(深度单位:m)

1)先导试验

(1)TZ62-7H井。

TZ62-7H井设计井深5774.25m,水平段长660.19m,目的层是奥陶系良里塔格组。钻至井深5346.30m,因发生严重井漏而提前完钻,完钻井深5356.56m,总位移588.00m,水平段长343.00m,累计漏失钻井液3749.87m³。改造前后6mm油嘴测试,油压2.82MPa,日产油2.86m³,日产气5575m³。

2008年10月9日分4段(图4-81—图4-83)进行分段改造施工,最高泵压95.3MPa、最低泵压38.7MPa、一般泵压53.1~95.3MPa;最高套压35.6MPa、最低套压22.6MPa、一般套压24~35.6MPa;最大排量6.6m³/min、最小排量1.8m³/min、一般排量2.4~6.6m³/min;注入井筒总液量1865.10m³,挤入地层总液量1865.10m³,其中压裂液597.4m³、交联酸705m³、胶凝酸532.7m³、顶替液30m³,施工曲线(略)。分段改造后用8mm油嘴求产,油压30.03MPa,日产油208.18m³,日产气147351m³。分段改造后增产效果显著(图4-84)。

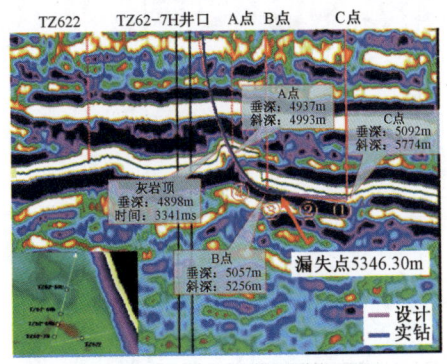

图4-81 TZ62-7H井轨迹、分段叠合剖面图

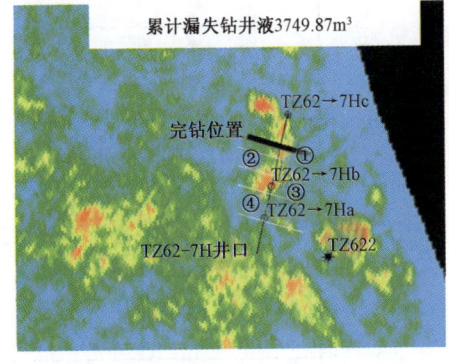

图4-82 TZ62-7H井目的层分段叠合平面图

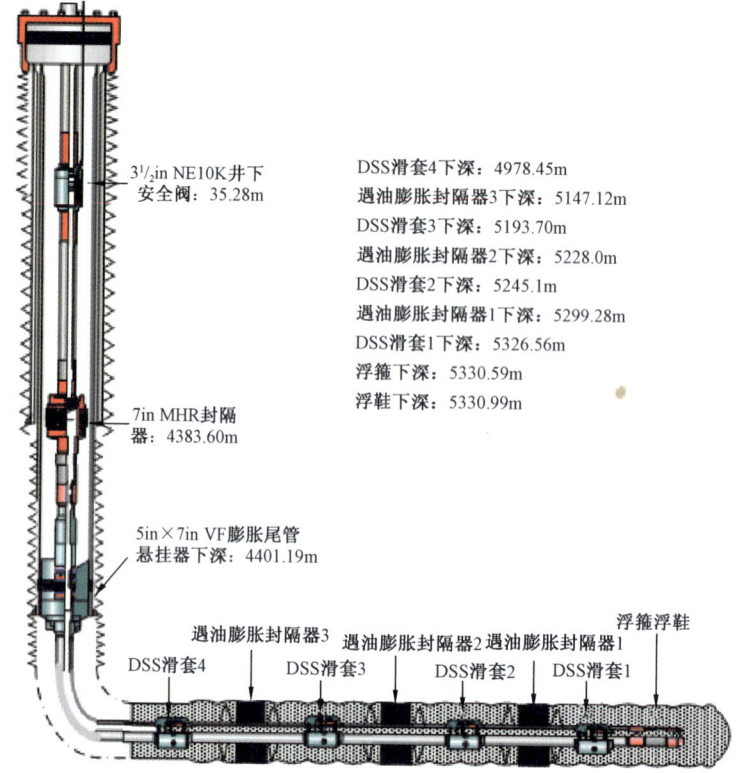

图 4 – 83　TZ62 – 7H 井分段改造管柱结构示意图

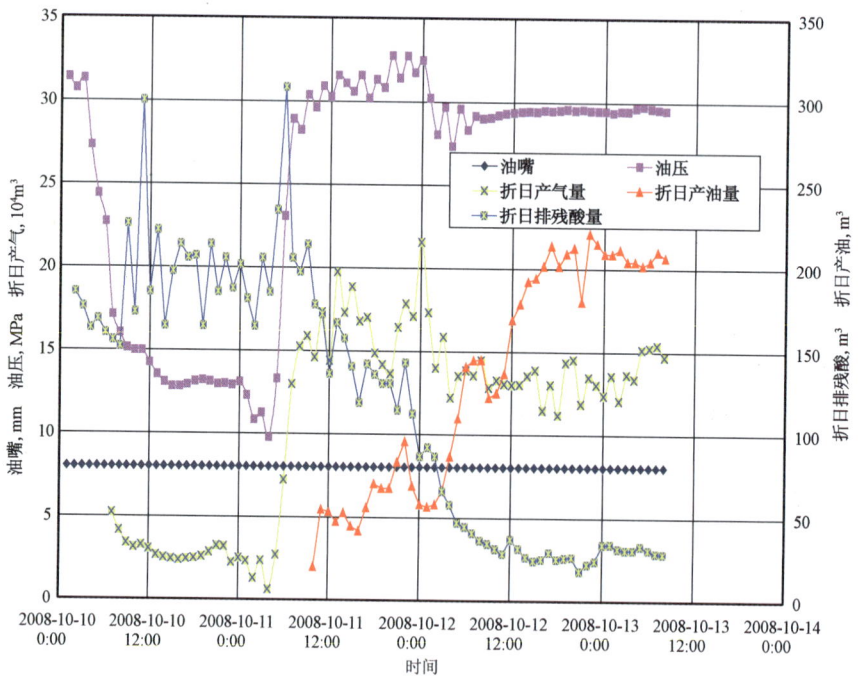

图 4 – 84　TZ62 – 7H 井分段改造后求产曲线

（2）TZ62–6H 井。

TZ62–6H 井设计井深 5940.28m，水平段长 905m，目的层是奥陶系良里塔格组。钻至井深 5080.50m 井漏，钻至井深 5179.00m 放空并下探至 5188.00m 未触底，因井况复杂而提前完钻，完钻井深 5188.00m，总位移 413.04m，水平段长 252.00m，累计漏失钻井液 3300.29m³。分段改造前用 6mm 油嘴求产，油压 40.67MPa，日产油 73.12m³，日产气 169340m³。

2008 年 10 月 15 日分 3 段（图 4–85—图 4–87）进行酸化压裂施工，泵压 12.3～59.7MPa，套压 18.6～27.1MPa，排量 5.0～6.6m³/min；注入井筒总液量 1393m³，挤入地层总液量 1393m³，其中压裂液 599m³、交联酸 294m³、胶凝酸 250m³、混合酸 220m³、顶替液 30m³，施工曲线（略）。分段改造后用 8mm 油嘴求产，油压 40.37MPa，日产油 124.3m³，日产气 264918m³。分段改造后增产效果显著（图 4–88）。

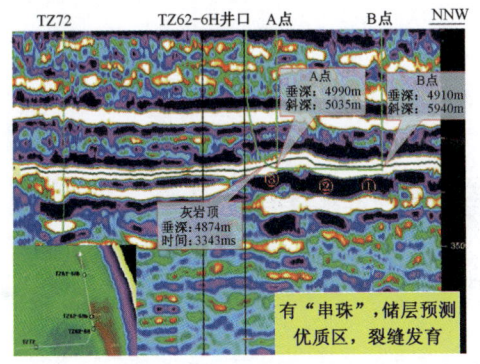

图 4–85　TZ62–6H 井轨迹、分段叠合剖面图

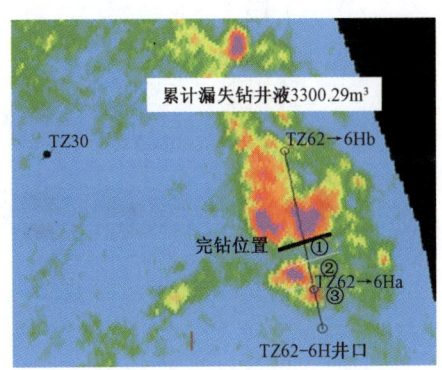

图 4–86　TZ62–6H 井目的层分段叠合平面图

先导试验取得了深层碳酸盐岩水平井分段改造技术的突破，但施工中出现了打滑套无明显的泵压响应和浮阀均失效的问题，给作业造成了一定的困难。针对出现的问题及时进行分析和总结，提出了进行进一步试验的完善措施和整改意见。

2）完善试验

TZ62–11H 井设计井深 5452.00m，水平段长 500.00m，目的层是奥陶系良里塔格组。该井吸取了先导试验井教训，适时进行井眼轨迹调整，未出现大的漏失，加深钻进至井深 5843.00m 完钻，总位移 1172.00m，水平段长 933.00m。改造前未放喷测试。

2009 年 4 月 22 日分 6 段（图 4–89）进行酸化压裂改造施工，最高泵压 91.8MPa，最低泵压 0MPa，一般泵压 36.3～91.8MPa；最高套压 30.9MPa，最低套压 13.3MPa，一般套压 17.1～30.9MPa；最大排量 7.05m³/min，最小排量 1.1m³/min，一般排量 4.8～7.05m³/min；注入井筒总液量 2541.50m³，注入地层总液量 2541.50m³，其中压裂液 1544.10m³，低浓度交联酸 300.10m³，高浓度交联酸 390.90m³，胶凝酸 281.10m³，顶替液（基液＋水）25.30m³。各段注入液量统计见表 4–14，施工压力曲线见图 4–90。用 12mm 油嘴求产，获得了日产油 82m³、日产气 261258m³ 的工业产能。

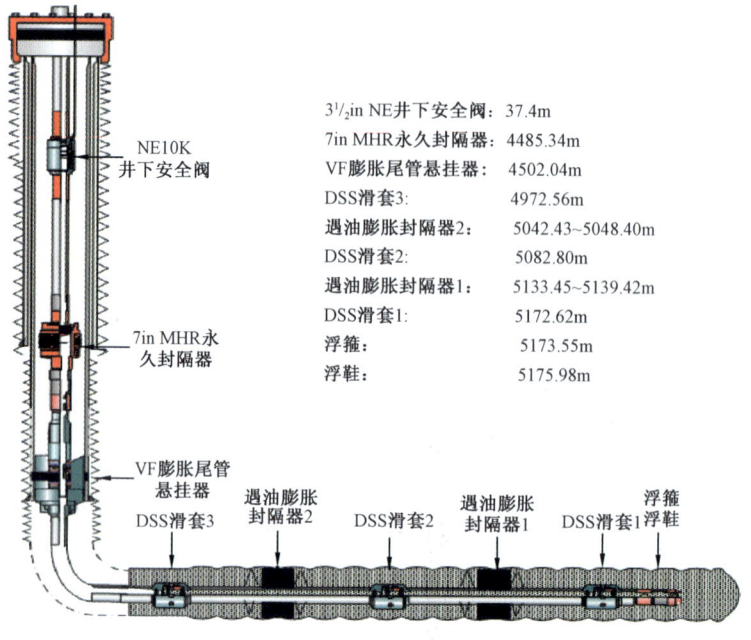

$3\frac{1}{2}$in NE井下安全阀:	37.4m
7in MHR永久封隔器:	4485.34m
VF膨胀尾管悬挂器:	4502.04m
DSS滑套3:	4972.56m
遇油膨胀封隔器2:	5042.43~5048.40m
DSS滑套2:	5082.80m
遇油膨胀封隔器1:	5133.45~5139.42m
DSS滑套1:	5172.62m
浮箍:	5173.55m
浮鞋:	5175.98m

图4-87　TZ62-6H井分段改造管柱结构示意图

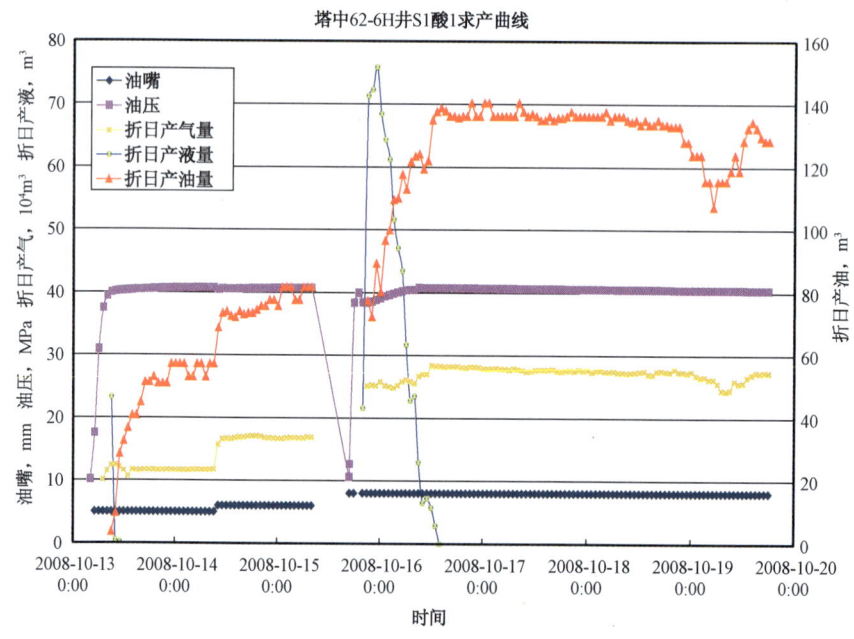

图4-88　TZ62-6H井分段改造后求产曲线

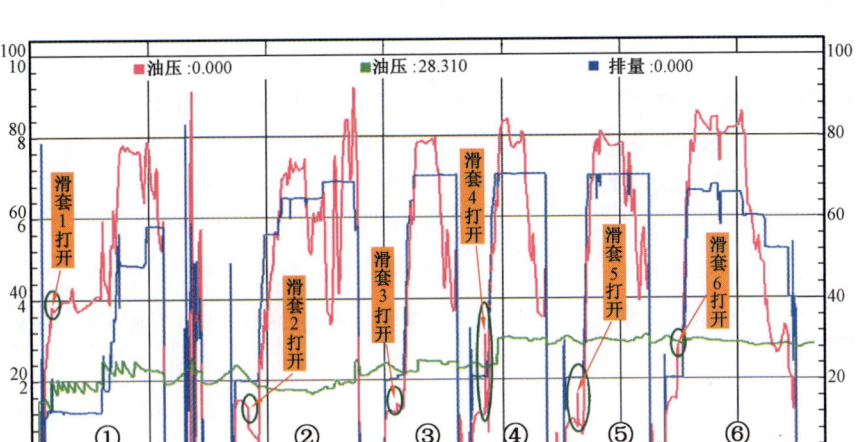

图 4 - 89　TZ62 - 11H 井酸化压裂施工曲线

表 4 - 14　TZ62 - 11H 井酸化压裂施工泵注量分段统计表

序号	交联压裂液	压裂液基液	10%交联酸	20%交联酸	胶凝酸	合计	排量 m³/min	压力 MPa
1	158.6	88.3	50	50.1	20	367	1.1 ~ 5.8	0.6 ~ 78.4
2	230.9	88	70	100	60.8	549.7	2.0 ~ 6.9	12.0 ~ 91.8
3	178.2	20.9	40	40	40	319.1	2.0 ~ 7.0	12.3 ~ 79.5
4	210.1	20	20	40	60.1	350.2	2.0 ~ 7.05	6.8 ~ 84.1
5	229.1	20	40	70.3	40	399.4	2.0 ~ 7.0	6.2 ~ 81.05
6	300	25.3	80	90.6	60.2	556.1	2.0 ~ 6.8	15.0 ~ 86.05
总计	1306.9	262.5	300	391	281.1	2541.5		
	1569.4			972.1				

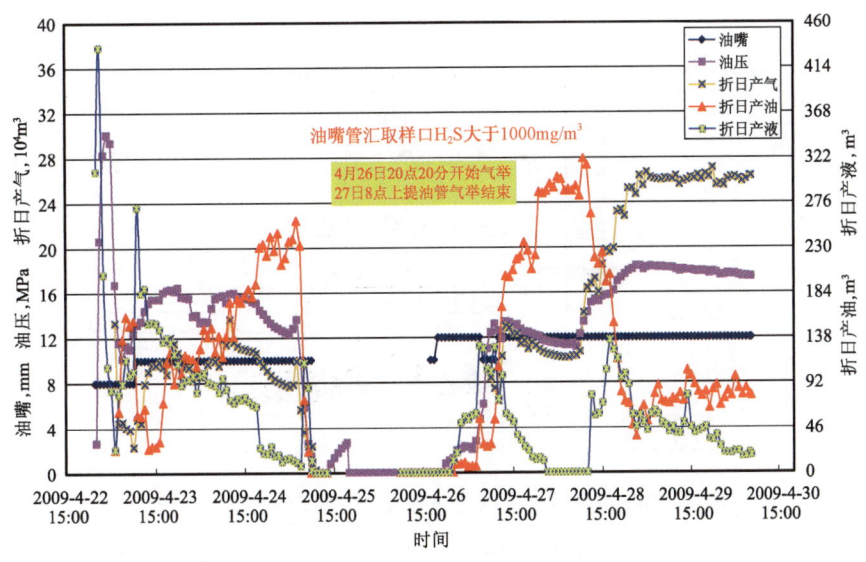

图 4 - 90　TZ62 - 11H 井分段改造后求产曲线

3)推广应用

"遇油膨胀封隔器+压裂滑套"组合的分段改造技术通过三井次的试验,均取得了良好的地质效果。在实验过程中工艺技术逐渐完善,形成了一套适合塔中深层碳酸盐岩油气藏的水平井分段改造高效开发技术,随后在塔中Ⅰ号气田开发试验区 TZ62 – 10H 井、TZ83 – 2H 井、ZG162 – 1H 井、TZ82 – 1H 井 4 口井进行推广应用,工艺成功率达 100%,且均获得高产工业油气流(表 4 – 15)。

表 4 – 15 "遇油膨胀封隔器+压裂滑套"组合分段改造技术推广应用井测试产能统计表

序号	井号	段数	注入地层总液量 m³	工作制度 mm	油压 MPa	日产油 m³	日产气 m³	日产油当量 m³
1	TZ62 – 10H	4	1845.2	10	9.817	49.3	30483	80
2	TZ83 – 2H	4	2380	8	35.36	32.5	289508	322
3	TZ162 – 1H	3	2422.19	6	39.0	114	27123	141
4	TZ82 – 1H	2	1314	5	42.416	59.6	117928	178

4."筛管+套管"组合投球均匀布酸改造

水平井钻进缝洞储集体后,如果发生严重漏失,并伴有活跃油气显示,井控安全风险很大,难以进行完井测井,无法取全分段酸化压裂所必需的测井资料;或者井眼轨迹复杂、拐点多、狗腿度大,井眼不规则,无法下入分段改造管柱;或者无法确定封隔器的坐封位置时,常采用"筛管+套管"组合进行投球限流均匀布酸酸化工艺。

投球限流均匀布酸酸化工艺一般与"(筛管+套管)组合+尾管悬挂器+插入回接管柱"的完井工艺管柱配合使用(图 4 – 91)。

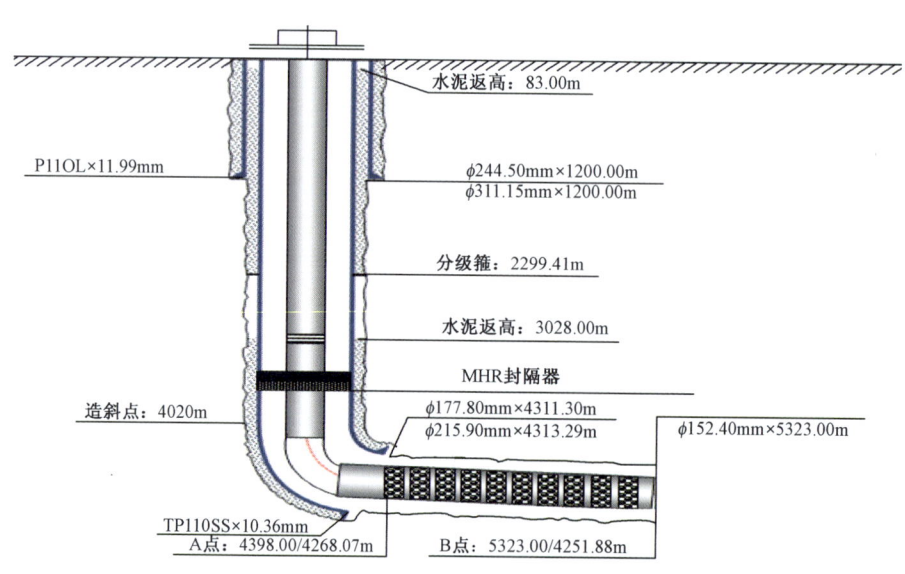

图 4 – 91 水平井投球均匀布酸改造完井管柱结构示意图

在施工过程中,改造液总是沿着地层阻力小的方向延伸,阻力小则意味着地层的缝洞发育和孔渗物性好,为了能够压开更多的人工裂缝沟通储集体和多个储集单元,当注入液量达到一

定规模时投入筛管孔眼堵塞小球(图4-92),堵塞吸液性能好的井段,改变改造液的注入方向,使改造液在高压冲蚀条件下,就近产生新的酸蚀裂缝,依次往复,逐段改造沟通不同的储集单元,以达到扩大渗流面积、提高单井产能的目的。

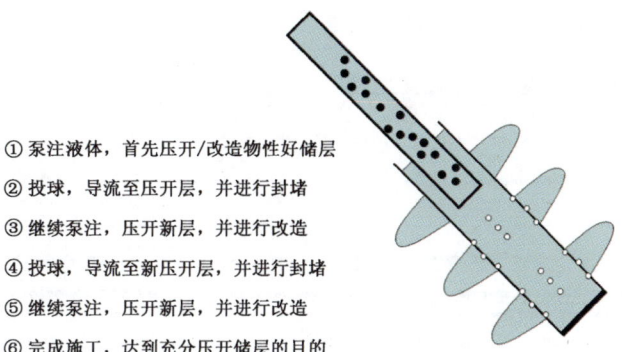

① 泵注液体,首先压开/改造物性好储层

② 投球,导流至压开层,并进行封堵

③ 继续泵注,压开新层,并进行改造

④ 投球,导流至新压开层,并进行封堵

⑤ 继续泵注,压开新层,并进行改造

⑥ 完成施工,达到充分压开储层的目的

图4-92 水平井投球限流均匀布酸酸化原理示意图

1)TZ62-5H 井建产试验

TZ62-5H 井是位于塔中 I 号坡折带 62 号岩性圈闭上的一口开发水平井,完井投产层位是奥陶系良里塔格组(图4-93、图4-94)。该井 2006 年 7 月 1 日完钻,油气显示差,测井解释储层不发育,属 II、III 类非油气富聚储层,因此长时间未做投产工作。

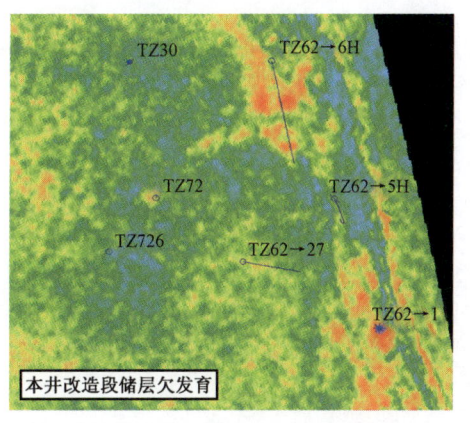

图4-93 TZ62-5H 井储层预测平面图

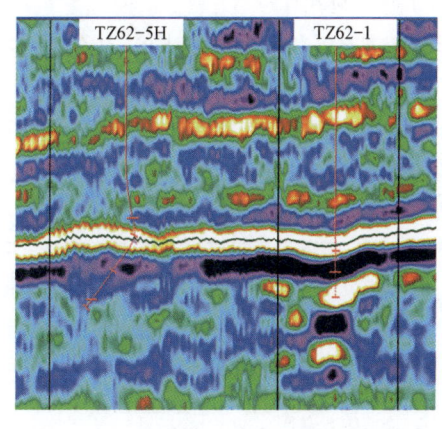

图4-94 TZ62-5H 井储层预测剖面图

为了进一步探索塔中深层碳酸盐岩油气藏的油气分布规律,尝试 II、III 类碳酸盐岩储层的高效开发完井工艺技术,通过研究决定对该井目的层进行定向射孔,然后进行投球限流均匀布酸酸化压裂新工艺试验,以形成多条横切井筒的人工裂缝,改善井眼周围的渗流能力,扩大渗流面积,提高油气产能。

2008 年 6 月 27 日对该井两次投球 143 个,分 3 段进行大规模均匀布酸酸化压裂,共挤入地层总液量 950m³,泵压 33.33 ~ 87.26MPa,排量 3.5 ~ 6.0m³/min,改造后用 6mm 油嘴求产,油压 40.33MPa,日产油 70.32m³、日产气 16.98 × 10⁴m³(图4-95)。这是塔中 62 井区自勘探突破以来,按采油气指数计算产能最高的一口开发井。

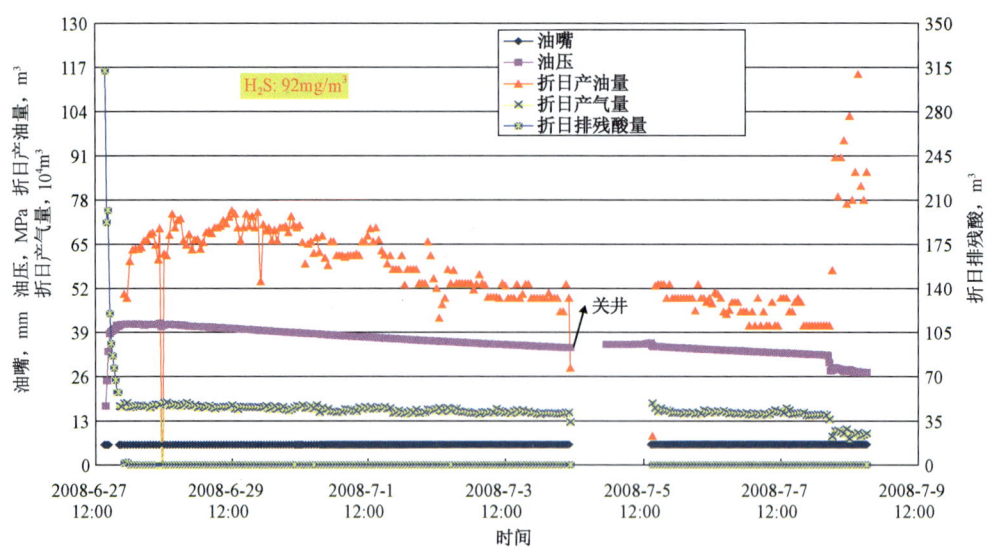

图4-95　TZ62-5H井分段改造后求产曲线

TZ62-5H井投球限流均匀布酸酸化压裂获得工业产能,标志着投球均匀限流布酸酸化新工艺在塔中试验取得圆满成功,对塔中Ⅰ号坡折带奥陶系碳酸盐岩Ⅱ、Ⅲ类储层的地质特征和油气分布规律具有突破性认识。

2) 推广应用

鉴于TZ62-5H井投球限流均匀布酸酸化压裂工艺试验成功,并取得良好地质效果,为井况复杂的大延伸水平井的高效完井积累了经验,随后在不具备采用"遇油膨胀封隔器+滑套"组合分段改造工艺的TZ721-2H井、TZ26-4H井、TZ721-5H井、TZ26-5H井中进行推广应用,工艺成功率达100%,且均获得高产工业油气流(表4-16)。

表4-16　"筛管+套管"组合投球均匀布酸改造技术推广应用井测试产能统计表

序号	井号	段数	投球数	注入地层总液量 m³	改造后测试产能				
					制度 mm	油压 MPa	日产油 m³	日产气 m³	日产油当量 m³
1	TZ721-2H	5	1225	1458	6	43.592	12.3	214986	227
2	TZ26-4H	4	280	2215	6	26.7	8	120124	128
3	TZ721-5H	5	1350	1990	6	50	25.7	252817	279
4	TZ26-5H	10	1170	2212	5	40	45.6	124240	170

5. 全通径水平井裸眼分段改造配套技术

2008—2011年期间,"遇油膨胀封隔器+滑套"分段改造和投球限流均匀布酸改造工艺已经成为塔中地区碳酸盐岩水平井主要的分段改造手段,但是,不可否认的是该两种工艺存在缺陷,均难以完全满足塔中地区高温深层超长水平井的分段改造及后续作业的工艺要求。

"遇油膨胀封隔器+滑套"分段改造工艺的缺陷主要有以下几点:

(1) 分段数有限,不能实现更长裸眼的改造要求(目前最多分6段);由于不是全通径管柱,一旦作业完,无法进行后期找堵水及重复改造作业。

(2)水平井分段改造主要依靠国外进口工具,费用昂贵;且订货周期长、遇油膨胀封隔器膨胀时间长,节奏慢、施工时效低,难以满足塔中地区快速高效的完井作业要求。

(3)投球滑套压裂改造工艺可能存在反向单流阀的问题,由于树脂球与球座之间的间隙很小(分段级差越多,间隙越小),改造期间球座上下较大的井底压差(通常在30MPa以上)将树脂球慢慢挤压变形嵌入球座,致使在返排时形成反向单流阀堵塞油气通道,生产油压和油气产量迅速下降(如ZG46 - 3HC井,在库车山前克深地区同样存在此类情况)。

投球限流均匀布酸改造工艺主要适用于已经钻遇油气显示好、天然缝洞较为发育、仅需井周附近进行酸化解堵作业的储层,达不到实现"深穿透、造长缝"的改造目的,该套工艺尚需进一步评价和验证。

1)全通径裸眼分段改造工具

为了满足高温深层碳酸盐岩超长水平井储层的分段改造需求,同时实现成本可控,塔中地区引进了国产全通径裸眼分段改造工具,该套工具主要由裸眼封隔器、投球式筛管和压控式滑套三部分构成。裸眼封隔器主要依靠芯管内外压差剪断销钉,外滑套下行挤压胶筒,完成坐封。四段胶筒的硬度由下至上依次升高,可保证每段胶筒充分膨胀,依次坐封,提高裸眼封隔效果,同时止退机构能有效防止外滑套回退,保证永久有效。主要特点有:有效封隔压差70MPa;全通径,最大通径ϕ86mm,可为后期作业提供有利条件;耐温达到204℃;外滑套最大行程800mm,最大膨胀比1.19,坐封后的有效密封长度为1200mm,可对裂缝地层有效封隔,适用于碳酸盐岩的裸眼完井分段改造(图4 - 96)。

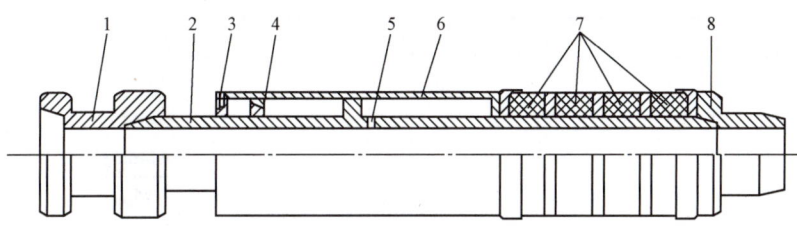

图4 - 96　裸眼封隔器示意图

1—上接头;2—芯管;3—剪销;4—止退机构;5—传压孔;6—外滑套;7—封隔胶筒;8—下接头

投球式筛管主要是通过投球憋压,使球座和内滑套一起在筛管内下行,从而打开管柱与环空的流通通道。限位环可保证在后期生产压差下,内滑套永不回退。投球式筛管的球座与不同尺寸的球相匹配,通过投放不同尺寸的球,打开相应的筛管(图4 - 97)。

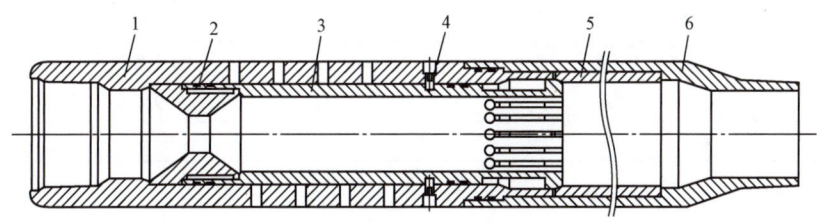

图4 - 97　投球式筛管示意图

1—筛管;2—球座;3—滑套;4—剪销;5—限位环;6—下接头

压控式筛管使用前需在氮气室内注入一定压力的氮气,通过向芯管内打压,在内外压差作用下,使销钉剪断,滑套下行打开筛管,同时在氮气膨胀的作用下,确保筛管流道完全打开,且永不回退。主要特点有:有独立的能量腔,能确保筛管完全打开;全通径,最大 $\phi86mm$;液压式打开,无需球座,不受管柱尺寸限制,可实现更多分段;采用小球封堵技术,方便下一级酸化压裂作业且不影响筛管正常使用;小球可抗压 70MPa 以上,密度可根据工作液密度进行调整(图 4 – 98)。

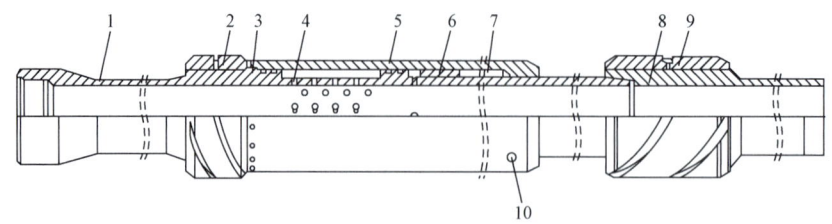

图 4 – 98　压控式筛管示意图

1—芯轴;2—扶正环1;3—剪销;4—筛孔;5—外滑套;6—活塞;7—氮气室;
8—下接头芯管;9—扶正环;10—注气孔

2)全通径裸眼分段改造工具地面试验

(1)试验准备。

实验工具如图 4 – 98 所示,工具参数见表 4 – 17。

表 4 – 17　压控筛管参数规格

规格型号	GTYS – 136
接头扣型	$3\frac{1}{2}$in EUE B × P
尺寸规格	$\phi136mm$
最大外径	$\phi146mm$
最小内径	$\phi76mm$
最小通径	$\phi76mm$
工作温度	$-26 \sim -204℃$
打开压力	根据销钉设定而定(液压打开)
销钉孔数量	$\phi6.8mm \times 18$ 个
长度	3370mm
孔眼尺寸及过流面积	$\phi10mm$,40 个,3140mm^2
氮气室密封压力	10MPa
抗内压强度110 钢级	106MPa
抗外挤强度110 钢级	99MPa
抗拉强度	1936kN

(2)试验情况。

试验一:两级压控式筛管打开试验(低级差),如图 4 – 99 所示。

试验组合:盲堵 + 压 1#(25.2MPa) + 高压软管 + 压 2#(29.4MPa) + 试压泵(表 4 – 18)。

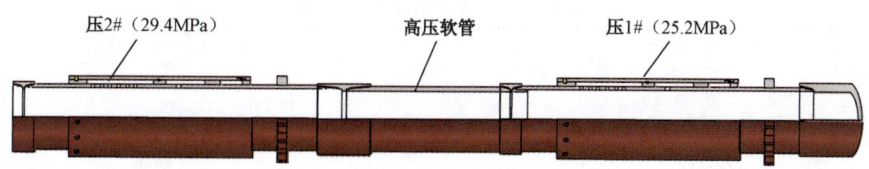

图 4 - 99 两级筛管连接方式

表 4 - 18 试验记录表

压力级别 试验级数	压控式筛管 1# (25.2MPa)	压控式筛管 2# (37.8MPa)
第一组	26MPa 打开	未开
第二组	25.8MPa 打开	未开

试验结论:

① 工具销钉剪切值稳定,设计打开压力 25.2MPa,实际打开压力 26MPa。

② 通过高压软管的减震处理,压控式筛管按压力级别设置由低到高分别打开。

试验二:两级压控式筛管投球封堵试验,见图 4 - 100。

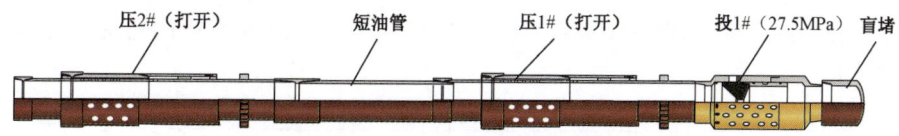

图 4 - 100 投 1 + 2 级筛管连接方式

试验组合:投 1# + 压 1# + 压 2# + 投球器 + 水泥车。

试验记录:

$q = 1.2 \mathrm{m^3/min}$,投球 85 个,压控式筛管 1#、2#完全封堵,$p = 27$MPa,投 1#打开,压 2#上的小球全部脱落,压 1#部分脱落,流向投 1#,将投 1#封堵,不停泵,小球不落。

试验结论:

① 小球封堵规律,自下而上有序封堵。

② 压力级别设置必须自下而上,由低到高设置。

试验三:裸眼封隔器坐封试验,见图 4 - 101、表 4 - 19。

试验准备:

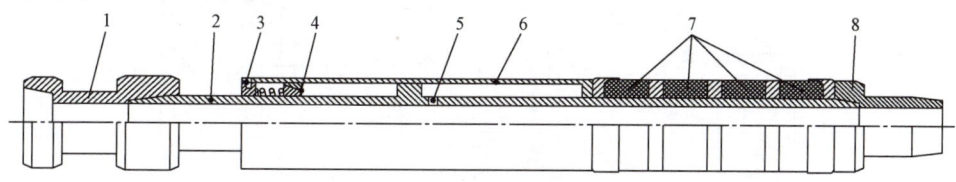

图 4 - 101 裸眼封隔器结构示意图

1—上接头;2—芯管;3—剪销;4—止退机构;5—传压孔;6—外滑套;7—封隔胶筒;8—下接头

表 4 – 19   裸眼封隔器参数表

规格型号	GTLBH – 158 – 00X
连接扣型	4inNU B * 4inNU P
尺寸规格	ϕ158mm
最大外径	ϕ162mm
最小内径	ϕ86mm
最小通径	ϕ86mm
工作温度	– 26 ~ – 204℃
最大工作压差	70MPa
密封胶筒长度	2000mm
封隔器总长度	5175mm
起始坐封压力/关闭压力	20MPa/30MPa
销钉孔数量	ϕ6.8mm×12 个
抗内压强度 110 钢级	115MPa
抗外挤强度 110 钢级	104MPa
抗拉强度	1621kN

　　封隔器承压试验如图 4 – 102—图 4 – 104 所示。从三组图可见,当裸眼封隔器坐封后,上部承压可达 70MPa,下部因没有支撑,导致工具棘齿破坏,当芯轴下行到底部时,胶筒环空仍能承压 70MPa,说明封隔能力裸眼封隔器 GTLBH – 158 在 177.8mm 井筒内可完全坐封,工作压差可达 70MPa。

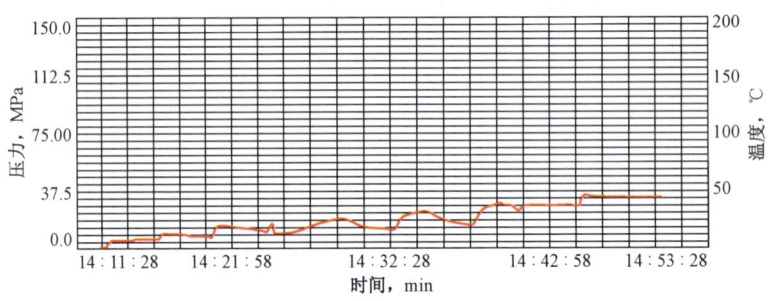

图 4 – 102   封隔器内腔打压曲线

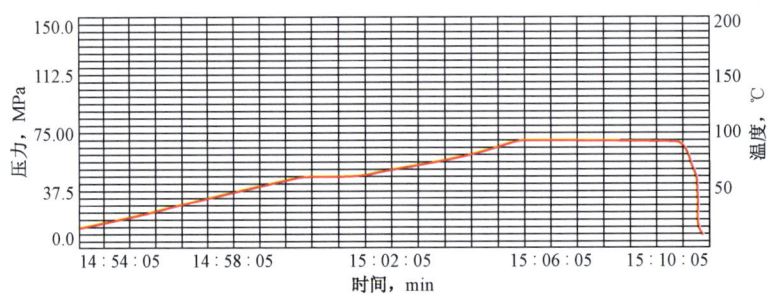

图 4 – 103   环空下腔承压曲线

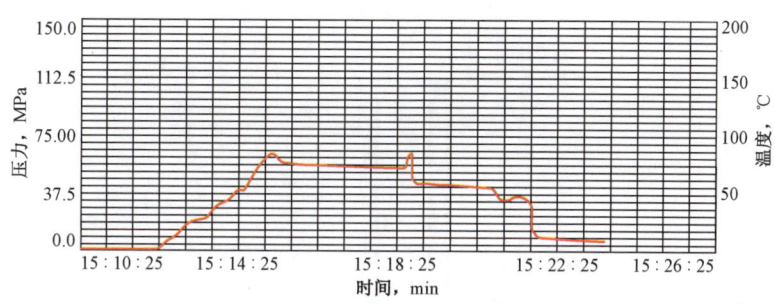

图4-104 环空上腔承压曲线

在进行地面各单项实验后(图4-105—图4-108),2010年国产全通径裸眼分段酸化压裂工具先后在ZG701井、TZ23C井和ZG24井分别入井对投球式筛管、压控式筛管、裸眼封隔器进行单项试验,2012年5月份在ZG518井进行"液压裸眼封隔器+投球式滑套"现场配套应用试验,根据现场酸化压裂施工情况(图4-109—图4-111),分析认为裸眼封隔器对两段储层在井筒内形成了有效的机械封堵和隔离,该项工艺现场试验成功。

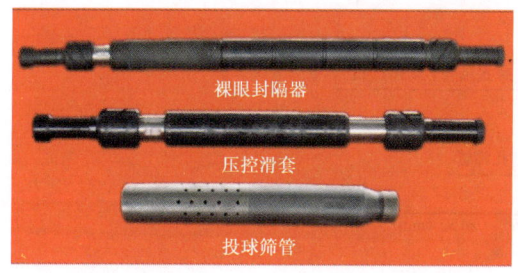

图4-105 全通径完井改造主要工具

图4-106 压控滑套销钉剪切试验

图4-107 全通径压控滑套堵球试验

图4-108 打开压控滑套小球

3)模拟通径

(1)模拟通井原则。

① 通井管柱组合由易到难。

② 模拟井管柱最大限度模拟完井管串的刚性和外径,确保下入安全性。在达到模拟通井目的条件下尽量减少通井次数,减少完井时间;

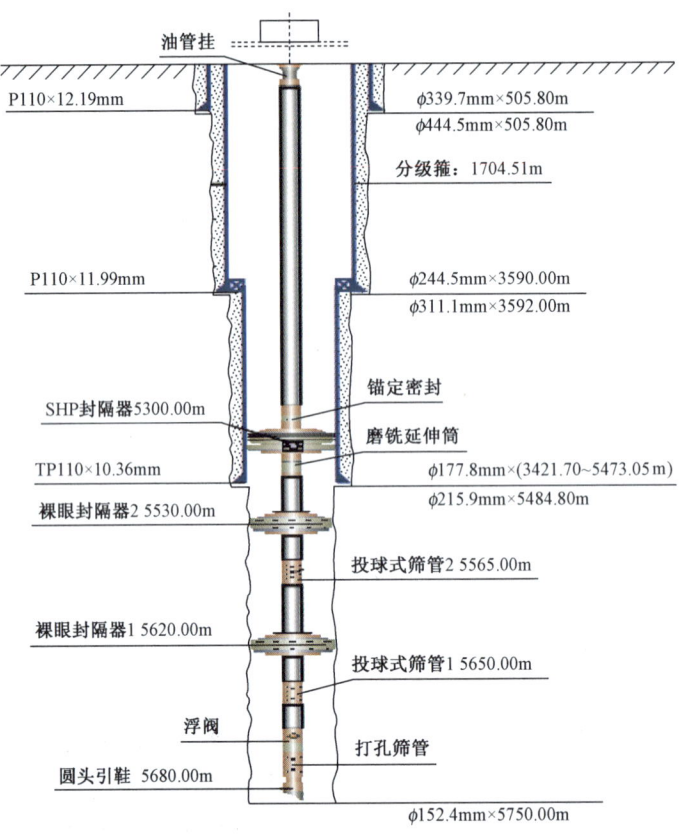

图 4 – 109　ZG518 井完井管柱示意图

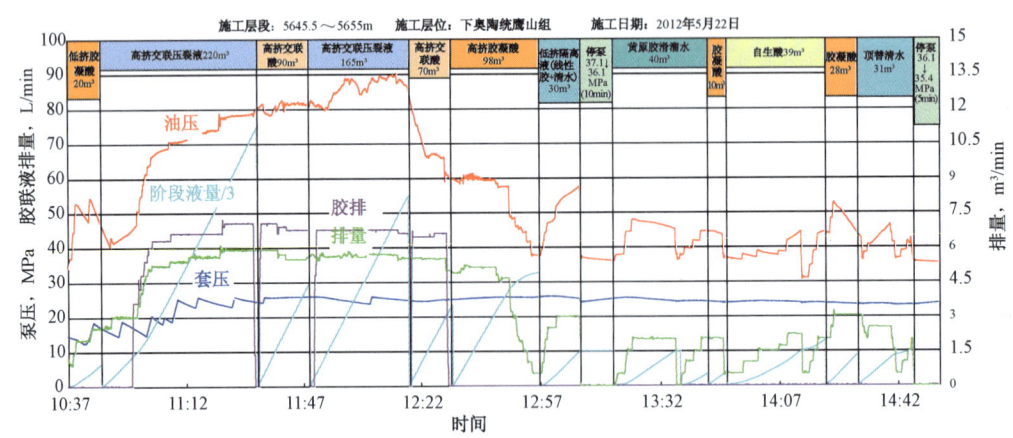

图 4 – 110　ZG518 井第一层酸化压裂施工曲线图

水平段长度 <600m，分段数 <6 段，采用单扶、双扶模拟通井组合。

水平段长度 ≥600m，分段数 <6 段，采用单扶、双扶模拟通井组合。

水平段长度 ≥600m，分段数 ≥6 段，采用单扶、双扶、四扶模拟通井组合。

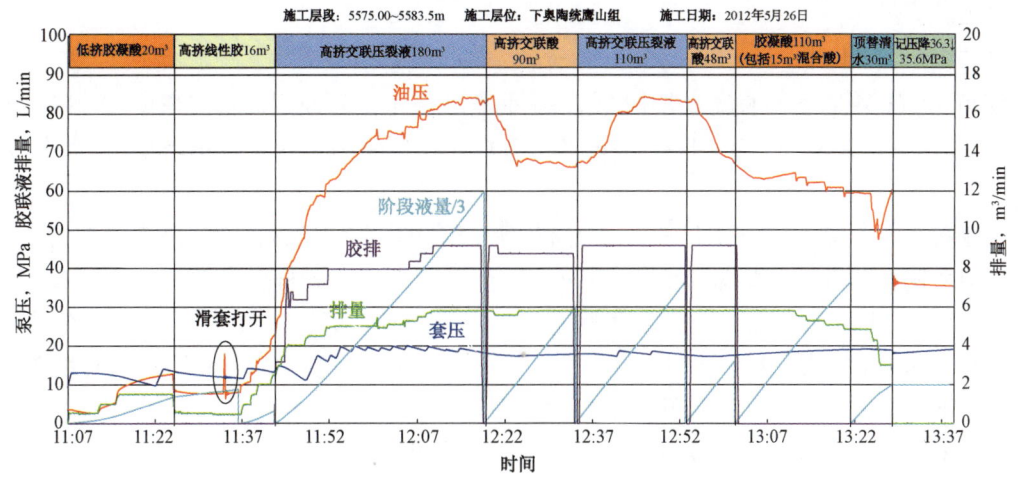

图 4 – 111 ZG518 井第二层酸化压裂施工曲线图

③ 通井组合。

单扶通井:PDC 钻头 + 西瓜皮磨鞋 1 根 + 原钻具组合至井口。

双扶通井:PDC 钻头 + 3½in 加重钻杆 1 根 + 西瓜皮磨鞋 1 根 + 3½in 加重钻杆 3 柱 + 西瓜皮磨鞋 1 根 + 原钻具组合至井口。

四扶通井:PDC 钻头 + 3½in 加重钻杆 1 根 + 西瓜皮磨鞋 1 根 + 3½in 加重钻杆 3 柱 + 西瓜皮磨鞋 1 根 + 3⅛in 加重钻杆 3 柱 + 西瓜皮磨鞋 1 根 + 3½in 加重钻杆 3 柱 + 西瓜皮磨鞋 1 根 + 原钻具组合至井口。

(2)塔中东部水平井模拟通井。

东部水平井以 6in 井眼为主,水平段岩性稳定,井壁扩径率小,通井周期一般在 10 天以内,成熟通井组合为双扶 + 四扶。

(3)塔中西部水平井模拟通井。

2013 年开始在塔中西部水平井施工,与东部水平井相比,西部由于井壁稳定性差、轨迹调整频繁、井深、钻井液适应性差、摩阻大等原因导致完井管串下入困难,施工周期较长,整体施工难度大、风险高。成熟通井组合为单扶 + 双扶 + 四扶。

(4)结论。

① 通井功能性。

清刮虚泥饼、清除台阶;对于缩径、扩径井段可处理光滑平缓;模拟完井工具的连接,评估完井管串下入的风险。对于无严重井眼轨迹、井壁失稳问题的水平井,通过模拟通井,井眼均可具备完井管柱顺利下入的条件。

② 通井局限性。

通井不能包治百病,只是一种辅助措施。对于存在严重轨迹问题、岩性问题、钻井液问题的井,通井不能从根本上解决问题。

③ 采用旋转导向技术的水平井,井眼轨迹平滑,通井顺利,通井周期大大缩短,完井管串下入顺利。

4）单井应用

（1）TZ26 - H11 井。

TZ26 - H11 井是塔里木盆地塔中隆起塔中北斜坡塔中Ⅰ号断裂坡折带塔中 26 井区的一口开发井,完钻井深5172.67m/4447.39m(斜/垂),完钻层位为奥陶系良里塔格组,水平段长487m,改造裸眼段长586m。

从地震剖面上看,TZ26 - H11 井位于有利储层发育的表层弱反射区,井周裂缝较为发育。该井奥陶系良里塔格组共发现气测异常显示73.0m/16 层,其中最好气测 TG:0.60↑54.37%,C_1:0.4905↑37.1776%,其他组分全;奥陶系良里塔格组测井解释:Ⅰ类油气层 3.0m/1 层,孔隙度 6.6%;Ⅱ类油气层 11.5m/1 层,孔隙度 4.6%;Ⅱ类差油气层 103.5m/6 层,孔隙度 2.6% ~3.3%;Ⅲ类储层 127.0m/7 层,孔隙度 1.6% ~1.9%。

该井采用全通径裸眼分段改造工艺分 6 段进行酸化压裂改造(图 4 - 112),并应用耐高温、低缓速、具有深穿透性能的地面交联酸液体系进行多级注入酸化压裂工艺。从施工曲线上看(图 4 - 113),压控式滑套打开明显,裸眼封隔器能够承受高温高压,地层封隔有效。分段改造后用 5mm 油嘴求产(图 4 - 114),油压 32.9MPa,日产油 21.3m³,日产气 10.24 × 10⁴m³,测试结论为凝析气层。

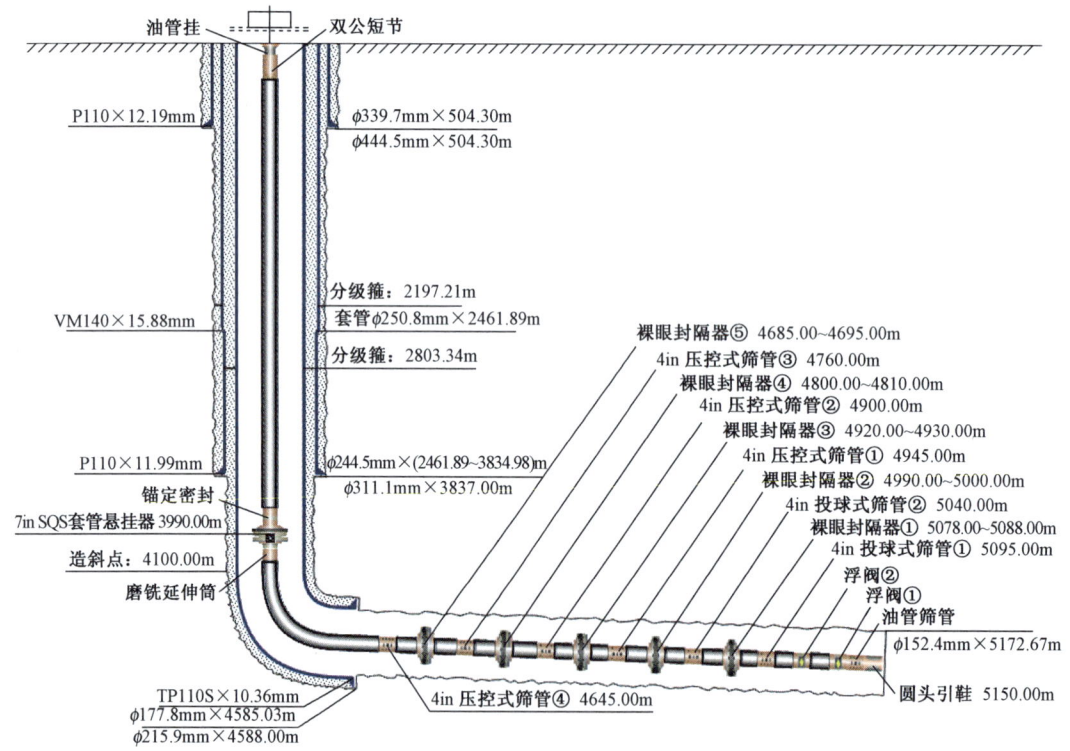

图 4 - 112　TZ26 - H11 井完井管柱示意图

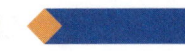

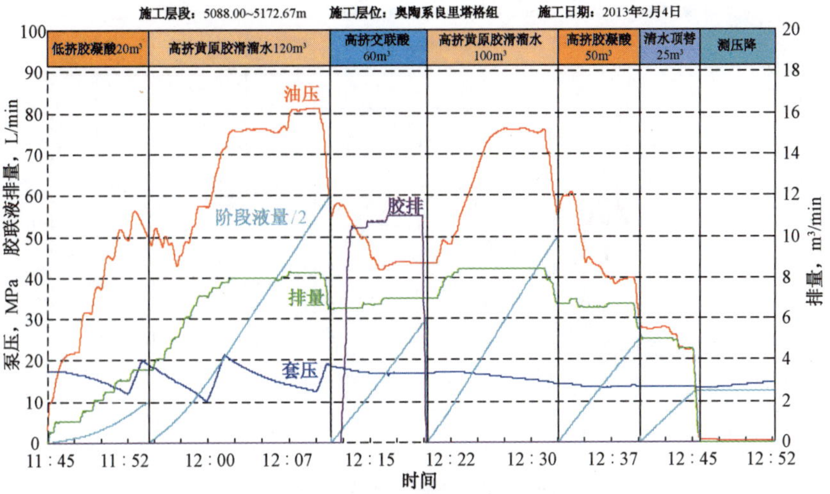
施工层段：5088.00~5172.67m 施工层位：奥陶系良里塔格组 施工日期：2013年2月4日
低挤胶凝酸20m³
高挤黄原胶滑溜水120m³
高挤交联酸60m³
高挤黄原胶滑溜水100m³
高挤胶凝酸50m³
清水顶替25m³
测压降
油压
阶段液量/2
胶排
排量
套压
泵压，MPa 胶联液排量，L/min
排量，m³/min
时间

(a) TZ26-H11井第一段酸化压裂施工曲线

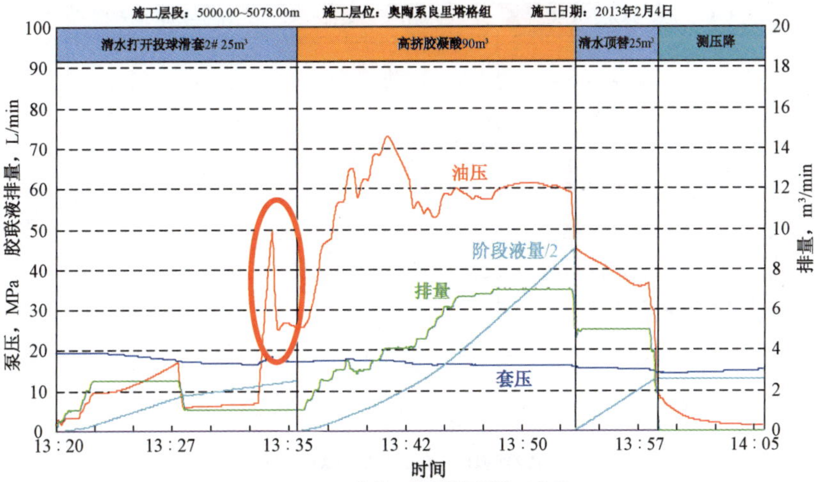
施工层段：5000.00~5078.00m 施工层位：奥陶系良里塔格组 施工日期：2013年2月4日
清水打开投球滑套2# 25m³
高挤胶凝酸90m³
清水顶替25m³
测压降
油压
阶段液量/2
排量
套压
泵压，MPa 胶联液排量，L/min
排量，m³/min
时间

(b) TZ26-H11井第二段酸化压裂施工曲线

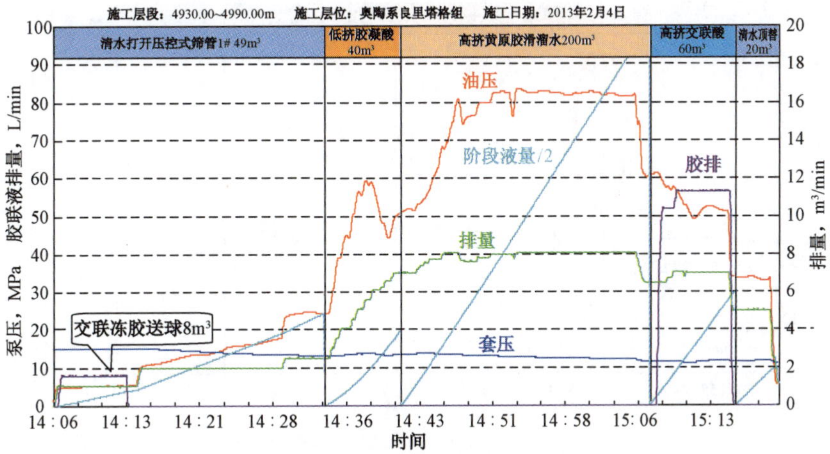
施工层段：4930.00~4990.00m 施工层位：奥陶系良里塔格组 施工日期：2013年2月4日
清水打开压控式筛管1# 49m³
低挤胶凝酸40m³
高挤黄原胶滑溜水200m³
高挤交联酸60m³
清水顶替20m³
油压
阶段液量/2
胶排
排量
套压
交联冻胶送球8m³
泵压，MPa 胶联液排量，L/min
排量，m³/min
时间

(c) TZ26-H11井第三段酸化压裂施工曲线

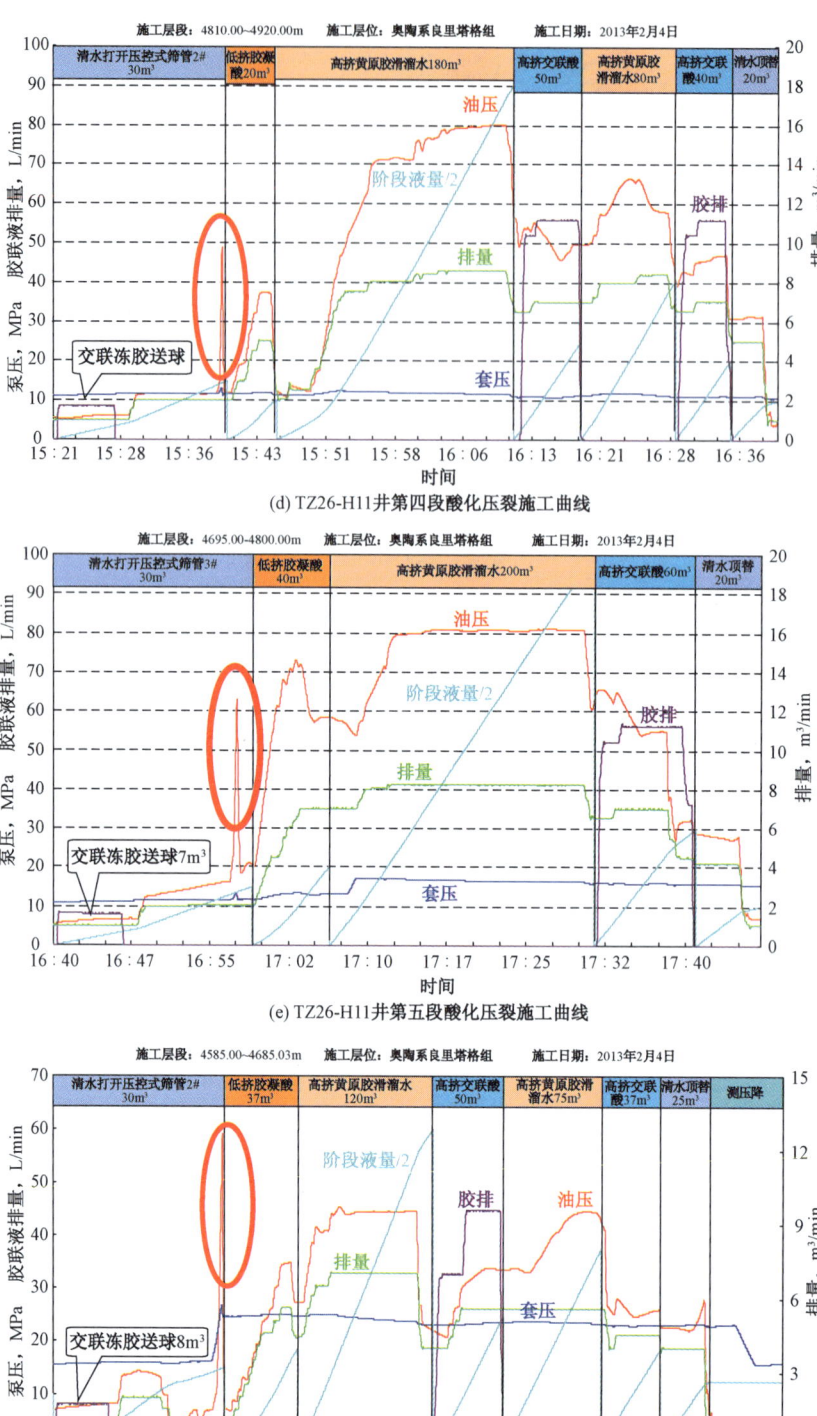

图 4 - 113　TZ26 - H11 井酸化压裂施工曲线

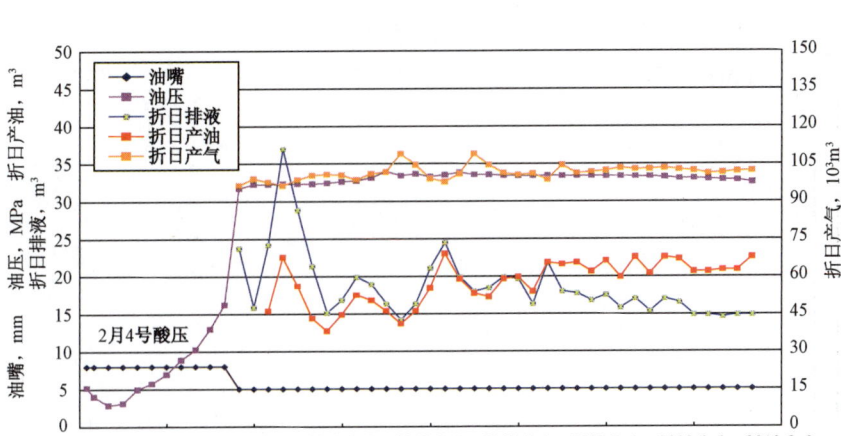

图 4 – 114　TZ26 – H11 井压后求产曲线

（2）TZ721 – 8H 井。

TZ721 – 8H 井是塔里木盆地塔中隆起北斜坡塔中Ⅰ号坡折带上的一口开发井，完钻层位为奥陶系良里塔格组良二段，完钻井深 6705.0m/4942.3m，水平段长 1563m，裸眼段长1776.13m。TZ721 – 8H 井是塔中地区台内礁的一口水平井，并且创下塔中地区水平井水平段和裸眼段最长的记录。该井能否成功对提高该区块储量动用程度、增加塔中Ⅰ号气田东部产能和产量具有积极意义。

TZ721 – 8H 井水平段部分钻遇片状弱反射区，测井解释储层物性较差。该井在奥陶系良里塔格组共发现气测异常显示 399m/38 层，最高气测全烃：0.99 ↑ 97.91%，C_1：0.7685 ↑91.7874%；测井解释本井发育 4 套储层，共解释Ⅱ类油气层 70m/3 层Ⅱ类差油气层 256.5m/11 层，Ⅲ类储层 598.5m/26 层。通过与邻井对比，该套厚度仅 3m 左右。

经研究决定，采用 7⅞in SQS 套管悬挂器 + 裸眼封隔器分段改造—完井—投产一体化管柱对该井奥陶系裸眼段分 10 段（图 4 – 115）进行酸化压裂改造。采用 0.5% 高浓度黄原胶非交联压裂液 + 交联酸 + 胶凝酸进行大规模酸化压裂，设计总液量 4160m³：黄原胶非交联压裂液 2400m³ + 交联酸 1000m³ + 胶凝酸 760m³；平均每段规模 416m³。施工最高泵压 96.2MPa，最大排量 8.1m³/min，共注入地层液体 4383m³。

分段改造后 5mm 油嘴放喷求产（图 4 – 116），油压 25.65MPa，折日产油 52.56m³，折日产气 30250m³，测试结论为油层。

（3）ZG5 – H2 井。

ZG5 – H2 井是塔中隆起北斜坡塔中Ⅰ号坡折带上的一口开发井，完钻层位为下奥陶统鹰山组鹰一下亚段，完钻井深 7810.0m/6305.49m，水平段长 1357.1m，裸眼段长 1701m。该井在奥陶系鹰山组共发现气测异常显示 357.0m/20 层，最高气测全烃：0.09 ↑ 62.35%，C_1：0.0115↑38.9834%；测井解释在鹰山组发育 3 套储层，共解释Ⅱ类油气层 90.5m/7 层，孔隙度 2.3%~4.0%；Ⅱ类差油气层 65.0m/5 层。

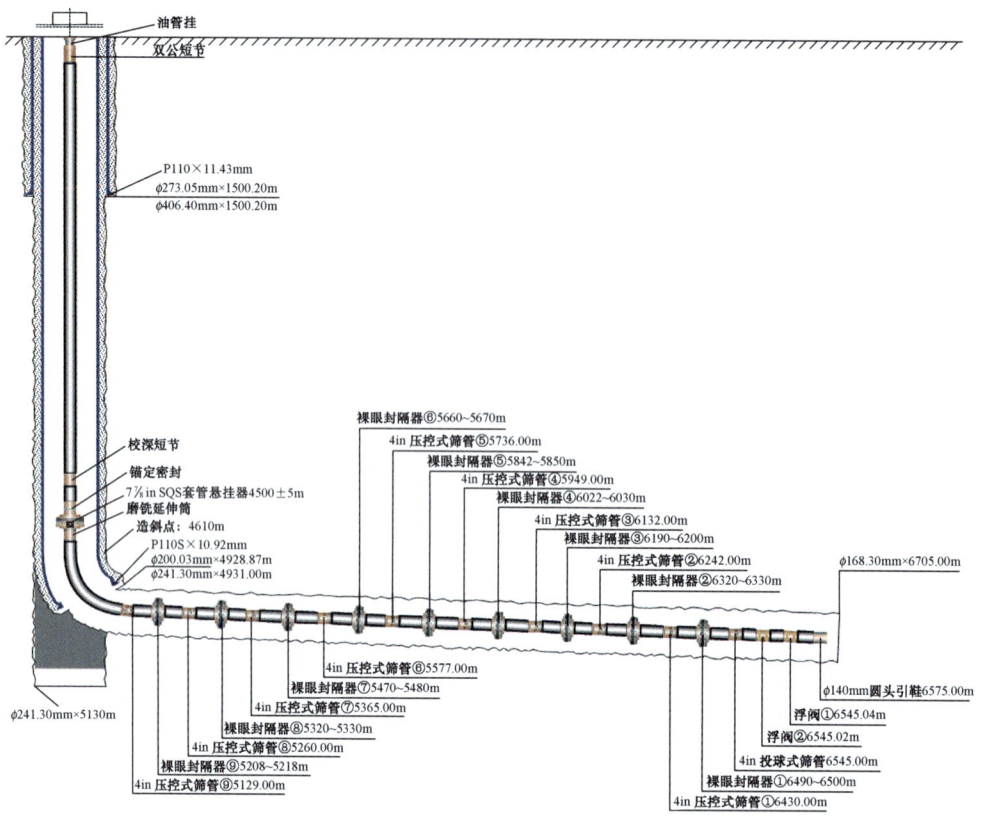

图 4 - 115　TZ721 - 8H 井完井管柱示意图

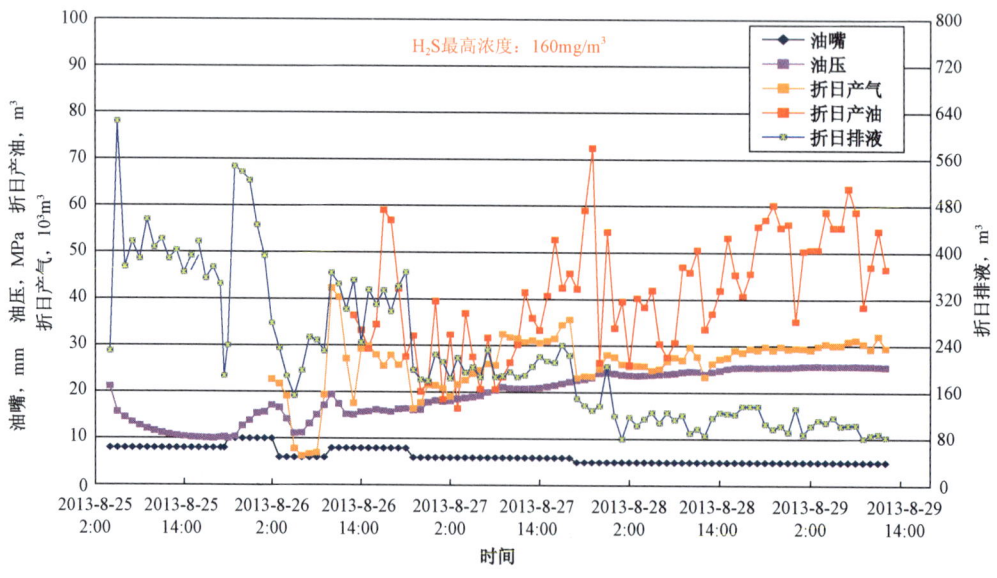

图 4 - 116　TZ721 - 8H 井求产曲线

该井为国内陆上最深水平井,斜深达7810m,井底测井温度为159℃,井深、高温、高压以及改造段长的储层条件给后期的完井试油及储层改造工作带来了巨大挑战,同时,ZG5-H2井的勘探成功对建立中古5井区高产稳产井组、增加塔中Ⅰ号气田Ⅱ区产能和产量具有积极意义。经研究决定,采用7⅞in SQS套管悬挂器+裸眼封隔器分段改造—完井—投产一体化管柱,并首次使用4in BG110/NU(δ8.38mm)油管以降低液体管柱摩阻,对该井奥陶系裸眼段分10段(图4-117)进行酸化压裂改造及放喷求产测试。

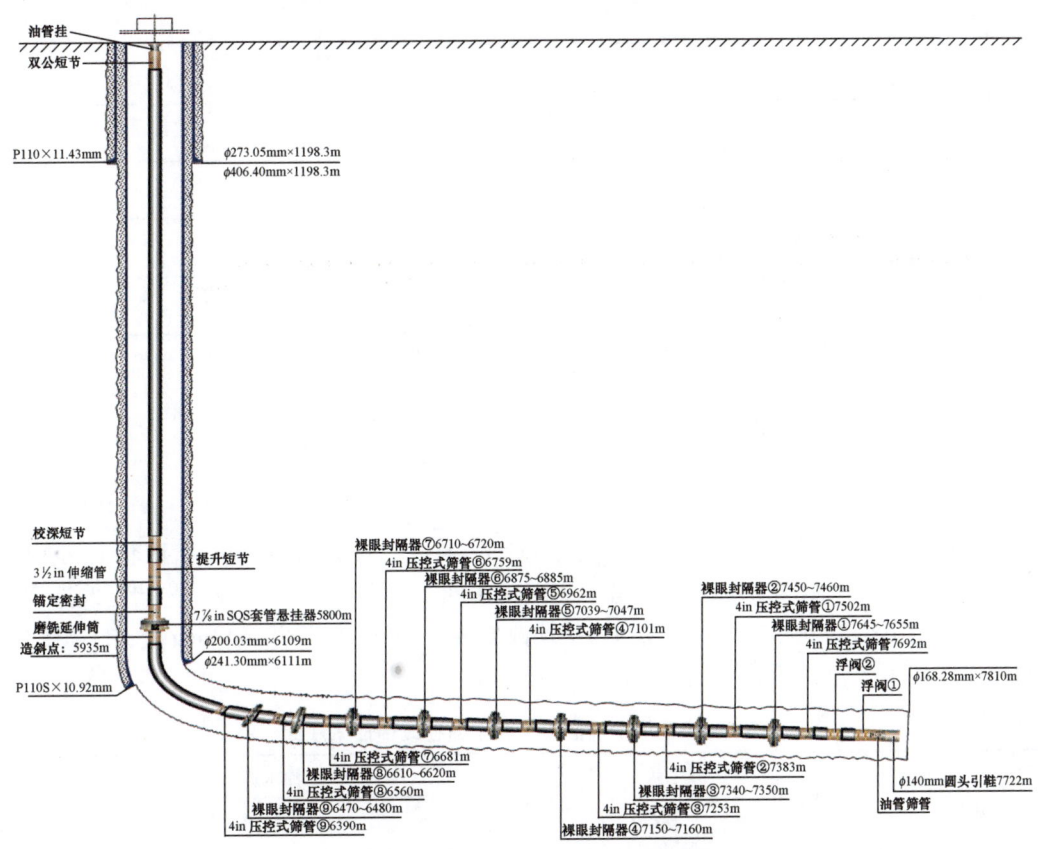

图4-117 ZG5-H2井完井管柱示意图

由于ZG5-H2井水平段底部呈串珠状反射特征,测井解释储层物性较差,因此,采用胶凝酸+交联酸+0.5%高浓度黄原胶非交联压裂液多级分段酸化压裂,利用非均匀刻蚀增加近井渗流能力。设计总液量4040m³:黄原胶非交联压裂液2720m³+交联酸1120m³+胶凝酸200m³;平均每段规模404m³。施工时最高泵压达94.7MPa,最大排量8.2m³/min,共注入地层液体4171m³。

分段改造后6mm油嘴放喷求产(图4-118),油压31.29MPa,折日产油42.12m³,折日产气78044m³,测试结论为凝析气层。

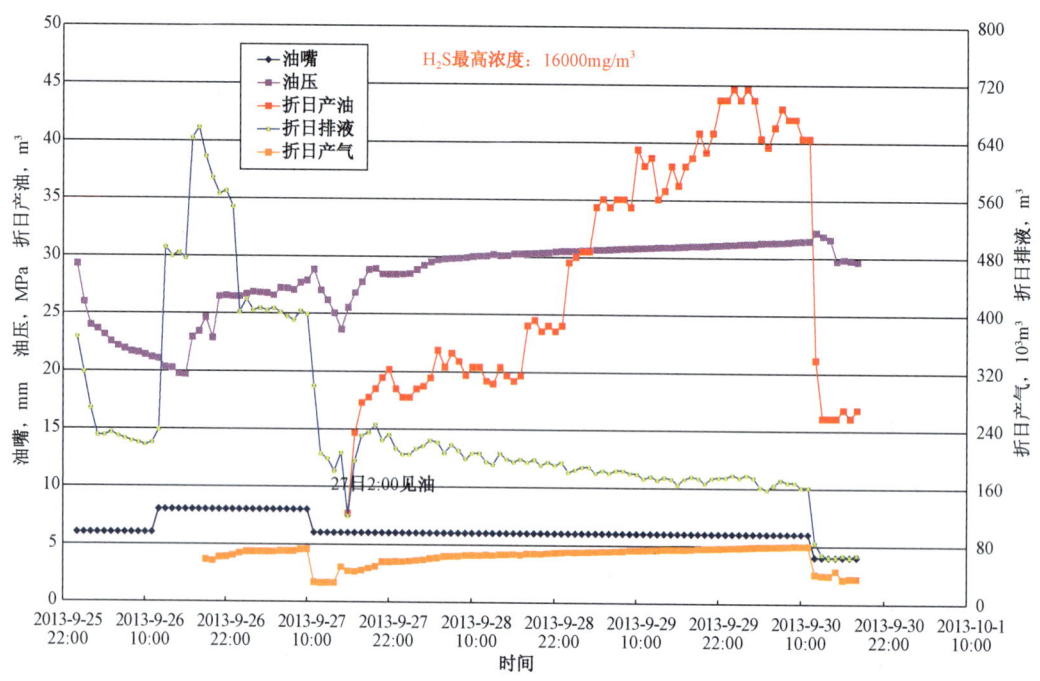

图 4 – 118　ZG5 – H2 井求产曲线

5）推广应用效果

自国产全通径裸眼分段酸化压裂工具在 ZG518 井现场攻关试验成功后，该套工具在塔中地区全面推广应用。截至 2013 年底，塔中地区共实施了全通径分段改造工艺储层改造 28 井（表 4 – 20），共分 189 段，平均 6.7 段/井；平均改造规模 2990.7m³/井、443m³/段；其中 21 口井获得高产工业油气流，占总井数的 75%。

表 4 – 20　塔中地区水平井全通径改造油气成果

区块	序号	井号	改造段长 m	改造层位	改造工艺	改造液体规模 m³	试油求产					是否获工业油气流
							求产油嘴制度	油压 MPa	日产油 m³	日产气 10⁴m³	结论	
塔中东部	1	TZ62 – H9	816	O_3l	分 6 段	5468	8mm	7.9	11.7	2.43	凝析气层	是
	2	TZ623 – H1	1236.93	O_3l	分 8 段	5997	5mm	41.5	58.8	16.37	凝析气层	是
	3	TZ62 – H15	998.05	O_3l	分 10 段	5764.6	6mm	9.6	49.8	0.67	油层	是
	4	TZ62 – H14	399	O_3l	分 5 段	1708	3mm	30.7	10.3	1.34	凝析气层	是
	5	TZ721 – H4	1021.77	O_3l	分 8 段	1417	4mm	49.7	5.72	10.6	凝析气层	是
	6	TZ721 – H6	1044.58	O_3l	分 5 段	2152	4mm	35.6	0	9.33	气层	是
	7	TZ62 – H16	517	O_3l	分 6 段	2514	4mm	42.5	27.6	6.32	凝析气层	是
	8	TZ26 – H10	1167	O_3l	分 10 段	3282	5mm	36.8	11.9	8.49	凝析气层	是
	9	TZ62 – H17	1091.42	O_3l	分 7 段	2868	5mm	26	43.7	9.18	凝析气层	是

续表

区块	序号	井号	改造段长 m	改造层位	改造工艺	改造液体规模 m³	试油求产					是否获工业油气流
							求产油嘴制度	油压 MPa	日产油 m³	日产气 10⁴m³	结论	
塔中东部	10	ZG541H	881.69	O_3l	分7段	2077.2	5mm	9.7	84.1	1.47	油层	是
	11	TZ721-H8	1776.13	O_3l	分10段	4383	5mm	25.6	52.6	3.03	油层	是
	12	TZ62-TH	511.83	O_3l	分11段	3908	6mm	16.7	36.4	3.18	凝析气层	是
	13	TZ26-H11	587.64	O_3l	分6段	2028	5mm	32.9	21.3	10.24	凝析气层	是
	14	TZ26-H9	296	O_3l	分4段	2193.8	气举举深3000m	0.04	4.38	微量	低产油层	否
	15	TZ82-TH	297	O_3l	分3段	650	5mm	5.5	9.21	1.19	低产凝析气层	否
塔中西部	16	ZG17-1H	799	O_3l	分4段	2428.5	6mm	45.8	71.1	13.76	凝析气层	是
	17	ZG16-1H	877	O_3l	分5段	2617.5	5mm	47.9	172	4.56	油层	是
	18	ZG435H	1233	O_3l	分6段	2230	6mm	1.8	13.7	0	油层	是
	19	ZG162-H2	1390.92	O_3l	分6段	4106	12mm	10.5	39.9	4.28	凝析气层	是
	20	TZ45-H1	1119.99	O_3l	分5段	2028	4mm	47.1	90	9.95	凝析气层	是
	21	ZG5-H2	1701	O_3l-O_1y	分10段	4171	6mm	31.3	42.1	7.8	凝析气层	是
	22	ZG111-H1	1594	O_1y	分9段	2996	6mm	49.3	149	14.9	凝析气层	是
	23	ZG431-H3	1609.2	O_1y	分8段	2380	4mm	26.7	96.2	1.5	油层	是
	24	TZ201-1H	1167.89	O_1y	分6段	3114.3	6mm	11.8	油花	2.6	油水同层	否
	25	ZG164-H1	1367.03	O_3l	分8段	2740	12mm	2.84	0	微量	水层	否
	26	TZ85C	617.5	O_3l	分4段	1920	气举举深2500m	0.33	1.49	0	暂定低产油层	否
	27	ZG17-H2	1354.79	O_3l	分5段	3005.2	敞放0	0	0	0	暂不定性	否
	28	ZG106-H1	1451.3	O_3l-O_1y	分7段	3592	气举举深3000m	0.54	7.96	0.81	低产凝析气层	否

　　自2008年水平井分段改造现场推广应用以来,国产全通径裸眼分段酸化压裂工具不断刷新塔里木油田公司各项指标,目前该套工具完成陆上水平井最深井改造施工,斜深最深7810m(ZG5-H2井),垂深最深6405.73m(ZG17-H2井);完成裸眼段和水平段最长水平井(TZ721-8H),裸眼段长1776.13m,水平段长1561m;完成水平井单井最多分段数12段(ZG541-H1);完成水平井单井最大液量规模5997m³(TZ623-H1井)。

　　根据塔中地区35口水平井成本费用统计,塔中地区水平井国产全通径裸眼分段工具与进口工具(遇油膨胀封隔器+滑套)相比,单段成本平均节约39.6%。塔中地区28井次189段的现场应用及改造效果表明,国产全通径裸眼分段酸化压裂工具基本可以满足生产需求,该工具的成功应用为今后水平井分段改造工艺提供了更多的技术支持。

6. 黄原胶非交联压裂液和自生酸研究及推广应用

1)黄原胶非交联压裂液

瓜尔胶压裂液一直是塔里木油田公司储层改造主要的改造体系,具有性能稳定、降滤失效果好和造长缝的特点,尤其是超级瓜尔胶压裂液具有低残渣、对储层低伤害的优点,在库车山前广泛应用。但是随着油田高效开发的飞速进展,高成本的瓜尔胶体系逐步难以适应大规模、大液量的生产需求。黄原胶非交联压裂液具有易降解和价格便宜的优点,该体系对于探索塔中地区碳酸盐岩Ⅱ类、Ⅲ类储层以及开发后期大规模改造稳产具有重要意义。

黄原胶非交联压裂液体系配方简单,(0.2% ~ 0.5%)改性黄原胶 + 0.5%破乳剂 + 清水配制而成,密度在 $1.01 ~ 1.02 g/cm^3$ 之间,黏度为 $20 ~ 60 mPa·s$。通过室内试验和近 40 余井次施工曲线的分析对比,结果表明该体系低浓度黄原胶非交联压裂液摩阻较高,随着黄原胶浓度增高,摩阻系数逐渐降低,当达到 0.5% 以后,降阻效果不明显(图 4 - 119)。从统计数据来看,0.2% 黄原胶压裂液相当于清水摩阻的 32%(与瓜尔胶冻胶摩阻相近);0.3% 黄原胶压裂液为 30%;0.45% 黄原胶压裂液为 28%;0.5% 黄原胶压裂液为 27.5%;0.6% 黄原胶压裂液为 26.8%;从该图上看,$5m^3/min$ 的排量下,0.2% 黄原胶千米摩阻约 6.5MPa;0.3% 黄原胶千米摩阻约 6.1MPa;0.45% 黄原胶千米摩阻约 5.67MPa;0.5% 黄原胶千米摩阻约 5.57MPa;0.6% 黄原胶千米摩阻约 5.5MPa。因此,在现场生产中,针对塔中东部地区相对较浅、温度较低的改造井,采用 0.2% ~ 0.3% 黄原胶非交联压裂液;而西部地区高温、高压深井,均采用 0.5% 黄原胶非交联压裂液。

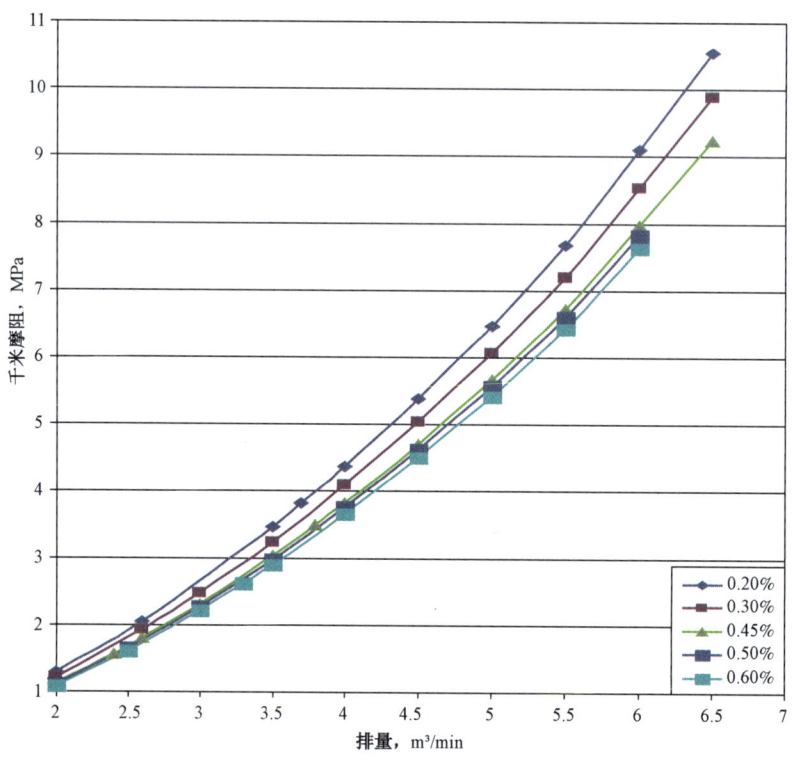

图 4 - 119 不同浓度黄原胶非交联压裂液摩阻测试对比

对比分析现场施工曲线,其形态与瓜尔胶压裂液明显不同,瓜尔胶冻胶进地层后滤失小,稠状液体封堵住岩石孔渗后迅速憋压将地层劈裂,而黄原胶由于滑溜水的黏度小,渗滤快,进地层后边滤失边充填,充填满之后再憋压启裂,造缝性能可能会受到一定影响。

截至2013年10月底,在塔中地区超过42口井(45井次)使用黄原胶非交联压裂液近60000m³。从ZG518井的现场试验至今,黄原胶非交联压裂液已经推广成为塔中地区酸化压裂改造的主要改造体系。

2)自生酸

自生酸是一种新型酸液体系,配制方法简单,具有稳定持续生酸能力的特点,为塔里木油田公司2010年科研项目成果。自生酸由A剂和B剂组成(图4-120),在高温地层混合产生HCl,从而实现对碳酸盐岩储层裂缝的刻蚀,科研成果表明该体系具有耐高温和造长缝的特点。

图4-120　自生酸现场配置及物理性质

(自生酸A剂:密度1.153g/cm³,黏度110mPa·s,白色不透明黏稠液,有HCHO刺激性味道;

自生酸B剂:密度1.063g/cm³,黏度90mPa·s,白色不透明黏稠液)

针对自生酸的产酸能力做了大量的室内研究,塔里木油田质检中心酸化压裂实验室对自生酸产生的HCl浓度滴定为9.3%,川庆钻探钻采工程技术研究院的测试结果见表4-21和图4-121。随着反应时间的增加,混合液中产生HCl量逐渐增大;当温度达到95℃后反应50min,混合液中HCl质量浓度达到最大(10.29%);当反应270min后,混合液中HCl质量浓度基本无变化,保持在10%左右。实验结果表明,自生酸在高温条件下,能长时间保持稳定的产酸能力。

表4-21　自生酸产酸能力测试结果

序号	温度 ℃	反应时间 min	V_{NaOH} mL	HCl质量浓度 %	实验现象
1	50	45	7.60	4.72%	乳白色,乳液黏度降低,转子搅拌可流动,小颗粒固体减少
2	70	70	12.10	7.42%	淡黄色,液体开始澄清,小颗粒固体消失,有一定黏度
3	90	85	14.15	8.63%	淡黄绿色,液体逐渐澄清,有一定黏度

续表

序号	温度 ℃	反应时间 min	V_{NaOH} mL	HCl 质量浓度 %	实验现象
4		90	14.45	8.80%	黄绿色,透明均一液体,有一定黏度
5		100	15.00	9.13%	黄绿色,透明均一液体,黏度降低
6		110	15.10	9.18%	
7		120	16.00	9.71%	
8		130	16.70	10.11%	黄色,透明均一液体,黏度与水接近
9	95	140	17.00	10.29%	
10		150	16.50	10.00%	
11		180	16.40	9.94%	
12		210	16.50	10.00%	
13		240	16.45	9.97%	
14		300	16.50	10.00%	
15		360	15.50	9.42%	

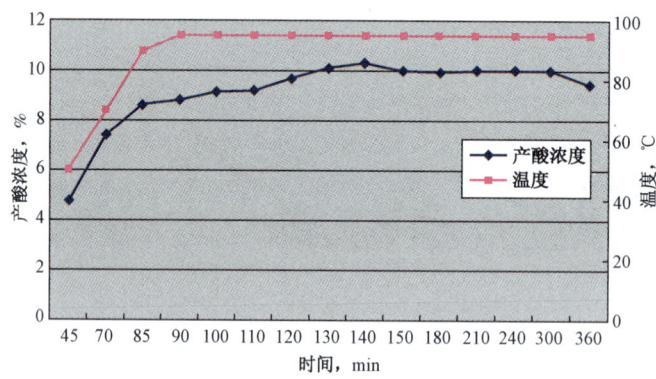

图 4-121 HCl 质量浓度随反应时间和温度的变化情况

2012 年自生酸体系在塔中地区 ZG518 井进行了现场供液试验(40m³),试验表明基本可以满足现场供液要求,2013 年开始在塔中地区进行推广试用。截至 2013 年底,9 口井(10 井次)共使用自生酸 2400m³(表 4-22),其中新井 4 口,措施井 5 口,获工业油气流 3 口,占总井的 33%。

ZG702 井于 2012 年 2 月 29 日用温控变黏酸(TCA)体系进行酸化压裂改造,压裂液用量 320m³,酸液用量 280m³,共挤入地层 610m³,停泵测压降泵压 33.5MPa 下降到 32.2MPa(20min),压力扩散慢,可能没有沟通井周有利储层。压后 10mm 油嘴放喷求产,油压 0.85MPa,折日产油 4.82m³,折日产气 4096m³;软件模拟结果表明,本次改造动态缝长 96.7m,但有效酸蚀缝长仅 35m,酸液有效作用距离不够可能是造成第一次酸化压裂失利的主要原因。2013 年 7 月,采用 300m³ 自生酸重复改造(图 4-122)获得较好油气产能,黄原胶非交联压裂液用量 700m³,酸液用量 340m³,共挤入地层 1070m³,压后 5mm 油嘴求产,油压 30.7MPa,日产油 15.4m³,日产气 5.5×10⁴m³,试油结论为凝析气藏。该井从 2013 年 8 月 24 日试采,目前油压 36MPa,日产油 26.96t,日产气 7.4×10⁴m³,含水 4.5%;截至 2014 年 1 月 9 日,累计产油 4421t,累计产气 1012×10⁴m³(图 4-123)。

表4-22 塔中地区自生酸应用统计表

类别	序号	井号	井别	层位	井段顶界 m	自生酸 m³	压前					压后					求产结论	是否获工业油气流
							求产制度	油压 MPa	日产油 m³	日产气 10⁴m³	日产水 m³	求产制度	油压 MPa	日产油 m³	日产气 10⁴m³	日产水 m³		
新井	1	ZG431-H3	开发井	O_1y	5038~6647.2	400	5mm	27.85	折日110.6	3.2	—	5mm	27.30	折日148	1.1		凝析气藏	是
	2	ZG518	评价井	O_1y	5530~5750	40m³供液试验			无			6mm	1.89	折日4.4	微量		低产油层(含水)	否
	3	ZG502	探井	O_1y	5942.55~6082.94	200			无			举深2000m	0.38	0	0	71.8	水层	否
	4	ZG29	探井	O_1y	6291~6304	200			无			举深3000m	0.43	0	0	液29.2	暂不定性	否
措施井	5	ZG702	重复酸压	O_1y	5628~5890	300	10mm	0.85	折日4.82	0.41	—	5mm	30.72	15.4	5.5	液112	凝析气藏	是
	6	TZ26-H9	重复酸压	O_3l	4341~4637	560	抽油机		0.66t	微量		抽油机		2.37t	—	7.28	低产油藏	是
	7	ZG106-1H	重复酸压	O_1y	5663.7~7115	600	气举深度3000m		折日3.98	0.81	—	气举深度2700m		0	0	液43.8	暂不定性(含油)	否
	8	TZ2441S	重复酸压	O_3l	4407~4615	300	自喷	0	日产油0.08t	—	0.11t	抽油机		初产17.8t	—	16.67t	油藏	否
	9	ZG12	重复酸压	O_1y	6059.58~6279	200	气举深度3000m	试采时油压0,产量0				0.00	0	微量	0		干层	否

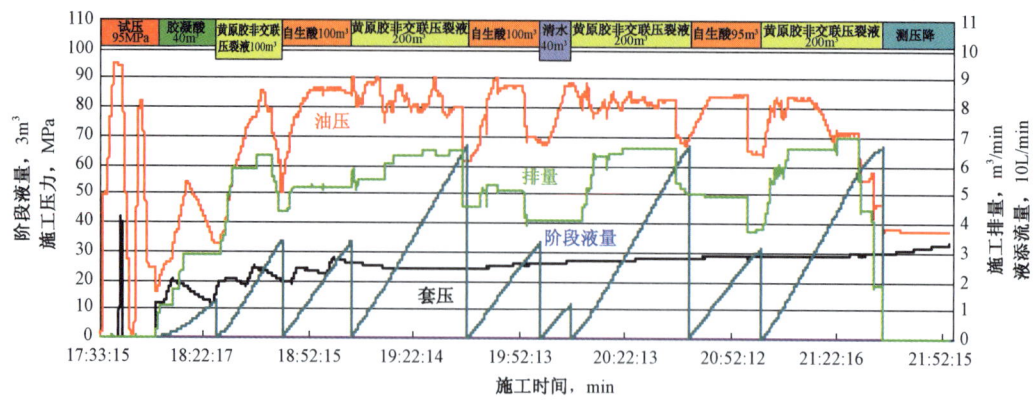

图 4 - 122　ZG702 井重复酸化压裂施工曲线

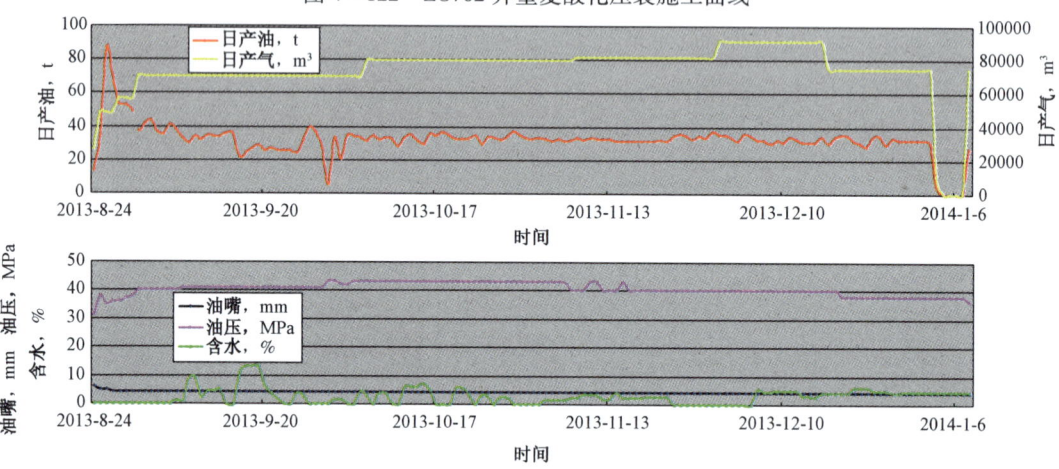

图 4 - 123　ZG702 井试采曲线

7. 水平井分段改造开发效果

2008 年至 2013 年,塔中 Ⅰ 号气田水平井开发逐年增加,且完井改造的方式和手段逐渐增多(表 4 - 23),由当初水平井的笼统酸化压裂(如塔中 62 - H13 井)到目前的裸眼封隔器 + 投球(压控)筛管、遇油膨胀封隔器 + 滑套以及筛管 + 套管投球限流分段酸化压裂工艺。截至目前,塔中地区碳酸盐岩储层共实施了 56 井次的水平井完井改造,工艺成功率达 100% 。

表 4 - 23　塔中碳酸盐岩水平井分段改造测试产能统计表

年度	改造水平井口	平均分段数	水平井分段改造工具		
			遇油膨胀封隔器 + 滑套	筛管 + 套管	裸眼封隔器 + 投球(压控)筛管
2008 年	3	3.3	2	1	—
2009 年	5	4.4	4	1	—
2010 年	6	4	4	2	—
2011 年	5	3.4	5	—	—
2012 年	17	6.5	4	4	9
2013 年	20	6.7	1	1	19
合计	56	—	19	9	28

"遇油膨胀封隔器 + 滑套"组合分段改造的 TZ62 - 7H 井、ZG162 - 1H 井初步试采结果表明(图 4 - 124、图 4 - 125),单位时间的采出量比直井或水平井笼统改造高,井口压力和产量的下降速度明显得到抑制(图 4 - 126—图 4 - 128)。

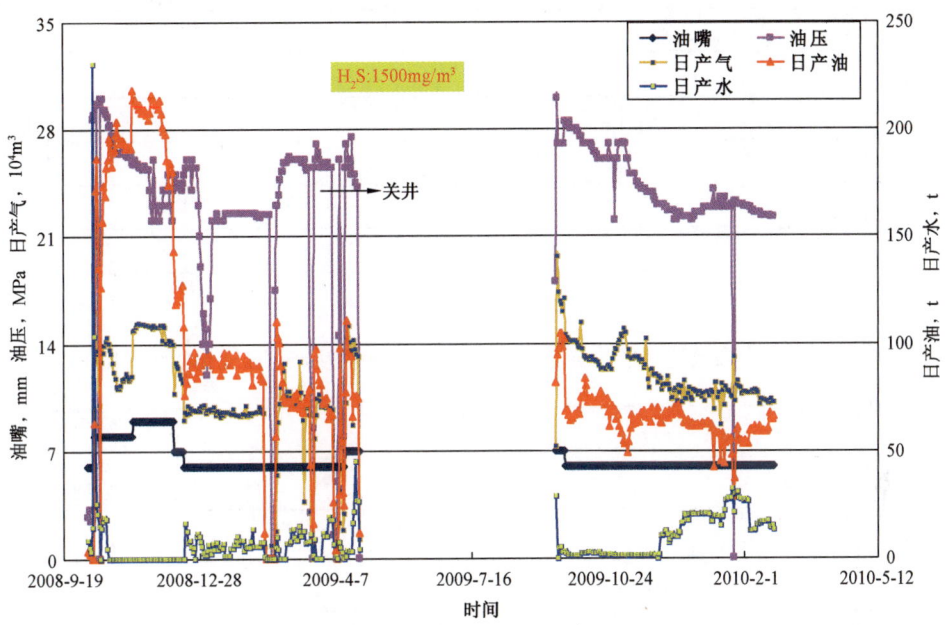

图 4 - 124 TZ62 - 7H 井试采曲线

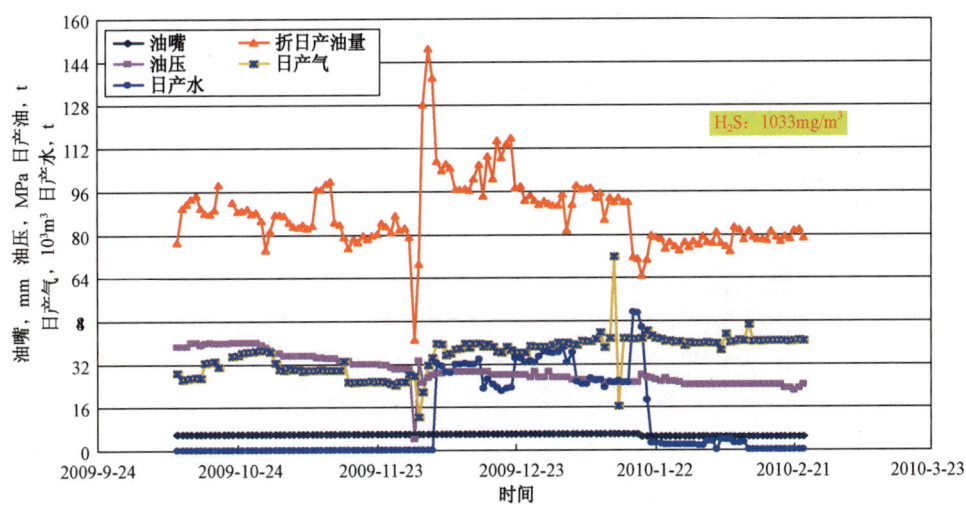

图 4 - 125 ZG162 - 1H 井试采曲线

国产全通径裸眼分段改造工艺在塔中地区已经全面推广应用,并获得了较好的油气产能。据统计分析,塔中 26 井区全通径分段改造井(TZ26 - H7 井、TZ26 - H11 井)与邻井直井(TZ26 井、TZ261 井)在 200 天的生产期间内,水平井油气当量累计产量是直井的 2.58 倍;500 天生产

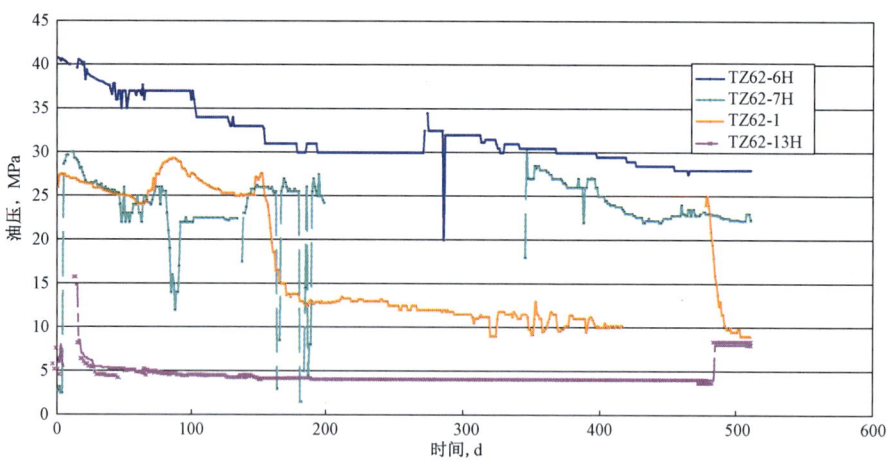

图 4 - 126　分段改造水平井与直井或笼统改造水平井生产油压变化曲线对比图

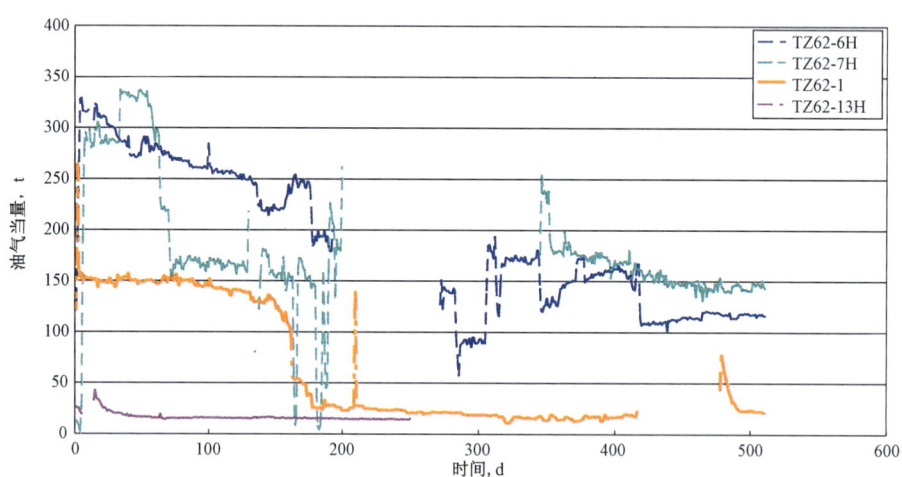

图 4 - 127　遇油封隔器分段改造水平井与直井（笼统改造水平井）
日产油当量变化曲线对比图

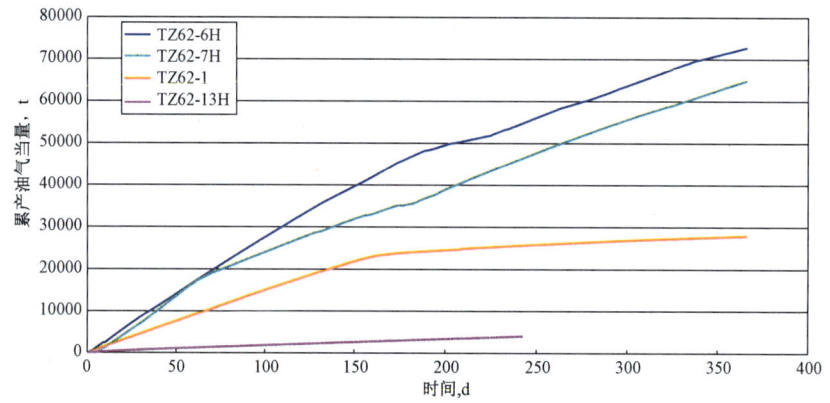

图 4 - 128　遇油封隔器分段改造水平井与直井（笼统改造水平井）
相同时间累产当量对比图

时间内 TZ26 – H7 井累计油气当量累计产量是 TZ26 井与 TZ261 井累计产量之和的 1. 94 倍（因 TZ26 – H11 井生产周期较短,其产量未计算在内）。如图 4 – 129 所示,全通径分段改造和投球限流筛管完井改造井比直井完井改造累计油气产量具有明显优势。

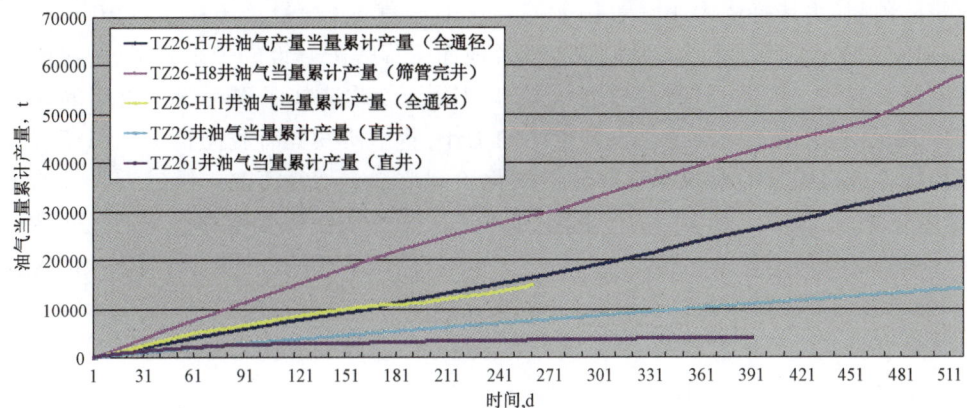

图 4 – 129 全通径分段改造水平井(筛管投球限流改造)与直井相同时间累产当量对比图

从 ZG162 – H2 井与邻井 ZG162 井试采曲线对比分析(图 4 – 130、图 4 – 131)可知,ZG162 – H2 井油气产量和井口压力的下降速度明显小于 ZG162 井,且地层出水得到一定抑制。

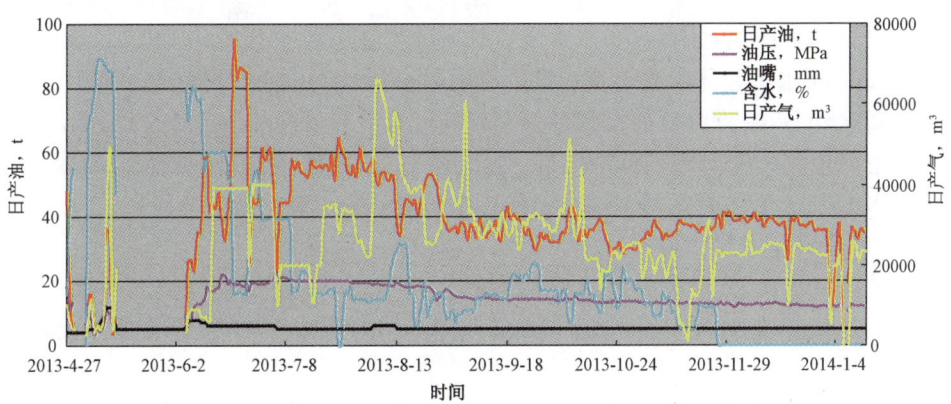

图 4 – 130 ZG162 – H2 井试采曲线

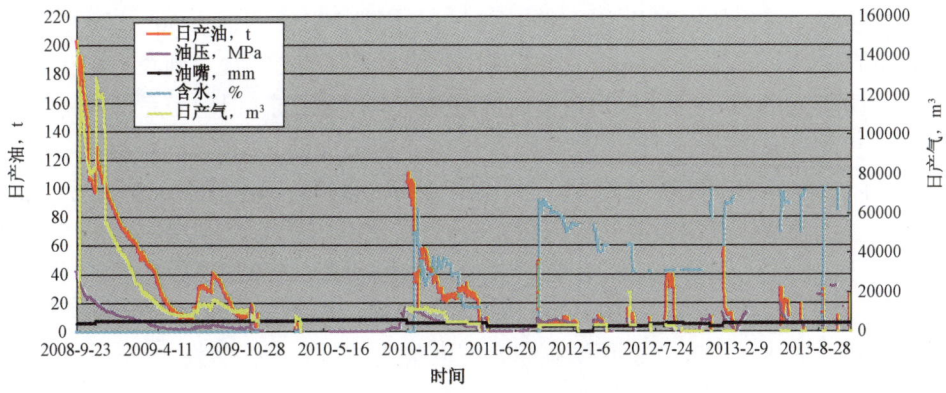

图 4 – 131 ZG162 井试采曲线

三、水平井分段改造工程技术的优化选择与改进方向

随着塔中Ⅰ号气田碳酸盐岩勘探开发的逐步深入,地层环境和井况愈加复杂,油气性质和分布更难以预测,尤其是塔中Ⅰ号气田普遍高含 H_2S 气体(含量最高达 $40 \times 10^4 mg/m^3$),因此,不仅对完井工具和管柱结构、井口装置以及地面流程等配套设施带来了考验,对成本控制也是面临巨大挑战。因此,对碳酸盐岩水平井裸眼分段改造技术也提出了更高的要求。自 2009 年开始,我们开展了一项意义十分重大的工作,着手研发具有我国自主知识产权各项性能指标均优于进口工具的裸眼水平井分段酸化压裂改造全通径工具。经过近 3 年的艰苦攻关,终于获得突破,该套工具属国内外首创,彻底解决了分段层级受限和后期油气井动态监测及优采作业无法开展的瓶颈问题。当然,工艺技术虽然基本成熟,但仍然具有很大的优化改进空间,我们也在进一步对工艺技术加以完善、改进和提高。与此同时,针对酸化压裂改造不同于加砂水力压裂改造的工艺难关,全面采用黄原胶非交联压裂液替代瓜尔胶压力液,不仅满足了工艺要求,而且大幅降低了作业成本。

2012 年中旬,我们全面推广应用了该项具有世界领先水平的工艺技术,并取得了一系列重大成果,创造了巨大的经济效益,主要成果介绍如下。

(1)截至 2013 年底,塔中地区共实施了全通径分段改造工艺储层改造 28 井,共分 189 段,平均 6.7 段/井;平均改造规模 2990.7m³/井、443m³/段;塔中 26 井区全通径分段改造井与邻井直井在 200 天的生产期间内,水平井油气当量累计产量是直井的 2.58 倍。

(2)自 2008 年水平井分段改造现场推广应用以来,国产全通径分段酸化压裂工具不断刷新塔里木油田公司各项指标,目前该套工具完成陆上水平井最深井改造施工,斜深最深 7810m(ZG5 – H2 井),垂深最深 6405.73m(ZG17 – H2 井);完成裸眼段和水平段最长水平井(TZ721 –8H 井),裸眼段长 1776.13m,水平段长 1561m;完成水平井单井最多分段数 12 段(ZG541 – H1 井);完成水平井单井最大液量规模 5997m³(TZ623 – H1 井)。

(3)根据塔中地区 35 口水平井成本费用统计,塔中地区水平井国产全通径裸眼分段工具与进口工具(遇油膨胀封隔器 + 滑套)相比,平均每段节约 134.4 万元,单段成本平均节约 39.6%。

在全面推广应用的同时,我们将进一步强化工艺技术的优化与改进,重点做好以下 5 个方面的工作:

(1)进一步优化封隔器性能与完善规格系列。在抗温 100 ~ 150℃、150 ~ 200℃,井眼规格 6in 和 6⅝in 裸眼条件下,验证不同膨胀比下裸眼封隔器的工作能力,达到在井眼扩径 15% 的情况下满足现场生产需要。目前虽然在室内试验能基本满足要求,但尚需完善资料图版。

(2)进一步改进与优化全通径压控式筛管销钉的剪切性能,使其更科学合理;精度要求:压控式筛管打开室内误差值(模拟 2 次以上)小于 2MPa,且销钉具有优良的抗疲劳性能。

(3)进一步优化黄原胶压裂液的各项性能指标,强化室内系统评价,形成不同储层条件下的最优浓度系列,改进个别关键性能参数,不断提高实际应用的针对性。

(4)进一步完善酸化压裂施工的设备配套,不断提高大规模分段改造的现场作业能力。

(5)不断强化酸化压裂改造完井作业综合配套能力,形成一套科学、严谨、实用、高效、规范的技术系列标准和操作流程,更有效地指导现场作业。

第五章 开发技术政策及管理对策

缝洞型碳酸盐岩凝析气藏,开发面临较多的问题。储层准层状、低孔中渗、储集体不均匀分布、直井单井控制储量小等特征,开发早期面临选用何种主体开发技术有效动用非均质储层内储量? 碳酸盐岩凝析气藏整体水体能量中—弱,地层压力衰竭快,单井试采统计第一年平均下降 15~20MPa,凝析油地露压差 2.1~18.7MPa,说明生产初期地层压力很快下降到露点压力之下,就开始出现反凝析,最有利的开发方式是什么? 开发过程中油气藏类型、生产动态变化不同,能量不足,如何通过过程管理,合理利用工作制度、采油工艺、能量补充方式来提高凝析油采收率?

塔中碳酸盐岩凝析气藏近 8 年的产能建设及油气藏管理针对以上问题,通过 4 个精细研究,不断完善形成以"油气藏研究为核心、储层特征识别为基础、开发精细管理为过程调节"的全生命周期开发技术政策。

第一节　开发技术政策

■ 一、油气藏精细描述

塔中地区受多期构造运动,断裂发育,油气水关系复杂,因此油气藏认识是决定主体开发技术、优化生产过程管理及后期调整的技术政策基础核心。

经过近几年的油气勘探开发,油气分布的主控因素基本明确,油气分布主要受"五线"(断层线、构造线、物性线、地层尖灭线、油水分界线)的影响,识别五线精细刻画油气藏形态(图 5–1),指导井位部署。

(1)圈闭线控制油气分布。

在正常层状地层条件下,断层线、构造等高线构成圈闭描述的基本要素。但在地层削蚀的情况下,地层尖灭线也是圈闭描述的基本要素。

(2)物性线控制油气分布。

储层及油气分布主要受沉积微相控制,其沉积微相边界线既是油气富集边界线,也是物性边界线。

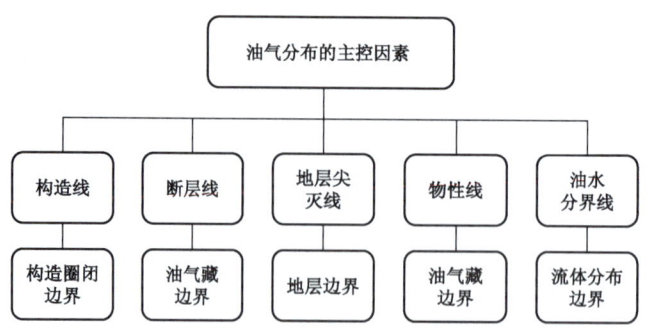

图 5 - 1　油气分布的主控因素

（3）油水界面控制油气分布。

不同油气藏内油水界面差异明显，油气藏内具有统一的油水界面，平面上钻井位于含油气圈闭之外，剖面上钻探井目的层位于油水界面以下时一般含水。

根据"五线"控制法，鹰山组油气藏进行划分其结果见表 5 - 1，图 5 - 2。

表 5 - 1　塔中 I 号气田鹰山组"五线"法油气藏划分结果表

区块 类型		油藏	气藏	合计
Ⅱ区	鹰一段	7	10	17
	鹰二段	4	6	10
Ⅲ区	良里塔格	14	1	15
总计		25	17	42

断层对油气藏起到控储控藏作用，主要油气藏类型见第二章第三节。

二、水平井开发，区域控制，稀井高产稳产

1. 水平井开发的理论依据

开发技术政策的制定必须充分了解油气藏的特性，并结合当前工艺技术手段和应用地质条件，综合考虑后，方可进行开发技术系列的优化组合，目前，比较流行的是通过地震资料，进行缝洞体的"精细"雕刻，并粗略地标出缝洞体的位置，甚至有强调缝洞体的开发理念，这样一方面会耗费大量的精力和人力与资金的投入，同时，也很难做到真正的"精细"雕刻（这是地震资料的精度不可能完成的），而更让勘探家不能接受的是，针对缝洞体开发而将缝洞体外的大量勘探时获得的资源成果置若罔闻，这是对勘探成果的践踏，也混淆了开发单元的概念；而且采用直井开发就使缝洞体内的可采储量资源也难以完全采出，更是践踏加浪费；再加上一些所谓的"缝洞体"被充填（这样的例子屡见不鲜）以及一些地震资料不能反映隐形缝洞体的存在，还会对我们产生误导，从而影响投入的效益性。"筋脉"理论则跳出这些框框和限制，思路更加深远而开阔，它强调的是对油气藏实行准层状开发，注重区域控制，系统开发，不仅要把"缝洞体"内的油气资源充分开发，而且还要连带开发"缝洞体"外的油气资源，如图 5 - 3 所示。

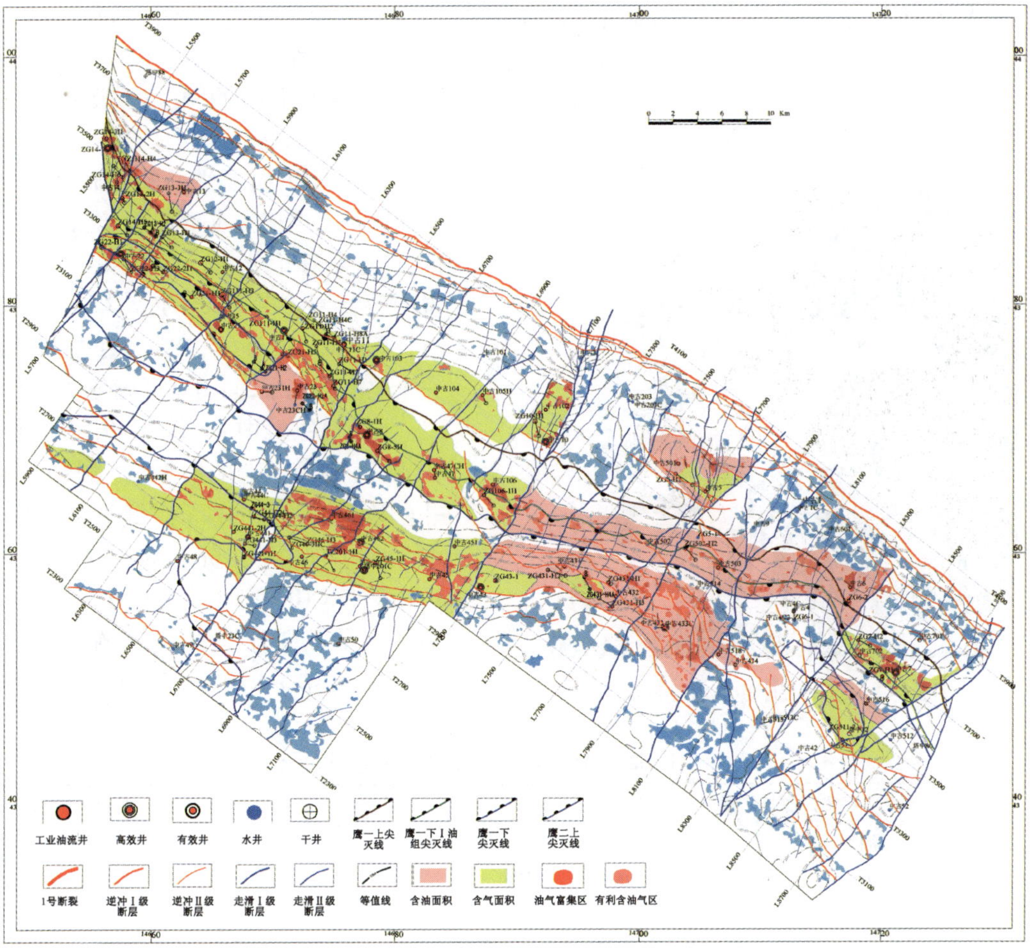

图 5-2 塔中Ⅱ区鹰山组平面油气分布图

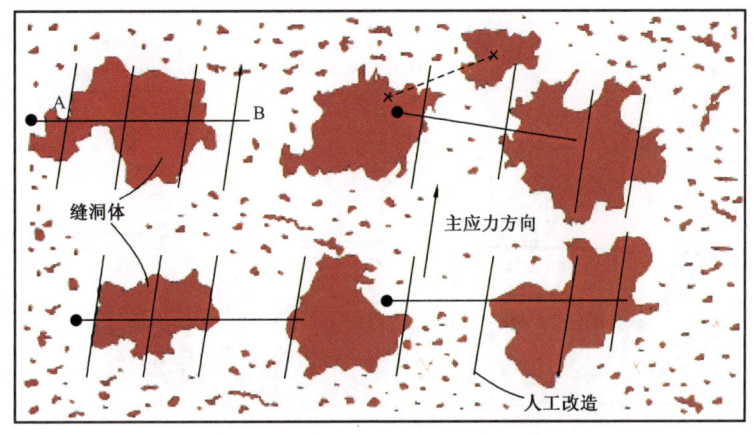

图 5-3 "筋脉"理论开发示意图

说明:如果采用目前流行的做法,则要部署六口井,只能采出可采资源的40%左右,而采用"筋脉"理论指导布井,将六个"缝洞单元"合六为一,实行准层状开发,只需布四口水平井,并结合人工改造工艺,基本可将含油气控制区内的油气资源全部控制采出。

从图5-3及其说明,可以一目了然地看出,采用"筋脉"理论指导下的开发技术政策,不能不说是最佳选择;无论是投资控制还是开发效果,无论是单井投入产出比还是整体开发效益,都是不二选择。当然,水平井的完成方式及布井原则都有严格要求(前述),也许有人要问,你这是理论分析,有实际的例子可以说明吗?回答是肯定的,就塔中地区而言,已得到普遍证实,在这里我们只想举一个典型的例子,问题就可充分说明了。

图5-4中可以看出,水平井(TZ62-7H)钻遇的所谓"缝洞体"比直井(TZ622)钻遇的所谓"缝洞体"小,从油气储量评价看资源量也小(8.7×10^4t/9.5×10^4t),但是,水平井采出的油气产量都要比直井采出的油气产量大得多,见表5-2和图5-5。

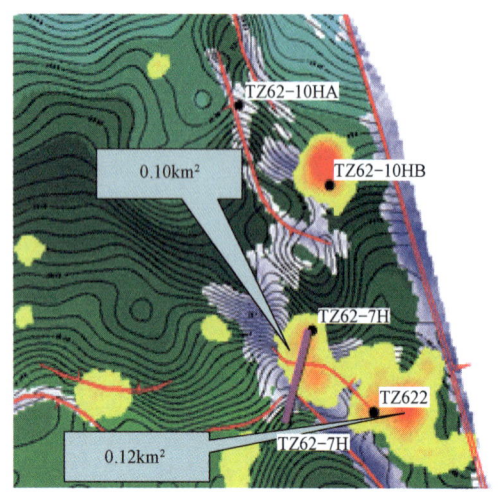

图5-4 TZ62-7H井的地震反演平面图

表5-2 TZ62-7H井与TZ622井开发效果对比表

井号	2013年7月底累产量		2013年7月31日日产量				累计产量	
	油	气	油嘴	油压	油	气	油	气
	10^4t	10^8m³	mm	MPa	t	10^4m³	t	10^4m³
TZ62-7H	7.56	1.29	13	4.5	26.03	6.48		
TZ622	2.96	0.24	4	1.2	2.59	0.6		

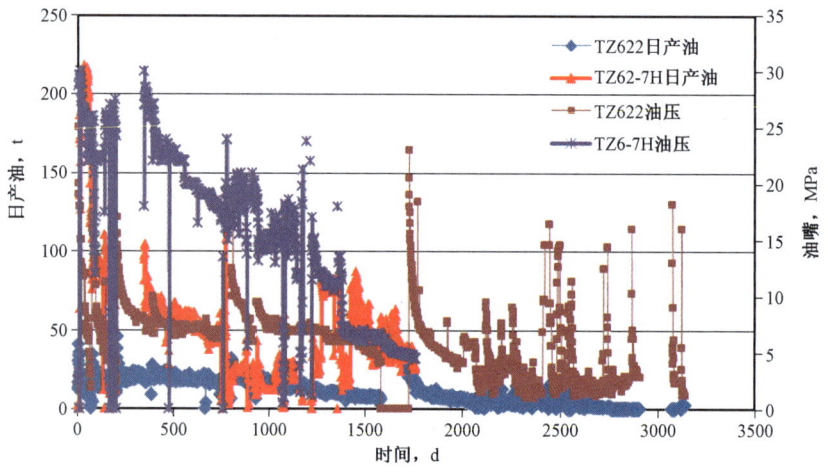

图5-5 TZ62-7H井与TZ622井开发效果对比曲线

从表5-2和图5-5可以看出,有两种可能是必然的,一是水平井肯定有"缝洞体"以外的油气资源补给;二是直井不能对"缝洞体"内的油气可采储量资源全部控制采出。这一典型实例已非常明确而深刻地揭示了"筋脉"理论的正确性。所以,可以说,"筋脉"理论是对以往的流行开发观念的一场革命,有着深远的现实意义和极高的使用价值。

综上所述,在制定开发技术政策时,从区域控制系统开发的角度出发,有四条必须遵循的设计方向:

(1)在确保整体开发效果的前提下,尽可能少的打井(扎针),追求平面效率最大化。

(2)单井尽可能多的穿插天然裂缝加人工造缝(天然"筋脉"和人工"筋脉"),追求理想空间效应。

(3)必须坚持地质对工程技术的指导和优化选择,追求最佳技术效果。

(4)必须坚持工程技术应用地质条件的研究,追求最佳的工程技术方案(医病配方)。

总之,开发技术政策制定的科学与否,就基本注定了油气开发的命运。

2. 水平井开发的必要性

(1)利用水平井提高单井产能。

直井单井产能低,有的达不到经济极限产量(表5-3),只有通过利用水平井提高产能。

表5-3　塔中Ⅰ号气田单井经济极限日产与其稳定日产对比表

区块	井区	井号	地质分区	油气藏类型	单井经济极限日产量				实际稳定日产	
					井型	井深 m	油 t	气 $10^4 m^3$	油 t	气 $10^4 m^3$
塔中82	塔中82	TZ82	Ⅰ	凝析气藏	直井	5500	23.07	5.34	37.5	11
塔中62	塔中62-3井区	TZ62-3	Ⅱ		直井	5500	21.04	6.78	1	0.11
	塔中622井区	TZ622	Ⅱ	油藏	直井	5500	30.68	1.51	18.9	1.13
	塔中621~塔中62-1井区	TZ62-1	Ⅰ		直井	5000	28.51	1.37	12.3	1.32
		TZ621	Ⅰ						48.2	1.52
	塔中62-2井区	TZ62-2	Ⅰ	凝析气藏	直井	5000	18.7	6.73	38.6	20.23
	塔中44~塔中242井区	TZ62	Ⅱ						4	2.32
		TZ623	Ⅱ						15.4	5.8
		TZ242	Ⅱ		直井	5500	21.04	6.78	15.6	3.3
塔中22		TZ26	Ⅱ						7	2.3

(2)利用水平井提高单井控制储量。

塔中Ⅰ号气田OⅠ气层组单井控制动态储量小,气井为$0.45 \times 10^8 \sim 3.54 \times 10^8 m^3$,多数小于$1 \times 10^8 m^3$,油井TZ622井只有$25.7 \times 10^4 t$,而储集类型以裂缝—孔洞型储层为主,水平井可穿越多个缝洞系统,提高单井控制储量,改善稳产条件,从而提高开发效果。

(3)"筋脉"理论的开发原则决定了水平井的开发模式。

依据"筋脉"理论"缝洞串联,点面兼顾,区域控制,系统开发"的十六字方针,决定了"以好带差、好中兼顾"的开发原则。在井型选择上,因直井在部署时目标单一,难以实现"以好带差、好中兼顾"的目的,且直井的开发效果证实了采用直井难以将缝洞单元内的可采储量资源完全采出,更不用说缝洞单元外的油气资源了。而水平井更符合"筋脉"理论强调的对油气藏实行准层状开发,注重区域控制和系统开发,不仅把"缝洞体"内的油气资源充分开发,而且还能连带开发"缝洞体"外的油气资源。同时,水平井开发井型的选择,在确保整体开发效果的前提下,可以实现尽可能少的打井(扎针),从而实现平面效率的最大化。因此,"筋脉"理论的开发原则决定了水平井的开发模式。

3. 水平井设计技术已基本成熟

近几年,塔中 I 号气田大规模地部署水平井开发,使得水平井设计技术已基本成熟。按照"整体部署、分批实施,区域控制,系统开发"的思路,结合"以好带差,好中兼顾"的开发原则,对油气藏进行系统的、整体的开发井网优化设计。在具体的水平井轨迹设计中,结合储层预测结果确定靶点,通过储层精细对比确定靶层,开展油气藏精细刻画识别油水界面和避水高度分析,考虑裂缝和应力场方向确认轨迹方位。

1)水平段平面轨迹设计

在油气藏精细描述的基础上,按照"以好带差,好中兼顾"的原则,考虑井距对油气藏进行系统的、整体的开发井网优化设计。具体水平井设计时,确保水平段穿过 2 套缝洞单元,A 点在裂缝—孔洞型单元上,B 点在缝洞型单元上,一方面保证高产,另一方面可动用难采的裂缝—孔洞型储层。TZ62 – 6H、TZ62 – 7H 水平井是典型(图 5 – 6)。

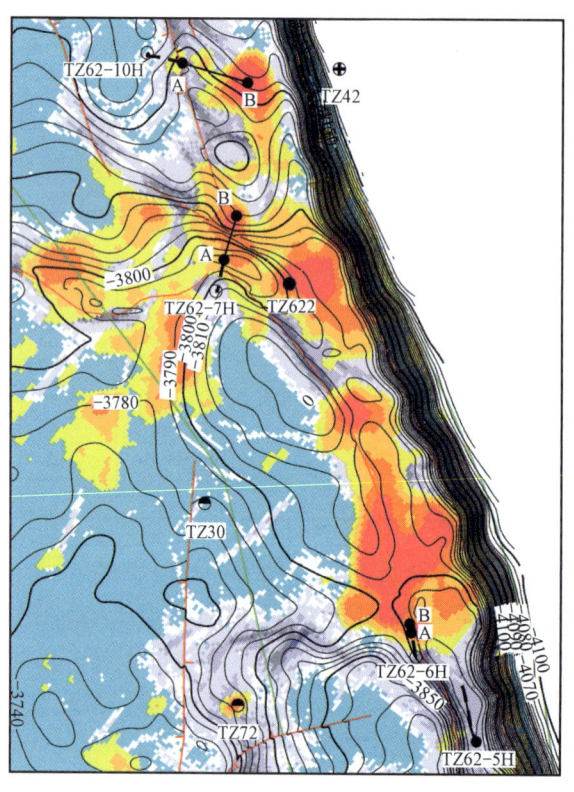

图 5 – 6　TZ62 – 6H 井、TZ62 – 7H 井水平段部署模型图

2）水平井的垂向轨迹优化

初期水平井段垂向轨迹设计是 A 点位于好储层顶部，B 点位于好储层底部（图 5 - 16），优点是能确保打到好储层，缺点是打到洞后钻井复杂无法往前钻，水平段过短，无法达到地质目的。

TZ26 - 4H 井、TZ26 - 2H 井钻遇过程中钻遇缝洞储层，没有完成设计要求，方案设计TZ26 - 4H井水平段长度 602.4m，实际完成 150.84m；TZ26 - 2H 井水平段长度 900m，实际完成 187m（图 5 - 7、图 5 - 8）。

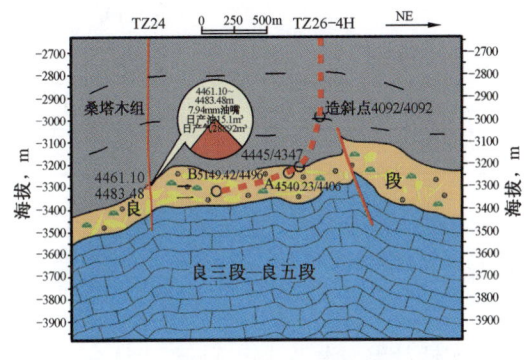

图 5 - 7 TZ26 - 4H 井气藏剖面示意图

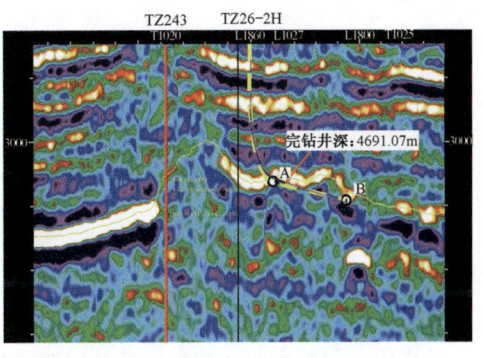

图 5 - 8 TZ26 - 2H 井地震剖面

为了防止井漏复杂事故，对水平段垂向位置进行优化，用"穿头皮"思路设计水平段轨迹。"穿头皮"设计指水平段距"洞"有一段距离，垂向距离一般控制在 10 ~ 20m，防止钻到洞发生井漏，同时也保证完井酸化后能沟通洞。该方法首先在 TZ62 - 11H 井实施，实施结果显示，总水平位移 1172m，水平段长 933m（图 5 - 9、表 5 - 4）。

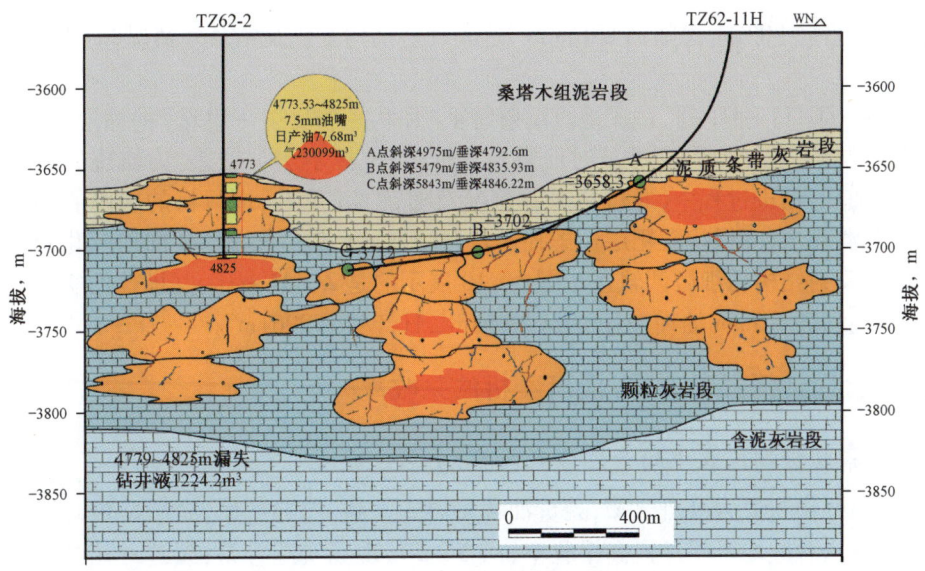

图 5 - 9 TZ62 - 11H 井气藏剖面示意图

表 5-4　"穿头皮"思路设计水平井水平段与实钻对比表

分区	井号	设计水平段进尺,m	实际完成进尺,m
Ⅰ区	TZ26-H7	998	1357
	TZ26-5H	898	925
	TZ62-11H	500	875
	TZ623-H1	769	1148
Ⅱ区	ZG11-H3	1000	1012
	ZG111-H1	979	1019
Ⅲ区	ZG16-H1	610	597
	ZG162-H2	1050.9	1072
	ZG162-1H	454	455

3) 实钻过程中水平井轨迹调整

在水平井实钻过程中,对轨迹的提前准确研判并实时的调整,是确保水平井在靶层中精确钻进,提高有效储层钻遇率的关键。

从塔中北斜坡东西部的水平井开发经验总结而言,实钻过程中水平井轨迹调整总体分为四点:

(1) 标志层顶界深度(志留顶或灰岩顶)地震深度标定,初步确定目的层深度,宏观调整井轨迹(20m 级);

(2) 井斜 50°~70°,通过随钻 GR 曲线进行目的层段小层精细对比,预测靶层深度(10m 级);

(3) 井斜 82°~85°,通过随钻 GR 曲线及精细小层对比,确定靶层标志控制点,锁定靶层范围(5m 级);

(4) 井斜 88°~90°,考虑随钻 GR 曲线、地震反射结构变化及钻录井情况,对轨迹精细微调(2m 级)。

塔中西部 ZG111-H1 井,钻探地震反射特征"片状+弱反射+串珠"的储层,在钻探过程中,钻至标志层(石灰岩)后,通过及时地震地质标定,把握了宏观轨迹,为轨迹的光滑钻进奠定了基础。随后,钻进过程中,通过钻录井情况及随钻 GR 测井,进行目的层段的小层精细对比,进一步预测靶层,确保找准靶层标志控制点,顺利转轨,最后根据 GR 曲线变化及钻录井情况,结合地震反射结构精细微调轨迹。图 5-10 展示的是 ZG111-H1 井极佳的实钻效果。目前,该井试油获高产,6mm 油嘴,日产油 149.38m³,日产气 149961m³。

■ 三、合理选择开发方式,提高凝析油采收率

1. 物理模拟提高采收率的开发方式(机理)

塔中Ⅰ号气田主要为凝析气藏,凝析油含量属中—高,局部富油,缝洞型岩心不同衰竭期注水驱替或注水吞吐均可明显提高采收率(表 5-5),现场实施容易;裂缝—孔洞型长岩心实验证实,通过注气可明显提高采收率(表 5-6),但在气田具体实施时需要建立准确的多井缝洞单元认识模型,初期连通性无法识别,无法早期实现注气。

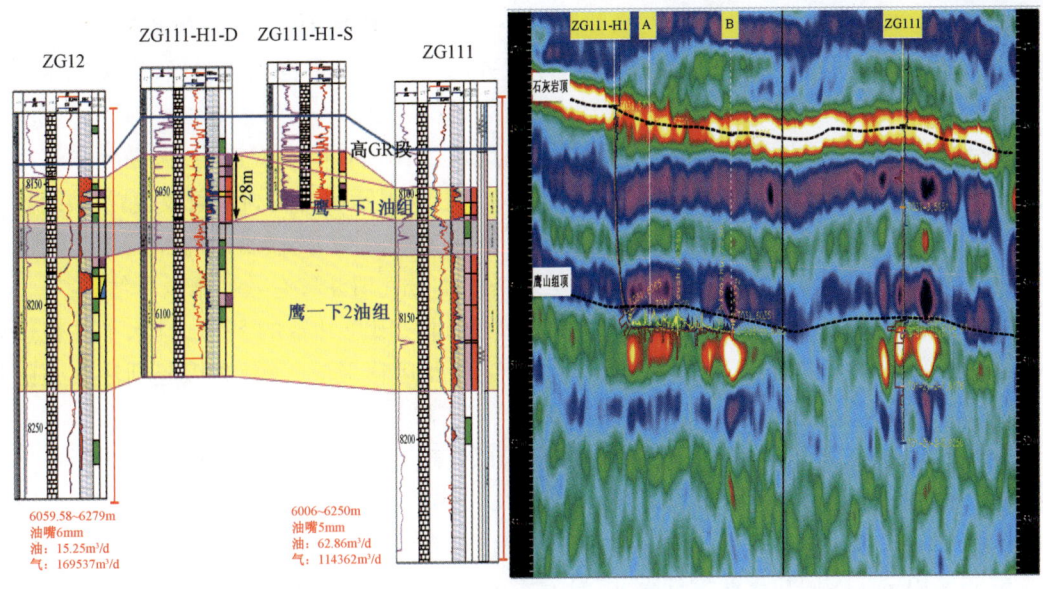

图 5-10　ZG111-H1 井实钻小层对比与地震反射结构剖面图

表 5-5　缝洞型全直径岩心实验结果对比

方式	油采收率,%	总油总采收率,%
衰竭开发上部采气	14.6（衰竭至 10MPa）	（大气压）16.8
衰竭开发下部采气	46.8（衰竭至 10MPa）	（大气压）49.3
下部注水上部采气（衰竭至 31MPa 再注水）	63	（31MPa）63
Somax 注气吞吐（3 次）	14.7（衰竭至 31MPa）	（大气压）18.5
注水替油	86.6（30MPa 时注水替气）	（大气压）89.19

表 5-6　裂缝—孔洞型水平长岩心实验结果对比

方式	油采收率,%
衰竭至 10MPa	23
露点压力以上注干气（1.4HCPV），56.4MPa	71.1
最大凝析油饱和度下注干气（1.61HCPV）	44.5
最大凝析油饱和度下注干气吞吐 3 次	17.6
最大凝析油饱和度下脉冲注气 15 次	51.23

注：HCPV—注入体积倍数。

2. 补充能量注入介质的优选

通过 7 年的开发总结，针对储层特征、压力保持程度及亏空状况、井轨迹的平面和垂向位置、经济评价综合论证，优选适宜塔中地质及油气藏特点补充能量的注入介质已初具认识。

（1）缝洞型凝析气藏注气补充能量受多种因素制约，实施难度大。

与国内外其他凝析气藏相比，塔中碳酸盐岩凝析气藏非均质性极强，井间连通性不确定，注采井网不能采用常规砂岩规则井网来整体部署。气田方案初期根据试井解释单井控制半径设计井距 1000 ~ 1500m，连通关系难以判定，注气井与受效井关系也无法明确，直接饱压注气不具备地质条件，地面延伸范围宽，注气管网投资大，规模注气开发风险较大。

牙哈凝析气田储层为古近系砂岩，相对均质，地层流体以孔吼道渗流为主，循环注气存在明显的干气超覆现象，干气沿储层顶面运移。塔中 I 号气田储层为缝洞型碳酸盐岩，裂缝发育程度高，地层流体流动形态以缝洞系统之间管流、渗流为主，注入气极易沿着储层顶面的高导流裂缝形成气窜，特殊储层特征和流动机理决定塔中 I 号气田注气有效性难以评估。

塔中 I 号气田完钻井多为水平井，水平井井数超过气田总井数的 52%，且水平井轨迹紧贴储层顶面完钻，注入气由于重力分异会沿着储层顶面运移形成气窜，难以起到注气驱的作用，严重时甚至可能会形成注入气的无效循环。

2008—2014 年，气田证实连通井组仅 9 个，难以实现注气管网的整体部署，I 区 7 个连通井组累计采油 $40.54 \times 10^4 t$，累计采气 $10.16 \times 10^8 m^3$，多数井能量衰竭，地层亏空严重，亏空量地面体积 $10.91 \times 10^8 m^3$。注入气源和地面配套设施需大量投入，按 0.6 倍的注入量计算，需注气 $6.55 \times 10^8 m^3$，按回注天然气计算，需投入资金 8.42 亿元（1.28 元/m^3），注气开发需补充气量极大，投资极高，经济评价亦不可行。

在塔中目前的认识程度及经济条件下，注气开发实施难度较大。

（2）缝洞型凝析气藏利用重力分异原理，注水提高单井产量，效益可观，经济可行，优选注水开发。

砂岩反凝析后，以毛管力和界面张力为主，凝析油吸附在岩石表面［图 5 - 11（a）］。塔中缝洞型凝析气藏储集体类型以缝洞为主，溶蚀洞穴和裂缝发育，流体流动毛管力作用较弱，具有导流能力强、界面张力弱、油水易于置换的特点，属于管流范畴，凝析油反析出后聚集在储集体底部［图 5 - 11（b）］，无论是孤立缝洞单元还是多缝洞单元注水，开发机理主要是平面驱油和重力分异。

由此，塔中确立了以注水为核心的缝洞型凝析气藏开采技术，并通过对不同储集体、油气藏类型开展注水替油现场实践，逐步建立起适合该类气藏特点的孤立缝洞单元注水替油、多缝洞单元"低注高采，缝注洞采"的注水开发方式。

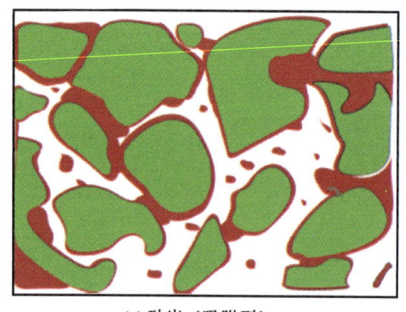

(a) 砂岩（吸附型）

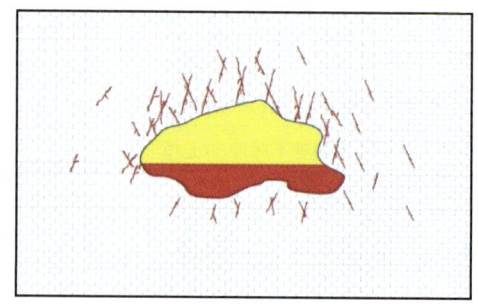

(b) 缝洞型碳酸盐岩（重力型）

图 5 - 11　不同类型气藏的凝析油聚集状态

3. 注水提高单井产量的现场试验效果

塔中Ⅰ号凝析气田原始压力系数为 1.06～1.20,属正常压力系统,天然能量中等偏弱,原始地露压差较小(2.1～18.7MPa),凝析油含量为 66.998～798.79g/m³、平均 300.94g/m³,主体为中高含凝析油凝析气藏。局部富油,以挥发油为主。

根据钻井放空、漏失、测井解释、试井特征综合分析,裂缝—洞穴型和裂缝—孔洞型储层为主,分别占统计井数的 61.4% 和 36.7%。

2008—2014 年 8 月,塔中Ⅰ号气田累计实施 15 口井注水替油、1 个单元注水,累计注水 37.1×10⁴m³,累计产油 3.72×10⁴t,取得较好的经济效益,投入产出比 1:14。

ZG45 井属典型高含凝析油凝析气藏,缝洞型储层,生产初期气油比 927m³/m³,该井注水前累计产油 1.26×10⁴t,累计产水 0.6632×10⁴t,累计产气 0.1091×10⁸m³,产出地下体积 7.5×10⁴m³。2013 年 1 月 7 日开始注水,日注水量 300m³,累计注水 0.53×10⁴t,截至 2013 年 12 月,首轮注水后开井日产油 30t,间开三轮累计增油 2576t,累计增气 85×10⁴m³,取得较好的增油效果。投入产出比 1:76。

ZG15-H3 井孤立缝洞体采用注水 + 机采混合模式取得较好效果。ZG15-H3 井自喷采油 4715t,三轮次注水 6.61×10⁴m³,注水增油 4692t,油采收率提高 15.40%,投入产出比 1:10。

在地震属性、流体性质、压力降落、试井曲线和探测半径分析等动静态资料综合判断连通的情况下,塔中Ⅰ号气田已建立"一注一采"、"两注两采"先导注采井组两个。目前"一注一采"已明显见效,为凝析气藏整体注水部署提供了有利依据。水井以日注水量 480m³ 连续注入,当注采比达到 0.13 时,累计注水 9×10⁴m³,对应油井气举开井,日增油 80t,已累计增油 3124t,投入产出比 1:5。其见效机理为压力下降,大量凝析油在地下析出,注水井与采油井储集体横向水平连通,注入水沿缝洞横向流动,驱替剩余油,流向采油井。

由此可见,注水效果好坏主要受储层类型、油气藏类型、单井控制储量的影响较大。

从储层类型分析:缝洞型 13 口井,累计注水 31.6×10⁴m³,累计产油 3.3×10⁴t,吨油耗水比 9.54m³,投入产出比 1:14。裂缝孔洞型 2 口井,累计注水 2.1×10⁴m³,累计产油 0.1093×10⁴t,吨油耗水比 19m³,投入产出比 1:7。

从油气藏类型分析:低气油比井(气油比小于 625m³/m³),吨油耗水 8.6m³,投入产出 1:17;高气油比井(气油比 625～2800m³/m³),吨油耗水 24.8m³,投入产出比 1:6。

从生产动态分析,注水后增油量与初期产量、自喷期累计产量基本成正相关(图 5-12)。本质核心是单井控制储量大,缝洞体储层发育,注水效果更好。

塔中井组注水或单井注水替油现场试验表明,缝洞型凝析气藏注水是经济可行的,注水开发也已逐步成为塔中提高采收率主导技术之一。

4. 依据储层及流体类型分阶段优选开发方式

缝洞型凝析气藏或油藏,采用自喷—间开—气举—注水替油四步开采法,提高采收率

(1)开发初期合理利用天然能量衰竭开发。

开发初期,井网密度小,井间距离大,试采初期连通关系不确定,开展保持压力开采论证依据不足,考虑充分利用天然能量开发,塔中凝析气藏或油藏初期均以衰竭式开发为主。

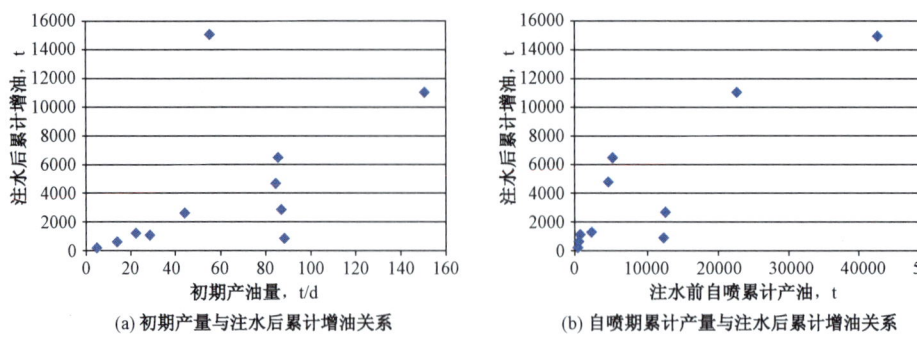

(a) 初期产量与注水后累计增油关系   (b) 自喷期累计产量与注水后累计增油关系

图 5 - 12   初期产量、自喷期累计产量与注水后累计增油的关系

（2）开发中后期整体注水补充能量，平面驱替、纵向油水分异提高采收率。

针对塔中缝洞型凝析气藏、油藏整体注水补充能量。根据"筋脉"理论十六字方针"缝洞串联，点面兼顾，区域控制，系统开发"，把油气藏作为一个完整系统进行开发。

孤立缝洞体采用先自喷、间开、气举＋注水混合模式；多缝洞体凝析气藏充分利用天然能量开发，间开或气举排积液生产再注水，尽可能延长无水采油期。油气藏开发的中后期考虑建立系统的注采关系，实施整体注水补充能量。采取低注高采、缝注洞采、小洞注大洞采的方式建立注采关系，平面驱替、纵向重力分异提高采收率。储层中的孔隙流体很难依靠保压驱替高效开发，只能依靠生产压差渗出开采。

凝析气藏、油藏的注水时机，与注水井的注采关系相关（图 5 - 13）。水平井部署水平段正常避水厚度 30～80m，注采井的储层深度差以此为依据。

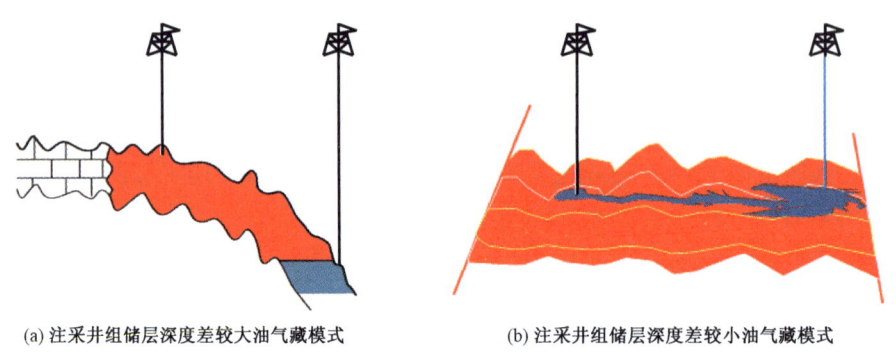

(a) 注采井组储层深度差较大油藏模式   (b) 注采井组储层深度差较小油气藏模式

图 5 - 13   注采井组不同储层深度差的油气藏模式

凝析气藏注采井的储层深度差越大，如注采井位于构造斜坡上、顺储层上倾方向，注水井越早注入越好，形成次生底水，及时补充能量且采气井避水厚度大，无水生产期较长，能有效提高凝析气及凝析油采收率。注采井的储层深度差小，如注采井位于储层走向上，注水井易沿高速通道运移，在井底形成水墙，堵住凝析气通道，不利于凝析气井生产，针对此类井，建议凝析气达到废弃压力后再补充能量，利用平面水驱油机理，提高凝析油采收率。

对于油藏，根据《中国石油天然气股份有限公司油田开发管理纲要》，开展注水的时机有两个要求：注水压力不超过油层破裂压力，油井井底流动压力要满足抽油泵有较高的泵效。

第二节 管 理 对 策

■ 一、界定合理工作制度,确保高效开发

在总体开发方案指导下,根据产能建设规划运行要求,编制好单井配产方案,确保油气田长期稳产及高效开发。

碳酸盐岩油气井具有递减率大、压力衰竭快等特点,需加强单井精细管理。井口油压、产量、气油比变化是反映工作制度是否合理的主要参数,对于不同储层类型、不同规模底水、不同生产阶段,应该采取不同的工作制度进行生产,实现油气井的稳定生产。

油气井分类:气油比大于等于 $1200m^3/m^3$,按气井配产;气油比小于等于 $210m^3/m^3$,按油井配产,气油比在 $210\sim1200m^3/m^3$ 之间过渡带,参考相态分析及邻井确定油气井类型。

1. 试油井工作制度

参考邻井产量及本井油压确定工作制度,建议试油期间最少采取 3 个以上工作制度生产,气井建议最小油嘴为 4mm,油井建议最小油嘴为 5mm,防止排液期间油嘴堵塞。

2. 开发初期生产井工作制度

1) 凝析气藏

对于凝析油含量较高的主体区,如塔中Ⅱ区,凝析油含量为 $303\sim748g/m^3$,地露压差为 $2.1\sim18.7MPa$,根据 PVT 衰竭试验,露点压力以上开发气油比稳定,可以采出 $10\%\sim13\%$ 凝析油。对于高凝析油凝析气藏,需控制生产压差,低速开发,确保延长露点压力之上的生产时间,延缓反凝析现象的出现。合理的产量由生产压差控制。

对于低—微含凝析油凝析气藏,如塔中 83 井区,凝析油含量小于 $50g/m^3$,地露压差为 0,全生命周期采用衰竭式开采方式,合理产量由递减率控制。

塔中Ⅰ号气田能量主体以弹性驱为主,局部为边底水驱,需合理利用天然能量,延长无水采油期,综合凝析油含量的高低,确定合理的产量及工作制度,方法如下:

(1)产能试井法。

依据产能试井结果,利用二项式、指数式产能方程,计算无阻流量,气田选择无阻流量的 $1/10\sim1/8$(经验值)作为合理产量配产。例如:TZ26-4H 井产能测试成果(2009 年 9 月 12日)(表 5-7),合理初期产能为 $(3\sim4)\times10^4m^3/d$。

表 5-7 TZ26-4H 井产能测试成果表

压力形式	方程形式	产能方程	无阻流量,m³/d
压力平方法	指数式	$q_g = 0.755(p_R^2 - p_{Wf}^2)^{0.504}$	30.1×10^4
	二项式	$p_R^2 - p_{Wf}^2 = -31.172q_g + 3.569q_g^2$	25.4×10^4
拟压力法	指数式	$q_g = 1.683(\psi_R - \psi_{Wf})^{0.234}$	23.0×10^4
	二项式	$\psi_R - \psi_{Wf} = -1730.780q_g + 169.443q_g^2$	26.4×10^4

（2）根据生产压差确定合理工作制度。

从二项式产能方程 $\Delta p^2 = AQ + BQ^2$ 所计算的采气指数曲线（图 5 - 14）中可以看出，在气体从地层边界流向井的过程中，当气井产量较小时，地层中气体流速低，主要是第一项起作用，表现为线性流动，气井产量与压差之间呈直线关系；当气井产量增大，随着气流速度增大，第二项逐渐起主要作用，表现为非线性流动，气井产量和压差之间不呈直线关系，而是呈抛物线关系。

如图 5 - 14 所示，TZ623 井配产超过了直线段，即在图中 A 点以外，气井生产就会把一部分压力降消耗在非线性流动上，降低了生产效率。因此，把直线段上最后一点 A 的产量作为气井的合理生产压差和合理产量的上限。TZ623 井合理产量 $4.8 \times 10^4 \mathrm{m^3/d}$，生产压差 2MPa，为原始压力的 3.7%。

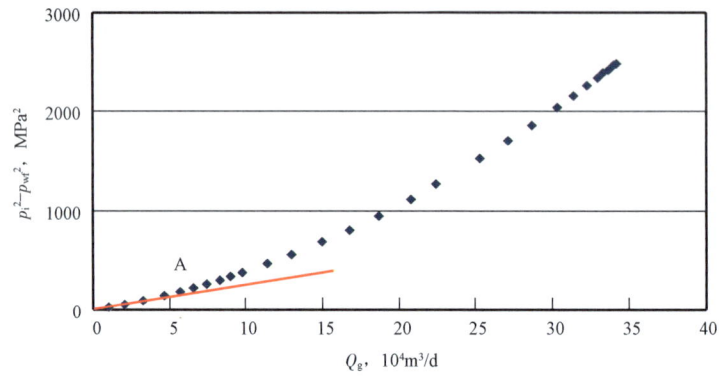

图 5 - 14 TZ623 采气指数曲线图

塔中 I 号气田正常生产井，初期生产压差为 2~9MPa，约为地层压力的 3.5%~13%，生产压差控制在地层压力的平均值 8% 以下，作为合理产量，取相应的工作制度控制生产。

2）油藏

（1）经验类比法。

试采时间短的井及长期关井的井，借用同一缝洞单元长期生产的邻井进行配产；生产压差控制在地层压力的 8% 以内。

（2）参照塔河油田水锥极限产量计算方法，确定产量的上限。

$$q_{\mathrm{c}} = 1.27 \times K_{\mathrm{o}} \times h \times \Delta\gamma \times (h - b) \times \gamma_{\mathrm{o}}/(B_{\mathrm{o}} \times \mu_{\mathrm{o}}) \qquad (5 - 1)$$

式中　q_{c}——水锥极限产量，t/d；

　　　K_{o}——油层渗透率，D；

　　　h——油层厚度，m；

　　　$\Delta\gamma$——地层油水相对密度差；

　　　b——油层钻开厚度，m；

　　　γ_{o}——脱气原油相对密度；

　　　B_{o}——地层原油体积系数；

　　　μ_{o}——地层油黏度，mPa·s。

3. 开发中后期生产井工作制度

开发中后期生产井主要受能量的影响较大,加强过程管理,适时调整产量及工作制度,确保油气藏整体生产的平稳性。

1)凝析气藏

(1)生产动态预测法。

长期生产井,根据生产数据绘制递减率回归曲线,根据近期递减规律配产。递减率小于20%视为正常生产。

(2)最小携液产量法。

气体携液的最小流速或临界流速为:

$$u_{\mathrm{g}} = 2.5 \times \left[\frac{(\rho_1 - \rho_{\mathrm{g}})\sigma}{\rho_{\mathrm{g}}^2} \right]^{0.25} \tag{5-2}$$

相应最小携液产量(图5-15)或临界产量公式为:

$$q_{\mathrm{sc}} = 2.5 \times 10^8 \frac{Apu_{\mathrm{g}}}{ZT} \tag{5-3}$$

式中　u_{g}——气井排液最小流速,m/s;

　　　ρ_1——液体的密度,kg/m^3;

　　　ρ_{g}——天然气密度,kg/m^3;

　　　σ——气液表面张力,N/m;

　　　q_{sc}——产气量,m^3/d;

　　　A——油管截面积,m^2;

　　　p——地层压力,MPa;

　　　T——地层温度,K;

　　　Z——p、T条件下的气体偏差因子。

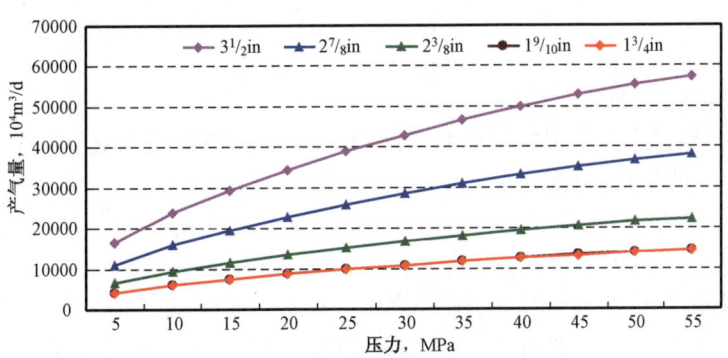

图5-15　塔中Ⅰ号气田不同油管尺寸的最小携液流量图

(3)根据目前地层压力、产量的匹配性确定合理工作制度。

目前地层压力、产气量与油嘴关系公式:

$$q_{max} = \frac{0.408 p_1 d^2}{\sqrt{\gamma_g T_1 Z_1}} \sqrt{\frac{k}{k-1}\left[\left(\frac{2}{k+1}\right)^{\frac{2}{k-1}} - \left(\frac{2}{k+1}\right)^{\frac{k+1}{k-1}}\right]} \qquad (5-4)$$

$$q_{sc} = \frac{0.408 p_1 d^2}{\sqrt{\gamma_g T_1 Z_1}} \sqrt{\frac{k}{k-1}\left[\left(\frac{p_2}{p_1}\right)^{\frac{2}{k}} - \left(\frac{p_2}{p_1}\right)^{\frac{k+1}{k}}\right]} \qquad (5-5)$$

式中 q_{sc}——通过油嘴的体积流量（标况下）,$10^4 m^3/d$；

   d——嘴眼直径,mm；

   T——温度,K；

   $p_1 \ p_2$——分别为油嘴前、后位置的压力,MPa；

   k——气体绝热指数,借用 1.25；

   Z——气体偏差因子；

   γ_g——气体相对密度。

计算图板见图 5 - 16。

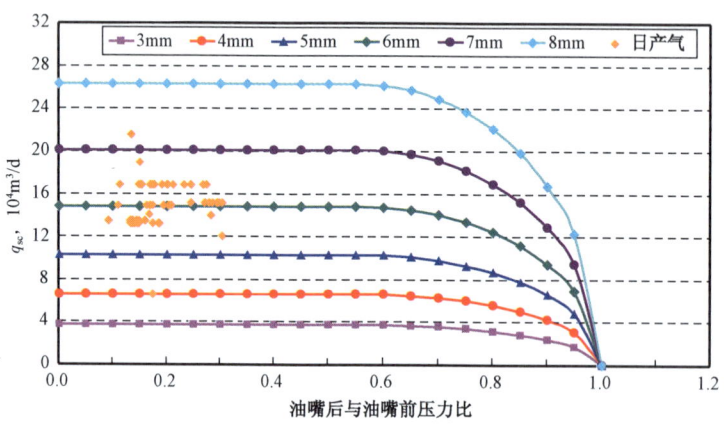

图 5 - 16 不同油嘴尺寸的嘴流动态图

2）油藏

（1）生产动态预测法。

长期生产井,根据生产数据绘制递减率回归曲线,根据近期递减规律配产。单井年度递减率为 20% ~ 25%,视为正常生产。

（2）产量与油嘴关系公式。

① 不产水自喷井的油嘴公式。

自喷井如果不产水,具有大致相同的气油比,地面原油相对密度变化范围不大,井口油管压力大于井口回压的两倍时,油井的产量、油压和油嘴的直径之间存在近似的关系如下：

$$q = \frac{0.4}{R^{0.5}} D^2 p_t = C D^2 p_t \qquad (5-6)$$

式中 q——产油量,t/d；

   D——油嘴孔眼直径,mm；

p_t——油管压力,0.1MPa;

C——油嘴系数,$C = \dfrac{0.4}{R^{0.5}}$,C 值只和生产气油比有关;

R——油井的生产气油比,m^3/t。

② 自喷井开始产水的油嘴公式。

总液量:

$$q = q_o + q_w = \frac{0.4}{R^{0.5}}D^2 p_t (1 - W)^{-0.5} \qquad (5 - 7)$$

产油量:

$$q_o = \frac{0.4}{R^{0.5}}D^2 p_t (1 - W)^{0.5} \qquad (5 - 8)$$

式中 q_o——产油量,t/d;

q_w——产水量,t/d;

W——以质量计的产出液体的含水率。

油气藏的开发,是一个不断认识、不断调整的过程。油气井的管理首先是工作制度的调整优化,不同储层类型、不同规模底水、不同生产阶段,应采取不同的工作制度进行生产。

4. 不同能量生产状况下工作制度的调整

缝穴型储层:底水能量较弱的井区,如一间房中古15、中古262井区等,可以进行适度放产提高生产时效;在底水能量较强井区,如鹰一下亚段中古10、中古7、中古6等井区,鹰二段中古43、中古44等井区,工作制度过大易造成水体的快速推进,导致生产井过早见水。

裂缝—孔洞型储层:以良里塔格凝析气藏为主,工作制度过大易造成井底过早出现反凝析,造成产量递减,影响最终采收率。

在生产井的管理中,要注意三点:一是开发早期根据油气藏能量建立油井合理的工作制度生产,在日常生产中不要随意放大油嘴。二是在油气井生产的中后期,当出现产量、压力等异常波动见水信号时,要及时缩嘴压锥;对底水较强的油井,当生产井含水大于90%时,要关井压锥,间开生产。三是对于井底积液造成停喷的气井,可放大生产压差使气井复喷。

(1)缩嘴压锥。缩嘴压锥主要是通过调小工作制度以减小生产压差,利用油气水重力差异使水锥回落,延缓见水时间或含水上升速度。在缩嘴压锥井选择上,一是无水生产、工作制度偏大、水锥风险较高的生产井,要进行主动缩嘴。二是生产井突然见水或含水上升速度加快的井,应及时调小工作制度。在缩嘴时机上,一是对于未见水井,当出现见水前兆时(油套压上升、产量上升、油密度增大等信号),要立即缩嘴。二是前期含水生产井,含水上升速度加快时,需综小工作制度生产。一般要采用逐级缩嘴的方式进行调整,避免井底激动造成停喷。

(2)关井压锥。关井压锥是针对底水能量较强的井区内高含水生产井实行的周期性间歇生产的生产方式。通过关井在井底使油气井发生二次分异,水锥再次回落,生产井开井后,含水率下降,产能提高,当油井含水率再次上升到高含水,生产井产能较低时,需进行下一周期的关井。开井工作制度要保持在前期正常生产时产液量的50% ~75%。

(3)放大生产压差。一是针对水体不活跃的油藏或纯气藏,生产井可逐步放大生产压差,

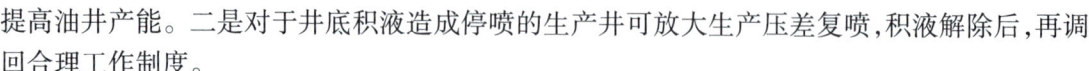

提高油井产能。二是对于井底积液造成停喷的生产井可放大生产压差复喷,积液解除后,再调回合理工作制度。

■二、监测优化、动态跟踪,改善开发效果

碳酸盐岩油气藏储层非均质性强,需录取丰富的动态监测资料来深化动态变化规律、油水运动规律及连通性分析。根据《油田开发监测系统设计及动态检测技术要求》,在满足碳酸盐岩油气藏动态分析的前提下,选定测试井、测试项目和测试时机。

1. 不同生产阶段的动态监测

(1)试采阶段动态监测工作。

试采阶段以录取基础评价资料为主,包括 PVT、VSP 测井、原油全分析、天然气组分分析、井口原油含水分析、采出水分析等项目,这些资料帮助油藏工程师认清油藏原始地层压力和流体性质。

(2)滚动开发阶段动态监测工作。

此阶段重点是认识缝洞型油藏连通状况与生产井主产井段,动态监测项目包括产液剖面测试、压力恢复、干扰试井、静压、流压、地层流体监测、PVT 分析、原油全分析、天然气组分分析、井口原油含水分析和采出水分析等项目。

(3)全面开发阶段动态监测工作。

按中国石油动态监测规范制定年度动态监测总体设计,建立比较完善的动态监测体系,进行全方位动态监测与控制。此阶段动态监测工作以油气藏为基础,建立健全油气藏动态监测系统,不断深化油气藏认识,指导连通井组识别。监测项目包括示踪剂监测,压力恢复试井和地层静压、流压监测,产液剖面监测,剩余油饱和度监测,为油气藏调整方案制定、注水井选择、剩余油挖潜提供依据。

2. 动态监测基本要求

(1)基本要求。

① 测试井数:开发期间的动态监测以油气藏管理为基础,每个油气藏选择大于开井数30%的井进行定点监测(行业标准为10%)。

② 测试周期:单井生产的全生命周期。

③ 分析内容:地层压力、储层物性、产能、生产期间的井下压力及井筒相态、地层产出状况、流体性质。

④ 测试项目:关井压力恢复、产能试井、静压及静温梯度、流压及流温梯度、产出剖面、PVT 分析。

(2)关井压恢测试安排。

① 试油阶段:新完钻井在放喷结束后均须进行关井压力恢复测试,了解初始地层压力、储层结构、储层物性及定性判断连通性。

② 正常生产井:在气田检修期间,录取压力恢复资料。关井压力恢复测试选择原则有三个:一是缺少压力恢复资料的井,二是储量规模较大的井,三是生产稳定的井。了解地层压力变化、储层物性及生产特性。

（3）静压、静温梯度测试安排。

① 新井：对新完钻井，如未进行关井压力恢复测试，在投产前必须进行静压、静温梯度测试。

② 正常生产井：在检修期间未进行压力恢复测试的井均须进行静压、静温梯度测试。

③ 异常停产：因各种原因异常关井的停产井，在开井前或作业前，需进行静压、静温梯度测试。

（4）流压、流温梯度测试安排。

① 新井投产：第一个月必须进行流压、流温及梯度的录取。

② 正常生产期间：根据储量规模大小分别安排。

储量规模较大的井（生产稳定、递减率低）：每个制度每 3 个月测流压、流温梯度测试，了解生产期间压力变化趋势及井筒相态，分析生产动态。

储量规模较小的井（产量、压力递减快）：根据生产状况安排测试，了解井筒特性，合理调整生产措施。

③ 生产异常：出现如压力、产量异常变化的井，及时进行流压、流温梯度测试，分析生产异常原因。

④ 工作制度调整：在调整工作制度后，及时进行测试，了解不同制度下生产特性和井筒相态的变化。

（5）产能测试。

① 测试对象：储量评估规模较大的井。

② 测试时机：新井投产生产稳定后。

（6）产出剖面测试。

通过及时监测产出剖面，可以明确缝洞系统中油、气、水的产出部位，分析开发潜力，制定相应的增产措施。

3. 动态监测手段优化，录取优质动态监测资料

塔里木碳酸盐岩油气藏普遍含有 H_2S，存在高压、高产、多相产出等情况，井下动态资料录取不仅面临极大的安全风险，也面临动态资料质量较差的情况。在保证安全的前提下实现不同测试项目压力资料的合格录取需要选择不同的测试工艺。

针对塔中 I 号气田的特性，适用的动态监测工艺有钢丝悬挂、钢丝投捞两种（两种工艺均需满足高防硫的安全需求），每种工艺具有不同的适用性和特点，通过两种工艺的单独应用和配合使用，以满足不同井况和不同测试项目的资料录取要求。

（1）钢丝悬挂。对井筒流体相态无要求，可用于所有动态监测项目的实施。录取的压力数据用于分析储层特性、井筒相态、生产状况及对井口测压数据进行校正。考虑高含腐蚀性介质情况下，仅用于录取短期测试项目，如静压、静温梯度和流压、流温梯度。

（2）钢丝投捞。通过钢丝机械投放和打捞的方式将电子压力计置入生产管柱内并捞出，实现对井底压力、温度进行长期监测（如关井压力恢复、产能测试），

准确记录地层压力动态。投捞式测试工艺仅在投放与打捞压力计时占用井口，减少了井口占用时间，缩减了井口密封风险，降低了钢丝腐蚀程度，在面对复杂井况时，可满足短、中、长期监测连续压力历史的要求（表 5 -8）。

表 5 - 8　悬挂式与投捞式测试工艺对比表

序号	测试工艺	井口占用时间	防喷设备承压情况	钢丝腐蚀情况
1	悬挂式	测试全程	测试全程	长期监测,易腐蚀
2	投捞式	投放与打捞	投放与打捞	长、短期监测,不易腐蚀

4. 摸清井下油气藏横向连通情况,科学制定注驱方案

搞清油气藏内井组的连通关系和分布是碳酸盐岩油气藏开发管理的要求,也是制定注水、注气提高采收率的前提之一。碳酸盐岩缝洞在纵向上常穿层分布,无法用小层对比结合常规动态资料等方法来研究其连通性,通过初始地层压力分析结合干扰试井是摸清井下缝洞系统横向连通情况最为有效的手段。

1)初始地层压力判断

在同一沉积和成藏环境下,各井具有大体一致的原始压力系统。在完井阶段录取单井初始地层压力并与区块原始压力对比,如两者基本一致,则本井所在缝洞单元尚未开采;如明显低于原始压力系统,则可判断处于连通缝洞单元中,在多井系统下,通过干扰试井进一步判断具体连通井组。

如 TZ62 - 11H 井、TZ62 - 2 井,两井位于同一构造,井底相距 690m。TZ62 - 11H 井于 2011 年 1 月在钻井过程中发生严重渗漏,随即完钻放喷投产,得到原始地层压力系数为 0.93,与该区原始地层压力系数为 1.15 ~ 1.20 不符,判断与邻井 TZ62 - 2 井连通。

2)干扰试井

干扰试井是明确井间连通关系最直接、有效的手段,可以采用 2 口井或 2 口以上的多口井,一口井称为"激动井",其余井为"观测井"。通过改变激动井的工作制度或生产状态的调整,产生一定的激动信号;而观测井保持工作制度或生产状态不变,通过观测井的压力监测来判断井间连通性,现场有 3 种实施方式:

(1)常规的干扰试井。

一般做法是激动井、观测井同时关井,在压力基本稳定后激动井开井,产生激动信号,观测井保持关井状态不变。

(2)生产过程中的干扰试井。

在测试期间,观测井保持工作制度不变,激动井改变工作制度(如进行产能测试)或生产状态,从而产生激动信号,达到实现井间干扰测试的目的。

该方法在 TZ26 - 2H—TZ243 井组干扰试井中进行了应用:TZ26 - 2H 井进行产能 + 压力恢复测试,同时监测 TZ243 井生产状态下的流压数据,结果显示两井连通。

塔中 I 号气田目前已识别多井连通井组 8 个,目前实施低注高采补充能量开发单元 2 个。

5. 加强生产动态分析,完善气井日常生产管理

利用日常录取的油压、产量、含水等数据,结合动态监测资料,进行油气藏、单井、连通井组的生产动态分析,分析油气藏能量补充方式以及单井积液、出水、能量衰竭等问题,分析影响生产的原因,寻求解决问题的方法,并进一步加深油藏及储层的地质认识。

单井动态分析:日产液、日产油、日产气、含水、气油比变化及原因;地层压力、流压、油套压、动液面、H₂S及相态的变化,气油井产出剖面,见水原因、出水部位及控制因素;油井产量递减规律、影响因素、控制对策,气井采出物组分变化,生产时率变化及原因,分析气油井是否具有注水替油、酸化压裂、堵水、调参提液等潜力,措施效果、效益及与周围油井的连通关系。

油气藏动态分析:地质特征与油气藏边界再认识、分析评价多井单元划分的准确性。油气藏内部结构特征再认识,分析控制储量规模。分析单井钻遇储集体的位置或与单元主要井储集体的位置对应关系。分析井间连通关系,建立缝洞组合模式。评价单元能量,提出保压措施。油气水界面和含水的变化规律及其控制因素,分析单元开发形式、动态趋势,评价开发效果、油气水分布,提出改善生产状况需要采取的措施。

气田(区块)动态分析:油气田开发趋势分析,对综合治理区块进行评价;评价各类措施,重点是主导措施作用及其影响因素。分析产量递减规律和类型,预测产量变化;分析含水上升趋势和原因,分析能量保持与利用状况。提出改善开发效果的调整意见。

(1)强化油气藏整体能量补充方式,制定合理的对策。

通过压力、产量、流体性质的变化,及时分析连通性,制定能量补充方式,提高采收率。目前实施注水试验两个井组,初见成效。

(2)测地层流体性质及变化。

加强油气水性质全分析资料及老井PVT相态资料,建立相态剖面,判断气藏相态变化规律、出水性质及硫化氢变化趋势分析。

(3)监测含水变化,明确出水类型,刻画油气藏形态,指导井位部署。

塔中Ⅰ号气田出水井占到总井数的52%,出水井的地质特征、水性特征、含水上升规律不同,地层水对试采井的影响程度相同,相应的开发对策也不同。

加强水性质的分析,判断出水的主控因素,从而制定生产管理对策。塔中地层水主要以氯化钙为主,矿化度$(9 \sim 23) \times 10^4 mg/L$,筛选塔中不同层位试采稳定见水井的样品,总体表现出随着深度增加,矿化度增大(图5-17)。凝析水矿化度低,矿化度小于$1 \times 10^4 mg/L$,水型主要是碳酸氢钠型、氯化钙型。典型井为ZG43井、TZ62-2井、TZ26-2H井。

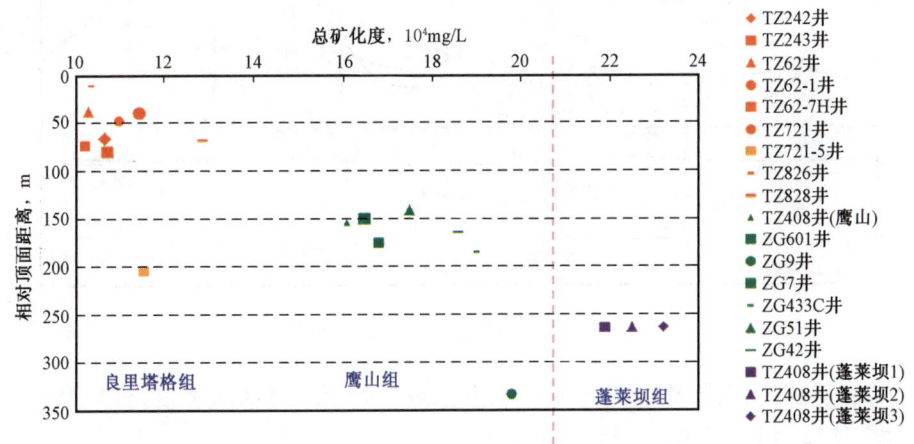

图5-17 塔中Ⅰ号气田不同层位典型井的地层水矿化度分布

根据出水井分析,出水原因主要有 4 种类型(表 5 - 9):断裂水、封存水、边底水、凝析水。断裂水水体大,水体能量强,说明沟通深部水体,见水表现为暴性水淹,油气产量迅速下降。封存水、弱边底水、凝析水是塔中Ⅰ号气田主要见水类型,这 3 种类型水体由不活跃到次活跃,日产水量小,油气水同出,短期时间对压力和产量有波动,但气井能维持生产。

表 5 - 9   不同出水类型的含水变化规律及水体性质

出水类型		含水率变化规律	水体	水量	水体性质		
					氯离子,mg/L	矿化度,mg/L	水型
凝析水		间歇或稳定	不活跃—次活跃	中等 (0.4~20m³/d)	小于 0.6×10⁴	小于 1×10⁴	碳酸氢钠型、氯化钙型
地层水	断裂水	暴性水淹或台阶式上升	较活跃	大 (10~110m³/d)	(9~12)×10⁴	(15~20)×10⁴(鹰山组)	高于或等于区域平均值
	边水、底水	含水缓慢上升时间长	次活跃	中等 (10~50m³/d)	(4~9)×10⁴	(9~11)×10⁴(良里塔格组)	约等于区域平均值	氯化钙型
	封存水	间歇含水或含水下降	不活跃—次活跃	小于 (20m³/d)	(4~9)×10⁴		低于区域平均值

通过对出水主控因素的分析,刻画油气藏形态,指导井位部署。如塔中 83 区块塔中 721 井区,最初油藏刻画为准层状凝析气藏,通过出水类型判断该区为受断裂控制、带底水的块状气层,优化设计 TZ721 - H4 井、TZ721 - H6 井的水平段长度及避水高度(图 5 - 18、图 5 - 19),均获得高产,实现稳定试采,目前平均日产气 $7 \times 10^4 \text{m}^3$。

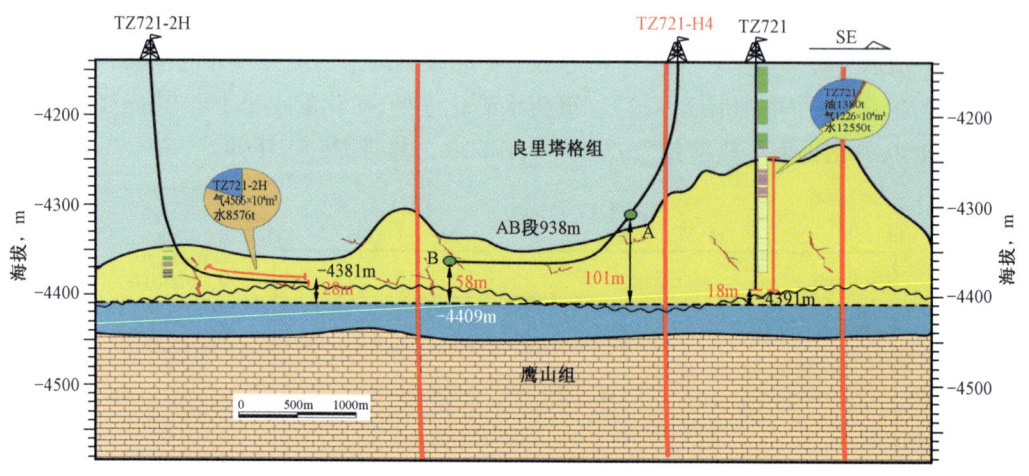

图 5 - 18   TZ721 - H4 井位部署图

(4)对油气藏能量强弱及驱动类型进行跟踪分析,判断水体活跃程度,合理调整该区块生产井的制度,延长无水生产期或控制含水上升。

ZG702 井位于中古 7 气藏区内。该区水体能量活跃,2013 年 4 月前投产的 GZ7 - H1 井、ZG7 - H2 井平均日产水达 100t,天然气产量迅速下降,目前 2 口井平均产气量为 $2 \times 10^4 \text{m}^3/\text{d}$,

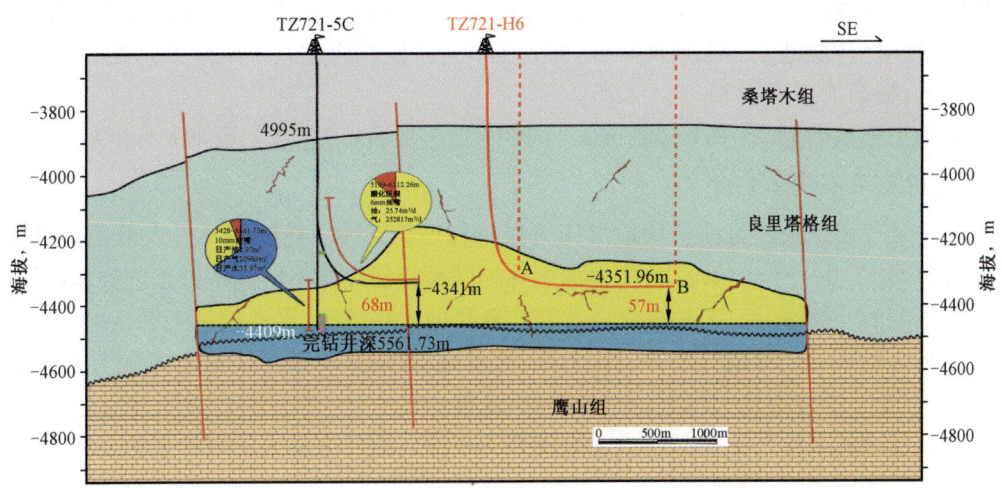

图 5-19　TZ721-H6 井位部署图

判断该气藏水体能量活跃。ZG702 井分析避水厚度小于 10m,于 2013 年 8 月用自生酸二次酸化压裂后获高产,严格控制生产制度,4mm 油嘴生产,生产压差小于 3MPa,压差小于地层压力的 5%,控水压锥起到较好的效果,稳定试采 127d,平均产气 $7.6 \times 10^4 m^3/d$,产油 33t/d。

（5）监测分析井筒积液状况,提出相应的排水措施。

井筒积液后,气井会出现井口油压、产油量、气油比锯齿状变化。目前采用适当放大生产压差、气举或关井闷井恢复压力保持生产,均能有效改善积液情况。

（6）建立单井全生命周期的录取制度,满足深化油气藏动态变化规律认识。

加强压力及流体性质资料的录取,及时掌握井下流体的变化规律,指导生产。全生命周期内重点井必需录取原始地层压力 1 次,生产过程中确保每口重点井在检修期间录取压力恢复资料及作业后开井前录取到静压梯度资料;流温、流压梯度每年 2~3 次,时间间隔不少于 4 个月;重点井全生命周期内录取 PVT 资料 2~3 次,建立相态变化剖面,每年录取原油、天然气全分析资料 2~3 次;含水率大于 2% 的见水井,及时录取水性资料,每半年做地层水全分析。

■ 三、优选采油气工艺技术,提高采收率

塔中 I 号气田具有深层、高温、高压、高含硫化氢的特点,即使成熟的采油工艺技术,在塔中油气田的应用也会受到很大局限。因此,必须针对塔中油气田的特点,通过调研、论证、选型等室内研究,优选采油工艺技术,开展矿场试验,不断改进、完善,形成适合塔中深层、高温、高压、高含硫化氢特点的配套采油工艺技术。

对塔中这类复杂的碳酸盐岩油气藏,针对不同的开发阶段,采用不同的采油工艺才能适应油田开发的实际需要。经过几年来的勘探与开发实践,初步形成了不同油藏类型、不同开发阶段的采油工艺技术选型原则和技术标准。

开发初期,无论是油藏、凝析气藏,均采取自喷衰竭开采方式,此阶段为天然能量开采阶段。在天然能量开采阶段,必须注意采取合理生产制度,合理控制生产压差,控水生产,防止油气井过早见水或暴性水淹。

地层压力随着油气的采出不断下降,当地层压力下降到不能将井筒内的流体举升到井口时,油气井停喷,开发进入二次采油阶段,即人工举升阶段。通过人工举升工艺技术,进一步改善开发效果,提高油田采收率。

在现场实施基础上,塔中Ⅰ号气田人工举升(二次采油)工艺选型原则和标准如下。

1. 凝析气藏采气工艺

塔中Ⅰ号气田试采井目前平均地层压力保持程度为53%,凝析气井进入低压力开发期,井筒积液井增多,井下生产状况多样,根据单井的试采特征优选不同的举升工艺技术。

凝析气藏的井筒举升工艺根据气液比及产液量的大小情况,采取气举工艺。

中—高含凝析油的凝析气井井口压力低、产量波动,均呈现锯齿状变化,积液明显,采取气举工艺,优点是不受气液比的限制,根据地层供液能力的大小,可分别选择间歇或连续气举的方式生产。连续气举生产工艺必将成为解决井筒积液问题的主要人工举升工艺。

气举选井原则如下:

(1)井筒积液影响产量的油气井;

(2)控制储量较大、有较大增产潜力的油气井;

(3)不会因产量提高造成水侵的油气井;

(4)目前机采举升方式不能解决积液影响的油气井;

(5)完井管柱更换作业时间长,考虑动管柱风险和作业成本,采用连续油管小直径气举工艺;

(6)考虑油区井点分散、掏深深度大等特点,降低气举高压气源运行成本,配套橇装式压缩机高压气源。

塔中Ⅰ号气田自2012年以来,积极探索高气液比凝析气井积液停喷后的治理措施,提出长、短期配套解决方案。短期措施连续油管气举诱喷针对地层能量相对充足,尚具有一定自喷能力的单井实施,2012年至今,先后在ZG45井、TZ62－4H井、ZG441井等6口井作业,采用间开生产累计增油8717t,增油效果显著;长期实施排水采气针对地层能量不足,高含水后,因生产管柱内径偏大,造成单井容易积液停喷,2012年8月在TZ26－H3井采用1¾in CT70速度管柱开展排水采气试验。截至目前,该井已累计增油975t,初步达到提高油气井携液能力,使油气井中积液顺利排出最终稳产的实验目的。

2014年,优选2口井开展气举阀排液采气试验。目前,塔中油气田气举工艺技术还没有形成完整、成熟的体系,需要继续摸索,通过技术攻关、现场先导试验,不断完善及配套,最终形成适合塔中Ⅰ号气田开发的采气工艺配套技术。

2. 油藏采油工艺

主要针对气液比小于500m^3/m^3的井,停喷后转抽油机或电泵。对供液能力较强、水锥风险较低的井(日产液量大于50m^3)实施下电泵提液。对供液能力差、水体能量一般、生产效果差的井实施抽油机深抽采油,采取大机、组合式高强度抽油杆、小泵的配套工艺,泵挂深度控制在3200m左右。对供液能力较强、水锥风险较高的井(边底水锥进暴性水淹井、日产液量达50m^3以上、含水80%以上),采取关井压锥间歇生产的方式生产。对含水较高但具有明显封存水特征的井,根据其供液能力采取不同的机采方式。对具有明显定容特征的油井,先采取机

采方式采油,当供液严重不足,机采无法正常实施时,采取注水替油的方式生产。

2012—2013 年,塔中Ⅰ号气田共在 5 口井实施关井压锥(ZG103 井、ZG433C 井、TZ63C 井、ZG10 井、ZG15 - 1H 井)作业,其中 3 口井有效,共实施压锥 13 井次,累计增油 $0.69 \times 10^4 t$。

塔中Ⅰ号气田共有机采井 14 口(电泵井 1 口,抽油机井 13 口),累计产油 1.85×10^t。其中,ZG15 - H3 井注水后转电泵:ZG15 - H3 井于 2012 年 7 月 21 日开井生产,自喷 64 天油压落零,自喷期间累计生产原油 4717t,天然气 $137 \times 10^4 m^3$,关井前含水率最高达 90%,该井停喷后准备转机采作业,但采用连续油管气举定产,连续油管下深 3800m 未接触到液面,超过抽油机最大泵挂深度,故采取先注水恢复液面后转电泵生产措施。该井共注水 2 轮,累计注水 $3.6 \times 10^4 m^3$,2012 年 1 月 16 日转电泵生产,目前日产液 86.5t,日产油 69.2t,含水 20%,转电泵后累计产油 2466.3t,注水替油及机采效果均十分良好。

四、规范资料录取,实现科学开发

(1)静态资料录取。

除地震资料外,静态资料录取主要发生在钻井过程中,主要指岩心、岩屑及测井资料。按照《中国石油天然气股份有限公司油田开发管理纲要》规定在油气藏评价阶段及气田开发前期评价阶段,需要有一口井以上对油气层段系统取心,确定含油气层厚度;需要 1~2 口井系统密闭取心或油基钻井液取心,确定原始含油气饱和度。碳酸盐岩储集空间以缝洞为主,钻井钻到缝洞发育处往往会发生大型漏失,缝洞储层发育处取不到岩心,取到岩心处往往是非油气层段,不能反映真正的储层特性,建议碳酸盐岩井少取心,应有针对性地根据特殊储层(高二 GR 段、高一 GR 段)、新层系(深层寒武系)认识需要,区域规划取心井分布,提高取心井的有效率和利用率。

(2)流体资料录取。

常规流体资料录取要按规范执行。但高压 PVT 资料的录取规范应进行优化:按照《中国石油天然气股份有限公司天然气开发管理纲要》规定,凝析气藏每半年作一次高压物性取样分析。每半年作一次高压物性取样分析,主要针对长期稳产气井来制定,碳酸盐岩凝析气藏递减快,生产期短,高压物性取样如此密集,不符合经济效益要求;而且普遍含 H_2S,高压物性取样也是高风险作业。考虑到这两点,碳酸盐岩油气藏流体取样也应进行优化。稳定试采的凝析气井全生命周期内至少进行 1~2 次高压物性取样,气油比突变时,安排高压物性取样一次。

(3)合理安排监测项目,实现立体化油气藏动态监测。

油气藏动态监测是为了及时掌握油气藏及油气水井的动态,需要进行的监测项目包括:压力监测、产出剖面监测、连通性监测、井下技术状况监测,并以缝洞单元为监测对象。

在不同开发阶段,适当调整动态监测内容和项目:

① 试采阶段:以认识原始地层压力和流体性质为主。

② 开发阶段:动态监测以油气藏为单元,监测项目包括压力恢复测试、地层静压测试、产出剖面测试、连通性测试、油气水性质等。建立油气藏随时间变化的压力场、相态及流体性质变化剖面、油水运动规律场及油气藏动态,指导井位部署及后期调整对策。

第六章 单井实例分析与总结

塔中 Ⅰ 号气田的建设依据"筋脉"理论(虽仍受到"串珠"理论的影响)部署了一批开发井,总体上讲取得了良好的效果。项目部成立以来,塔中地区完钻开发井 83 口,投产开发井 70 口,建产率 84%,高产井比例 80%(未应用"筋脉"理论前,建产率 33%,高产井比例 15%)。后期,随着"筋脉"理论的进一步完善,投产率得到进一步提升,取得经验的同时,也有教训(表 6 - 1)。

表 6 - 1 塔中 Ⅰ 号气田试验区开发井产量统计表

区块	序号	井号	初期日产					截至 2013.12.31				
			时间	日产油 t	日产气 $10^4 m^3$	日产水 t	油压 MPa	日产油 t	日产气 $10^4 m^3$	日产水 t	油压 MPa	累计产量 $10^4 t$($10^8 m^3$)
塔中 62	1	TZ62 - 1	2005/11/12	115	3.5		27.5	目前关井				2.3980(0.2068)
	2	TZ62 - 2	2006/5/17	56	21.2		36	目前关井				3.3470(1.4534)
	3	TZ62 - 3	2005/12/31	41	7.6	100	20	目前低效关井				0.1095(0.0162)
	4	TZ62 - 5H	2008/6/29	52	17		40.33	0	0.72	0	1.5	0.5999(0.1070)
	5	TZ62 - 13H	2008/4/29	14	1.54		6.5	4.99	2.88	0.01	3	1.1315(0.5031)
	6	TZ62 - 27	失利井									
	产能		初期日产油 278t,日产气 50.84×$10^4 m^3$;累计产油 7.5859×$10^4 t$,累计产气 2.2865×$10^8 m^3$									
Ⅰ区	1	TZ62 - 6H	2008/10/14	104	27.94		40.63	46.89	5.52	2.31	8.1	5.5518	1.8322
	2	TZ62 - 7H	2008/10/7	185	14.03		28.8	34.08	6.57	33.53	3.7	8.0231	1.3875
	3	TZ62 - 11H	2006/4/24	64	32		14.31	目前关井				2.0213	0.7593
	4	TZ623 - H1	2012/7/10	58.74	21.6	0.06	41.5	0	1.1	0	7.2	1.0174	0.4153
	5	TZ623 - H2	2012/7/31	57.94	18	0.06	35	11.8	6.96	6.1	12	1.2828	0.5021
	6	TZ26 - 2H	2009/4/22	53	26		31.4	2.36	2.93	7.34	6.1	1.4135	0.3766
	7	TZ26 - 5H	2010/10/3	38	15.9		40	7.98	3.08	0.01	13	1.1662	0.5069
	8	TZ26 - H6	2010/11/7	30	7.5		38.8	48.38	8.4	0.05	12	1.3943	0.6565

续表

区块	序号	井号	初期日产					截至 2013.12.31				
			时间	日产油 t	日产气 $10^4 m^3$	日产水 t	油压 MPa	日产油 t	日产气 $10^4 m^3$	日产水 t	油压 MPa	累计产量 $10^4 t (10^8 m^3)$
I 区	9	TZ26-H7	2012/7/9	30	7		33	24.35	8.6	0.02	18	0.6073　0.3672
	10	TZ26-H8	2012/7/2	52	11		34	72.35	12.6	0.07	14	1.8441　0.4856
	11	TZ82-1H	2010/5/24	46.52	11.9		42.4	0	1.45	0	8.3	1.7071　0.7415
	12	TZ83-2H	2009/9/18	26	28.8	16.56	35.4	0	2.4	0	10.1	0.2691　0.8793
	13	TZ721-5	2010/12/11	29.96	27.4	0	48.2	0.06	2.16	1.94	1.2	0.8036　0.7883
	14	TZ721-H4	2012/11/7	21.84	18.7	3.86	47	1.1	6.96	0	10	0.4502　0.438
	产能		初期日产油 797t，日产气 $267.77 \times 10^4 m^3$；累计产油 $27.55 \times 10^4 t$，累计产气 $10.14 \times 10^8 m^3$									
II 区	1	ZG111	2009/12/31	48.05	11.70		42.9	18	8	0	10	3.0492　1.046
	2	ZG43	2010/3/24	79.45	8.70		40	32	12	0	15	5.2185　1.0418
	3	ZG33C	2011/3/3	86.84	1.27		20	目前关井				2.7935　0.0698
	4	TZ201C	2010/6/24	23.5	7.98		41.9	33	12	0	13	2.2704　0.7113
	5	ZG462	2010/11/16	40.9	7.30		40	目前关井				3.9019　0.9116
	6	ZG5-H2	2013/10/5	38.35	4.15	57.52	36	27	6	0	16	0.2729　0.0415
	7	ZG43-1	2013/11/12	64.68	3.20		26.5	58	5	0	26.54	0.2866　0.0244
	8	ZG11-H3	2013/7/12	51.6	9.20	11.8	38.39	试油后未投产				
	9	ZG111-1H	2013/8/12	149.38	15.00	7.1	49.28					
	10	ZG441-2H	2013/9/21	19.2	11.03		47.585					
	11	ZG441-1H	2013/9/29	30.2	21.93		46.82					
	产能		初期日产油 632t，日产气 $101.46 \times 10^4 m^3$；累计产油 $17.79 \times 10^4 t$，累计产气 $3.85 \times 10^8 m^3$									
III 区	1	ZG15-1H	2010/8/20	141	4.25	0	32	目前关井				7.9284　0.3064
	2	ZG15-2	2010/5/17	51	1.56	1	33	目前关井				1.7529　0.102
	3	ZG15-4H	2012/6/6	62	1.64	0	13	66	2.83	0	5	3.6394　0.1668
	4	ZG15-5H	2012/7/17	82	2.78	0	13	66	2.83	0	6	3.4538　0.1914
	5	ZG15-H3	2012/7/21	86	2.62	7	12	目前关井				0.9193　0.014
	6	ZG16-H1	2013/7/31	9	0.13	10	18	目前关井				0.0495　0.0006
	7	ZG162-1H	2009/10/11	89	3.2	0	39	20	2.47	1	6.7	6.7121　0.4539
	8	ZG162-H2	2013/4/27	36	2.08	65	11	36	2.25	0	12.3	0.9019　0.597
	9	ZG162-H3	2013/11/18	114	8.44	0	36	110	8.12	0	25	0.4826　0.0367
	10	ZG163C	2013/9/25	16	1.11	110	23	目前关井				0.0473　0.0058
	11	ZG17-1H	2013/5/30	26	7.66	49	48	目前关井				0.1686　0.0628
	12	TZ45-H1	2013/10/7	55	10.6	0	47	36	11.32	0	22	0.4589　0.1064
	产能		初期日产油 767t，日产气 $46.07 \times 10^4 m^3$；累计产油 $26.51 \times 10^4 t$，累计产气 $1.5065 \times 10^8 m^3$									
	合计产能		初期日产油 2196t，日产气 $415.3 \times 10^4 m^3$；累计产油 $71.85 \times 10^4 t$，累计产气 $15.5 \times 10^8 m^3$									

下面我们选一些特例井结合"筋脉"理论逐一分析,以加深对理论的认识。

第一节　TZ62 - 6H 井和 TZ62 - 7H 井喜忧参半

■一、结论评价

两口井是方案第一批部署的井,基本属于成功开发的井,可评为效益井(图6-1至图6-3)。

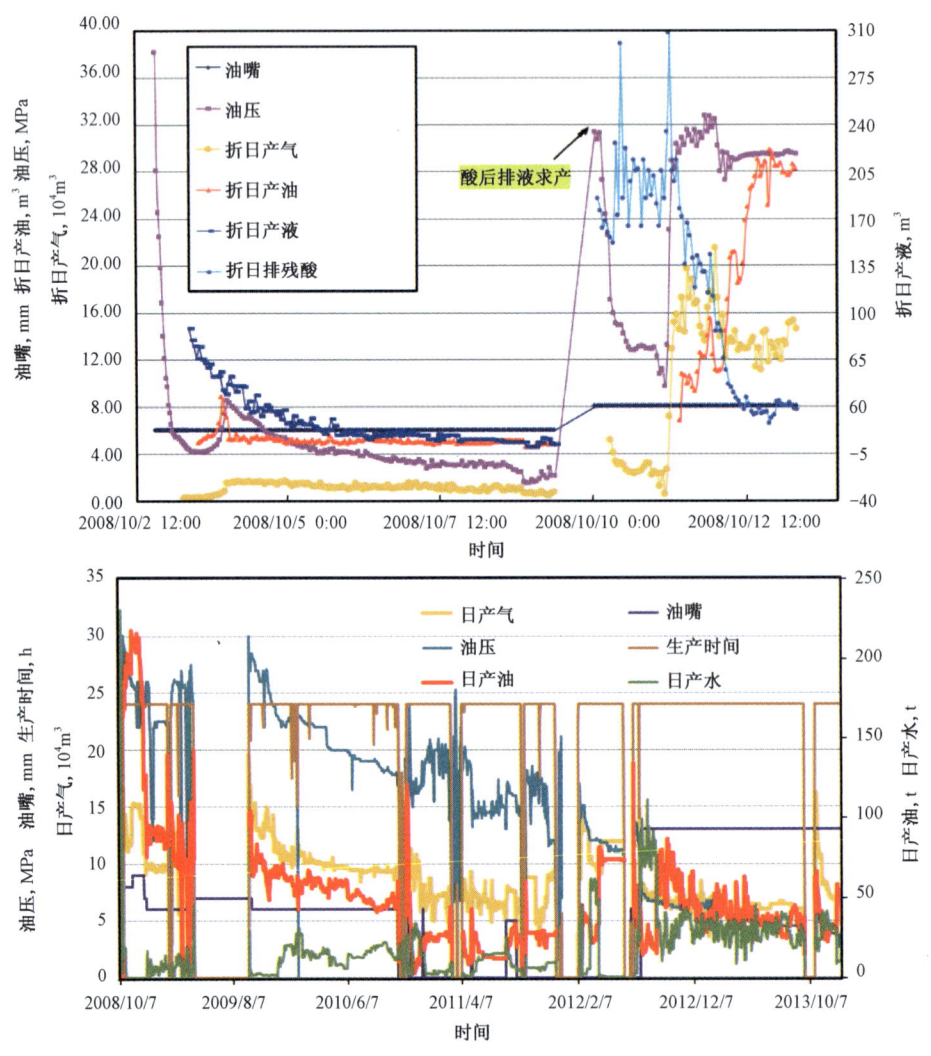

图 6 - 1　TZ62 -7H 井酸化压裂求产及生产曲线

TZ62 -7H 井是塔里木油田碳酸盐岩水平井分段改造获得重大突破的第一口井,改造后选用 8mm 油嘴测试,油压 30.03MPa,日产油 208.18m^3,日产气 147351m^3;截至 2013 年 12 月 31 日,共间开生产 1591 天,累计产油 80231t,累计产气 13875 × 10^4m^3。

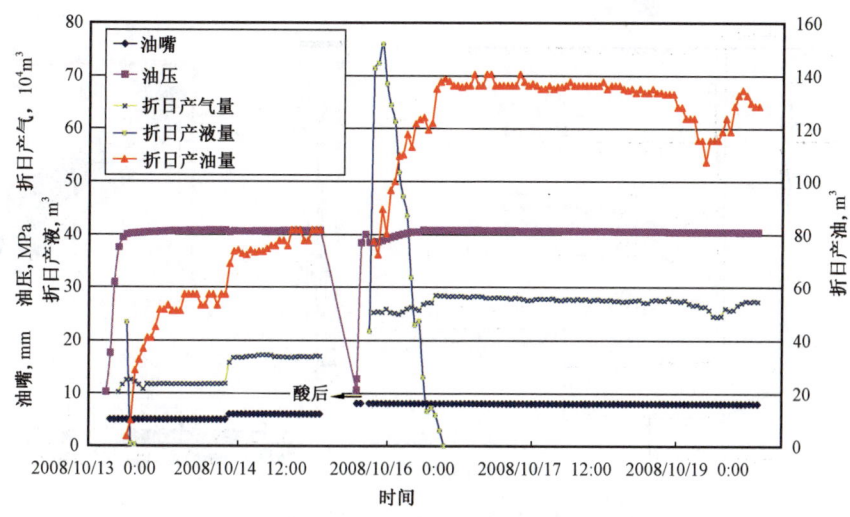

图 6-2　TZ62-6H 井酸化压裂求产曲线

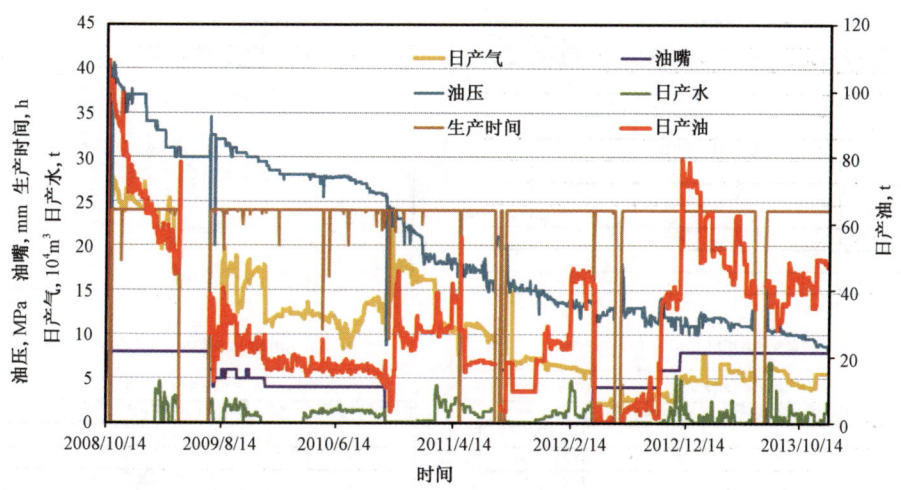

图 6-3　TZ62-6H 井生产曲线

　　TZ62-6H 井改造后选用 8mm 油嘴测试,油压 40.37MPa,日产油 124.3m³,日产气 264918m³;截至 2013 年 12 月 31 日,共间开生产 1747 天,累计产油 55518t,累计产气 18322×10⁴m³。

二、工艺分析

　　这两口井钻井基本成功,但漏失严重,堵漏工艺选择欠妥,选用了非酸溶性的固体堵剂,对后期完井和生产会有一定影响;完井采用分段酸化压裂完井工艺,从酸化压裂作业看,由于钻井选用堵剂不当,酸化压裂效果不是十分理想(图 6-4 至图 6-7)。

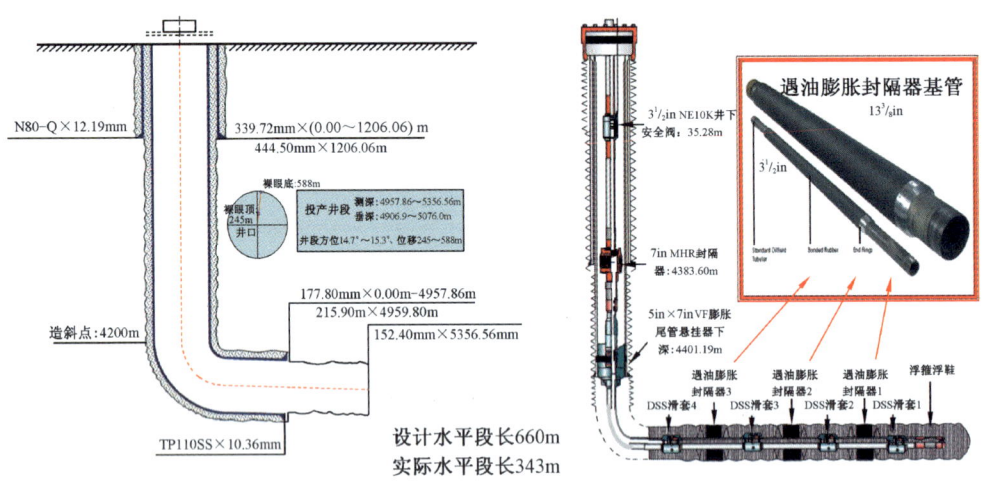

图 6-4　TZ62-7H 井井身及完井管柱结构图

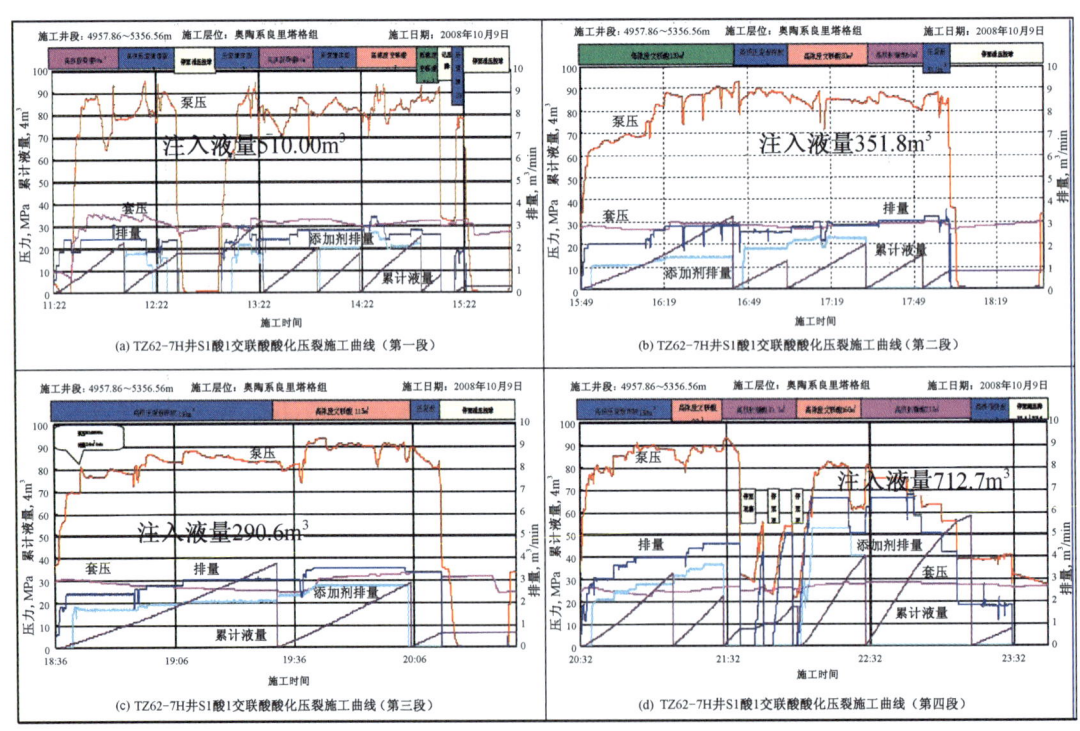

图 6-5　TZ62-7H 井分段酸化压裂施工曲线

（根据酸化压裂设计方案适时调整,四段连续酸化压裂施工一次成功,挤入地层和井筒总液量 1865.1m³,
其中压裂液 597.4m³、交联酸 705m³、胶凝酸 532. m³、顶替液 30m³）

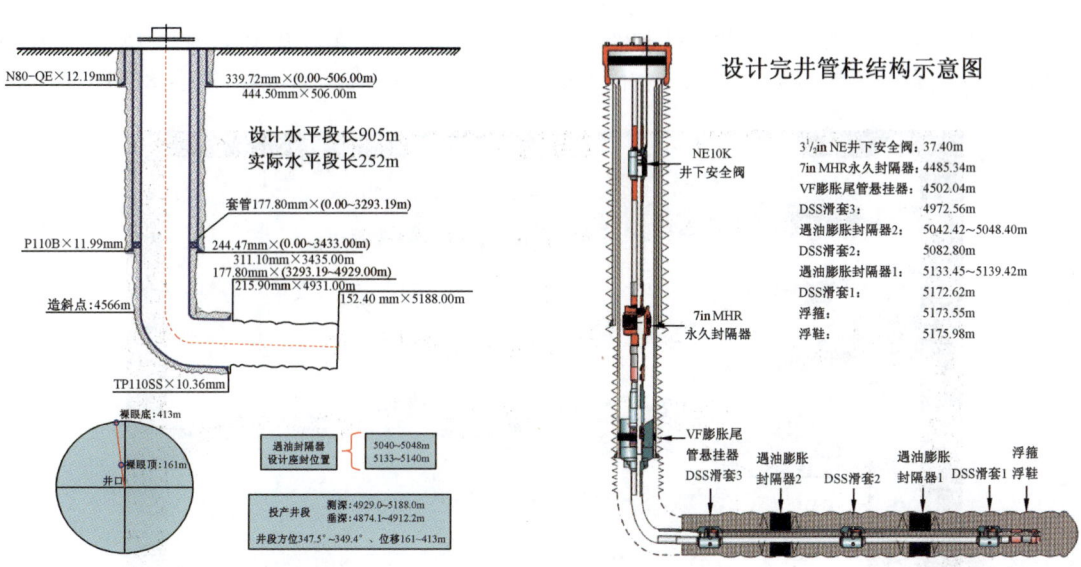

图6-6　TZ62-6H井井身及完井管柱结构图

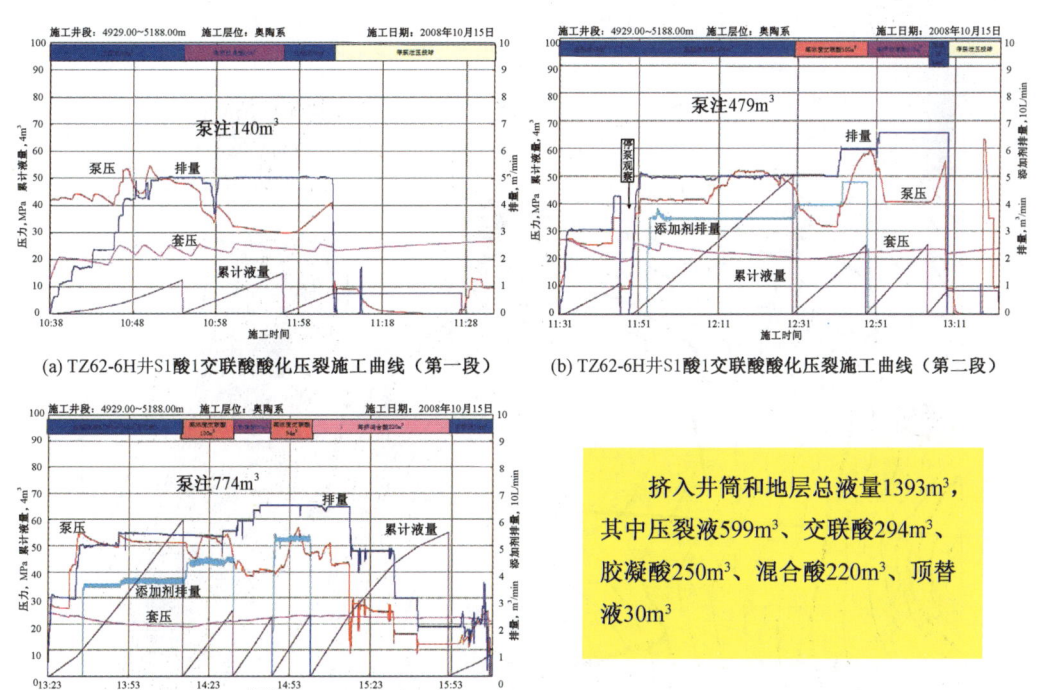

(a) TZ62-6H井S1酸1交联酸酸化压裂施工曲线（第一段）

(b) TZ62-6H井S1酸1交联酸酸化压裂施工曲线（第二段）

(c) TZ62-6H井S1酸1交联酸酸化压裂施工曲线（第三段）

挤入井筒和地层总液量1393m³，其中压裂液599m³、交联酸294m³、胶凝酸250m³、混合酸220m³、顶替液30m³

图6-7　TZ62-6H井分段酸化压裂施工曲线

▇三、地质分析

水平段平面轨迹设计:水平井设计时确保穿过两套缝洞单元,A 点在裂缝—孔洞型单元上,B 点在缝洞型单元上;一方面保证高产,一方面可动用难采的裂缝—孔洞型储层(图 6 – 8、图 6 – 9)。

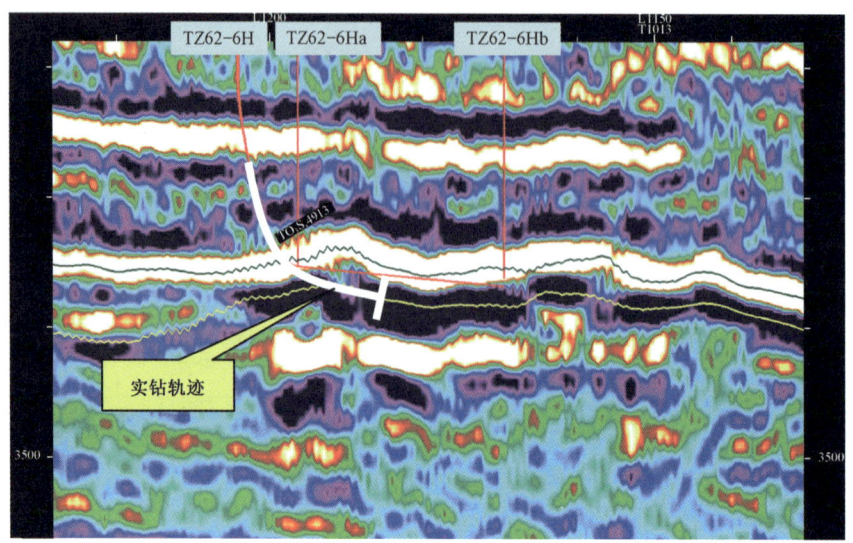

图 6 – 8　TZ62 – 6H 井沿轨迹地震剖面图

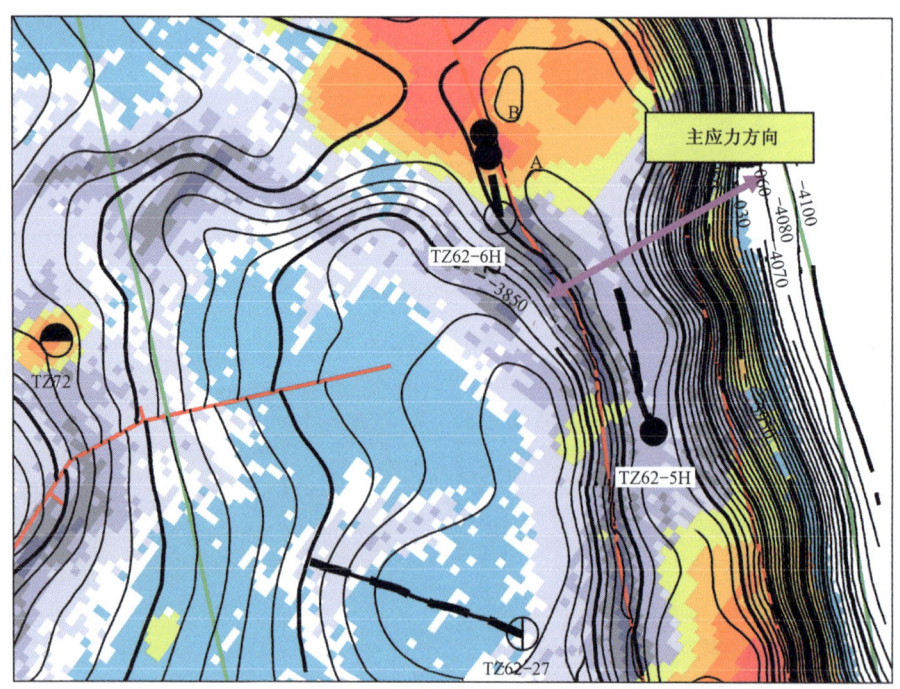

图 6 – 9　TZ62 – 6H 井储层预测与盖层底面构造叠合图

水平井的垂向轨迹设计:初期水平井段垂向轨迹设计是 A 点位于好储层顶部,B 点位于好储层底部;优点是确保打到好储层,缺点是打到洞后易出现钻井复杂情况而无法往前钻,致水平段过短,无法达到地质目的。

两口井的井位定的合理,但水平段方位不是十分理想,故只能说基本合理,储层预测基本准确,但没有采用沿洞顶的设计。钻头入洞后,漏失严重,无法继续钻进,中途完井,没有完全达到地质目的(图 6 – 10 至图 6 – 13)。

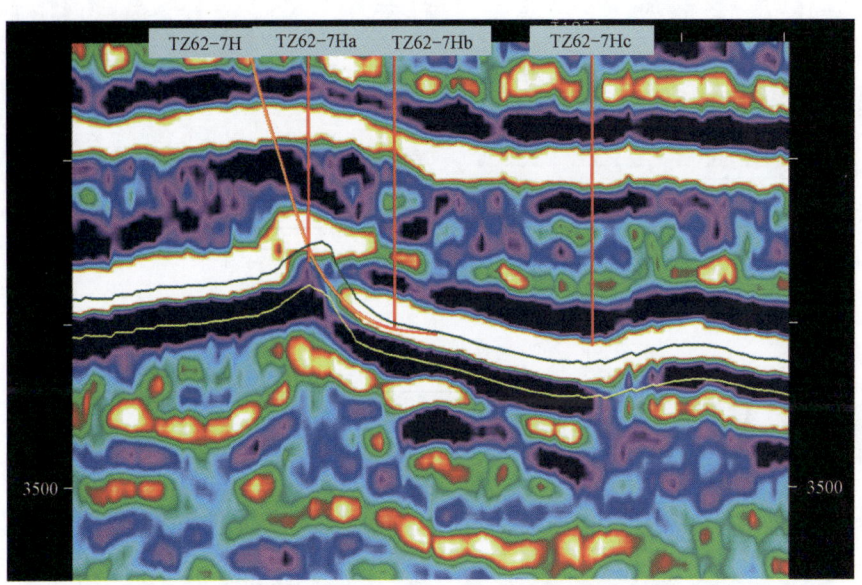

图 6 – 10 TZ62 – 7H 井沿轨迹地震剖面图

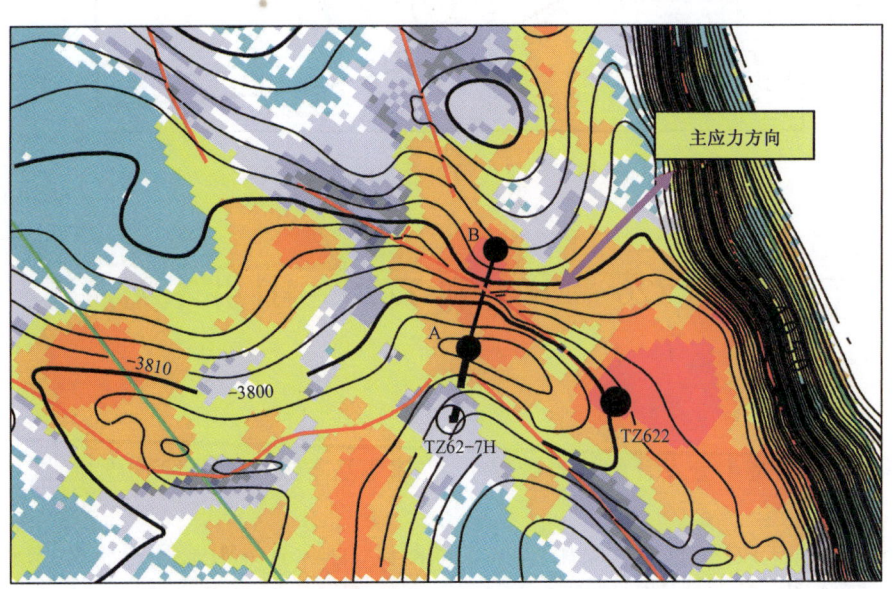

图 6 – 11 TZ62 – 7H 井储层预测与盖层底面构造叠合图

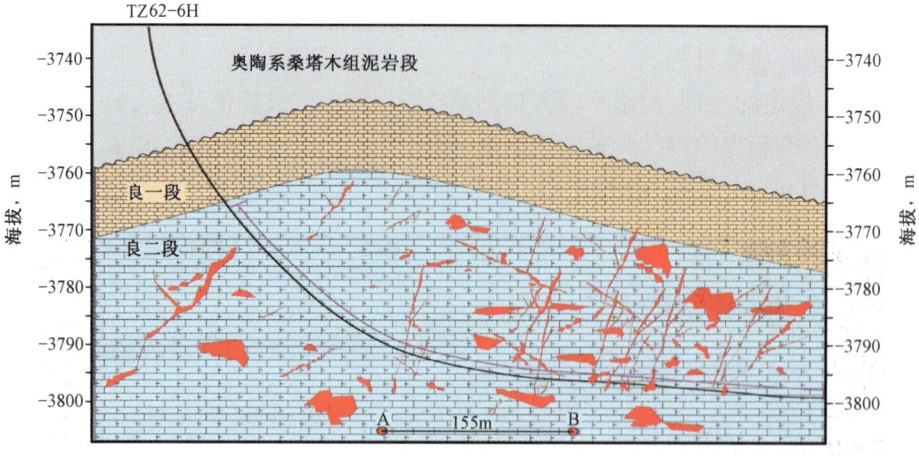

图 6 – 12　TZ62 – 6H 井开发概念地质模型

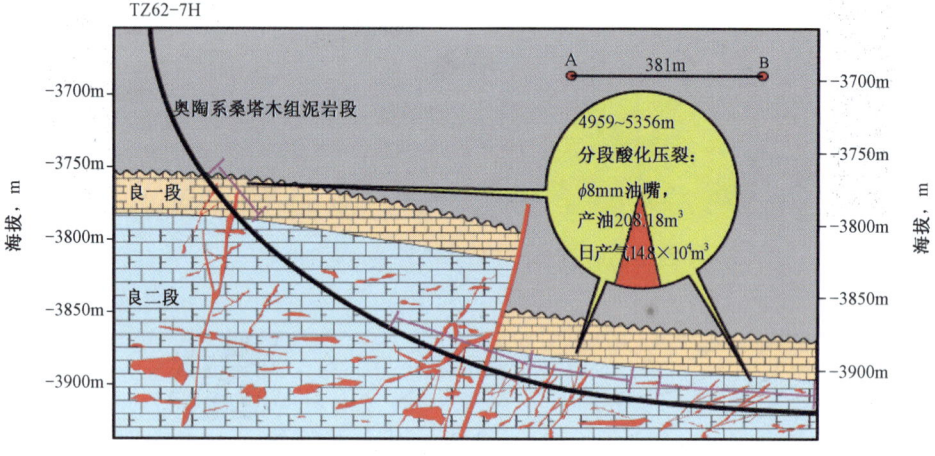

图 6 – 13　TZ62 – 7H 井开发概念地质模型

第二节　TZ26 – 2H 井和 TZ26 – 4H 井不无遗憾

一、结论评价

两口井打在裂缝十分发育的岩石破碎带,也属于基本成功的开发效益井(图 6 – 14、图 6 – 15)。

TZ26 – 2H 井未改造,直接放喷用 8mm 油嘴测试,油压 31.4MPa,日产油 69.5m³,日产气 264505m³;测试结束后高气油比关井,截至 2013 年 12 月 31 日,共开井生产 615 天,累计产油 14135t,累计产气 3766×10⁴m³。

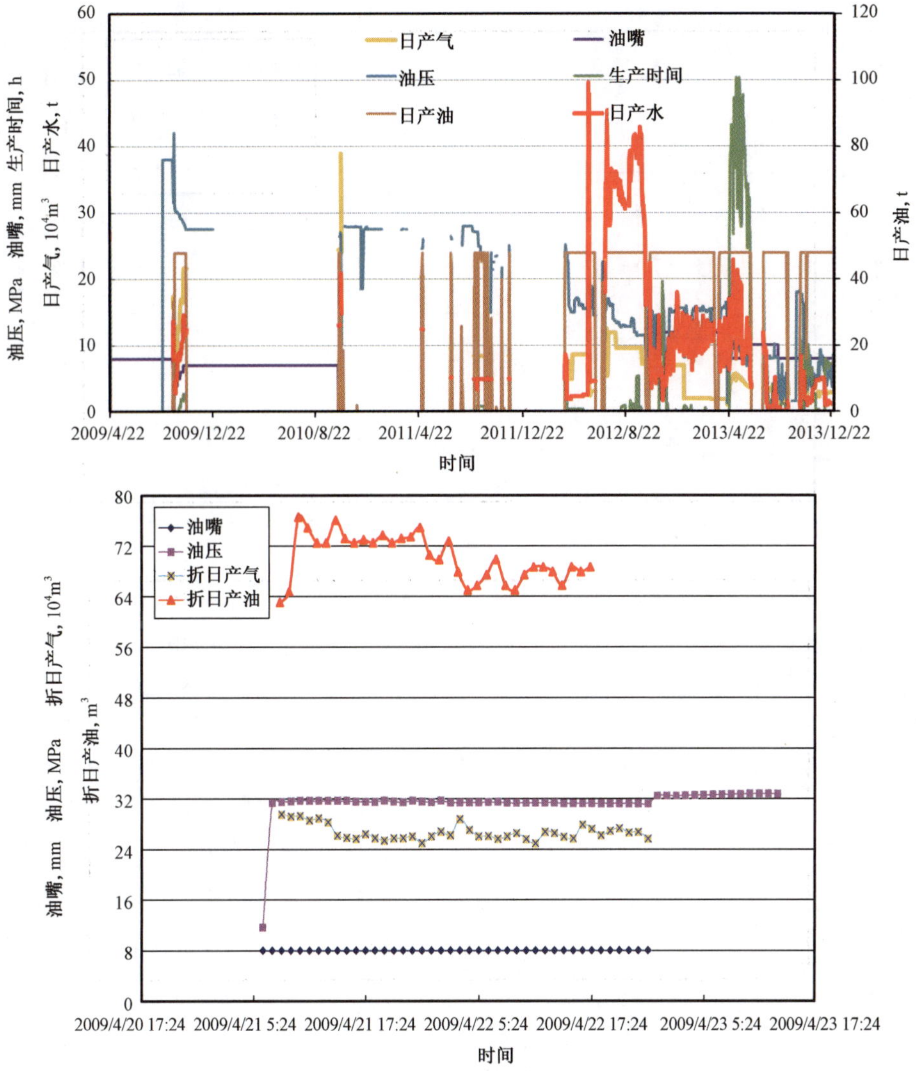

图6-14　TZ26-2H井测试求产及生产曲线

TZ26-4H井未改造,直接放喷用6mm油嘴测试,油压28.0MPa,日产油23.1m³,日产气152347m³;测试结束后高气油比关井,截至2013年12月31日,共开井生产410天,累计产油2806t,累计产气3262×10⁴m³。

■ 二、工艺分析

钻井因穿越多条裂缝(天然"筋脉"),漏失严重,但吸取了TZ62-6H井和TZ62-7H井的教训,仅采用了酸溶性的胶黏堵剂,未对完井及后期生产造成任何影响。完井工艺考虑到天然裂缝较为发育,为充分规避工艺风险,未采用分段酸化压裂工艺,仅对TZ26-4H井进行试采观察,若产能不理想,则采取全井段均匀布酸解堵酸化,以增加单井产能(图6-16、图6-17)。

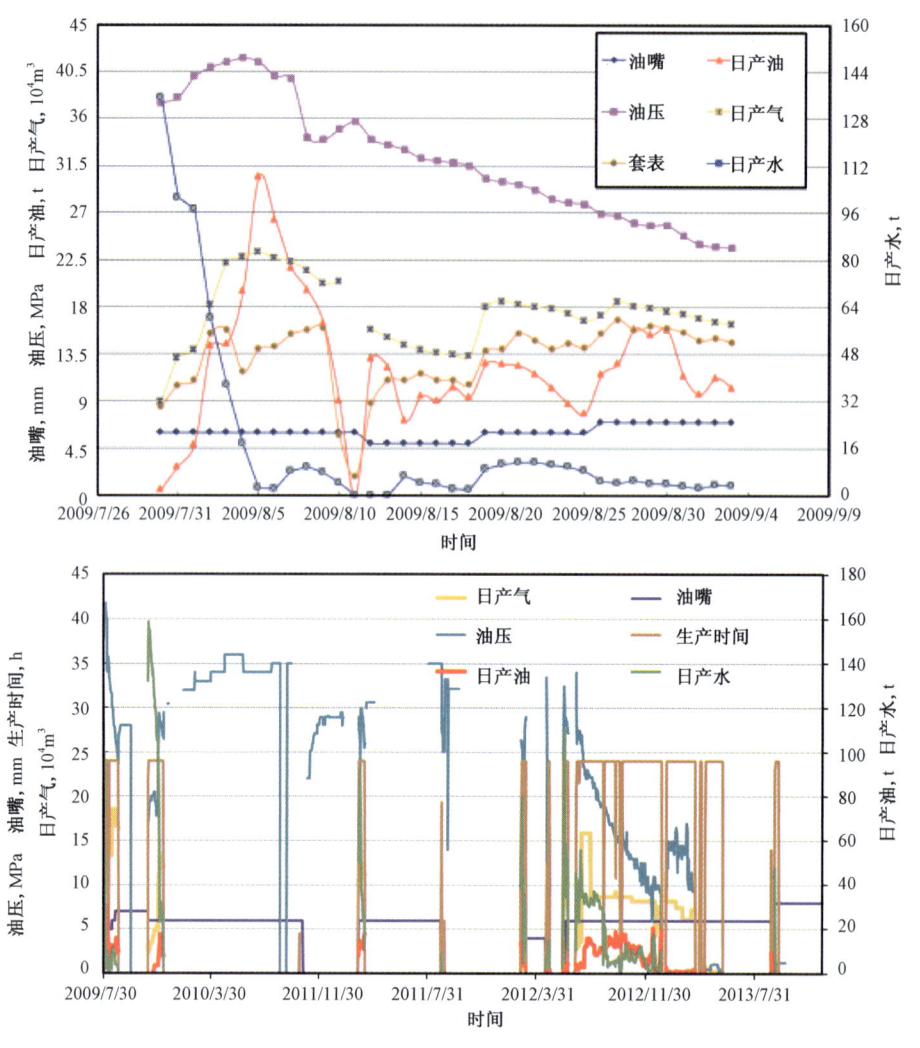

图6-15　TZ26-4H井测试求产及生产曲线

■三、地质分析

两口井井位和水平方位合理,储层预测基本准确。该区储集空间类型为缝穴型,中等溶洞连片发育,水平井可沟通多个缝洞。TZ26-4H井试井曲线证实该井控制了4个洞,洞1、洞2有一定连通,洞3、洞4与其他两洞连通不好。从地质情况来看,该井应进行大型酸化压裂。但没有采用沿缝洞顶的设计,漏失严重,无法继续钻井,曾采用堵漏工艺成功,但过一缝钻下一缝时又漏,考虑到边钻边堵成本太高,故中途完井,没有达到地质目的(图6-18至图6-24)。

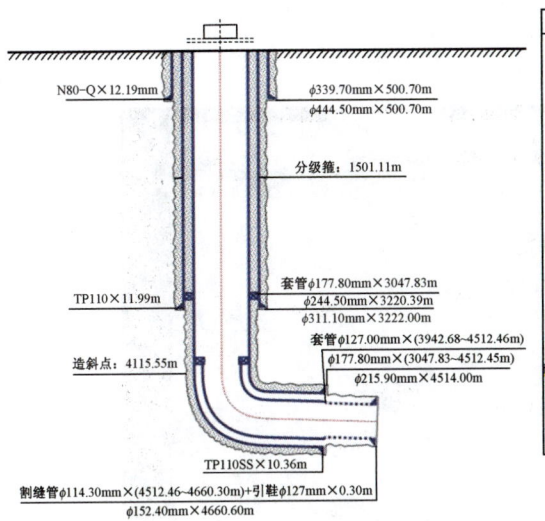

管柱	名称	内径 mm	外径 mm	上扣扣型	下扣扣型	数量	总长度 m	下深 m	垂/斜深 m
	油补距							6.65	
	油管挂	76.00	275.00	$3\frac{1}{2}$ in EUE	$3\frac{1}{2}$ in FOX	1	0.78	7.43	
	双公短节	75.00	88.90	$3\frac{1}{2}$ in FOX	$3\frac{1}{2}$ in BGT	1	0.37	7.80	
	短油管	76.00	88.90	$3\frac{1}{2}$ in BGT	$3\frac{1}{2}$ in BGT	1	1.03	8.83	
	油管	74.22	88.90	$3\frac{1}{2}$ in BGT	$3\frac{1}{2}$ in BGT	6	55.45	64.28	
	上提升短节	76.00	88.90	$3\frac{1}{2}$ in FOX	$3\frac{1}{2}$ in BGT	1	0.72	65.00	
	上流动短节	71.43	103.00	$3\frac{1}{2}$ in FOX	$3\frac{1}{2}$ in FOX	1	0.94	65.94	
	NE安全阀	70.00	136.00	$3\frac{1}{2}$ in FOX	$3\frac{1}{2}$ in FOX	1	1.33	67.27	
	下流动短节	71.43	103.00	$3\frac{1}{2}$ in FOX	$3\frac{1}{2}$ in FOX	1	0.94	68.21	
	下提升短节	76.00	88.90	$3\frac{1}{2}$ in FOX	$3\frac{1}{2}$ in BGT	1	0.52	68.73	
	调整短节	76.00	88.90	$3\frac{1}{2}$ in BGT	$3\frac{1}{2}$ in BGT	1	2.04	70.77	
	油管	74.22	88.90	$3\frac{1}{2}$ in BGT	$3\frac{1}{2}$ in BGT	395	3753.55	3824.32	
	校深短节	76.00	88.90	$3\frac{1}{2}$ in BGT	$3\frac{1}{2}$ in BGT	1	1.03	3825.35	
	油管	74.22	88.90	$3\frac{1}{2}$ in BGT	$3\frac{1}{2}$ in BGT	3	28.71	3854.06	
	变扣接头	76.00	89.00	$3\frac{1}{2}$ in BGT	$3\frac{1}{2}$ in FOX	1	0.54	3854.60	
	上提升短节	76.00	88.90	$3\frac{1}{2}$ in FOX	$3\frac{1}{2}$ in FOX	1	1.97	3856.57	
	棘齿锁定密封	73.66	117.22	$3\frac{1}{2}$ in FOX	4.59RTH LTH LH	1	0.41	3856.98	
	MHR永久封隔器	80.50	144.45	4.59-6RTH LTH LH	$4\frac{1}{2}$ in FOX	1	0.75/1.69	3856.98/3859.42	
	磨铣延伸管	61.49	130.00	$4\frac{1}{2}$ in FOX	$2\frac{7}{8}$ in EUE	1	1.66	3861.08	
	油管	62.00	73.00	$2\frac{7}{8}$ in EUE	$2\frac{7}{8}$ in EUE	3	28.76	3889.84	
	POP阀	59.00	95.00	$2\frac{7}{8}$ in EUE		1	0.20	3890.04	

注：395根油管地面测量长度：3752.04m，校深管柱伸长：3.11m；管柱加压8吨，压缩距1.5m。
封隔器参数：
封隔器启动坐封压力：13.20MPa；封隔器最小全封压力：20.50MPa。
封隔器设计坐封压力：26.00MPa；封隔器验封压力：20.00MPa。
POP阀6颗销钉剪切力：36.00MPa。

N80-Q×12.19mm
φ339.70mm×500.70m
φ444.50mm×500.70m
分级箍：1501.11m
套管φ177.80mm×3047.83m
φ244.50mm×3220.39m
φ311.10mm×3222.00m
套管φ127.00mm×(3942.68~4512.46m)
φ177.80mm×(3047.83~4512.45m)
φ215.90mm×4514.00m
TP110×11.99m
造斜点：4115.55m
TP110SS×10.36mm
割缝管φ114.30mm×(4512.46~4660.30m)+引鞋φ127mm×0.30m
φ152.40mm×4660.60m

图 6–16　TZ26–2H 井井身及完井管柱结构图

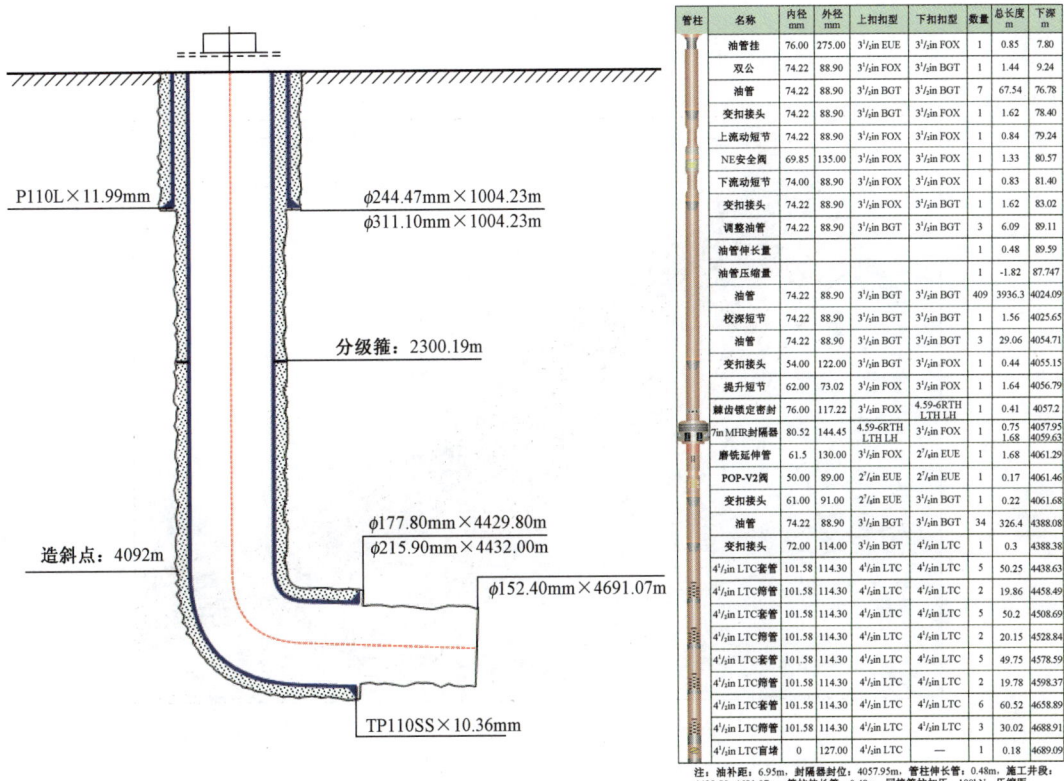

管柱	名称	内径 mm	外径 mm	上扣扣型	下扣扣型	数量	总长度 m	下深 m
	油管挂	76.00	275.00	$3\frac{1}{2}$in EUE	$3\frac{1}{2}$in FOX	1	0.85	7.80
	双公	74.22	88.90	$3\frac{1}{2}$in FOX	$3\frac{1}{2}$in BGT	1	1.44	9.24
	油管	74.22	88.90	$3\frac{1}{2}$in BGT	$3\frac{1}{2}$in BGT	7	67.54	76.78
	变扣接头	74.22	88.90	$3\frac{1}{2}$in BGT	$3\frac{1}{2}$in FOX	1	1.62	78.40
	上流动短节	74.22	88.90	$3\frac{1}{2}$in FOX	$3\frac{1}{2}$in FOX	1	0.84	79.24
	NE安全阀	69.85	135.00	$3\frac{1}{2}$in FOX	$3\frac{1}{2}$in FOX	1	1.33	80.57
	下流动短节	74.00	88.90	$3\frac{1}{2}$in FOX	$3\frac{1}{2}$in FOX	1	0.83	81.40
	变扣接头	74.22	88.90	$3\frac{1}{2}$in FOX	$3\frac{1}{2}$in BGT	1	1.62	83.02
	调整油管	74.22	88.90	$3\frac{1}{2}$in BGT	$3\frac{1}{2}$in BGT	3	6.09	89.11
	油管伸长量					1	0.48	89.59
	油管压缩量					1	-1.82	87.747
	油管	74.22	88.90	$3\frac{1}{2}$in BGT	$3\frac{1}{2}$in BGT	409	3936.3	4024.09
	校深短节	74.22	88.90	$3\frac{1}{2}$in BGT	$3\frac{1}{2}$in BGT	1	1.56	4025.65
	油管	74.22	88.90	$3\frac{1}{2}$in BGT	$3\frac{1}{2}$in BGT	3	29.06	4054.71
	变扣接头	54.00	122.00	$3\frac{1}{2}$in BGT	$3\frac{1}{2}$in FOX	1	0.44	4055.15
	提升短节	62.00	73.02	$3\frac{1}{2}$in FOX	$3\frac{1}{2}$in FOX	1	1.64	4056.79
	棘齿锁定密封	76.00	117.22	$3\frac{1}{2}$in FOX	4.59-6RTH LTH LH	1	0.41	4057.2
	7in MHR封隔器	80.52	144.45	4.59-6RTH LTH LH	$3\frac{1}{2}$in FOX	1	0.75/1.68	4057.95/4059.63
	磨铣延伸管	61.5	130.00	$3\frac{1}{2}$in FOX	$2\frac{7}{8}$in EUE	1	1.68	4061.29
	POP-V2阀	50.00	89.00	$2\frac{7}{8}$in EUE	$2\frac{7}{8}$in EUE	1	0.17	4061.46
	变扣接头	61.00	91.00	$2\frac{7}{8}$in EUE		1	0.22	4061.68
	油管	74.22	88.90	$3\frac{1}{2}$in BGT	$3\frac{1}{2}$in BGT	34	326.4	4388.08
	变扣接头	72.00	114.00	$3\frac{1}{2}$in BGT	$4\frac{1}{2}$in LTC	1	0.3	4388.38
	$4\frac{1}{2}$in LTC套管	101.58	114.30	$4\frac{1}{2}$in LTC	$4\frac{1}{2}$in LTC	5	50.25	4438.63
	$4\frac{1}{2}$in LTC筛管	101.58	114.30	$4\frac{1}{2}$in LTC	$4\frac{1}{2}$in LTC	2	19.86	4458.49
	$4\frac{1}{2}$in LTC套管	101.58	114.30	$4\frac{1}{2}$in LTC	$4\frac{1}{2}$in LTC	5	50.2	4508.69
	$4\frac{1}{2}$in LTC筛管	101.58	114.30	$4\frac{1}{2}$in LTC	$4\frac{1}{2}$in LTC	2	20.15	4528.84
	$4\frac{1}{2}$in LTC套管	101.58	114.30	$4\frac{1}{2}$in LTC	$4\frac{1}{2}$in LTC	5	49.75	4578.59
	$4\frac{1}{2}$in LTC筛管	101.58	114.30	$4\frac{1}{2}$in LTC	$4\frac{1}{2}$in LTC	2	19.78	4598.37
	$4\frac{1}{2}$in LTC套管	101.58	114.30	$4\frac{1}{2}$in LTC	$4\frac{1}{2}$in LTC	6	60.52	4658.89
	$4\frac{1}{2}$in LTC筛管	101.58	114.30	$4\frac{1}{2}$in LTC	$4\frac{1}{2}$in LTC	3	30.02	4688.91
	$4\frac{1}{2}$in LTC盲堵	0	127.00	$4\frac{1}{2}$in LTC		—	0.18	4689.09

注：油补距：6.95m，封隔器封位：4057.95m，管柱伸长量：0.48m，施工井段：
4429.80-4691.07m；管柱伸长量：0.48m；回接套管加压：100kN，压缩距：
1.82m；井筒内表面积共81.64m²，完井液密度：1.01g/cm³。

P110L×11.99mm
φ244.47mm×1004.23m
φ311.10mm×1004.23m
分级箍：2300.19m
φ177.80mm×4429.80m
φ215.90mm×4432.00m
φ152.40mm×4691.07m
造斜点：4092m
TP110SS×10.36mm

图 6–17　TZ26–4H 井井身及完井管柱结构图

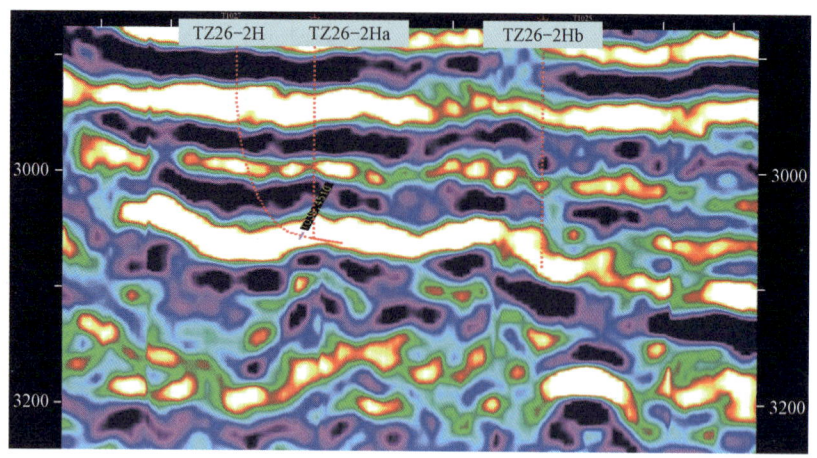

图 6 – 18   TZ26 – 2H 井沿轨迹地震剖面图

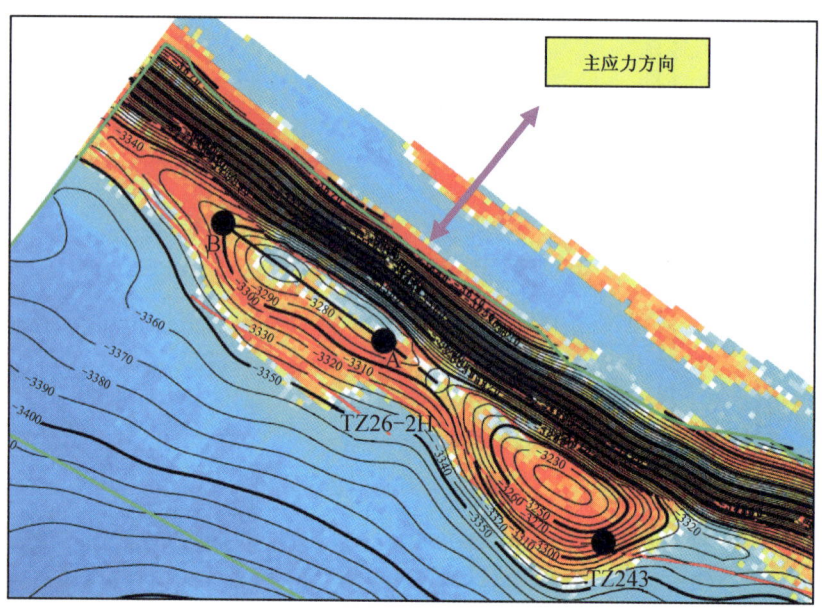

图 6 – 19   TZ26 – 2H 井区储层预测与盖层底面构造叠合图

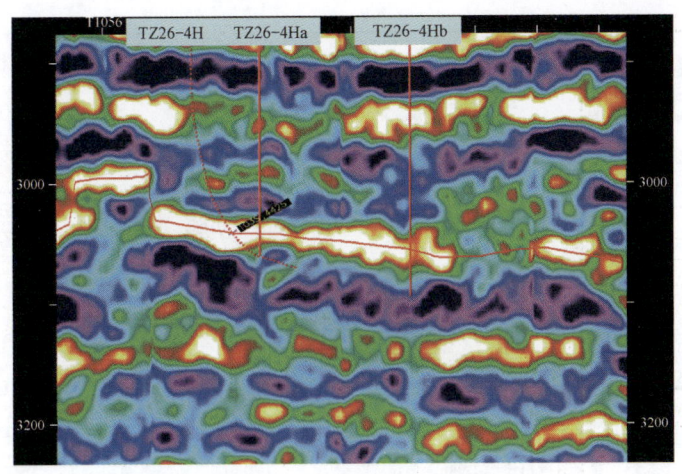

图 6 – 20　TZ26 – 4H 井沿轨迹地震剖面图

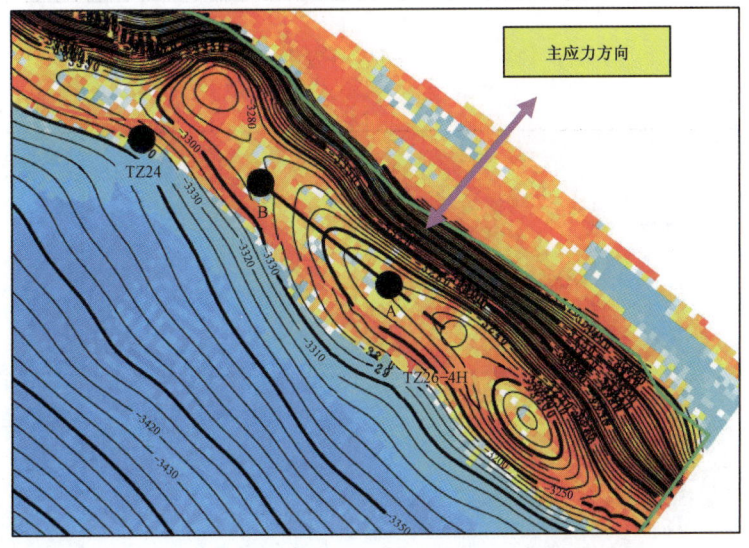

图 6 – 21　TZ26 – 4H 井区储层预测与盖层底面构造叠合图

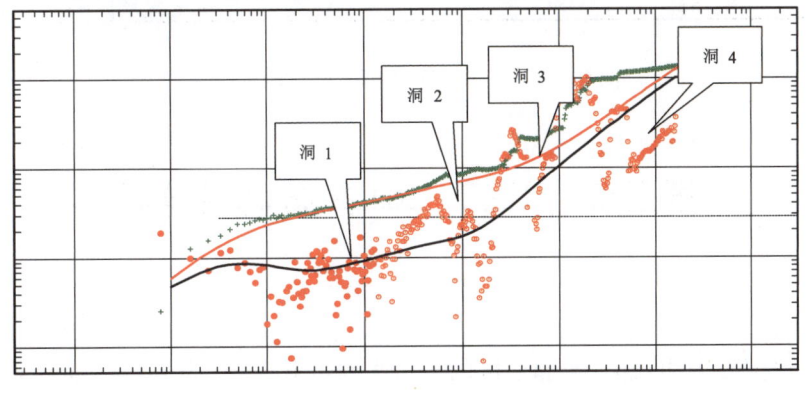

图 6 – 22　TZ26 – 4H 井关井双对数诊断图

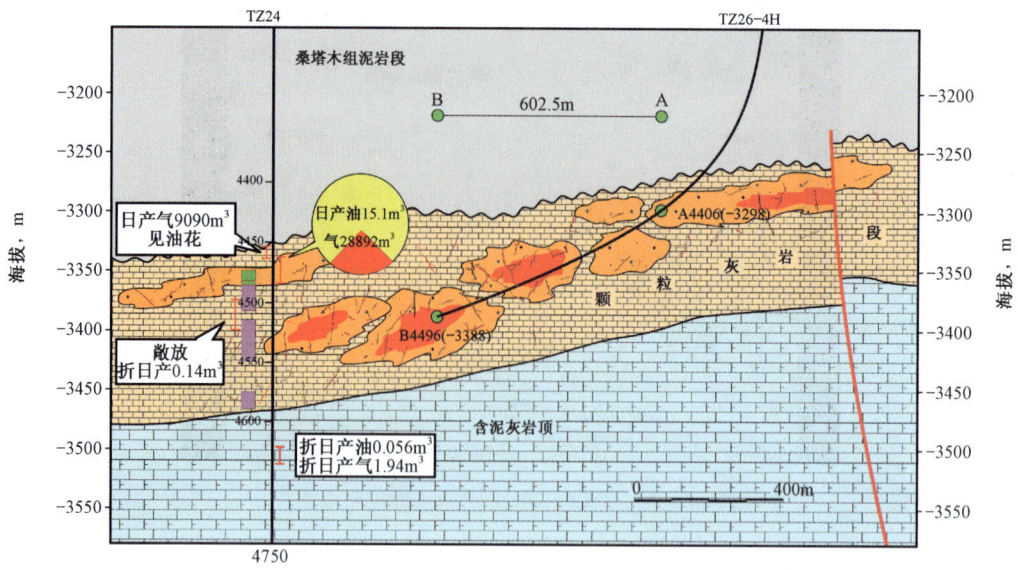

图 6 – 23 TZ26 – 4H 井开发概念地质模型

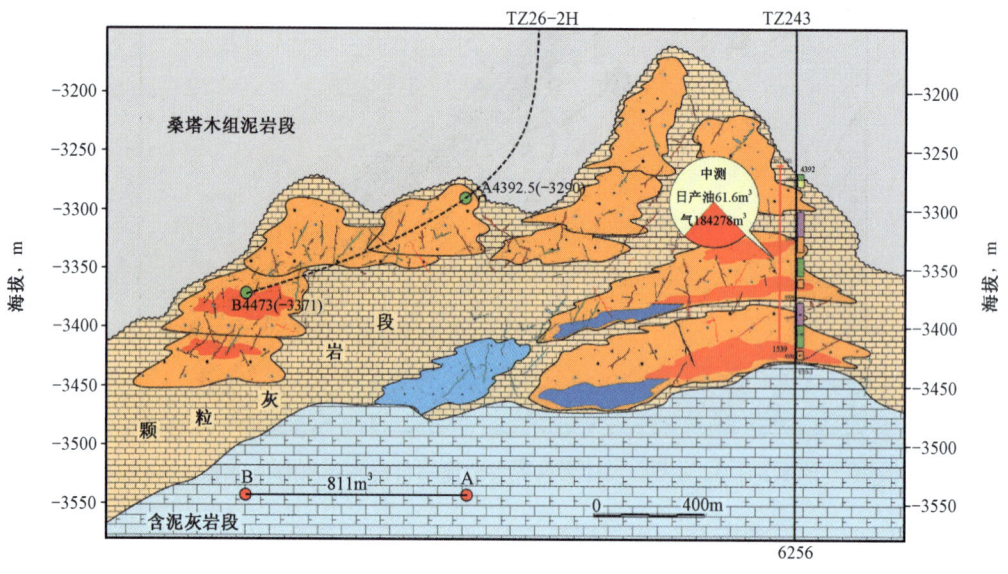

图 6 – 24 TZ26 – 2H 井开发概念地质模型

第三节 TZ62 – 5H 井再利用分析

一、结论评价

该井为开发不成功井,属三类储层区的一口大斜度井(类似直井),后期经分段酸化压裂改造,初期获高产(图 6 – 25)。TZ62 – 5H 井投球分段改造,用 6mm 油嘴测试,油压 24.8MPa,

日产油 99.8m³, 日产气 67600m³; 测试结束后间开生产, 截至 2013 年 12 月 31 日, 共开井生产 394 天, 累计产油 5999t, 累计产气 1070×10⁴m³。

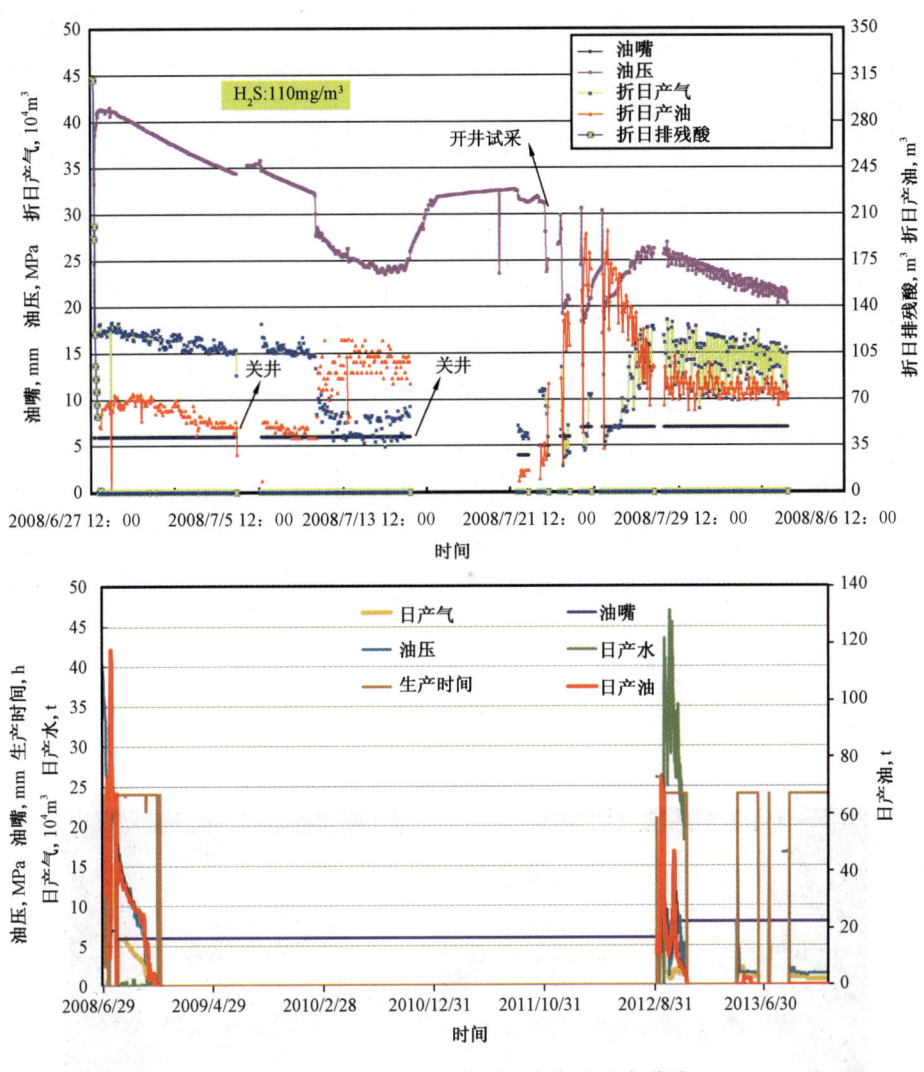

图 6 – 25　TZ62 – 5H 井测试求产及生产曲线

二、工艺分析

该井钻井成功, 分段酸化压裂改造工艺成功(图 6 – 26)。

三、地质分析

该井井位设计合理, 但井型设计不合理, 三类储层区采用直井开发不可能做到效益开发, 若是探井寻求发现和含油气区带规模评价是可以的, 但开发井不能沿袭这种作法。该井的成果使我们加深了对"筋脉"理论的认识(图 6 – 27、图 6 – 28)。

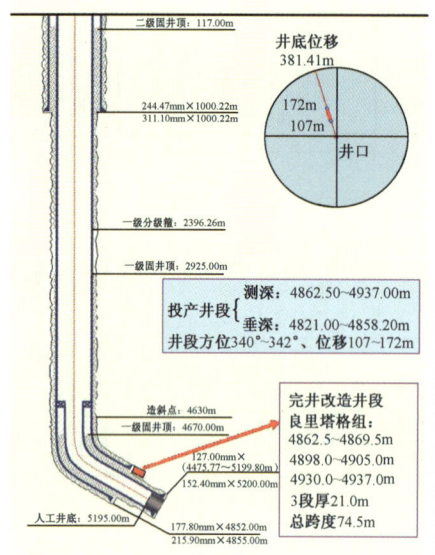

管柱	名称	内径 mm	外径 mm	上扣扣型	下扣扣型	数量	总长度 m	下深 m
	油管挂	76.00	276.00	3½ in EUE B	3½ in FOX B	1	0.28	5.98
	双公短节	76.00	88.90	3½ in FOX P	3½ in FOX P	1	0.45	6.43
	油管	76.00	88.90	3½ in FOX B	3½ in FOX P	7	65.79	72.22
	上提升短节	76.00	88.90	3½ in FOX B	3½ in FOX P	1	2.01	74.23
	上流动短节	73.15	99.57	3½ in FOX B	3½ in FOX P	1	1.14	75.37
	SP安全阀	68.33	148.84	3½ in FOX B	3½ in FOX B	1	1.91	77.28
	下流动短节	73.15	99.57	3½ in FOX P	3½ in FOX P	1	1.14	78.42
	下提升短节	76.00	88.90	3½ in FOX B	3½ in FOX P		2.00	80.42
	油管	76.00	88.90	3½ in FOX B	3½ in FOX P	459	4370.26	4450.68
	上提升短节	76.00	88.90	3½ in FOX B	3½ in FOX P	1	1.98	4452.66
	棘齿锁定密封	73.66	117.22	3½ in FOX B	4.59-6RTH LTH LH	1	0.41	4453.07
	MHR封隔器	80.50	144.45	4.59-6RTH LTH LH	4½ in FOX P	1	0.75 1.68	4453.82 4455.50
	磨铣延伸管	61.49	130.56	4½ in FOX P	2⅞ in EUE P	1	1.66	4457.16
	CCS球座	50.80 /60.30	103.38	2⅞ in EUE P	2⅞ in EUE P	1	0.46	4457.62
	变扣接头	62.00	73.00	2⅞ in EUE P	2⅞ in FOX P	1	0.42	4458.04
	油管	62.00	73.02	2⅞ in FOX B	2⅞ in FOX P	8	77.17	4535.21
	管鞋	62.00	89.00	2⅞ in FOX B	管鞋	1	0.25	4535.46

注：油补距：5.70m，射孔段：4862.50~4869.50m，4898.00~4905.00m，4930.00~4937.00m。

图 6 – 26   TZ62 – 5 井井身及完井管柱结构图

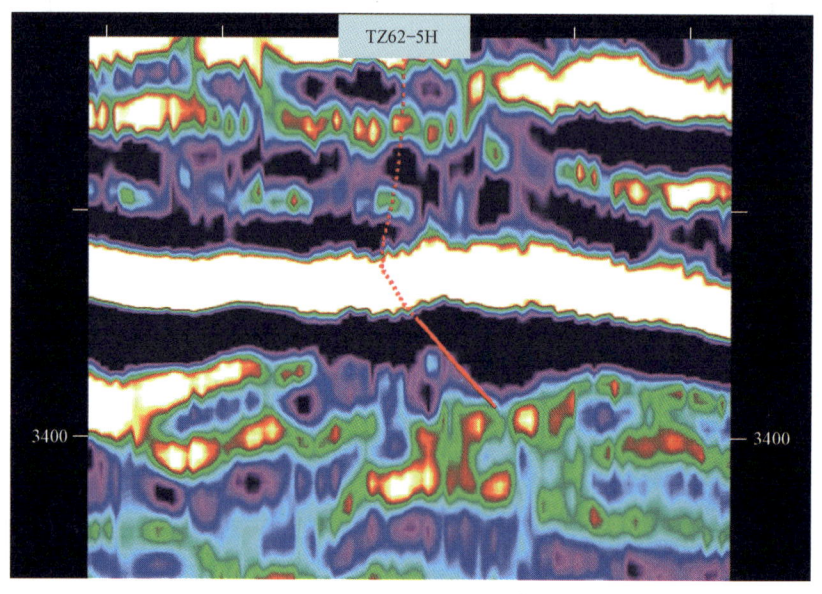

图 6 – 27   TZ62 –5H 井沿轨迹地震剖面图

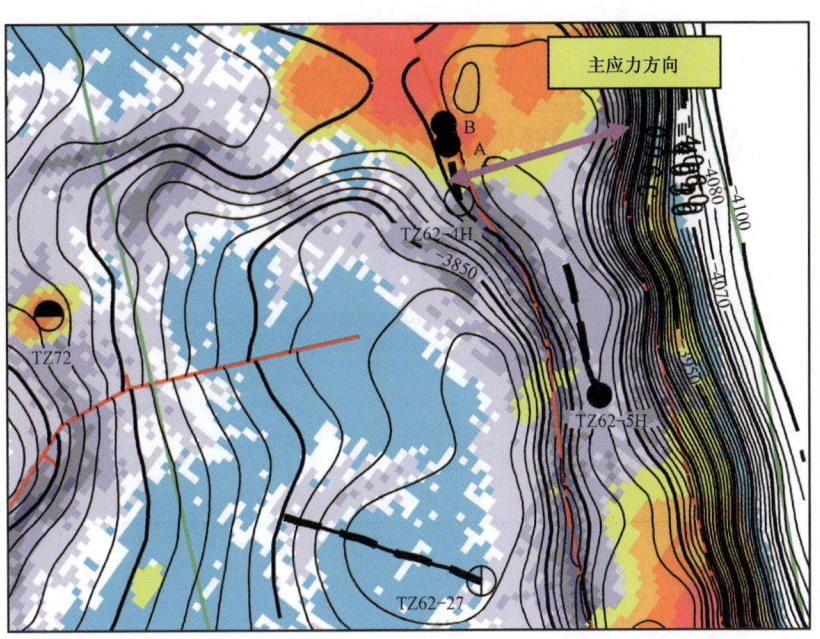

图 6 – 28   TZ62 –5H 井储层预测与盖层底面构造叠合图

第四节   TZ62 –11H 井工艺获得突破

■ 一、结论评价

该井为开发成功井,虽然没有获特高产,主要是因为周边试采井的生产,造成储层能量衰竭所致(原始压力系数 1.10,现仅为 0.92 ~1.0)(图 6 –29)。

TZ62 –11H 井分六段改造,用 12mm 油嘴测试,油压 17.8MPa,日产油 81.82m³,日产气 261258m³;测试结束后高气油比关井,截至 2013 年 12 月 31 日,共开井生产 1026 天,累计产油 20213t,累计产气 7593 ×10⁴m³。

■ 二、工艺分析

该井钻井十分成功,完井酸化压裂工艺成功,水平段 933m,打破探区碳酸盐岩水平井纪录,分六段酸化压裂改造也破了探区纪录。该井首次采用精细控压钻井工艺(图 6 –30、图 6 –31)。

■ 三、地质分析

水平井平面设计时确保穿过两套缝洞单元;垂向轨迹设计为了防止井漏复杂事故,对水平段垂向位置进行优化,用"穿头皮"思路设计水平段轨迹。"穿头皮"设计即是水平段距洞有一段距离,垂向距离一般控制在 10 ~20m,防止钻到洞发生井漏,同时也保证完井酸化后能沟通洞。该方法首先在 TZ62 –11H 井实施,实施结果总水平位移 1172m,水平段长 933m,酸化后沟通了两个洞。

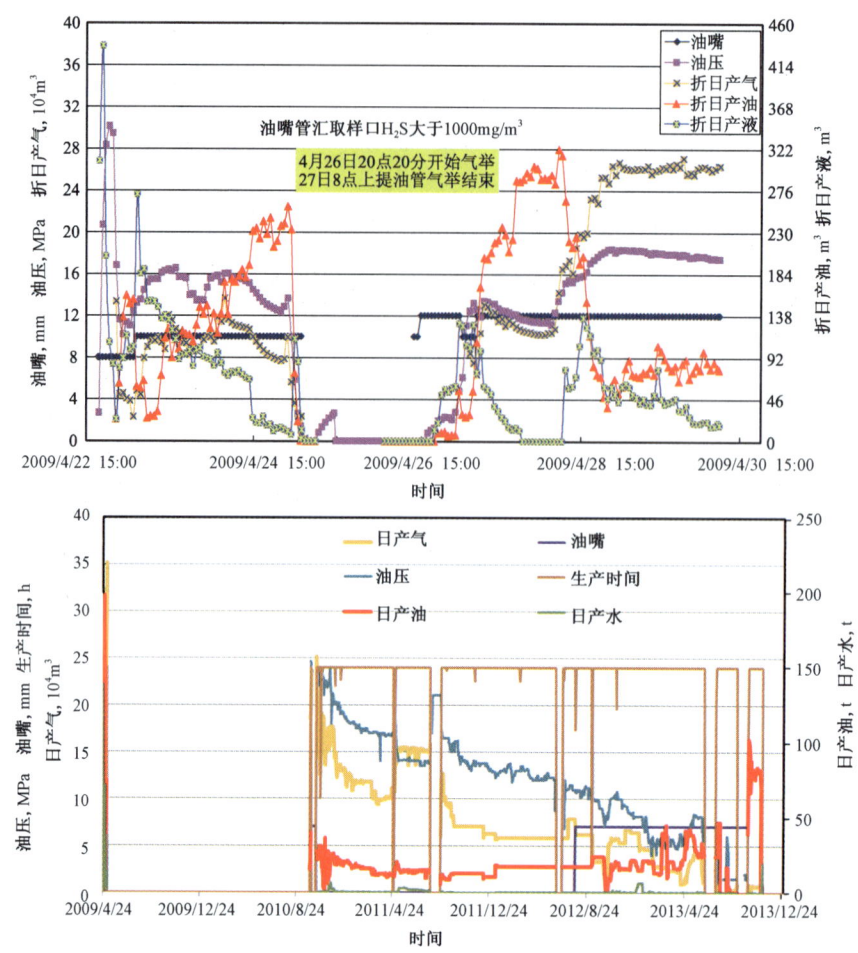

图 6-29 TZ62-11H 井测试求产及生产曲线

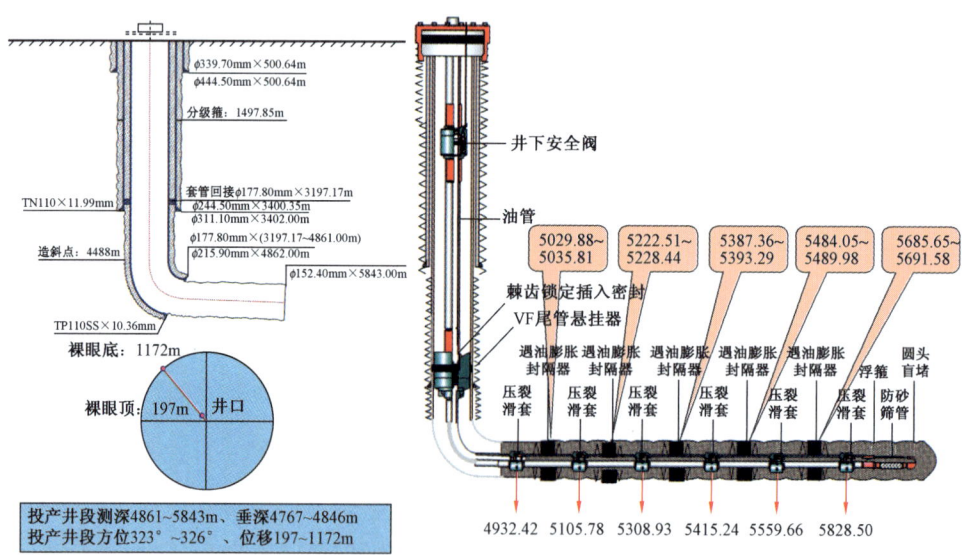

图 6-30 TZ62-11H 井井身及完井管柱结构图

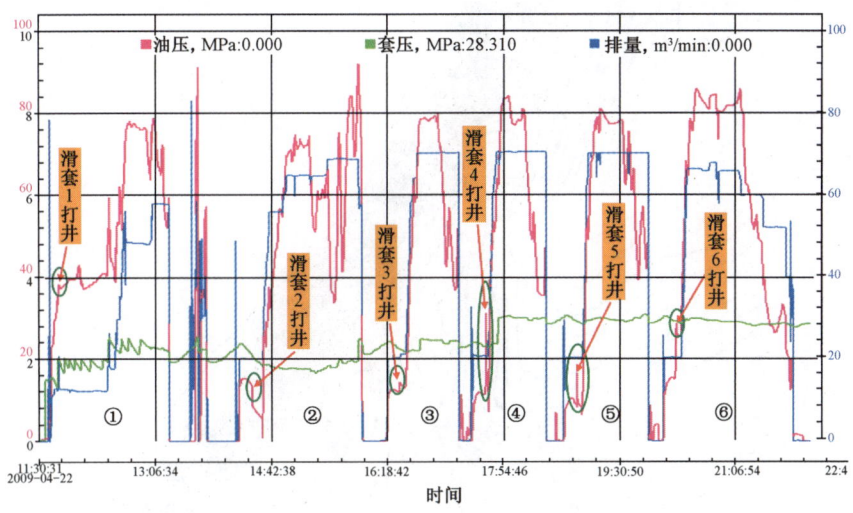

图6-31　TZ62-11H井分段酸化压裂施工曲线

　　该井井位设计合理,水平段方位设计合理,基本没有发生大的漏失,仅在水平段的尾部发生漏失,发现了一个地震资料未能反映的"隐形"缝洞体,气测值突然升至100%,依此及时完井,完全达到了地质目的。我们认为,该井将在后期的生产中显示其独有的稳产优势。此外"隐形"缝洞体的发现,也为"筋脉"理论的导向提供了有力的支持(图6-32、图6-33)。

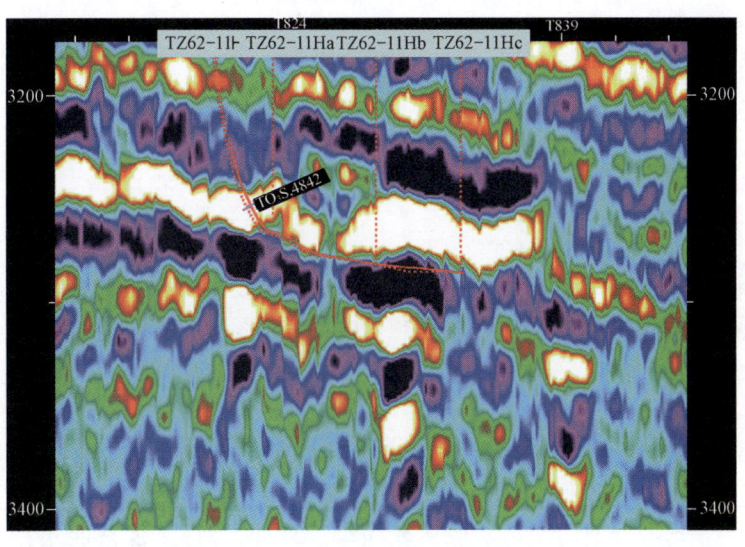

图6-32　TZ62-11H井沿轨迹地震剖面图

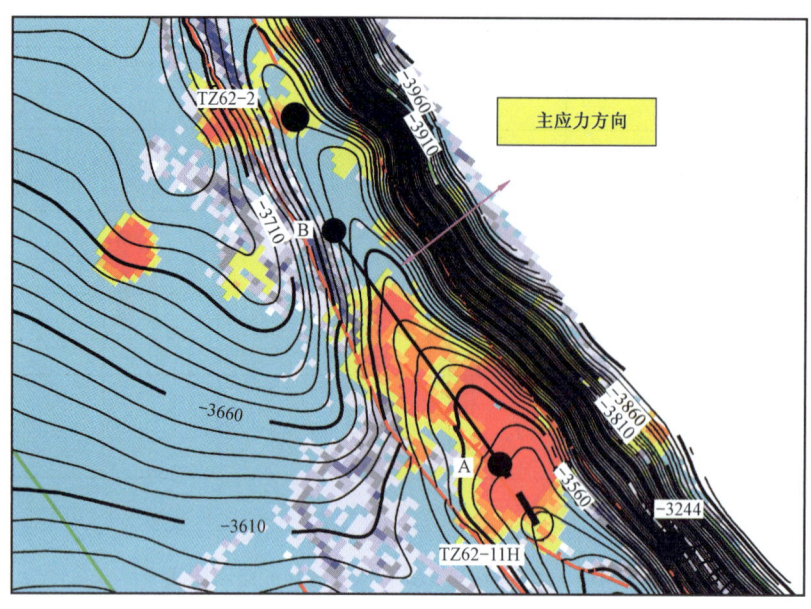

图 6 – 33　TZ62 – 11H 井储层预测与盖层底面构造叠合图

第五节　TZ62 – 10H 井教训深刻

■ 一、结论评价

依据目前该井的试采情况,只能定性为低效井(图 6 – 34)。TZ62 – 10H 井分四段改造,用 10mm 油嘴测试,油压 7. 8MPa,日产油 49. 33m³,日产气 30483m³;截至 2013 年 12 月 31 日,共生产 206 天,累计产油 1386t,累计产气 243 × 10⁴m³。

■ 二、工艺分析

该井钻井十分成功,采用了精细控压钻井工艺;完井酸化压裂工艺成功,水平段长 600m,分四段酸化压裂改造,但增油气效果并不理想(图 6 – 35、图 6 – 36)。

■ 三、地质分析

该井平面位置设计及垂向轨迹设计均参考了 TZ62 – 11H 井的成功经验,但水平段方向设计极不合理,违背了高角度斜切主应力方向的"筋脉"理论指导原则。结果改造只能形成一条裂缝,大量作业液造缝、扩缝作用,使裂缝不断向纵深延伸,沟通了深部底水,而泄油气半径不能有效增大,反而造成底水的提前侵入,同时,照顾穿越的两个"串珠"基本无效。当然该井在三类储层区的大幅穿越,并见到良好油气显示,使我们更进一步加深了对"筋脉"理论的认识。三类储层区的储量资源是切实存在的,这是不争的事实,如何对其有效开发才是我们要重点研究和攻关的课题(图 6 – 37 至图 6 – 40)。

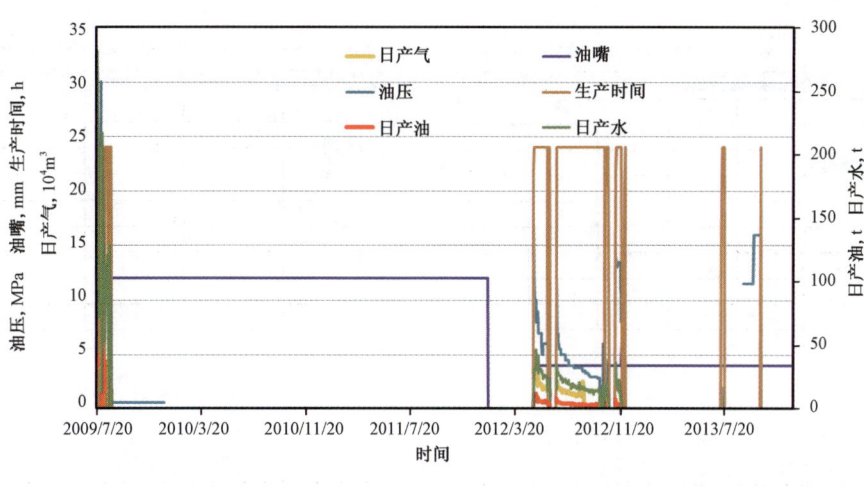

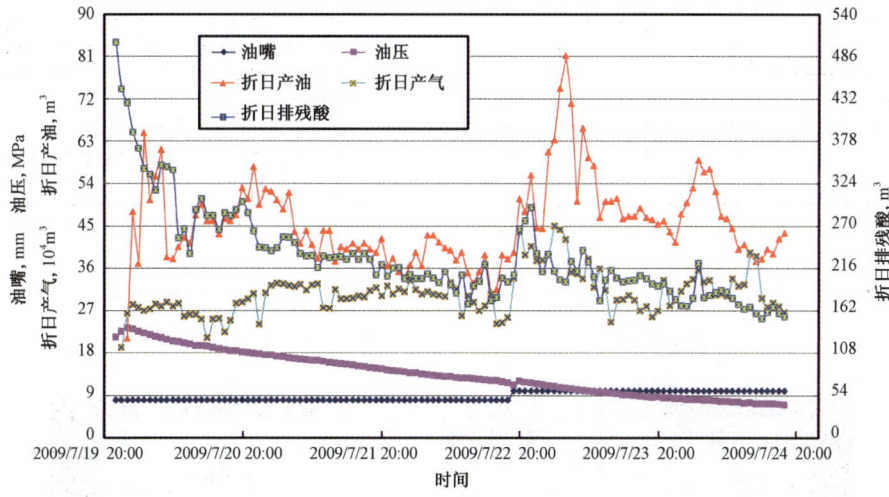

图 6 – 34　TZ62 – 10H 井测试求产及生产曲线

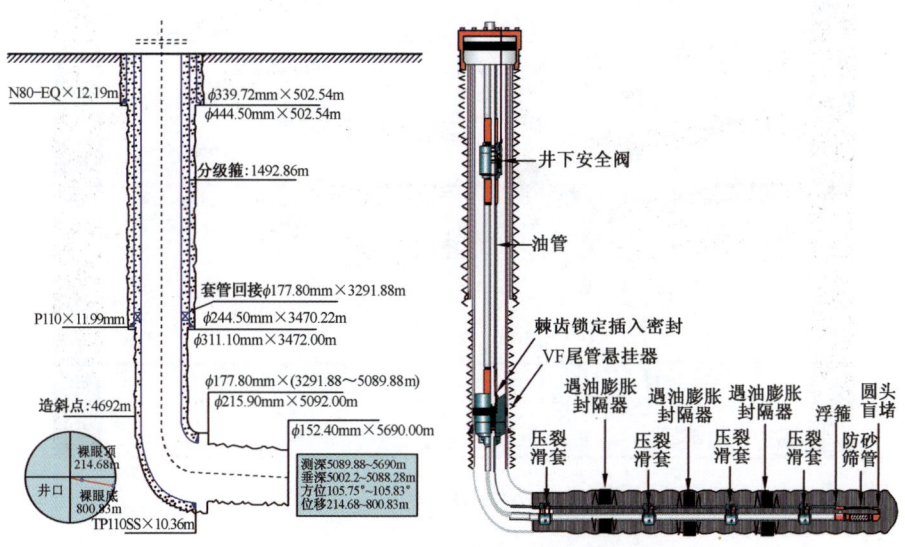

图 6 – 35　TZ62 – 10H 井井身及完井管柱结构图

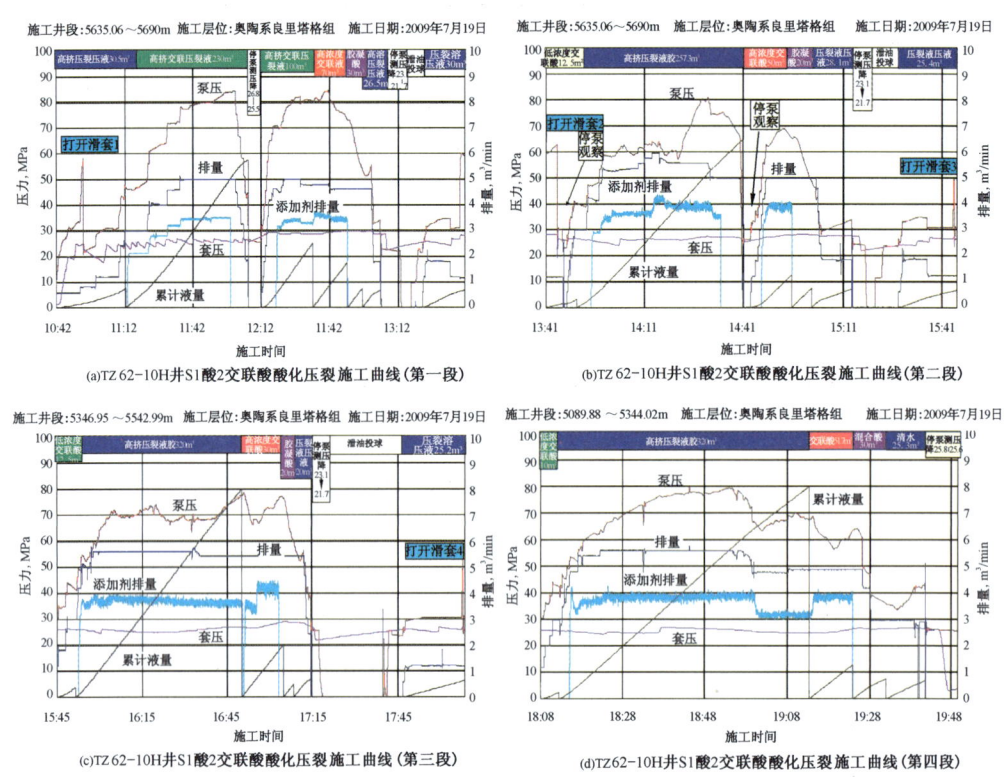

图6-36　TZ62-10H井分段酸化压裂施工曲线

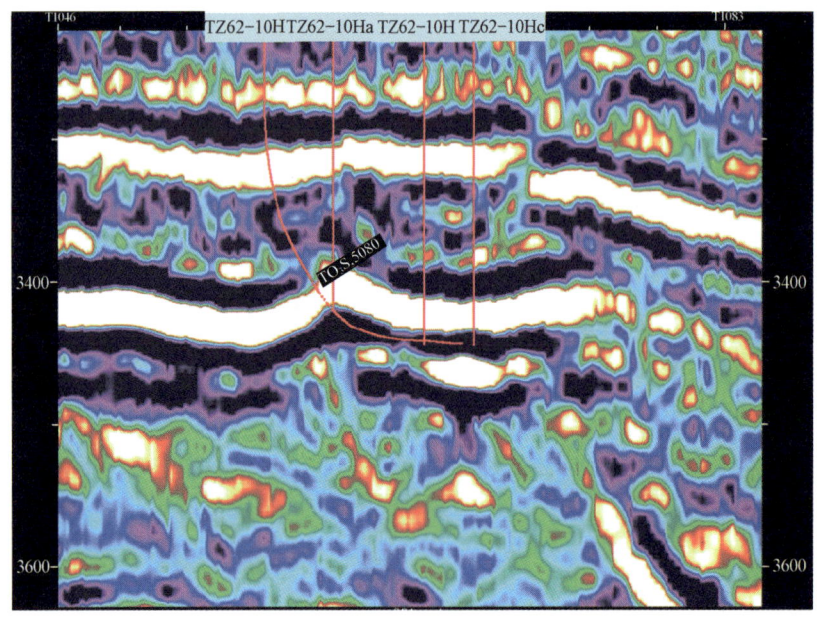

图6-37　TZ62-10H井沿轨迹地震剖面图

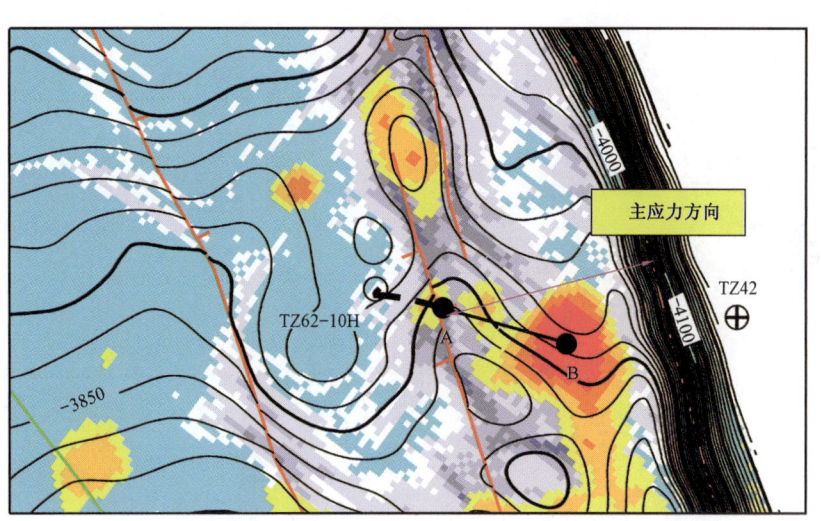

图 6 – 38　TZ62 – 10H 井储层预测与盖层底面构造叠合图

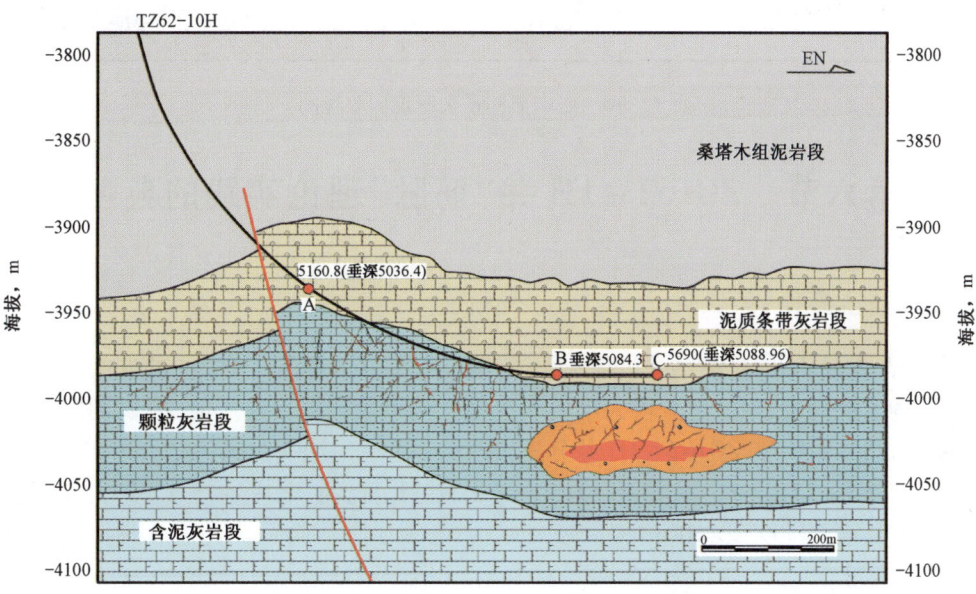

图 6 – 39　TZ62 – 10H 井开发概念地质模型

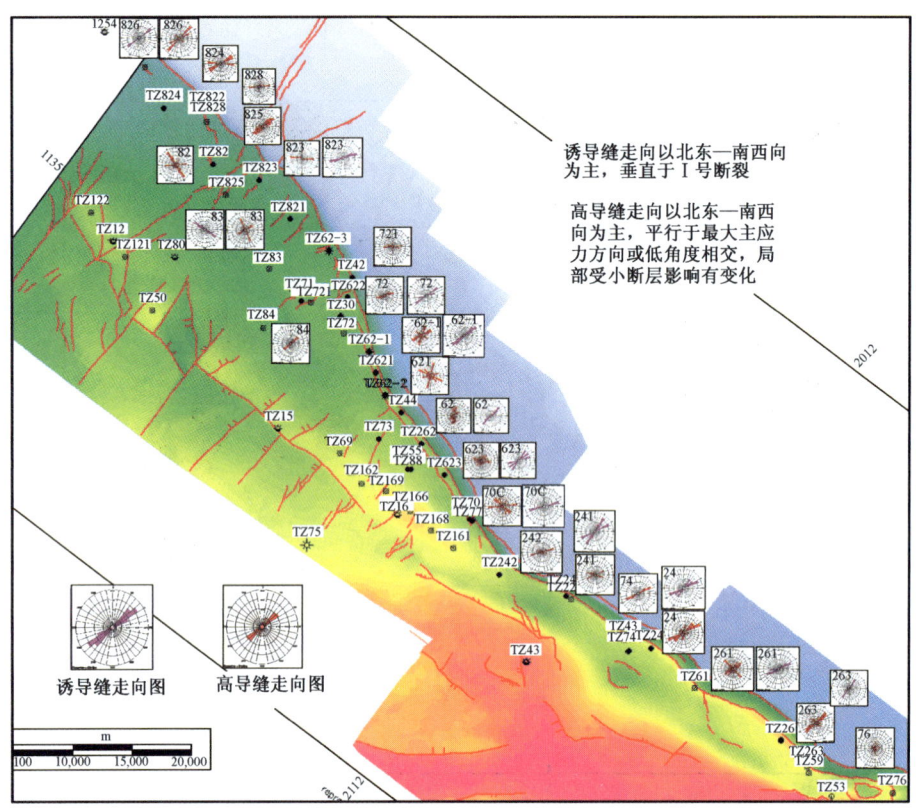

图 6 - 40　塔中奥陶系裂缝走向玫瑰图

第六节　ZG162 - 1H 井"筋脉"理论实践的典型

■一、结论评价

　　该井为开发成功井,虽然钻井过程中无油气显示,测井解释除了 9.5m 的 II 类半充填储层外,其他均为 III 类储层;但经过分段大规模改造仍获得了较高的工业产能,测试期间压力和产量非常稳定(图 6 - 41)。ZG162 - 1H 井分三段改造,用 6mm 油嘴测试,油压 39.0MPa,日产油 114.08m³,日产气 27123m³;测试至 2013 年 12 月 31 日,共开井生产 1532 天,累计产油 67125m³,累计产气 4539.3 × 10⁴ m³。

■二、工艺分析

　　该井钻井十分成功,完井酸化压裂工艺成功,水平段 455m,分三段采用超大规模、最小酸液比酸化压裂改造获得成功(图 6 - 42、图 6 - 43)。

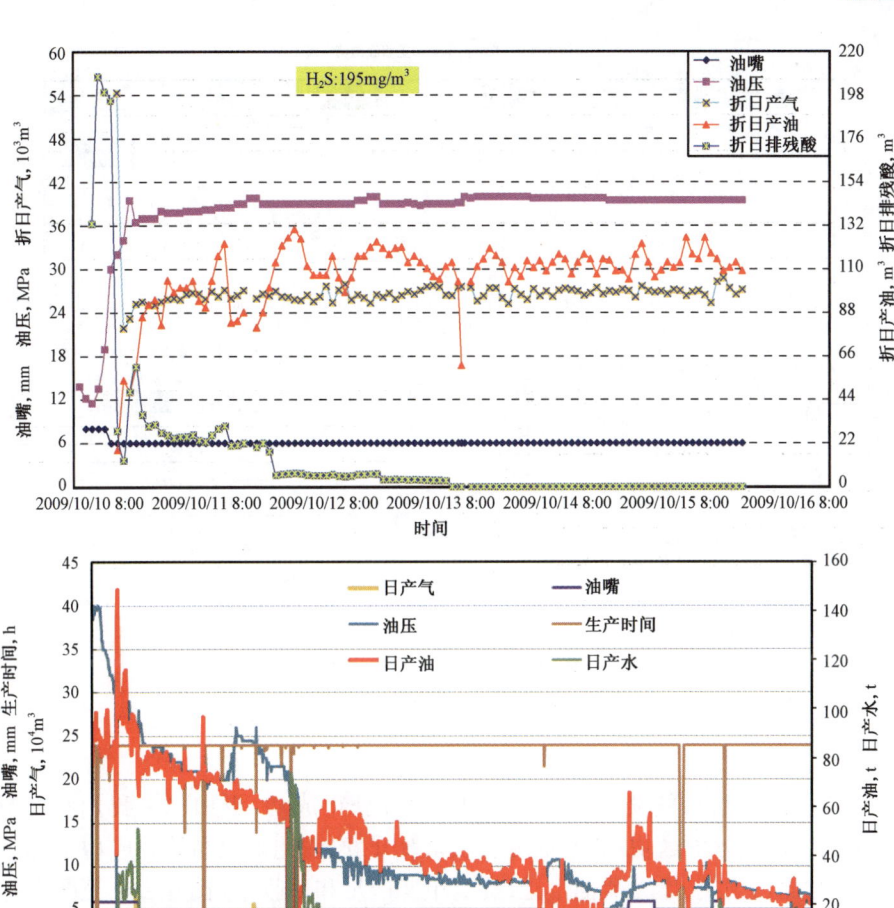

图 6 - 41 ZG162 - 1H井酸化压裂测试求产及生产曲线

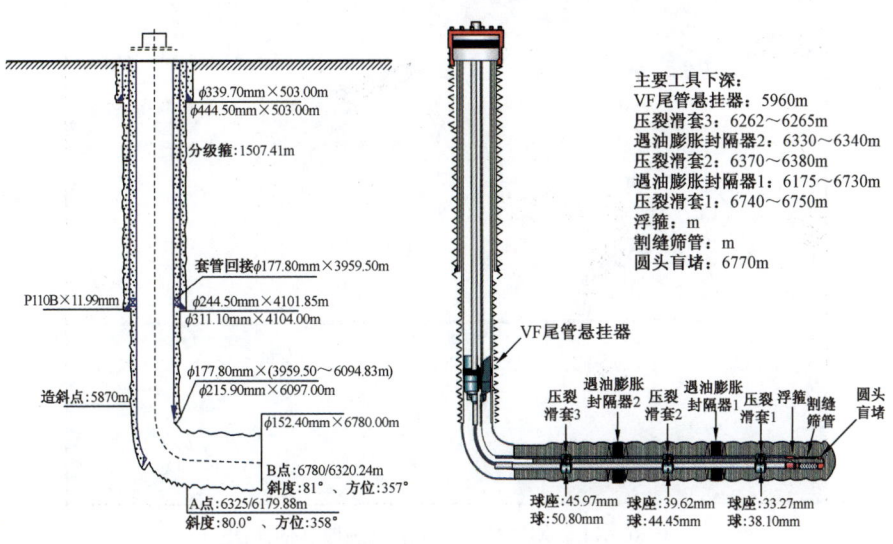

主要工具下深:
VF尾管悬挂器: 5960m
压裂滑套3: 6262～6265m
遇油膨胀封隔器2: 6330～6340m
压裂滑套2: 6370～6380m
遇油膨胀封隔器1: 6175～6730m
压裂滑套1: 6740～6750m
浮箍: m
割缝筛管: m
圆头盲堵: 6770m

图 6 - 42 ZG162 - 1H井井身及完井管柱结构图

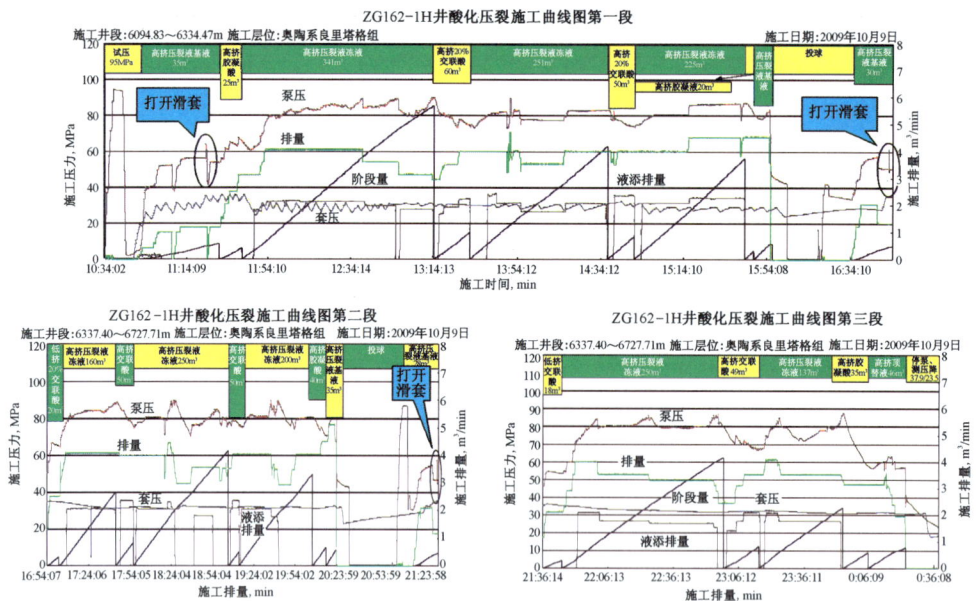

图 6 – 43　ZG162 – 1H 井分段酸化压裂施工曲线

◼ 三、地质分析

该井井位设计合理,水平段方位设计合理。该井获得成功,更加深了我们对"筋脉"理论的认识:在区域大面积含油区块,要采取准层状系统开发,以此来提高钻井成功率;扩大单井控制含油气面积和储量规模,增大泄油半径,提高单井产量和采收率(图 6 – 44 至图 6 – 46)。

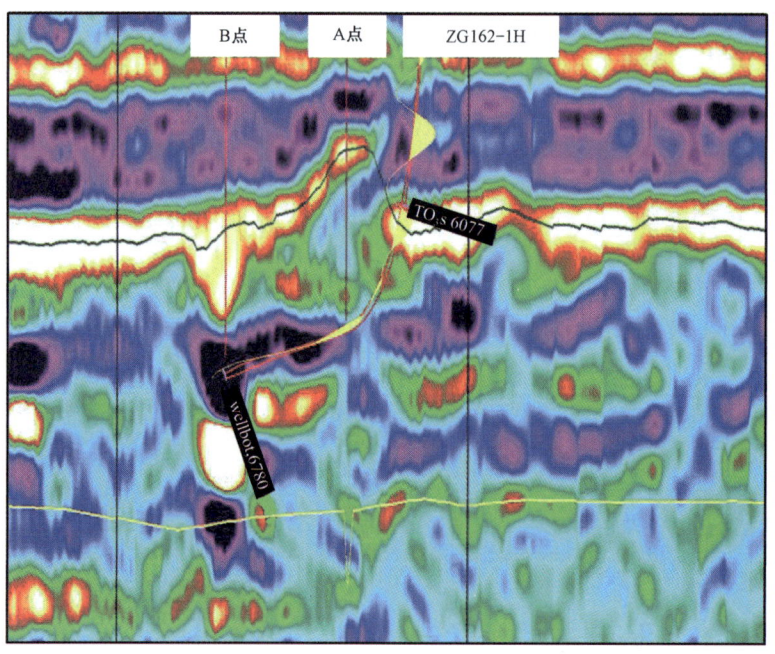

图 6 – 44　ZG162 – 1H 井沿轨迹地震剖面图

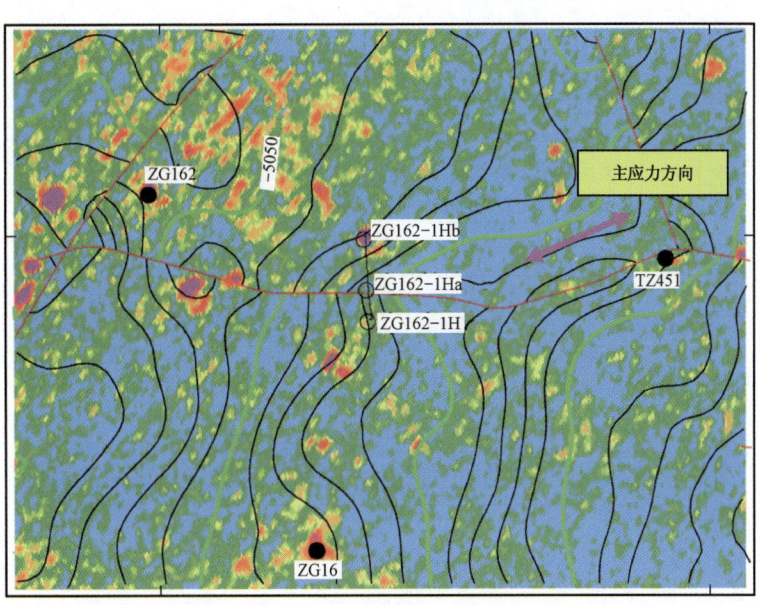

图 6 – 45　ZG162 – 1H 井储层预测与盖层底面构造叠合图

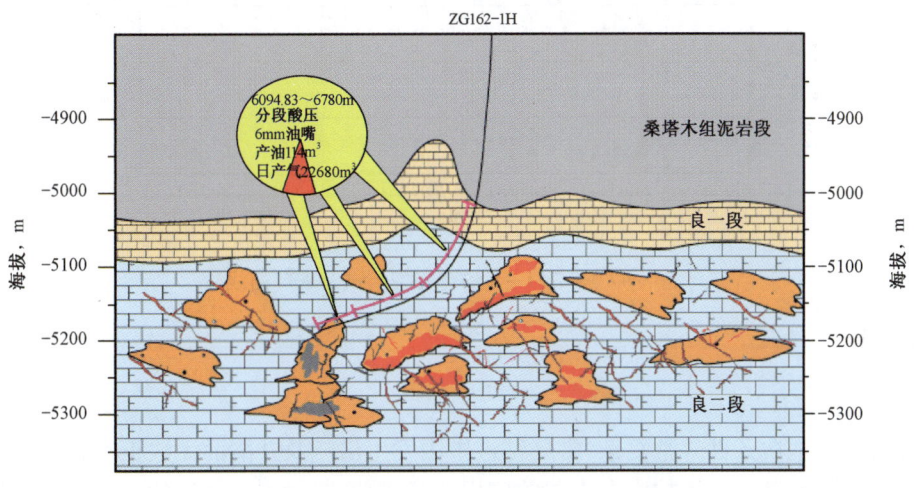

图 6 – 46　ZG162 – 1H 井开发概念地质模型

第七节　TZ721 – 5 井死井变活井

■ 一、结论评价

该井直井出水,后向构造高部位侧钻水平井获高产,为开发成功井。在目的层鹰山组发现气测异常显示 26.26m/13 层,测井解释储层发育段 327m/6 段,均为Ⅱ类储层(图 6 – 47)。

TZ721 – 5 井用 6mm 油嘴放喷,油压 50MPa,日产油 25.75t,日产气 248321m³;日产水 0.23t;截至 2013 年 12 月 31 日,共生产 649 天,累计产油 8036t,累计产气 7883 × 10⁴m³。

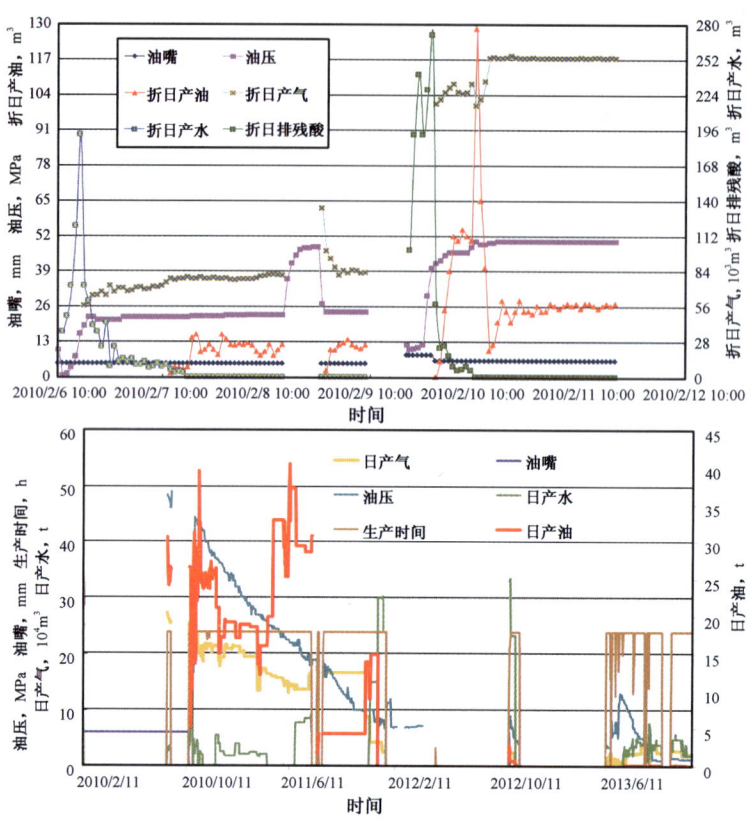

图6-47 TZ721-5酸化压裂测试及求产曲线

二、工艺分析

该井目的层地质条件异常复杂,常规钻进中因发生溢流及井漏而无法正常钻进,随即采用精细控压钻井技术钻进。该技术在本井的应用非常成功,寻找到了合适的当量密度,最终能够精确控制井底压力,在保持微漏的状态下钻进,实现了地质目的。

该井钻井十分成功,对该井奥陶系5199.0~6212.26m(裸眼段长1013.26m)进行完井试油,分5段采用投球分段均匀布酸酸化测试(图6-48、图6-49)。

三、地质分析

该井井位设计合理,水平段方位设计合理,该井获得成功。该气藏是一个边底水凝析气藏,直井打"串珠"出水后,侧钻水平井,以气藏构造地质背景为基础,采取准层状开发,向气藏构造高部位水平井穿越,获高产工业油气流(图6-50至图6-52)。

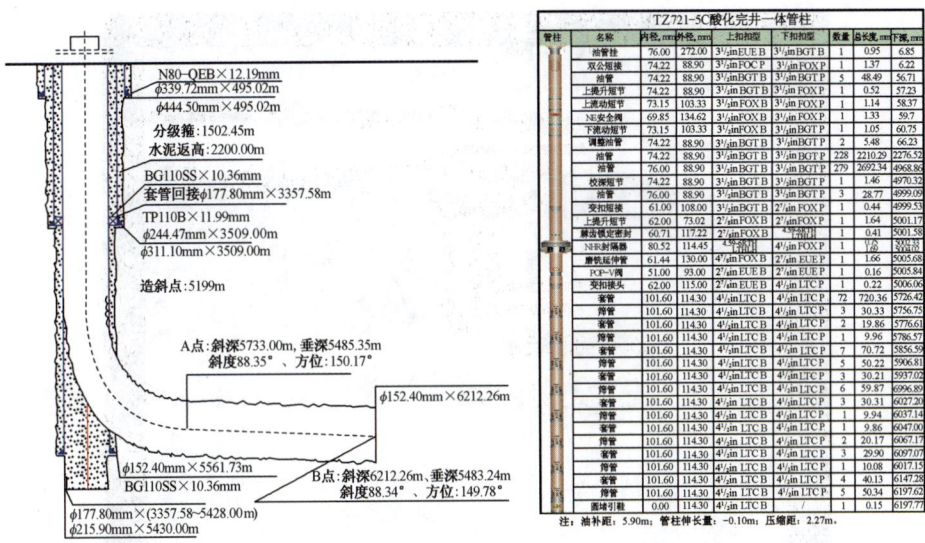

图6-48 TZ721-5井井身及完井管柱结构图

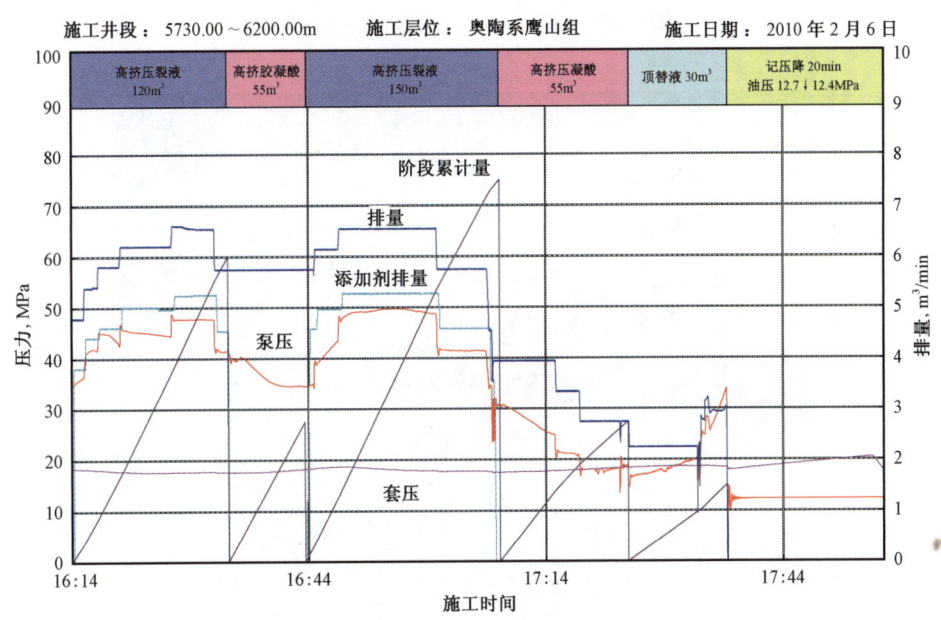

图6-49 TZ721-5井投球酸化压裂施工曲线

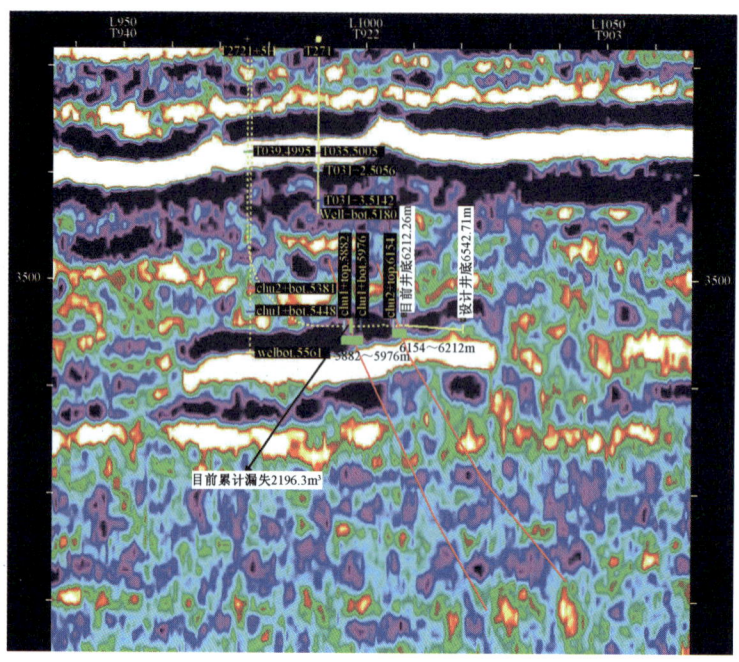

图 6 - 50 TZ721 - 5 沿轨迹地震剖面图

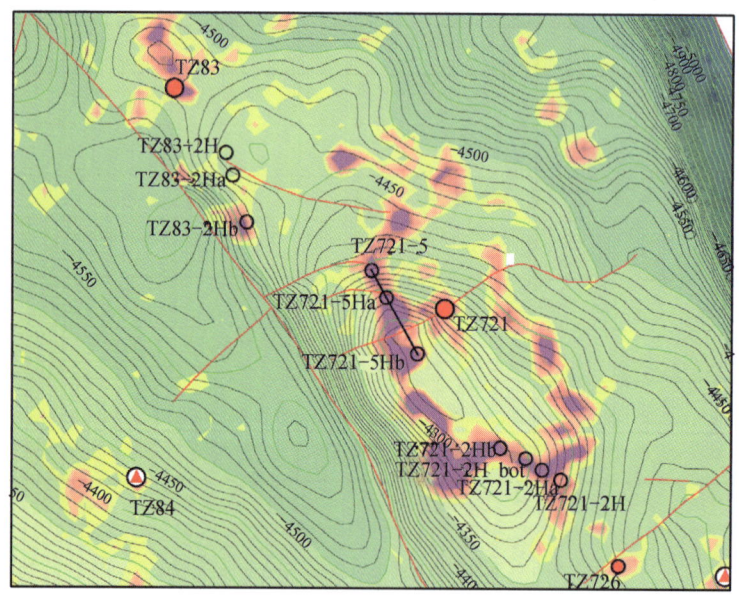

图 6 - 51 TZ721 - 5 井井位构造图

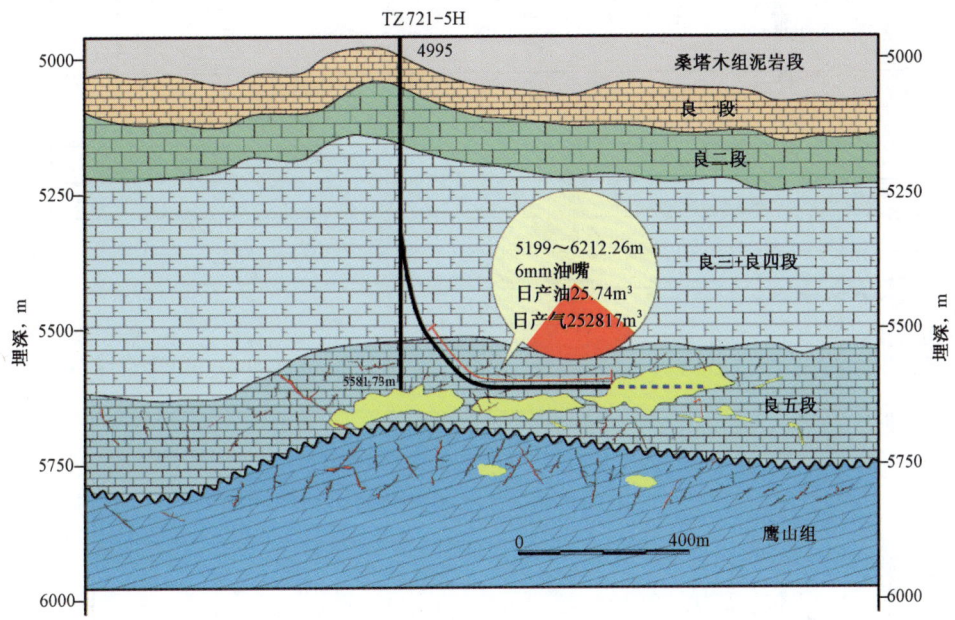

图 6 - 52　TZ721 - 5H 井开发概念地质模型

第八节　TZ721 - 2H 井单井分析

一、结论评价

该井为开发成功井,测井解释除了 110.5m 的 Ⅱ 类储层及 13.5m 的 Ⅰ 类储层外,其他均为 Ⅲ 类储层(图 6 - 53)。

该井分五段改造,用 6mm 油嘴求产,油压 43.592MPa,日产油 12.3m³,日产气 214986m³ (气相对密度 0.648),日排残酸 6.32m³,H_2S 浓度 256mg/m³。截至 2013 年 12 月 31 日,共生产 1090 天,累计产油 1336t,累计产气 5892 × 10⁴m³。

二、工艺分析

该井钻井十分成功,完井酸化压裂工艺成功,分五段改造获得成功。酸化改善了渗流通道,与改造前相比提高了油气产能(图 6 - 54、图 6 - 55)。

三、地质分析

该井井位设计合理,水平段方位设计合理。该井钻至井深 5919m 发生井漏复杂情况,仅完成设计的 50%,经测试日产水 35.28m³,日产气 279620m³。经堵漏后,继续钻进至 6142m 完钻,完井分段改造,获稳产、高产,地层已基本不产水。根据中途测试和改造后的情况分析认为

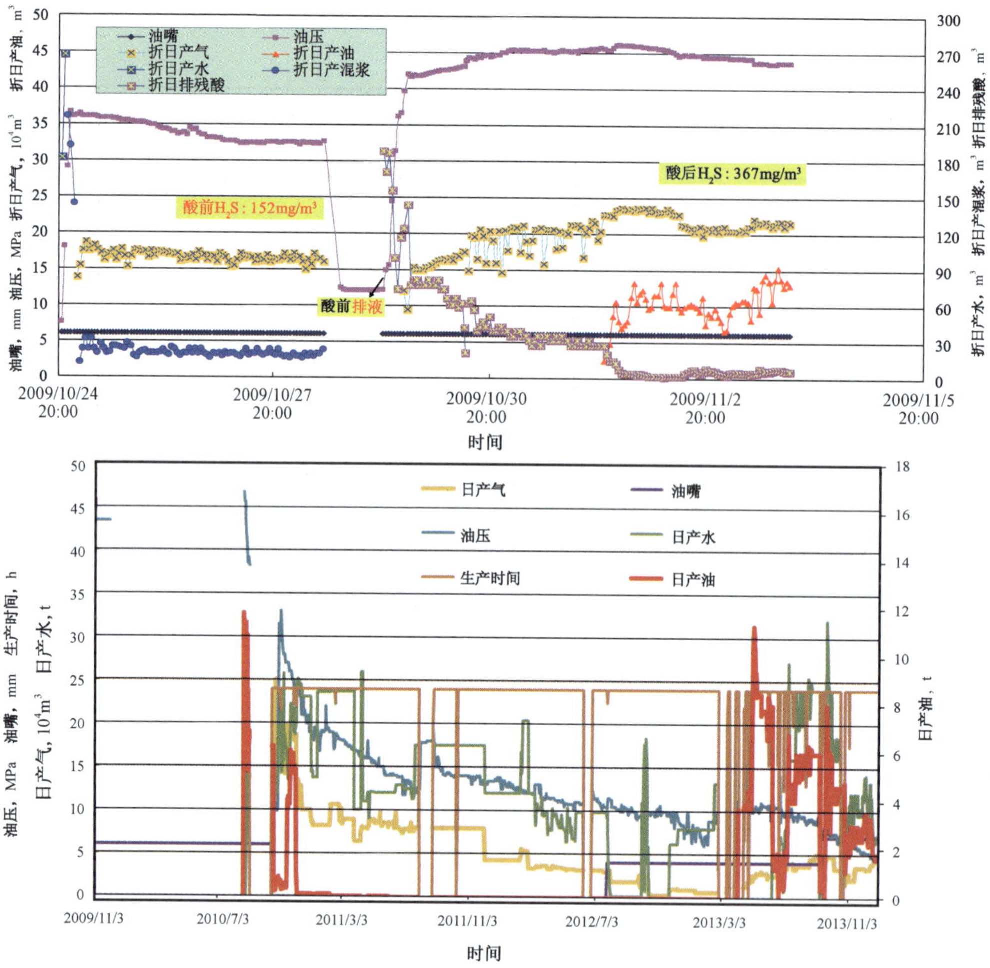

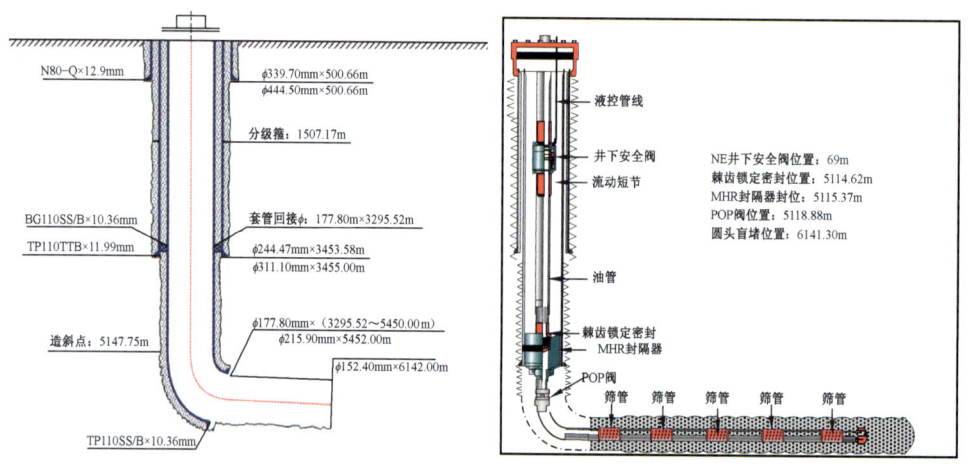

图 6 - 53　TZ721 - 2H 井求产曲线

图 6 - 54　TZ721 - 2H 井井身及完井管柱结构图

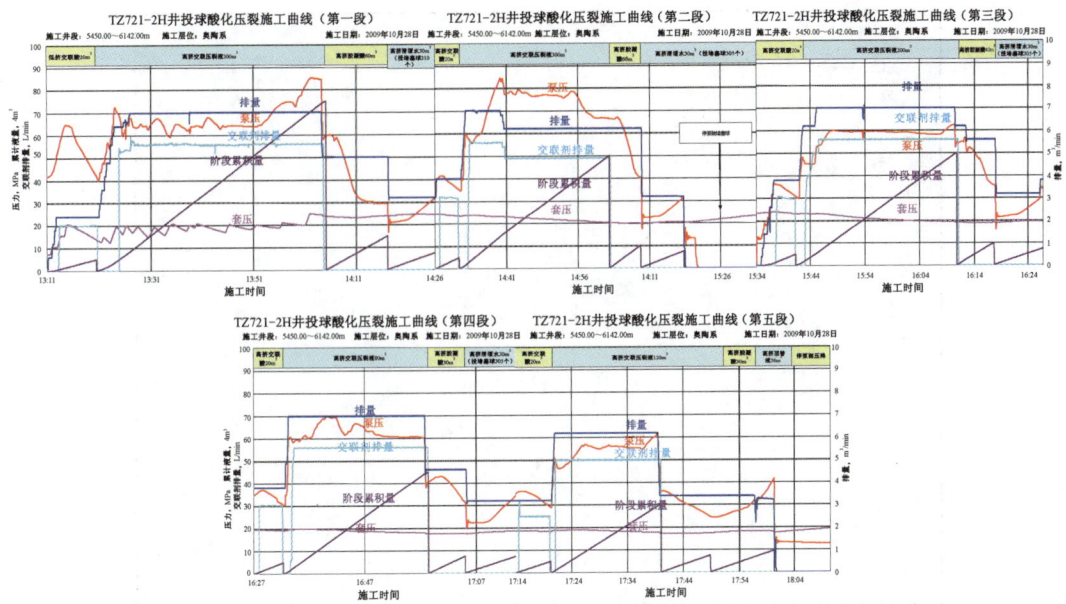

图6-55　TZ721-2H井分段酸化压裂施工曲线图

大延伸水平井钻揭的储集单元多,可能对出水段起到了一定的抑制作用,为类似的井提供了一种可供尝试的方法,丰富了"筋脉"理论(图6-56至图6-58)。

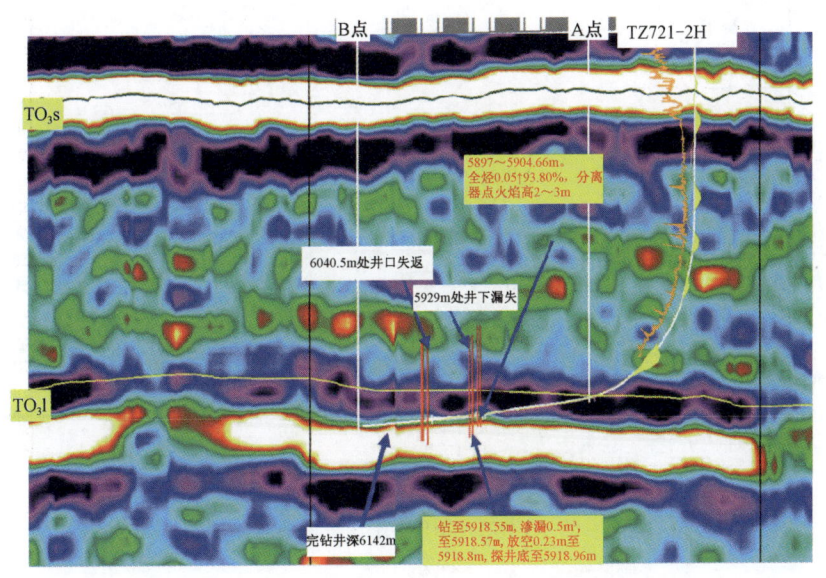

图6-56　TZ721-2H井沿轨迹地震剖面图

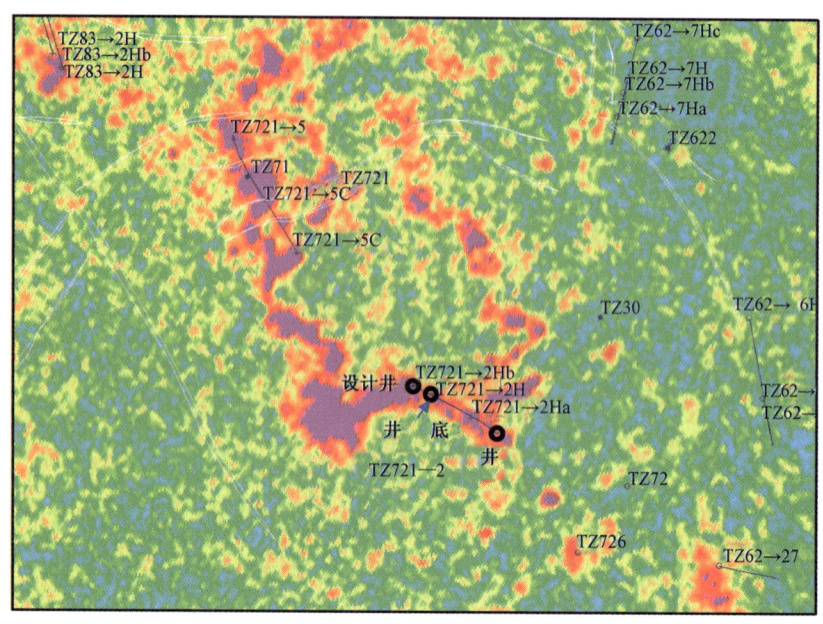

图 6 - 57 塔中 721 井区下奥陶统顶 + 10 ~ - 60ms 均方根振幅属性图

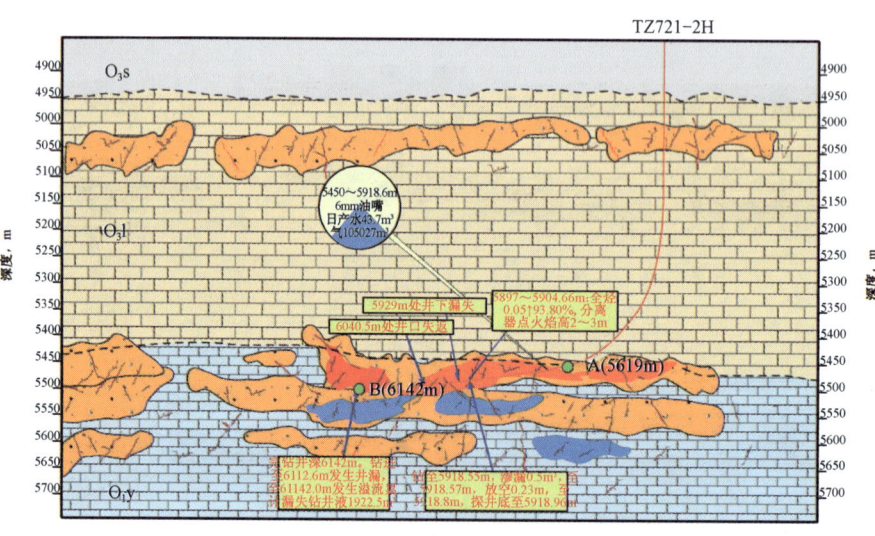

图 6 - 58 TZ721 - 2H 井开发概念地质模型图

第九节 TZ26 - 5H 井有成功有不足

一、结论评价

该井为成功开发井,分十段均匀布酸,整体改造。2010 年 3 月 6 日 8:00 开井,11:00 见气,求产点火,至 2010 年 3 月 11 日 10:00,折日产油 31.92m³,日产气 131568m³,截至 2013 年 12 月 31 日,共生产 854 天,累计产油 11662t,累计产气 5069 × 10⁴m³。与实施封隔分段改造的井相比,稳产效果要差一些,但比水平井笼统改造的效果要好得多(图 6 - 59)。

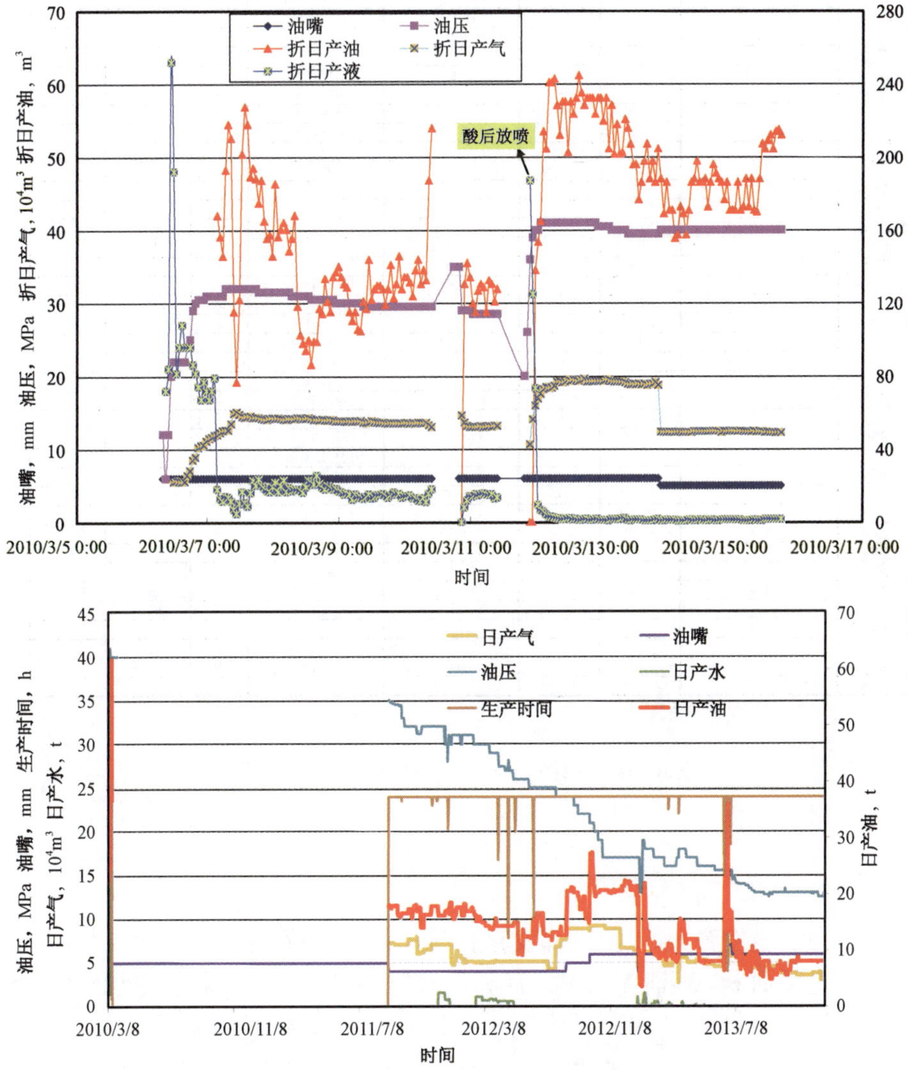

图 6 - 59 TZ26 - 5H 井酸化测试求产曲线

二、工艺分析

该井目的层地质条件最为复杂,裂缝发育,水平段下部发育有洞穴,洞穴与裂缝沟通良好,地层对压力变化极其敏感,密度稍高则漏,稍低则溢,使用常规钻井技术无法正常钻进。本井采用了精细控压钻井技术,应用十分成功。精细控压钻井过程中,通过及时调整井口压力,精确控制井底压力,成功实现了微漏钻进和边点火边钻进,成功钻完设计井深。该井钻井虽然成功,但酸化压裂改造有所不足(图6-60、图6-61)。

管柱	名称	内径,mm	外径,mm	上扣扣型	下扣扣型	数量	总长度,m	下深,m
	油管挂	76.00	272.00	$3^1/_2$in EUE B	$3^1/_2$in EUE B	1	0.88	7.86
	双公短接	74.22	88.9	$3^1/_2$in FOX P	$3^1/_2$in FOX P	1	1.47	9.33
	油管	74.22	88.9	$3^1/_2$in BGT B	$3^1/_2$in BGT B	5	48.28	57.61
	上提升短节	74.22	88.9	$3^1/_2$in BGT B	$3^1/_2$in BGT B	1	1.47	59.08
	上流动端节	69.85	88.9	$3^1/_2$in FOX B	$3^1/_2$in FOX P	1	1.14	60.22
	NE井下安全阀	74.22	134.62	$3^1/_2$in FOX B	$3^1/_2$in FOX B	1	1.33	61.55
	下流动短节	74.22	88.9	$3^1/_2$in FOX B	$3^1/_2$in FOX B	1	0.99	62.54
	上提升短节	74.22	88.9	$3^1/_2$in BGT B	$3^1/_2$in BGT B	1	0.98	63.52
	油管	74.22	88.9	$3^1/_2$in BGT B	$3^1/_2$in BGT B	72	686.30	749.82
	油管	76.00	88.9	$3^1/_2$in BGT B	$3^1/_2$in BGT B	336	3189.80	3939.62
	校深短节	74.22	88.9	$3^1/_2$in BGT B	$3^1/_2$in BGT B	1	2.15	3941.77
	油管	76.00	88.90	$3^1/_2$in BGT B	$3^1/_2$in BGT B	3	28.64	3970.41
	变扣	61.00	108.00	$3^1/_2$in BGT B	$2^7/_8$in FOX P	1	0.46	3970.87
	提升短节	62.00	73.00			1	1.64	3972.51
	刺齿锁定插入密封	60.71	117.22	$2^7/_8$in FOX B	4.69-6R TH LTH	1	0.41	3972.92
	7inMHR封隔器	80.52	144.45	4.59-6RTHLTH LH	$4^1/_2$in FOX P	1	0.74	3973.66 / 3975.36
	磨铣延伸筒	61.44	130.00	$4^1/_2$in FOX B	$2^7/_8$in EUE P	1	1.70 / 1.66	3977.02
	POP-V阀	51.00	94.00	$2^7/_8$in EUE B	$2^7/_8$in EUE P	1	0.17	3977.19
	变扣	60.00	116.00	$2^7/_8$in EUE B	$4^1/_2$in LTC P	1	0.22	3977.41
	套管	101.60	114.30	$4^1/_2$in LTC B	$4^1/_2$in LTC P	32	359.96	4337.37
	筛管	101.60	114.30	$4^1/_2$in LTC B	$4^1/_2$in LTC P	3	29.84	4367.21
	套管	101.60	114.30	$4^1/_2$in LTC B	$4^1/_2$in LTC P	3	33.78	4400.99
	筛管	101.60	114.30	$4^1/_2$in LTC B	$4^1/_2$in LTC P	3	29.98	4430.97
	套管	101.60	114.30	$4^1/_2$in LTC B	$4^1/_2$in LTC P	8	89.53	4520.50
	筛管	101.60	114.30	$4^1/_2$in LTC B	$4^1/_2$in LTC P	3	30.18	4550.68
	套管	101.60	114.30	$4^1/_2$in LTC B	$4^1/_2$in LTC P	7	78.17	4628.85
	筛管	101.60	114.30	$4^1/_2$in LTC B	$4^1/_2$in LTC P	3	29.96	4658.81
	套管	101.60	114.30	$4^1/_2$in LTC B	$4^1/_2$in LTC P	5	56.18	4714.99
	筛管	101.60	114.30	$4^1/_2$in LTC B	$4^1/_2$in LTC P	3	29.92	4744.91
	套管	101.60	114.30	$4^1/_2$in LTC B	$4^1/_2$in LTC P	8	89.98	4834.83
	筛管	101.60	114.30	$4^1/_2$in LTC B	$4^1/_2$in LTC P	3	29.98	4864.81
	套管	101.60	114.30	$4^1/_2$in LTC B	$4^1/_2$in LTC P	4	44.93	4909.74
	筛管	101.60	114.30	$4^1/_2$in LTC B	$4^1/_2$in LTC P	3	30.21	4939.95
	套管	101.60	114.30	$4^1/_2$in LTC B	$4^1/_2$in LTC P	13	145.90	5085.85
	筛管	101.60	114.30	$4^1/_2$in LTC B	$4^1/_2$in LTC P	3	29.96	5115.81
	套管	101.60	114.30	$4^1/_2$in LTC B	$4^1/_2$in LTC P	8	89.99	520.580
	筛管	101.60	114.30	$4^1/_2$in LTC B	$4^1/_2$in LTC P	3	30.09	5235.87
	套管	101.60	114.30	$4^1/_2$in LTC B	$4^1/_2$in LTC P	4	44.69	5280.56
	筛管	101.60	114.30	$4^1/_2$in LTC B	$4^1/_2$in LTC P	3	30.28	5310.84
	圆头盲堵	0.00	128.00	$4^1/_2$in LTC B	—	1	0.16	5311.00

注:油补距:6.98m;压缩距:1.44m;管柱伸长量:2.44m。

图6-60 TZ26-5H井完井酸化管柱结构图

三、地质分析

TZ26-5H井裂缝发育,水平段下部发育有洞穴,洞穴与裂缝沟通良好,井位设计合理,贯穿了较大的储层面积,泄油半径大,有利于提高单井产量和采收率(图6-62至图6-64)。

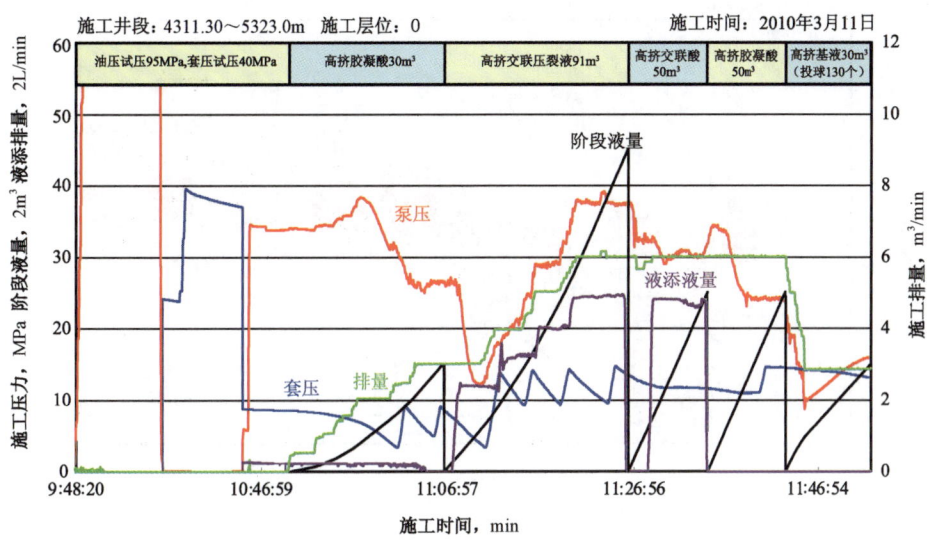

图 6 – 61　TZ26 – 5H 井分段酸化压裂施工曲线图（试压、第一段）

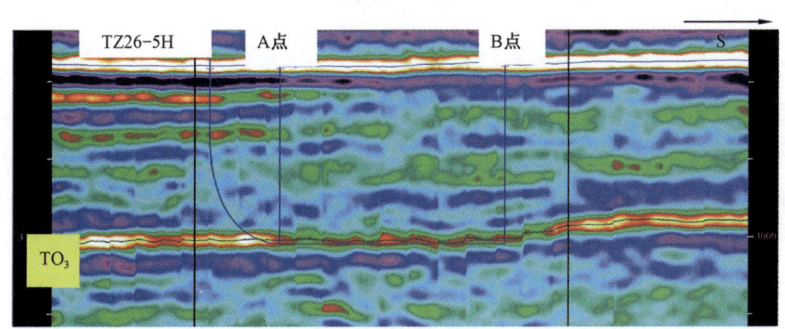

图 6 – 62　TZ26 – 5H 井沿轨迹地震剖面图

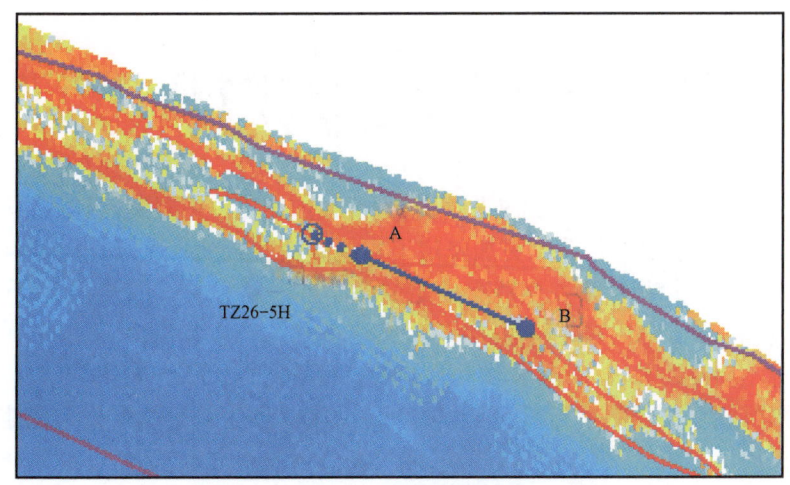

图 6 – 63　TZ26 – 5H 井裂缝储层预测图

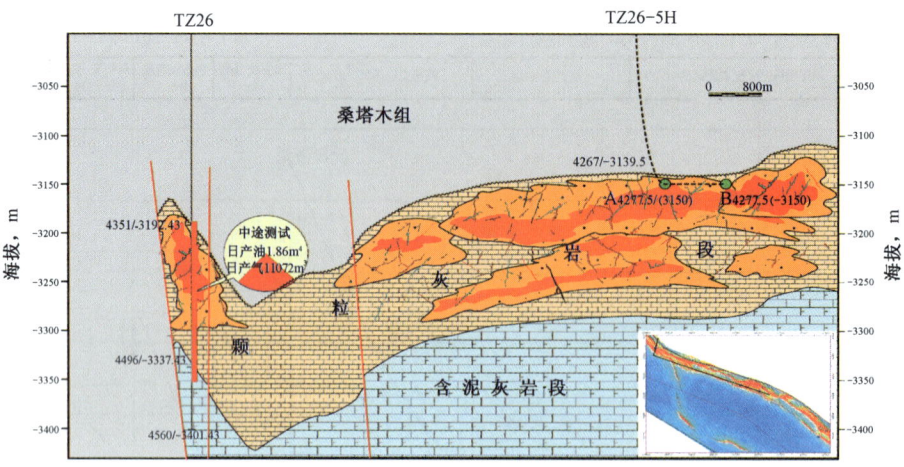

图 6 – 64　TZ26 – 5H 井开发概念地质模型

第十节　TZ62 – H12 井单井分析

■ 一、实钻情况

TZ62 – H12 井是按"筋脉"理论部署的一口开发井,设计水平段长 1175m,钻探区域储层预测位于Ⅱ、Ⅲ类地区,设计目的是通过长水平井和完井分段改造技术突破塔中地区的Ⅱ、Ⅲ类储层,实现对塔中地区礁滩体的整体效益开发。实钻过程中,钻进至井深 4740.90m 发生溢流,节流循环点火火焰高 9 ~ 12m,H_2S 浓度最高达 640mg/m^3。后转入精细控压钻井,定向钻进井深 4779m,钻进过程中地层又漏又出(每小时漏失 12m^3),因井控风险较大,该井就此完钻,石灰岩段进尺仅 88m,远远没有达到设计目的。

■ 二、地质分析

该井的实钻情况使我们认识到,物探技术上很难准确预测"隐形"的缝洞体;在地震储层预测的Ⅱ、Ⅲ类地区,也存在大量油气,也是良好的储层发育区,这些区域如果实现突破,碳酸盐岩的勘探开发就上升到了一个新的阶段。另外,这些"隐形"缝洞体的存在,使我们钻探过程中会遇到一些"遭遇战",造成工程复杂情况,因此在前期工作中要做好打"遭遇战"的准备。总之通过一年多的理论实践,使我们更加坚定了实现碳酸盐岩油气藏规模效益开发攻关的信心,也证明用"筋脉"理论指导开发实践有一定的科学性。它完善了油气藏系统开发理论;它追求整体开发效果,既考虑内幕结构单元特点,又注重其系统整合关系,避免了"头疼治头,脚痛治脚"的治标不治本的弊端,而是采取了标本兼治的系统"治疗"方案,具有快刀斩乱麻之奇效,跳出了细解"死节"的怪圈。当然,它也对"病情诊断"和"治疗手段"(综合地质精细评价和工程技术)提出了更高的要求,但从目前的地质和工程技术的水平看,已经具备了相当的条件,缺乏的主要是理论指导。我们认为,突破碳酸盐岩规模效益开发瓶颈已指日可待。关键是要坚定信心,勇于实践,上一批井虽然见到了较好的效果,但大部分井都没有达到地质设计的目标,最主要还是没有坚定"筋脉"理论的信心。最典型的就是 TZ62 – 10H 井,该井的水平段方位设计违背了"筋脉"理论的设计原理,既不能最大限度地穿插更多的天然"筋脉",又限制了人造"筋脉"的植入,是效果最差的一口水平井,教训不能说不深刻。

"筋脉"理论是在"串珠"理论和各种地质理论基础上的继承与发展,是一套集合了众多的前期理论与实践成果,并针对碳酸盐岩油气藏特点和开发需求,最大限度提升油(气)藏开发效果的理论创新。该理论指导下的一年多的开发实践攻关取得了基本成功,为后续工作的开展打下了良好基础,也为理论研究提供了宝贵的实践素材,更为塔中碳酸盐岩油气藏规模效益开发杀出了一条"血路",已经看到了成功的曙光。

第十一节 TZ623 – H1 和 TZ623 – H2 加密井成功典范

■ 一、结论评价

TZ623 – H1 井、TZ623 – H2 井是"筋脉"理论发表后首批部署的加密井,属于成功开发的井,可评为高效井。从构造图上看,TZ623 – H2 井距离塔中 623 井的直线距离只有 320m,但依然取得很好的钻探效果(图 6 – 65)。

TZ623 – H1 井分八段酸化压裂改造,用 8mm 油嘴测试,油压 40.16MPa,日产油 122.88m³,日产气 36.2 × 10⁴m³;测试结束后投产,截至 2013 年 12月 31 日,累计生产 500 天,累计产油 1.0 × 10⁴t,累计产气 4153 × 10⁴m³(图 6 – 66、图 6 – 67)。

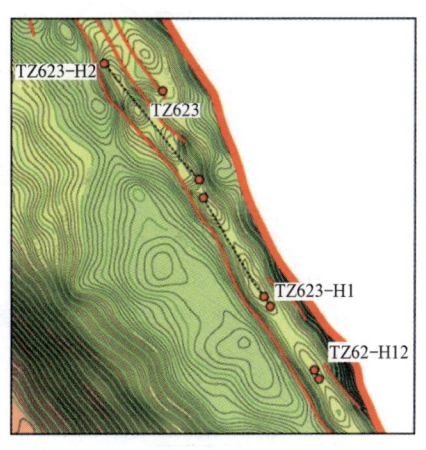

图 6 – 65 TZ623 – H1 和 TZ623 – H2 井区奥陶系良里塔格组顶面构造图

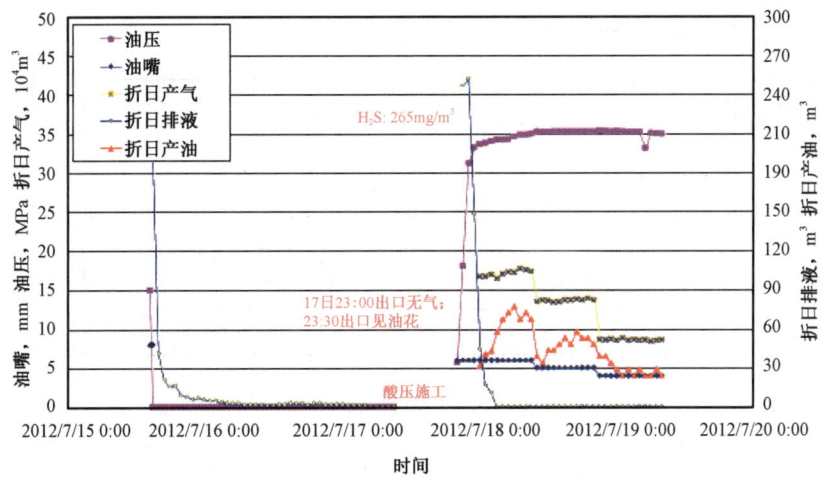

图 6 – 66 TZ623 – H1 井酸化压裂求产曲线

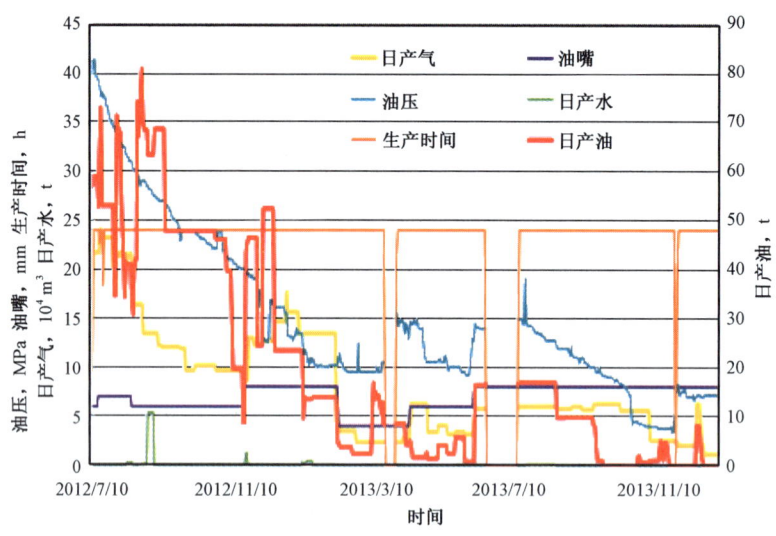

图 6-67 TZ623-H1 井生产曲线

TZ623-H2 井分十段酸化压裂改造,用 5mm 油嘴测试,油压 35.25MPa,日产油 49.8m³,日产气 $13.6 \times 10^4 m^3$;测试结束后投产,截至 2013 年 12 月 31 日,累计生产 481 天,累计产油 $1.3 \times 10^4 t$,累计产气 $5021 \times 10^4 m^3$(图 6-68、图 6-69)。

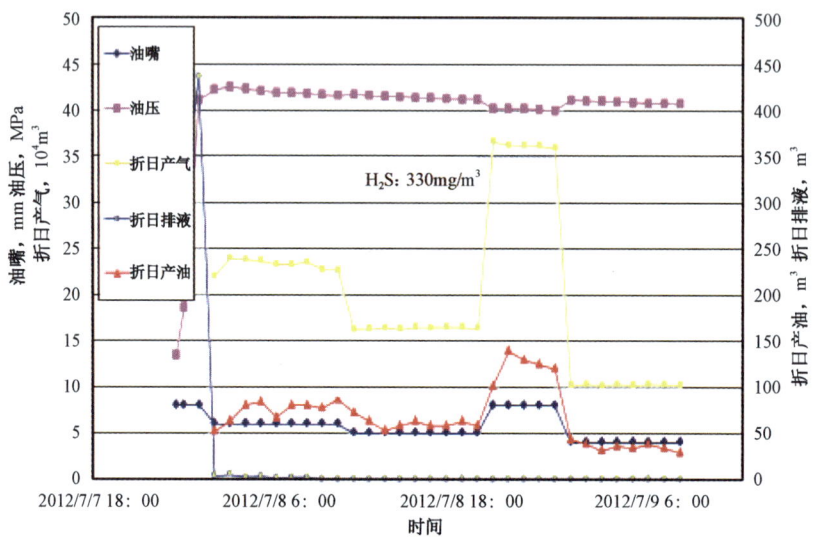

图 6-68 TZ623-H2 井酸化压裂求产曲线

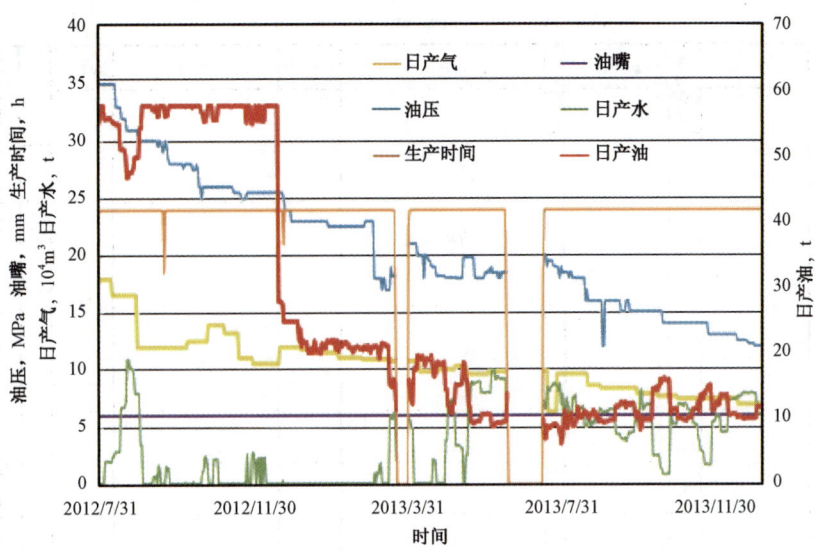

图 6 - 69　TZ623 - H2 井生产曲线

二、工艺分析

TZ623 - H1 井采用国产全通径水平井裸眼分段改造工艺、中浓度胶凝酸以及黄原胶非交联压裂液改造液体系分八段(2 个投球滑套、6 个压控滑套)进行储层改造(图 6 - 70)。共挤入地层 5997m³ 液体,其中黄原胶非交联压裂液 3360m³、胶凝酸 1440m³、瓜尔胶压裂液 1200m³。目前为塔中地区最大改造规模井,压裂滑套全部打开(图 6 - 71),改造工艺成功。

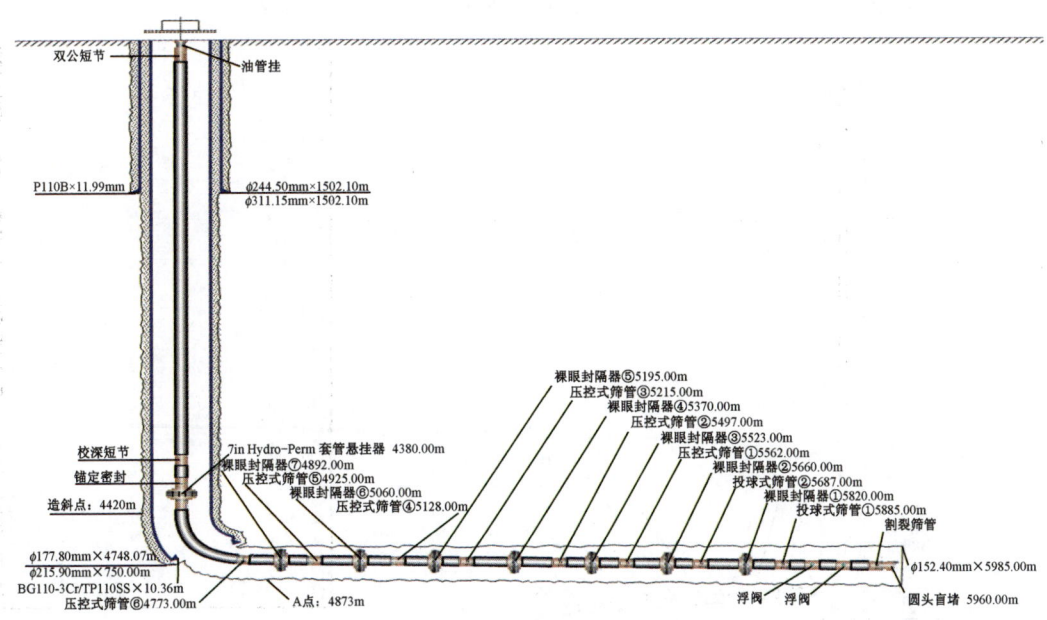

图 6 - 70　TZ623 - H1 井完井管柱结构图

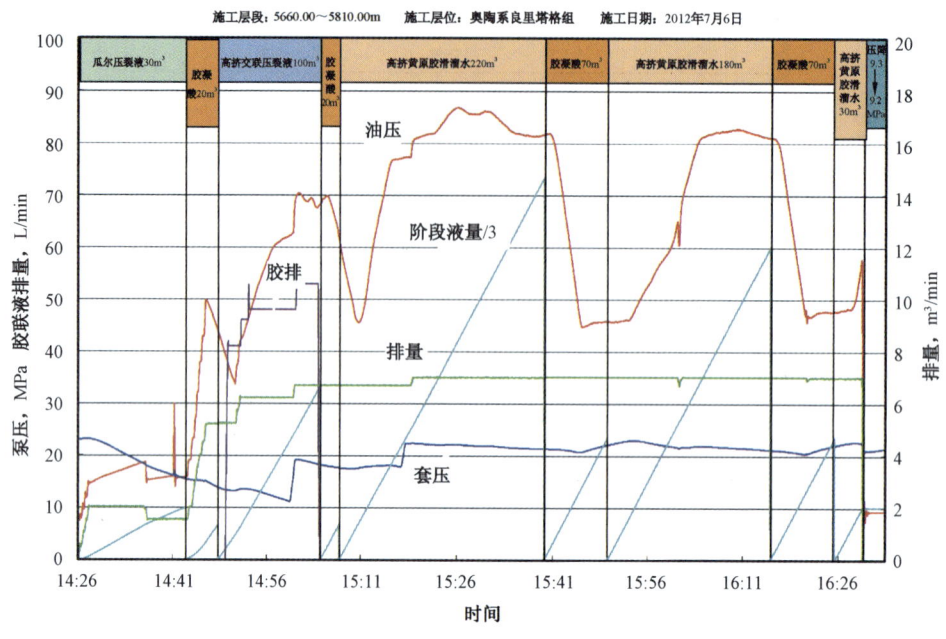

施工层段：5660.00～5810.00m　　施工层位：奥陶系良里塔格组　　施工日期：2012年7月6日

图 6-71　TZ623-H1 井第二段施工曲线

TZ623-H2 井在模拟通井时钻杆多次遇阻,改造管柱难以入位,因此采用 7in RH 封隔器+分段钻杆筛管管柱对该井分十段进行投球限流酸化工艺(图 6-72 至图 6-74),实现全裸眼段均匀布酸,充分发挥水平井优势使所有储层都得到有效贡献,共挤入地层 1840m³液体,其中黄原胶非交联压裂液 1000m³,胶凝酸 800m³,改造工艺成功。

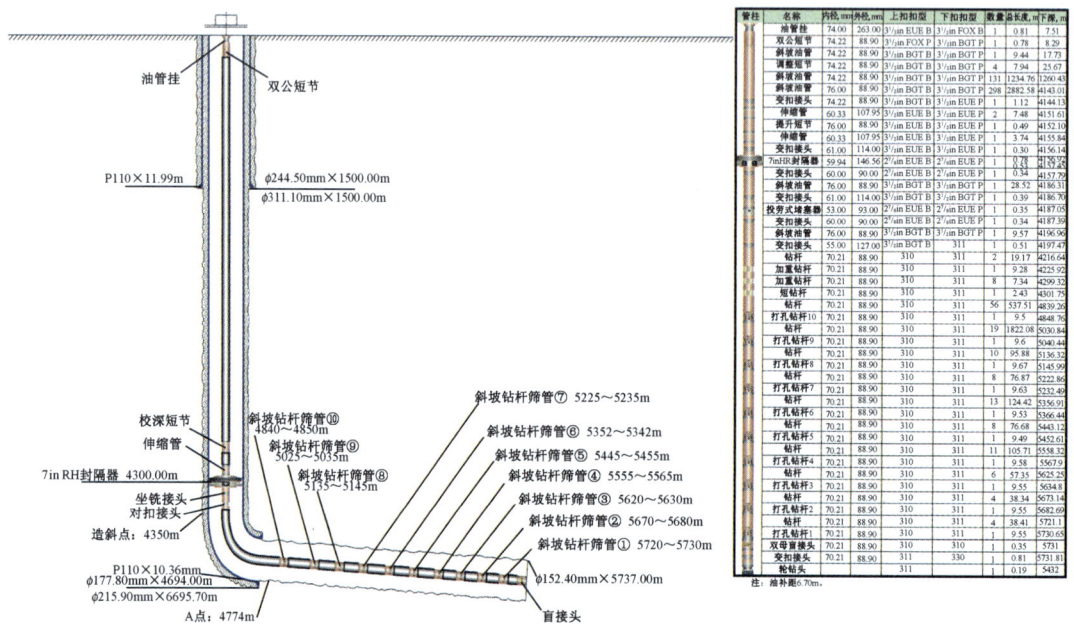

图 6-72　TZ623-H2 井井身及完井管柱结构图

序号	名称	数量，根	单根长度，m	累计长度，m	下深(测井深度)，m	设计要求下深，m
1	6in牙轮钻头	1	0.19	0.19	5732	
2	330×311变扣	1	0.81	1	5731.81	
3	310×310双母盲接头	1	0.35	1.35	5731	
4	打孔钻杆1（φ12.5mm×15孔）	1	9.55	10.9	5730.65	5720.00～5730.00
5	钻杆	4	38.41	49.31	5721.1	
6	打孔钻杆2（φ12.5mm×15孔）	1	9.55	58.86	5682.69	5670.00～5680.00
7	钻杆	4	38.34	97.2	5673.14	
8	打孔钻杆3（φ12.5mm×16孔）	1	9.55	106.75	5634.8	5620.00～5630.00
9	钻杆	6	57.35	164.1	5625.25	
10	打孔钻杆4（φ12.5mm×15孔）	1	9.58	173.68	5567.9	5555.00～5565.00
11	钻杆	11	105.71	279.39	5558.32	
12	打孔钻杆5（φ12.5mm×15孔）	1	9.49	288.88	5452.61	5445.00～5455.00
13	钻杆	8	76.68	365.56	5443.12	
14	打孔钻杆6（φ12.5mm×16孔）	1	9.53	375.09	5366.44	5352.00～5362.00
15	钻杆	13	124.42	499.51	5356.91	
16	打孔钻杆7（φ12.5mm×15孔）	1	9.63	509.14	5232.49	5225.00～5235.00
17	钻杆	8	76.87	586.01	5222.86	
18	打孔钻杆8（φ12.5mm×16孔）	1	9.67	595.68	5145.99	5135.00～5145.00
19	钻杆	10	95.88	691.56	5136.32	
20	打孔钻杆9（φ12.5mm×15孔）	1	9.6	701.16	5040.44	5025.00～5035.00
21	钻杆	19	182.08	883.24	5030.84	
22	打孔钻杆10（φ12.5mm×15孔）	1	9.5	892.74	4848.76	4840.00～4850.00
23	钻杆	56	537.51	1430.25	4839.26	
24	短钻杆（校深短节）	1	2.43	1432.68	4301.75	
25	加重钻杆	42	385.61	1818.29	4299.32	
26	钻杆	408	3916.63	5734.92	3913.71	

注：造斜点为4350m。

图6-73　TZ623-H2井打孔钻杆送入管柱图

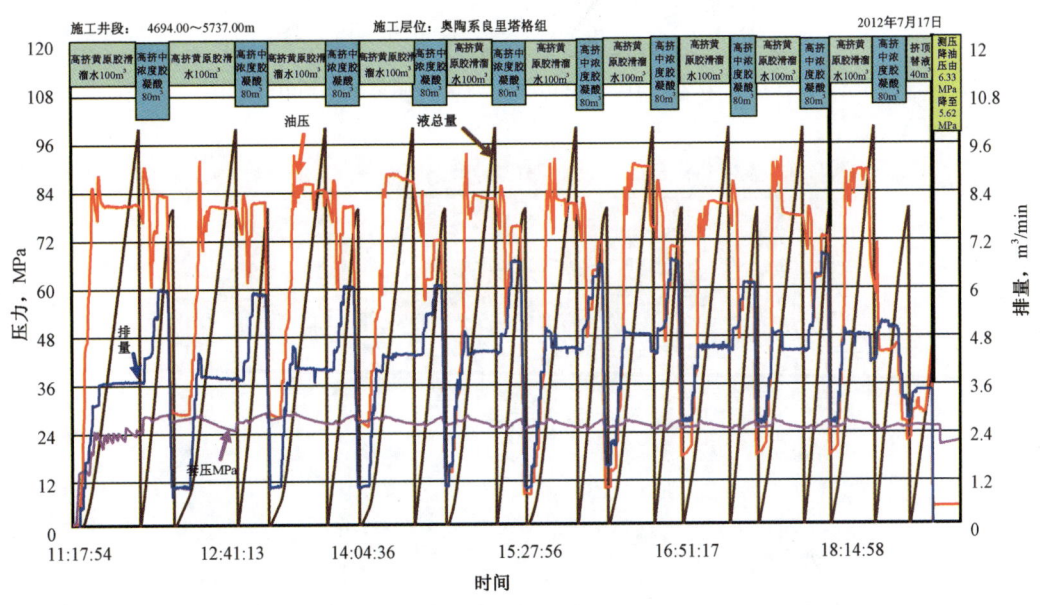

图6-74　TZ623-H2井分十段投球限流酸化压裂施工曲线图

三、地质分析

动静态资料结合,精细划分了塔中东部的储集单元边界,在 TZ623 井和 TZ62 – H12 井之间划分出两个独立的储集单元(图 6 – 75)。在此基础上,部署了加密井 TZ623 – H1 井、TZ623 – H2 井,水平段长度分别是 1148m 和 963m。钻井和试采资料表明,TZ623 – H1 井、TZ623 – H2 井都在独立的储集单元内,与邻井均不连通,达到了加密部署的目的。这两口井水平段长,经过分段酸化压裂改造,生产效果好,是"筋脉"理论成功指导加密井部署的典范(图 6 – 76 至图6 – 79)。

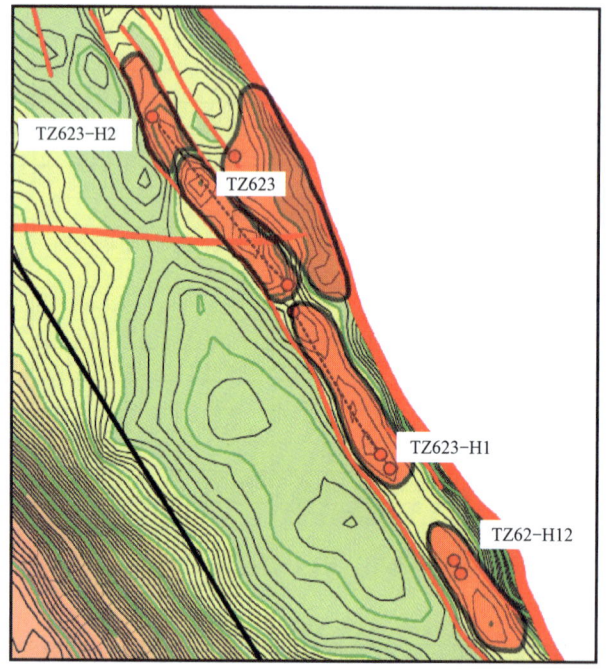

图 6 – 75　TZ623 – H1 井至 TZ623 – H2 井储集单元划分平面图

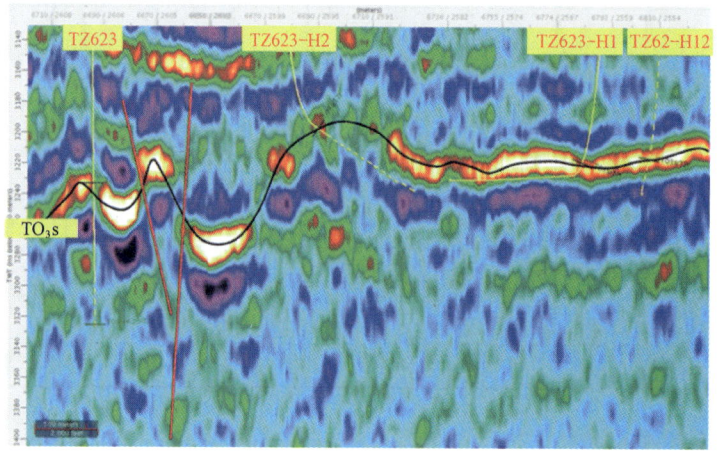

图 6 – 76　过 TZ623 – H1 井至 TZ623 – H2 井沿轨迹地震剖面图

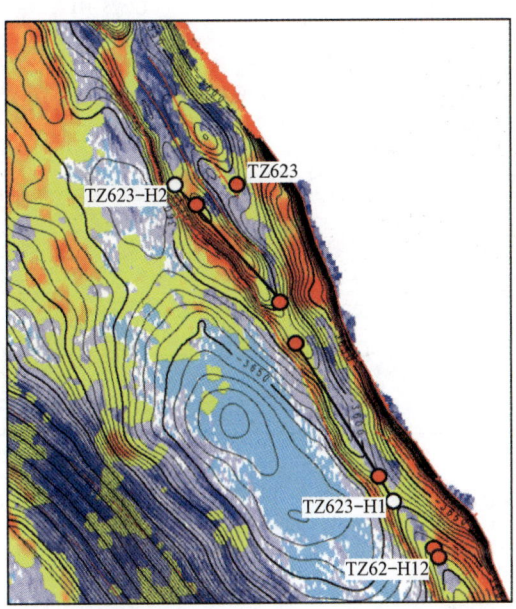

图 6-77 TZ623-H1 井至 TZ623-H2 井储层预测与盖层底面构造叠合图

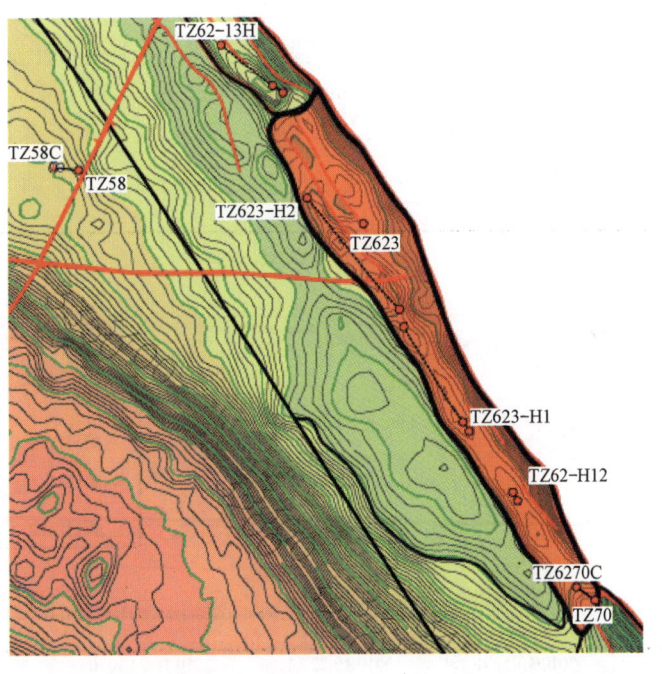

图 6-78 TZ623-H1 井至 TZ623-H2 井油气藏平面图

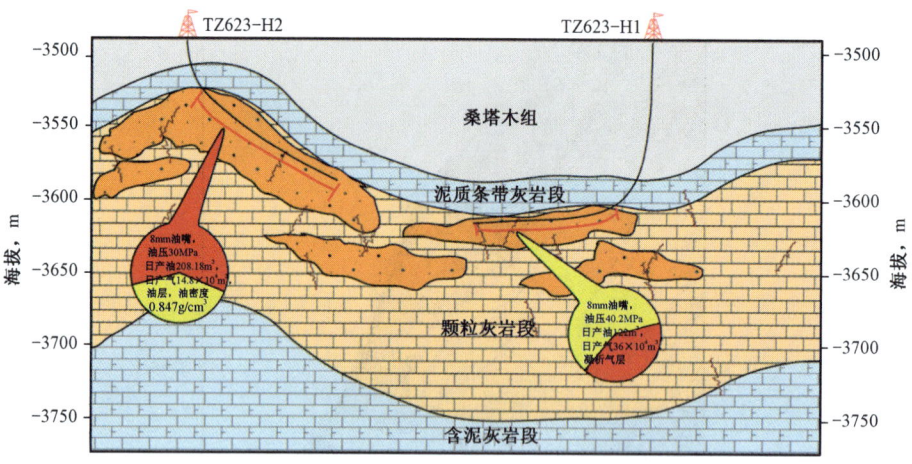

图 6-79　TZ623-H1 井至 TZ623-H2 井开发概念地质模型

第十二节　TZ26-H6、TZ26-H7 和 TZ26-H8"弱反射"高效井

■ 一、结论评价

TZ26-H6、TZ26-H7、TZ26-H8 三口"弱反射"高效井，属于成功开发的井。

TZ26-H6 井分四段酸化压裂改造，用 4mm 油嘴测试，油压 38.9MPa，日产油 41.8m^3，日产气 3.6×10^4m^3；截至 2013 年 12 月 31 日，共开井生产 939 天，累计产油 1.4×10^4t，累计产气 6565×10^4m^3（图 6-80、图 6-81）。

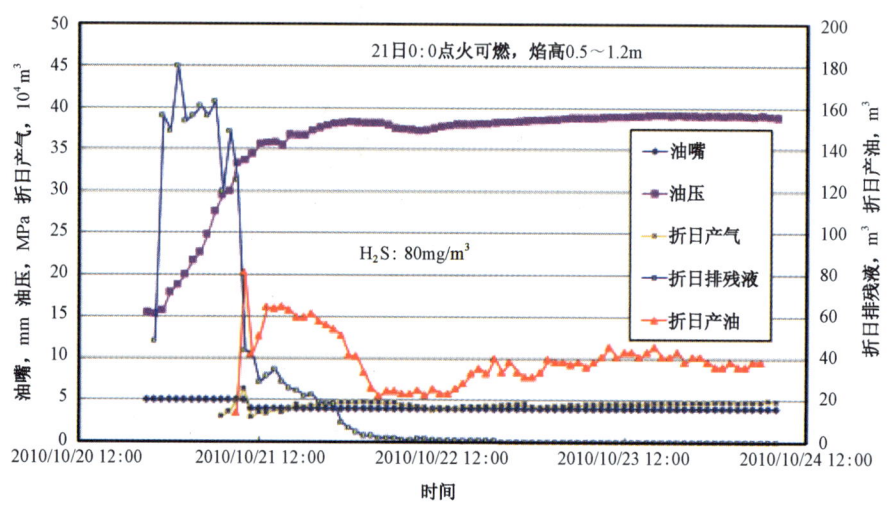

图 6-80　TZ26-H6 井酸化压裂求产曲线

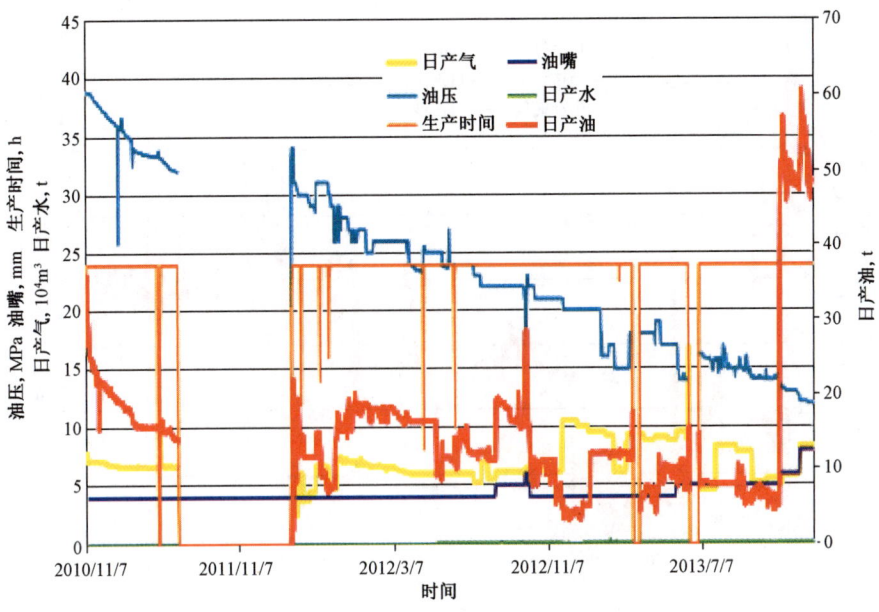

图 6 – 81　TZ26 – H6 井生产曲线

　　TZ26 – H7 井分三段酸化压裂改造,用 5mm 油嘴测试,油压 31. 25MPa,日产油 22.5m^3,日产气 7. 8 × $10^4 m^3$;截至 2013 年 12 月 31 日,共开井生产 503 天,累计产油 0. 6 × $10^4 t$,累计产气 3672 × $10^4 m^3$(图 6 –82、图 6 –83)。

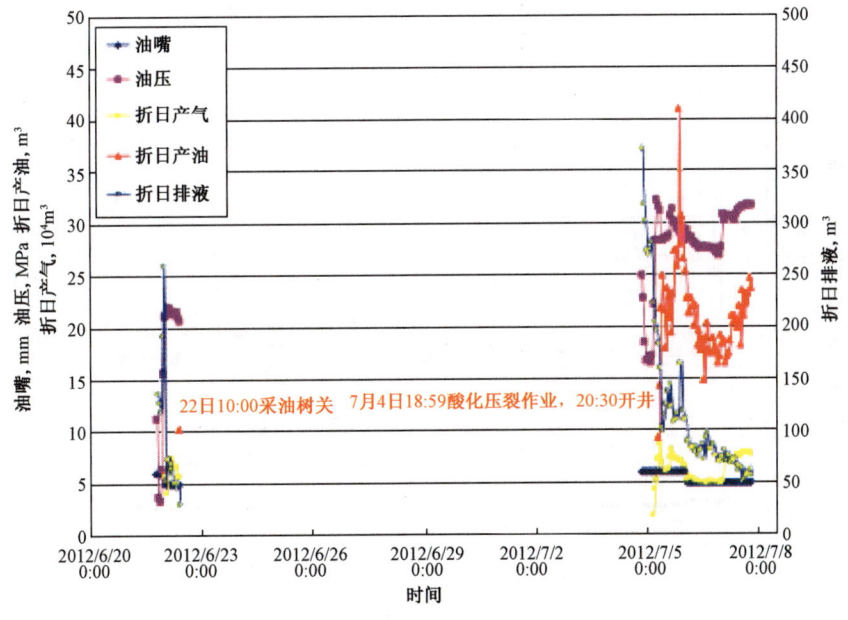

图 6 – 82　TZ26 – H7 井酸化压裂求产曲线

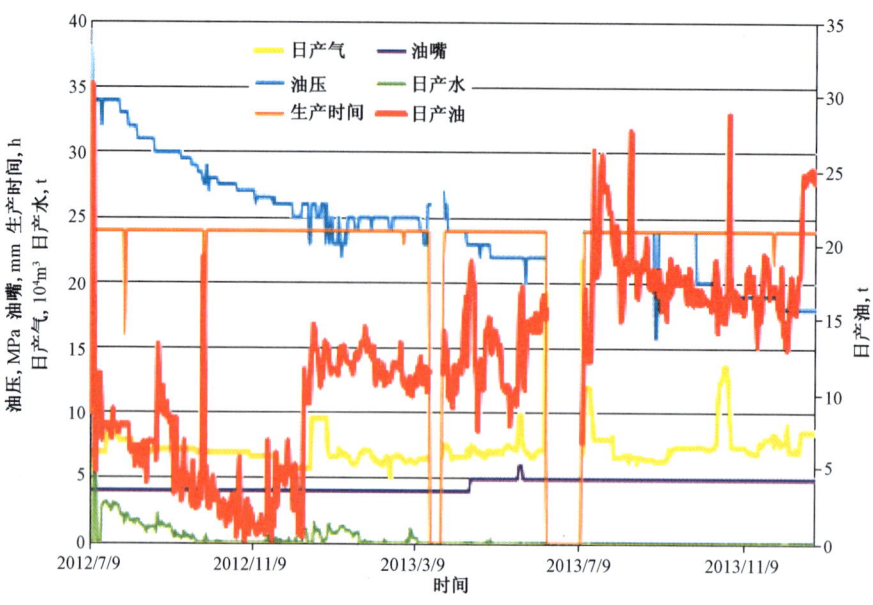

图 6 – 83   TZ26 – H7 井生产曲线

TZ26 – H8 井分四段酸化压裂改造,用 5mm 油嘴测试,油压 34.7MPa,日产油 40.6m³,日产气 13.2 × 10⁴m³;截至 2013 年 12 月 31 日,共开井生产 510 天,累计产油 1.8 × 10⁴t,累计产气 4856 × 10⁴m³(图 6 – 84、图 6 – 85)。

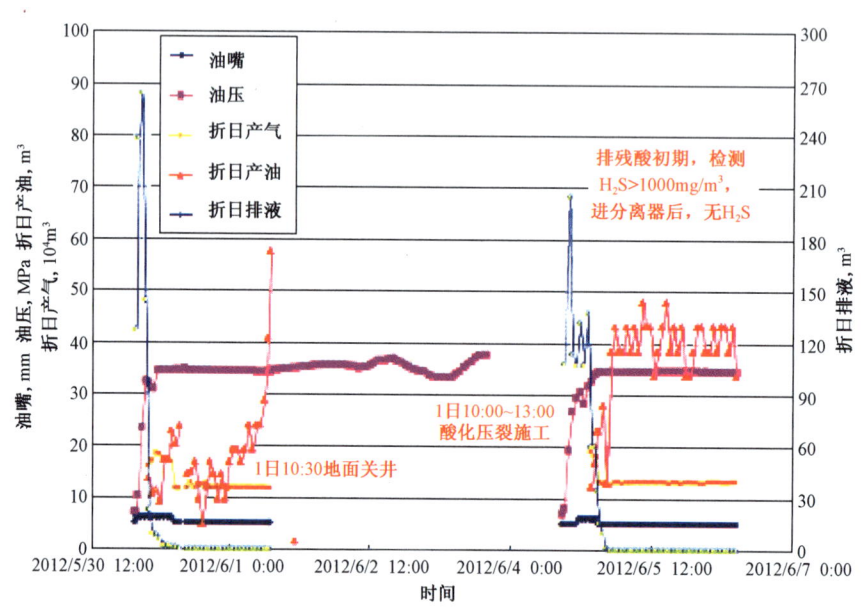

图 6 – 84   TZ26 – H8 井酸化压裂求产曲线

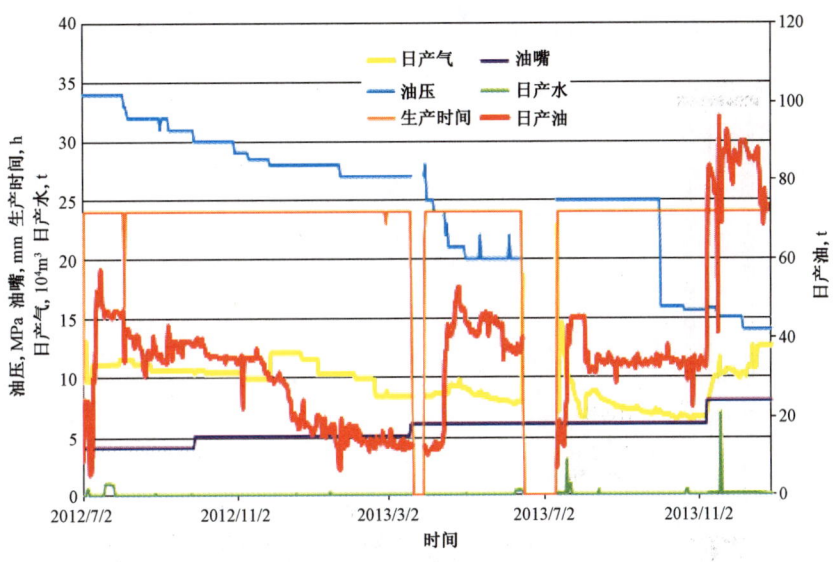

图 6 - 85 TZ26 - H8 井生产曲线

■二、工艺分析

TZ26 - H6 井在目的层钻遇较好储层,全井漏失钻井液 1129m³,裸眼段长 1274m,采用遇油膨胀封隔器 + 投球压裂滑套分 4 段进行改造(图 6 - 86、图 6 - 87)。考虑到第 2 段、第 3 段段长较长,且发育多套储层,采用瓜尔胶压裂液 + 温控变黏酸 TCA + DCF 纤维暂堵转向改造体系,共挤入地层 1566.3m³ 液体,压裂滑套打开明显,加入 DCF 暂堵转向剂后相同排量条件下泵压升高 1.7MPa(图 6 - 88),改造工艺成功。

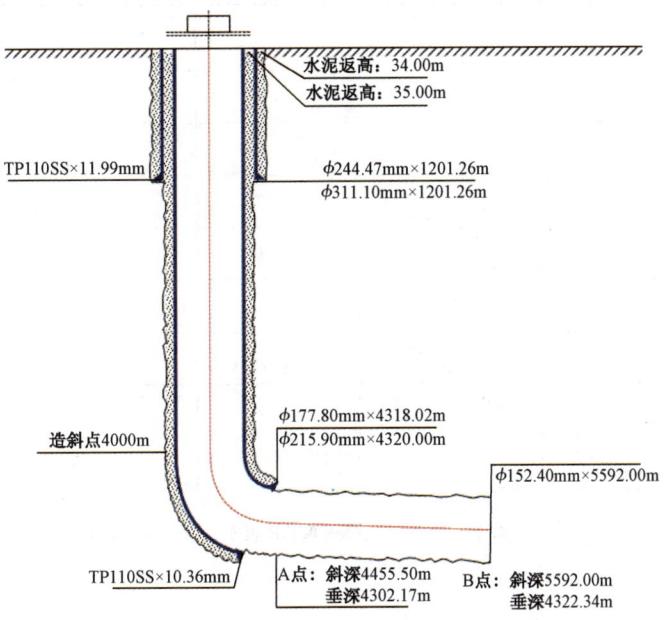

图 6 - 86 TZ26 - H6 井井身结构示意图

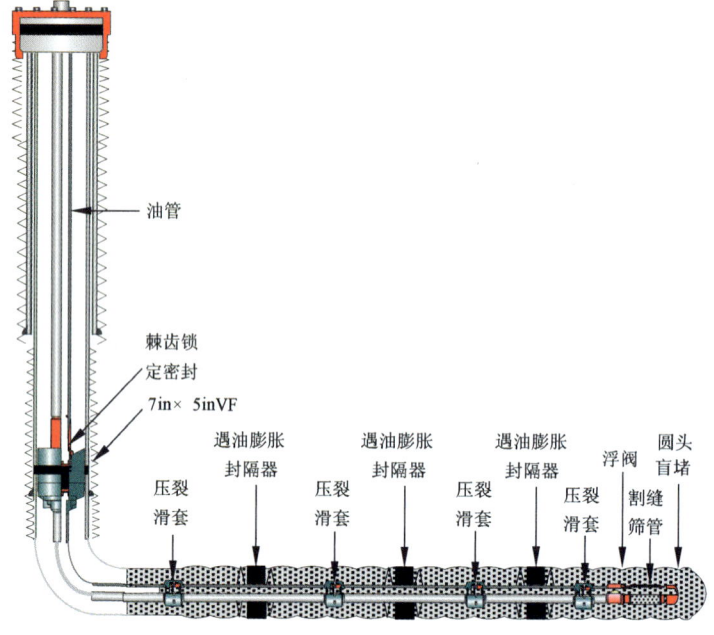

图 6 – 87　TZ26 – H6 井完井管柱图

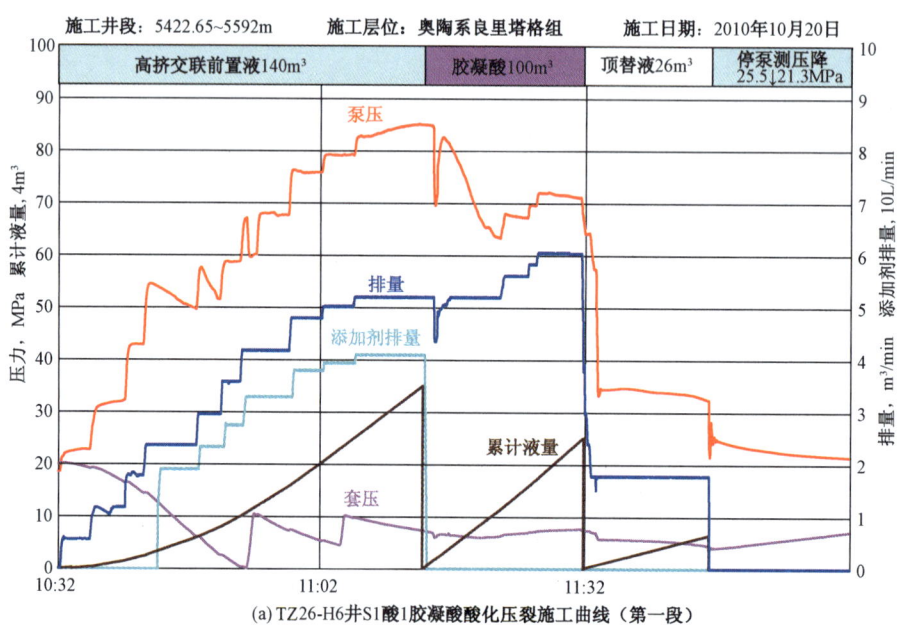

(a) TZ26-H6井S1酸1胶凝酸酸化压裂施工曲线（第一段）

施工井段：5089.26~5416.7m 施工层位：奥陶系良里塔格组 施工日期：2010年10月20日

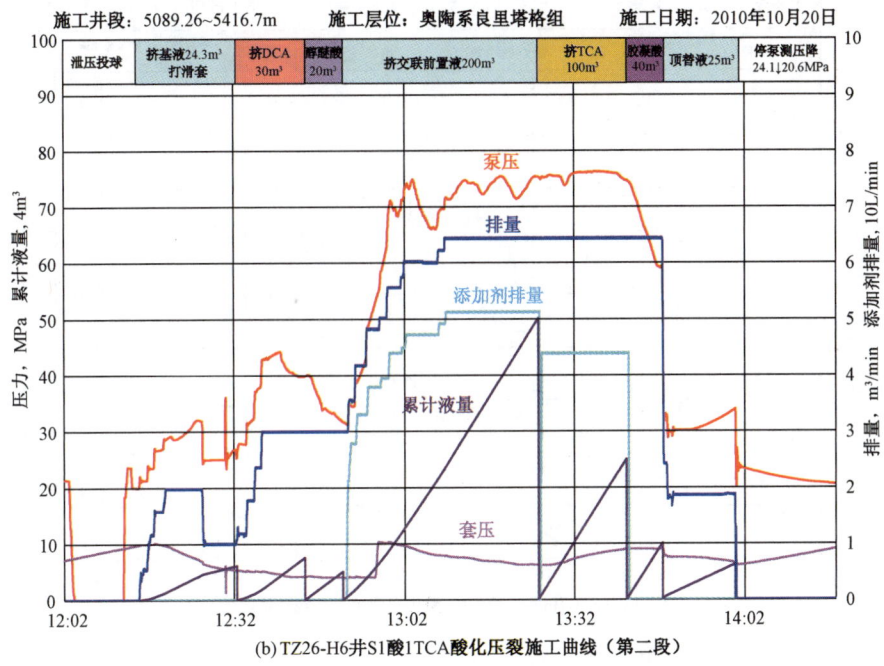

(b) TZ26-H6井S1酸1TCA酸化压裂施工曲线（第二段）

施工井段：4764.49~5083.34m 施工层位：奥陶系良里塔格组 施工日期：2010年10月20日

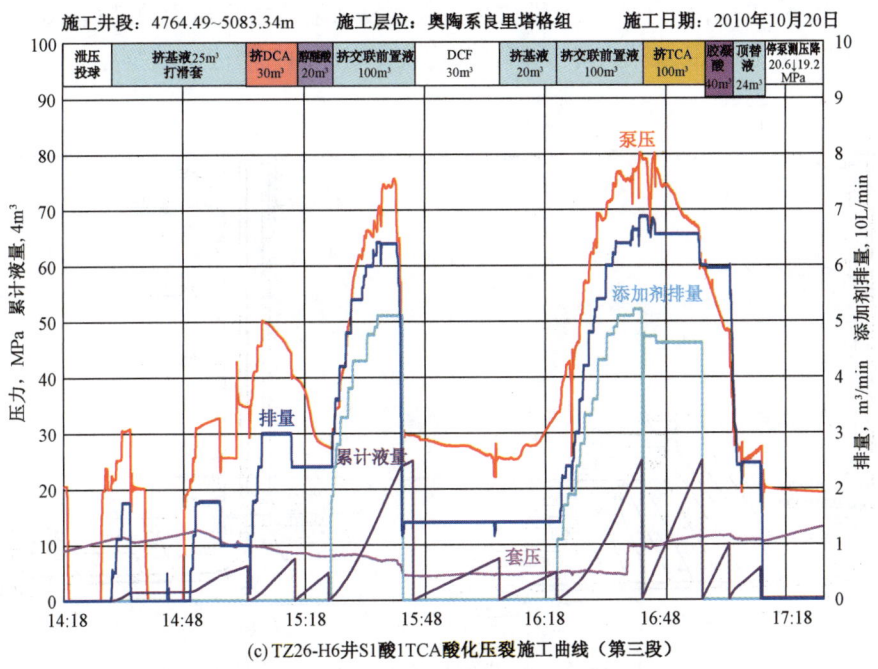

(c) TZ26-H6井S1酸1TCA酸化压裂施工曲线（第三段）

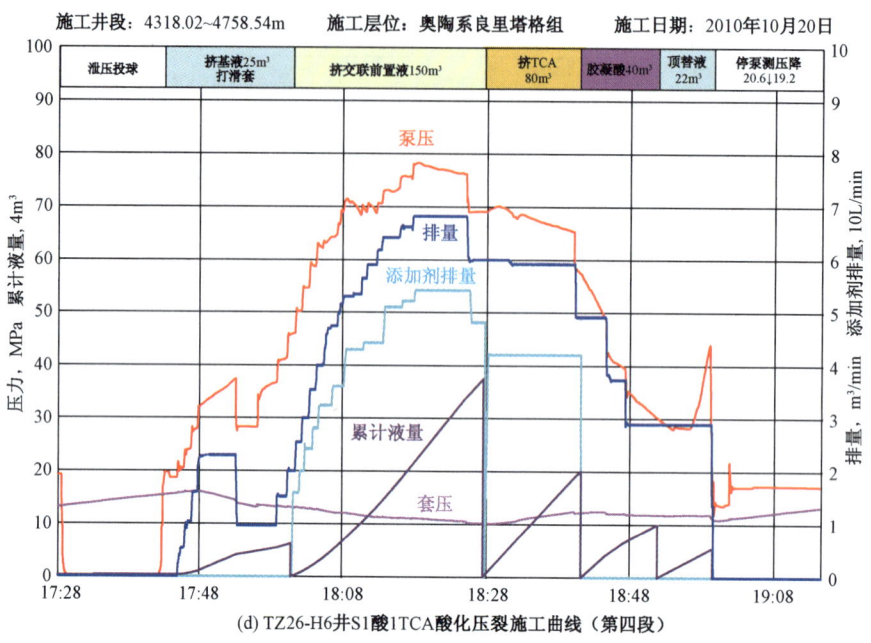

图 6 - 88　TZ26 - H6 井酸化压裂施工曲线

TZ26 - H7 井和 TZ26 - H8 井在目的层钻进发现好的油气显示而提前完钻,因此均采用油管筛管完井(图 6 - 89),并分别分 15 段和 5 段进行投球限流酸化压裂改造(图 6 - 90、图 6 - 91),解除井周附近伤害带,酸化压裂后两口井均获得高产油气产能。

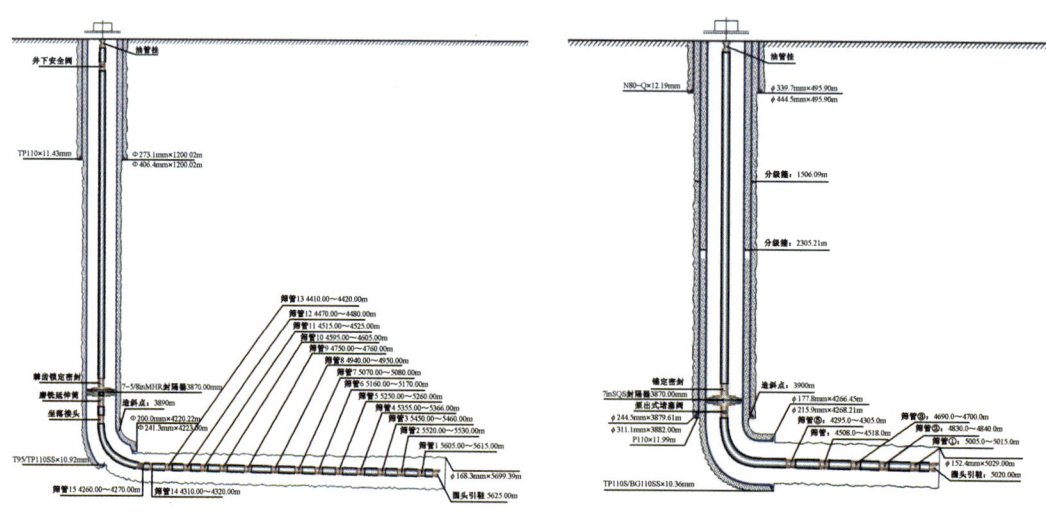

图 6 - 89　TZ26 - H7 井和 TZ26 - H8 井完井管柱示意图

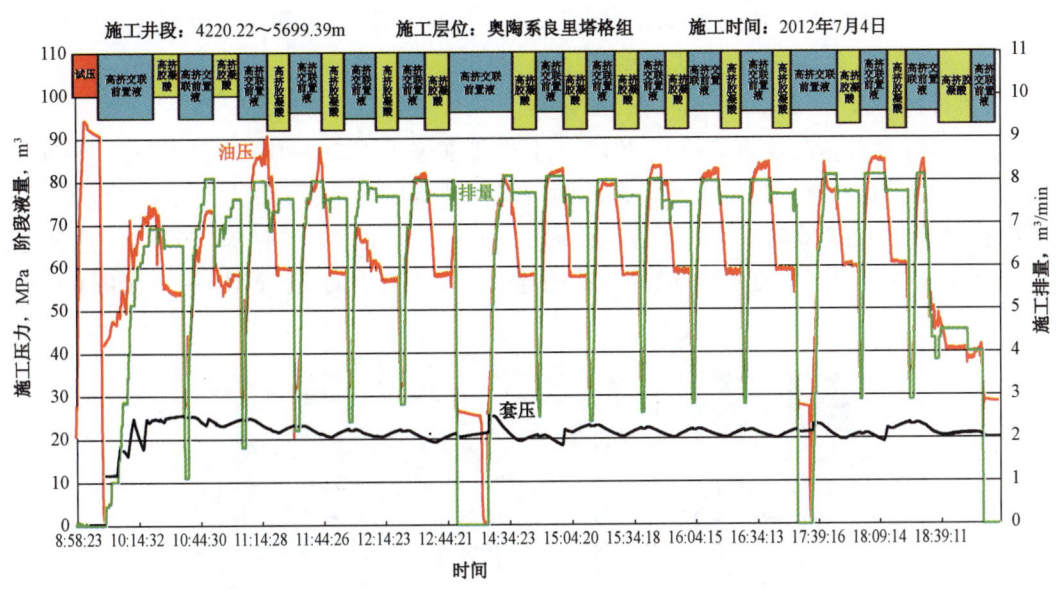

图 6 - 90　TZ26 - H7 井酸化压裂施工曲线图

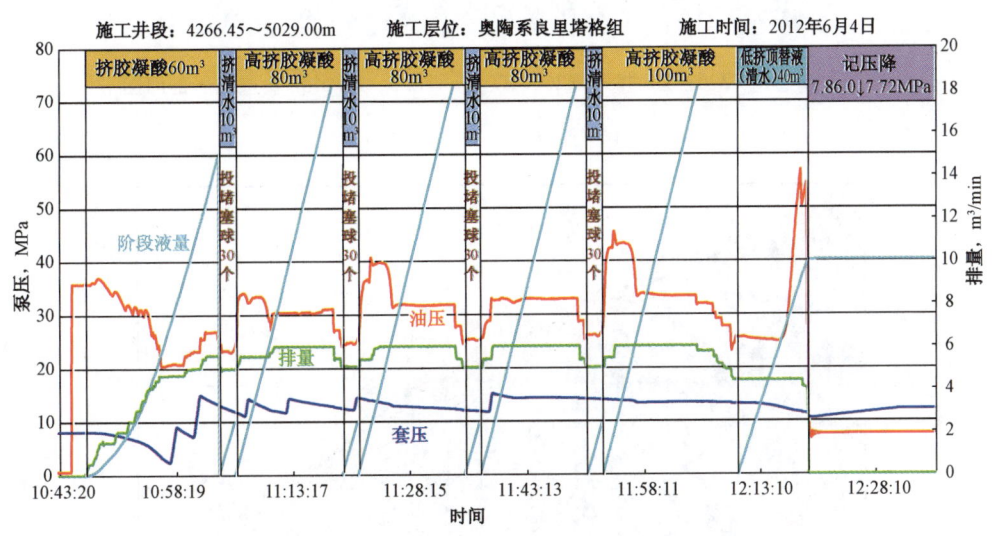

图 6 - 91　TZ26 - H8 井酸化压裂施工曲线图

三、地质分析

"筋脉"理论认为塔中 26 井区地震反射类型"弱反射"是礁滩体优质储层的地震响应。三口井水平段设计时确保穿过最优质储层；垂向轨迹设计为了防止井漏复杂事故，采用"穿头皮"思路设计水平段轨迹。

2010 年 4 月 26 日,TZ26 - H6 井开钻,首次采用水平井钻探"弱反射"这种地震反射类型。该井井位设计合理,水平段方位设计合理,基本没有发生大的漏失。完钻后,水平段长1136.5m,油气显示率48%,储层钻遇率83.5%,酸化压裂后沟通了两套缝洞单元。该井生产效果好,累计产量高,是典型的"弱反射"高效井。

TZ26 - H6 井获得高效的基础上,2012 年上半年部署了 TZ26 - H7 井和 TZ26 - H8 井,都是针对"弱反射"这种地震反射类型。目前两口井都获得成功并且投入试采,生产效果好,累计产量高,预测都是高效井。这两口井获得成功,证实了采用水平井钻探"弱反射"这种地震反射类型是能够获得高效的,为"筋脉"理论的导向提供了有力的支持(图 6 - 92 至图 6 - 95)。

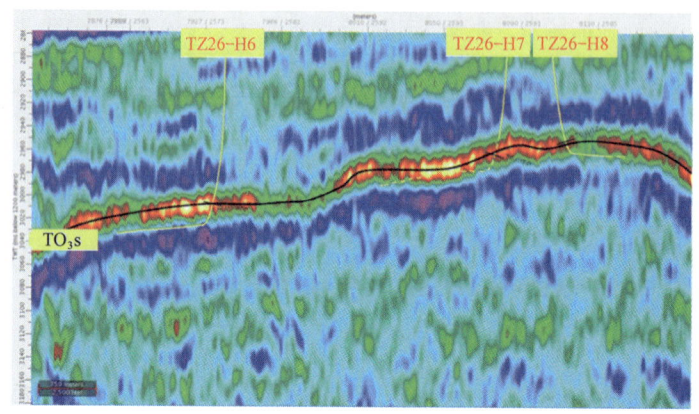

图 6 - 92　过 TZ26 - H6 井—TZ26 - H7 井—TZ26 - H8 井沿轨迹地震剖面图

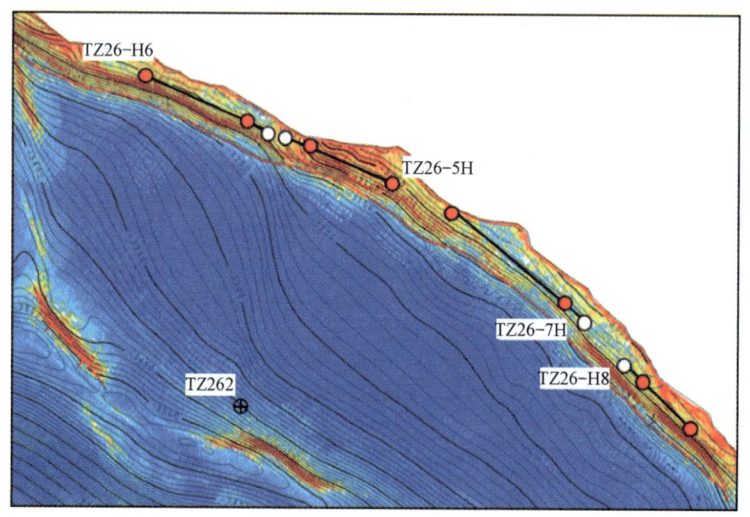

图 6 - 93　TZ26 - H6 井—TZ26 - H7 井—TZ26 - H8 井
储层预测与盖层底面构造叠合图

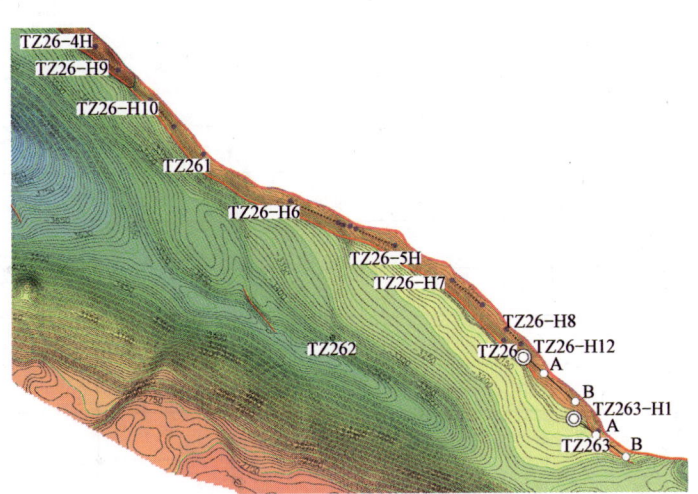

图 6 – 94　TZ26 – H6 井—TZ26 – H7 井—TZ26 – H8 井油气藏平面图

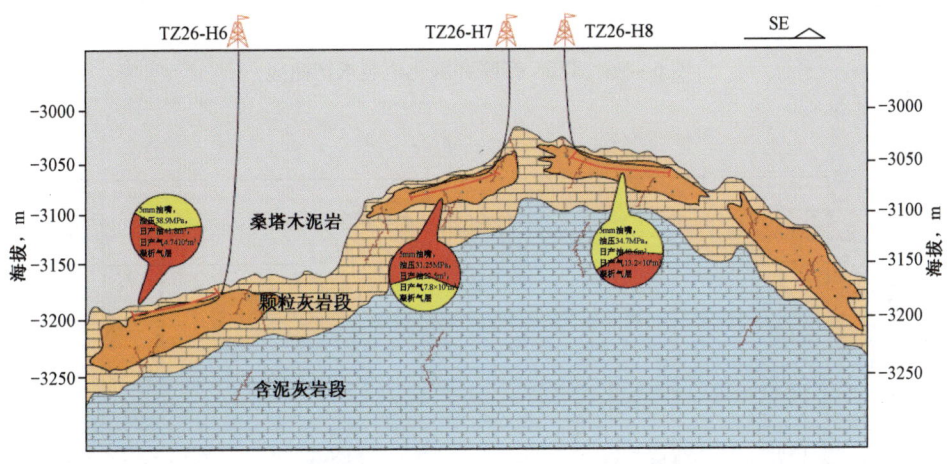

图 6 – 95　过 TZ26 – H6 井—TZ26 – H7 井—TZ26 – H8 井开发概念地质模型

第十三节　TZ26 – H9 井"一层之差满盘皆输"

■ 一、结论评价

依据目前该井的试采情况,只能定性为低效井。

TZ26 – H9 井分三段酸化压裂改造,气举、敞放,油压 0.04MPa,日产油 4.38m³,产气微量。试油结论:低产油层。投产即抽油机生产,截至 2013 年 12 月 31 日,共开井生产 95 天,累计产油 221t,累计产气 5×10^4m³(图 6 – 96、图 6 – 97)。

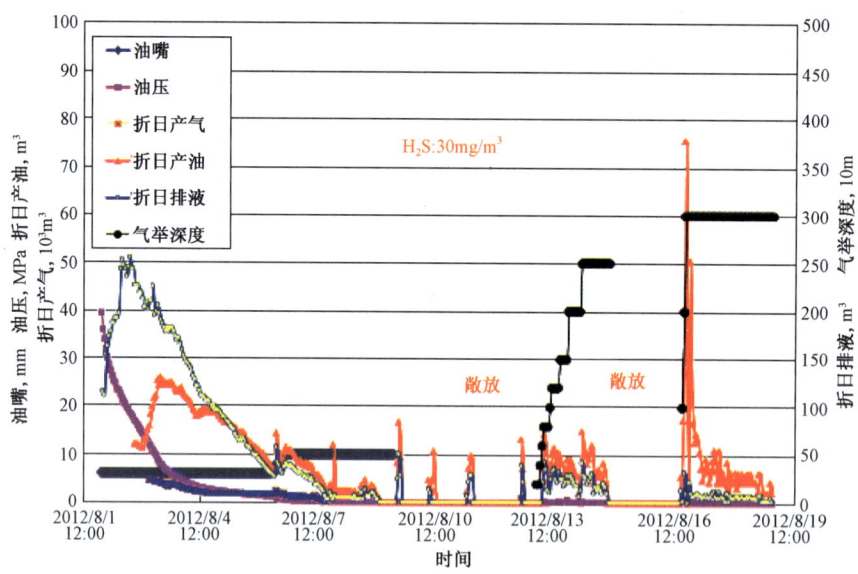

图 6 - 96 TZ26 - H9 井酸化压裂求产曲线

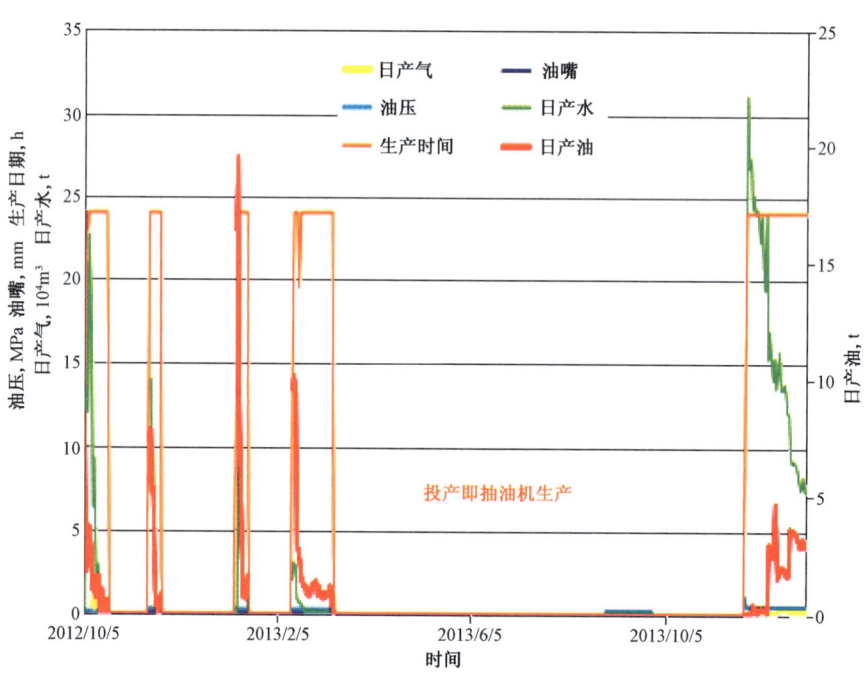

图 6 - 97 TZ26 - H9 井生产曲线

二、工艺分析

TZ26-H9 井钻遇目的层顶部,该井裸眼段长 296m,仅测井解释 II 类差油气层 24.0m/2 层;III 类储层 68.0m/9 层,储层物性较差。采用国产全通径水平井裸眼分段改造工艺分四段大规模进行改造(图 6-98),改造规模达 2193.8m³,改造后获低产油气,之后该井采用自生酸进行重复改造,效果仍不理想。

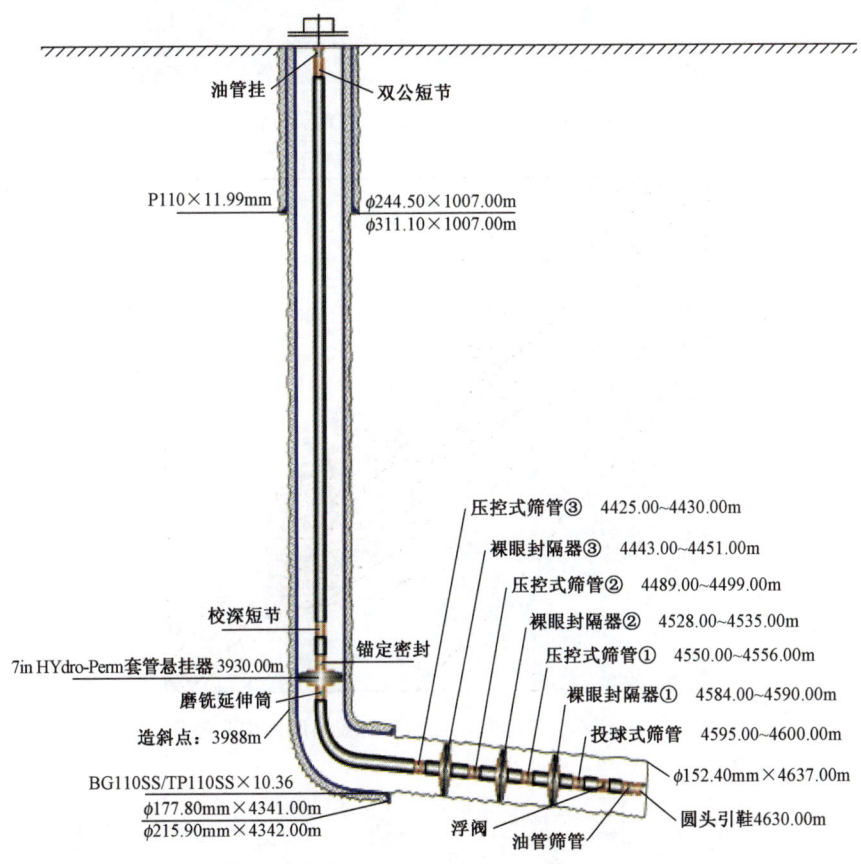

图 6-98 塔中 26-H9 井完井管柱示意图

三、地质分析

TZ26-H9 井位于局部构造高部位,从地震剖面可见明显的丘状突起,幅度 110m。该井用"穿头皮"思路设计水平段轨迹,忽略了此处的丘状突起,导致该井未能钻揭井区内主力储层,只是揭开了主力储层上部的一套欠发育储层,储层钻遇率低,酸化压裂后只获得低产,可谓"一层之差,满盘皆输"。这口井的深刻教训使我们更进一步加深了对"筋脉"理论的认识,水平段钻穿井区内主力储层才能获得高产稳产(图 6-99 至图 6-103)。

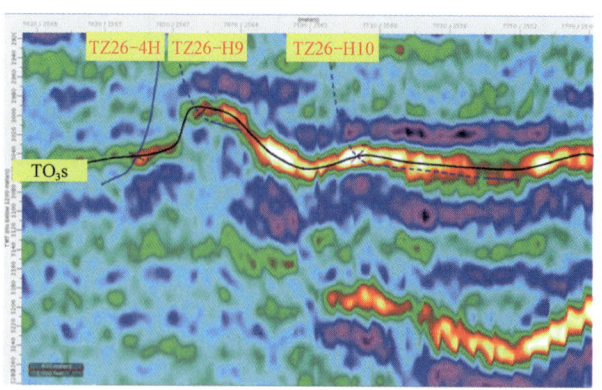

图 6 - 99 TZ26 - H9 井沿轨迹地震剖面图

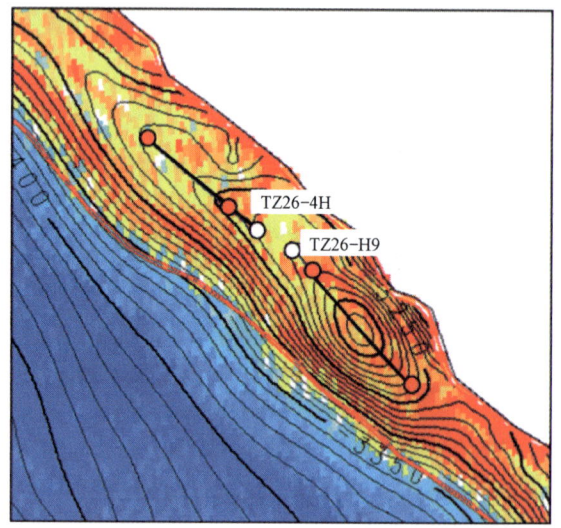

图 6 - 100 TZ26 - H9 井储层预测与盖层底面构造叠合图

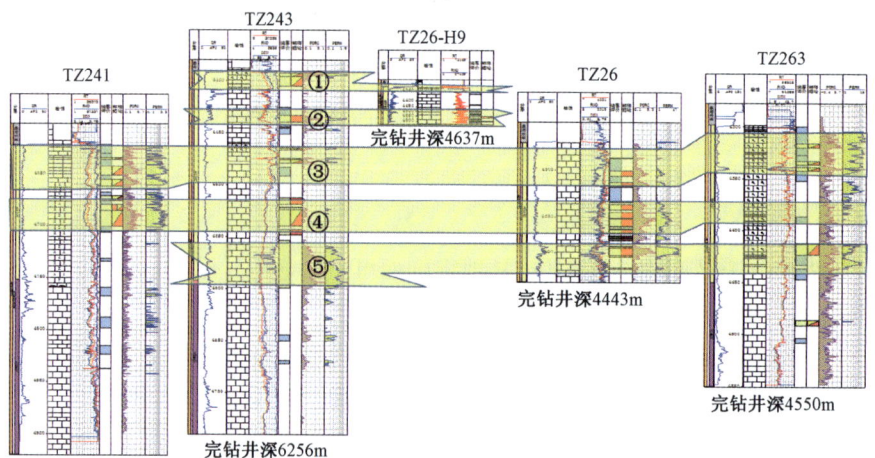

图 6 - 101 TZ26 井区奥陶系良里塔格组储层对比图

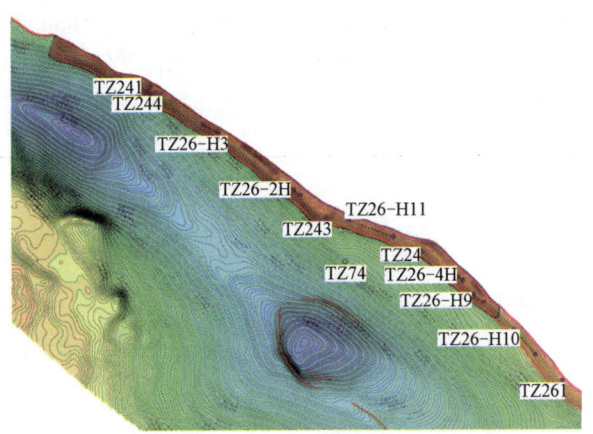

图 6 – 102　TZ26 – H9 井油气藏平面图

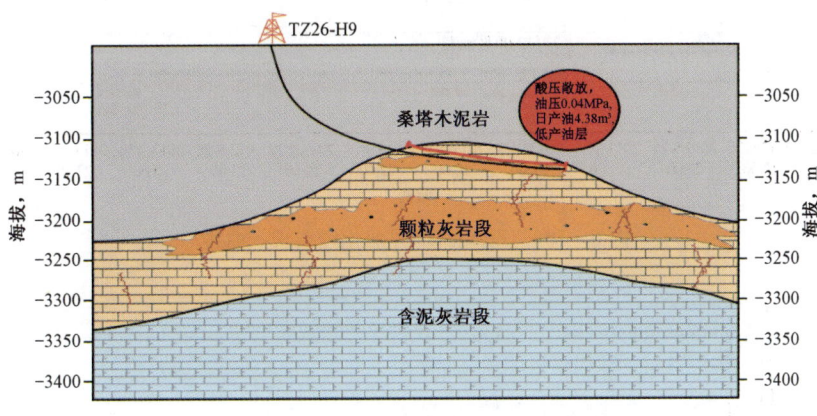

图 6 – 103　TZ26 – H9 井开发概念地质模型

第十四节　ZG5 – H2 井中国陆上最深水平井

◼ 一、结论评价

ZG5 – H2 井是中国陆上最深的水平井(垂深 6305. 49m,斜深 7810m),依据该井的试油及生产情况,定性为有效井。

ZG5 – H2 井分十段酸化压裂改造,酸化压裂总液量 4171m³,用 4mm 油嘴放喷求产,油压 32. 5MPa,日产油 70m³,日产气 $6 \times 10^4 m^3$。试油结束投产,截至 2013 年 12 月 31 日,共开井生产 82 天,累计产油 2729m³,累计产气 $4. 2 \times 10^8 m^3$(图 6 – 104)。

◼ 二、工艺分析

ZG5 – H2 井为国内陆上最深水平井,斜深达 7810m,井底测井温度为 159℃,采用国产全通径裸眼封隔器分段改造工艺,并首次使用4in BG110/NU(δ8.38mm)油管以降低液体管柱摩阻,对该井奥陶系裸眼段分十段进行酸化压裂改造及放喷求产测试(图6-105)。施工时最高泵压94.7MPa,最大排量8.2m³/min,改造后获得较好油气产能。

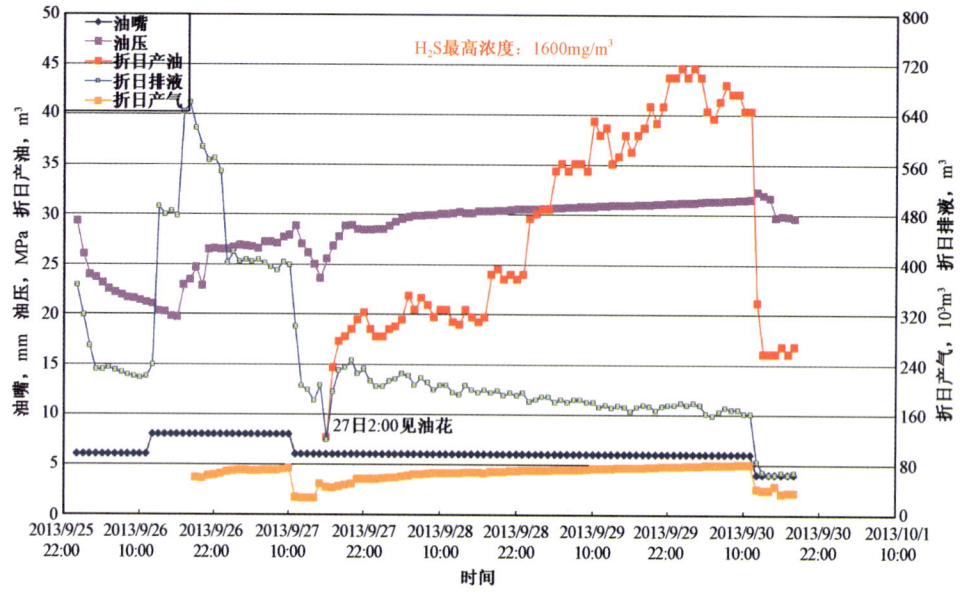

图6-104　ZG5-H2井酸化压裂求产曲线

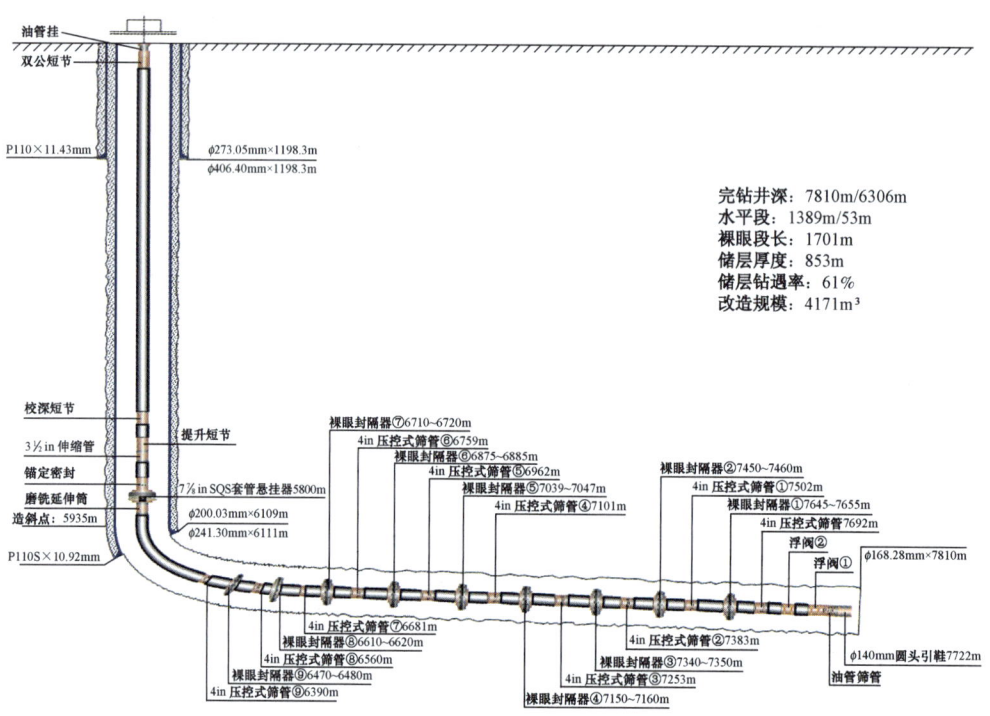

图6-105　ZG5-H2井完井管柱示意图

三、地质分析

　　ZG5 - H2 井是"筋脉"理论发表后部署的我国陆上最深的一口水平井,完钻井深 7810m、水平段长 1358m,创中国陆上最深水平井记录。钻探目的是探索中古 5 井区"强反射"岩溶储层发育程度,增加塔中Ⅱ区产能和产量。实钻过程中,鹰山组见 316m/24 层良好气测显示,全烃最高 48.74%、甲烷 34.71%,分离器点火黄色火焰高 2~4m,持续 0.5h。该井水平段设计轨迹方向与最大主应力方向夹角 80°左右。测井解释储层总厚度 853m,储层钻遇率 62.8%,其中二类储层厚度 345m/13 层,二类储层钻遇率 25.4%(图 6 - 106 至图 6 - 109)。

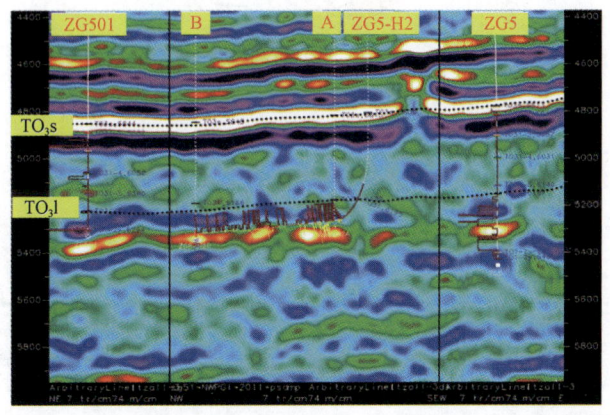

图 6 - 106　过 ZG501 井—ZG5 - H2 井—ZG5 井轨迹地震剖面图

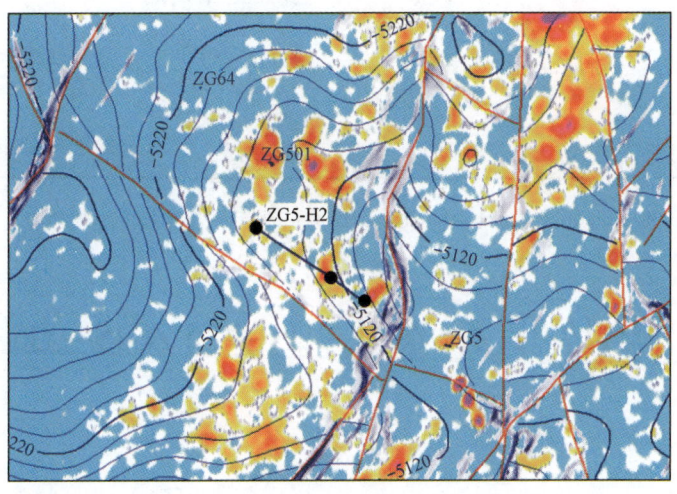

图 6 - 107　ZG501 井—ZG5 - H2 井储层预测与鹰山组顶面构造叠合图

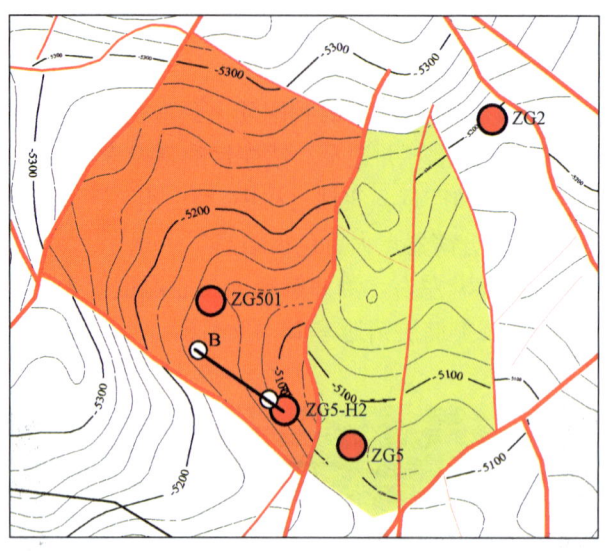

图 6 - 108　ZG501 井—ZG5 - H2 井—ZG5 井油气藏平面图

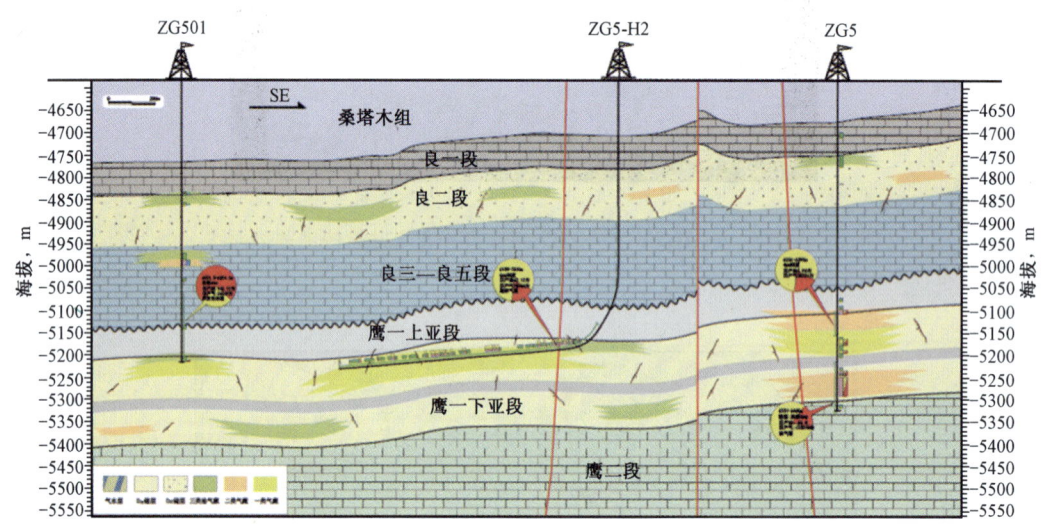

图 6 - 109　ZG501 井—ZG5 - H2 井—ZG5 井开发概念地质模型

第十五节　ZG111 - 1H 井、ZG11 - H3 井和 ZG15 - H6 井单井分析

■ 一、结论评价

依据"筋脉"理论部署了 ZG111 - 1H 井、ZG11 - H3 井和 ZG15 - H6 井,属于试油获得高产工业油气流井,预计为高效井。

ZG111 - 1H 井距离 ZG111 井的直线距离 3.4km,取得良好的效果。根据目前的进度,该井钻井成功,试采后有望获得高效。在进入目的层良里塔格组后,气测显示好,共有 109.1m/20

层显示,全烃最高达 99.9%。测井解释储层发育,Ⅰ 类储层 98.5m/2 层,孔隙度为 20.1% ~ 32.7%,解释为油气层;Ⅱ 类储层 174.5m/6 层,Ⅲ 类储层 121m/6 层。水平段的储层钻遇率高达 81.0%,其中 Ⅰ 类和 Ⅱ 类储层钻遇率达到了 56.2%。

ZG111 - 1H 井分九段酸化压裂改造,酸化压裂总液量 2996m³,用 6mm 油嘴测试,油压 49.28MPa,日产油 149.38m³,日产气 15.0 × 10⁴m³;测试结束后关井待投产(图 6 - 110)。

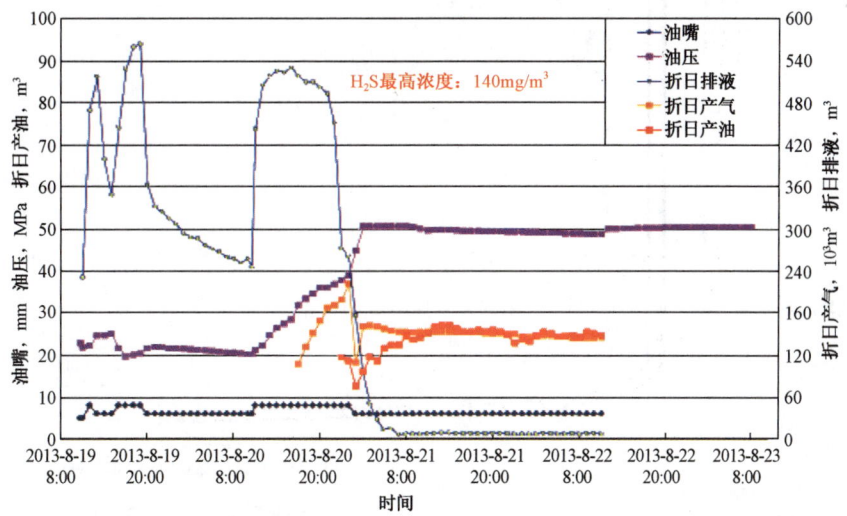

图 6 - 110　ZG111 - 1H 井酸化压裂求产曲线

二、工艺分析

ZG111 - 1H 井在目的层钻遇良好油气显示,采用国产全通径裸眼封隔器分段改造工艺,对该井奥陶系裸眼段分 9 段(图 6 - 111)进行酸化压裂改造及放喷求产测试。施工时最高泵压 95.8MPa、最大排量 7.4m³/min,改造后获得高产油气产能。

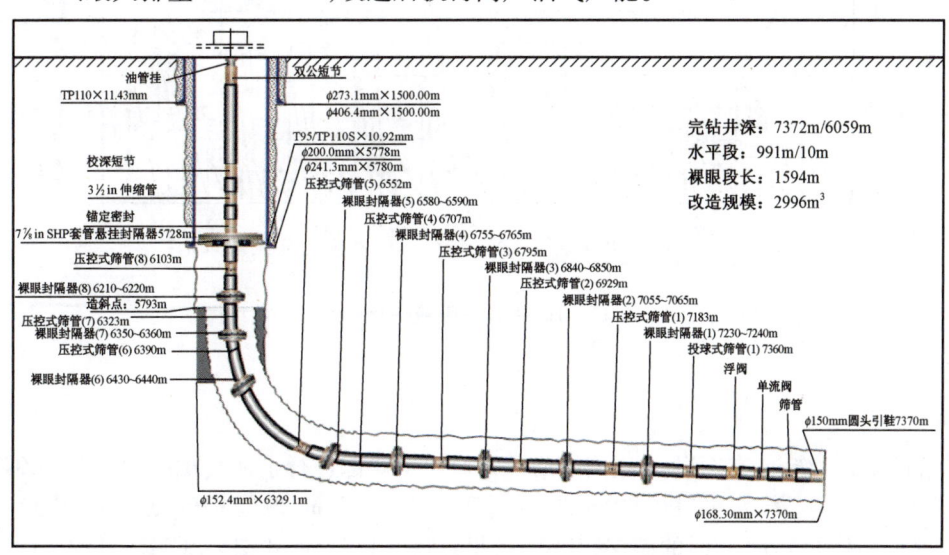

图 6 - 111　ZG111 - 1H 井完井管柱示意图

ZG11 - H3 井在目的层钻遇良好油气显示,在模拟通井时遇阻严重,因此采用钻杆筛管完井分十段进行投球限流酸化压裂改造(图6 - 112、图6 - 113),解除井周附近污染带,酸化压裂后获得高产油气产能。

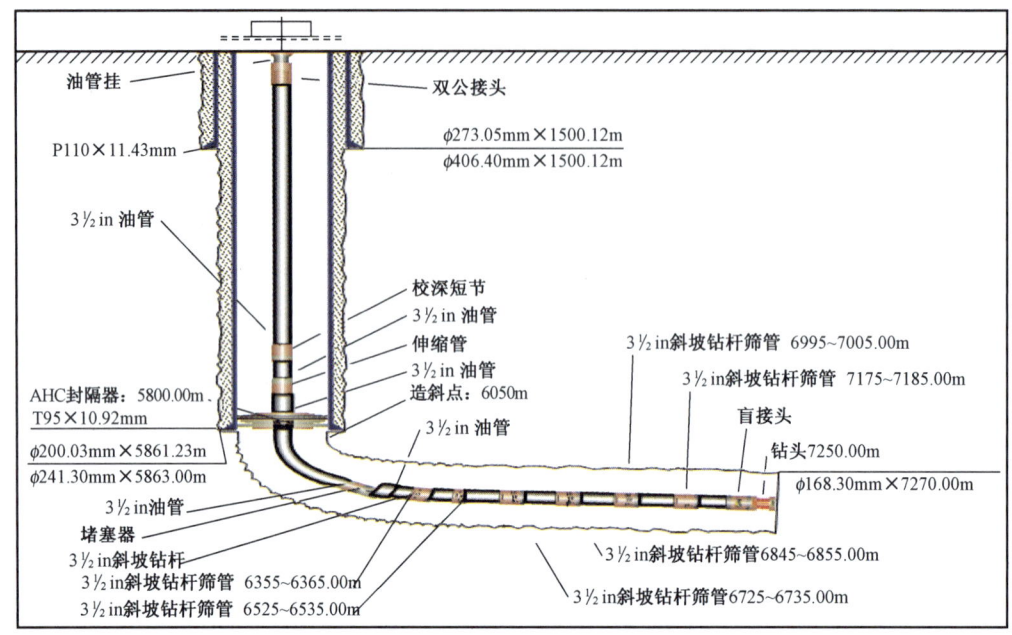

图6 - 112 ZG11 - H3 井完井管柱示意图

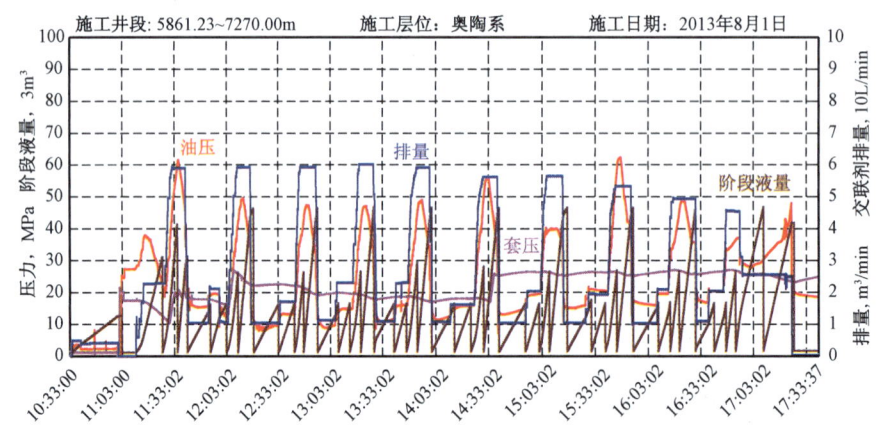

图6 - 113 ZG11 - H3 井投球限流酸化压裂施工曲线图

■ 三、地质分析

动、静态资料结合,在"筋脉"理论的指导下对塔中西部进行了油气藏精细划分。ZG111 - 1H 位于中古 111 气藏,水平段长 991m;钻井过程中见到 376m/39 层的气测显示,共漏失钻井液 2901.4m³;测井解释 530m 的储层,其中Ⅰ、Ⅱ类储层 152.5m/8 层。ZG11 - H3 位于中古 11 气藏,水平段长 969m;钻井过程中见到 132m/28 层的气测显示,共漏失钻井液 3690m³;该井测井资料异常未进行测井解释。这两口井的成功高产证明了塔中西部油气藏划分的正确性（图6-114至图6-118）。

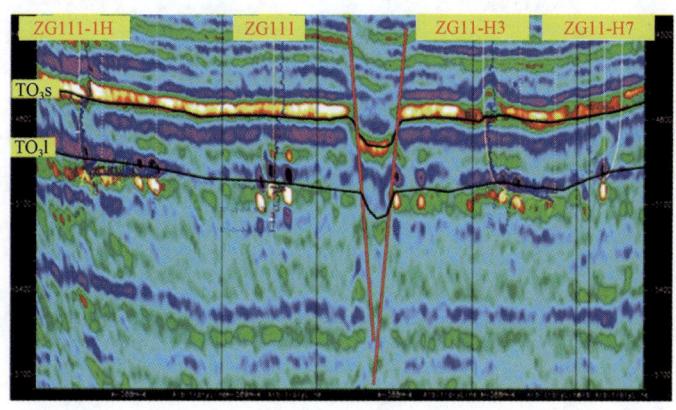

图6-114 过 ZG111-1H 井—ZG111 井—ZG11-H3 井—ZG11-H7 井轨迹地震剖面图

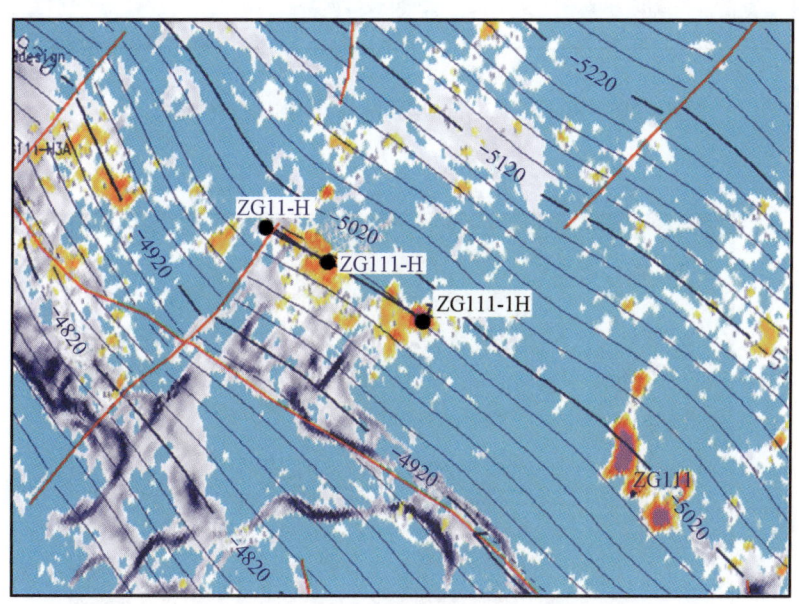

图6-115 ZG111-1H 井储层预测与鹰山组顶面构造叠合图

　　ZG15-H6 井位设计合理，水平段方位设计合理。设计井位于岩溶储层发育的有利区带内，地震剖面呈"串珠"状反射特征，且在羽状断裂破碎带发育区。该井钻井井深6344m 时井漏失返，然后控压钻井并降低钻井液密度，近完成设计水平段长的1/2，提前完钻。完钻井底6910.7m 地震剖面上较弱，但属于断裂破碎带改造区，在近井底时发生连续放空，最大放空达5.92m。这口井的成功，证实了"筋脉"理论认为有很多"隐形缝洞体"地震无法识别的认识（图6-119至图6-122）。

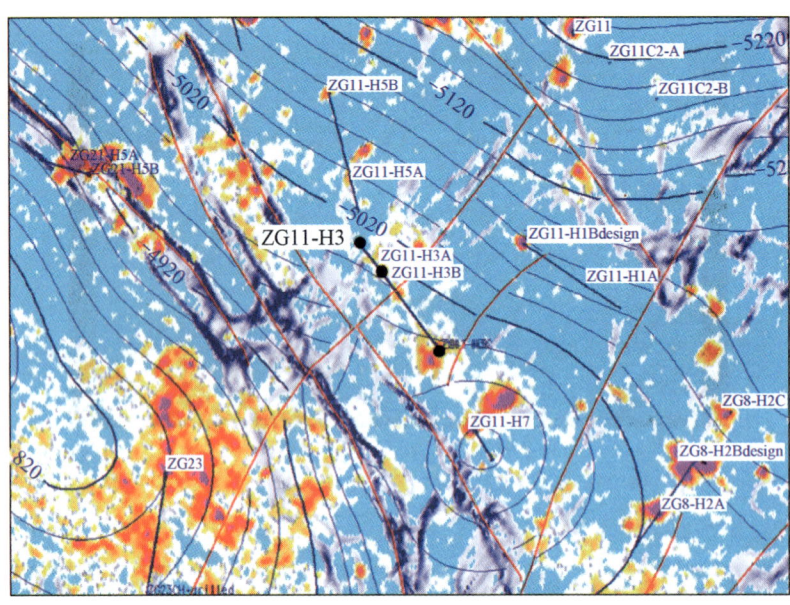

图 6 – 116　ZG11 – H3 井储层预测与鹰山组顶面构造叠合图

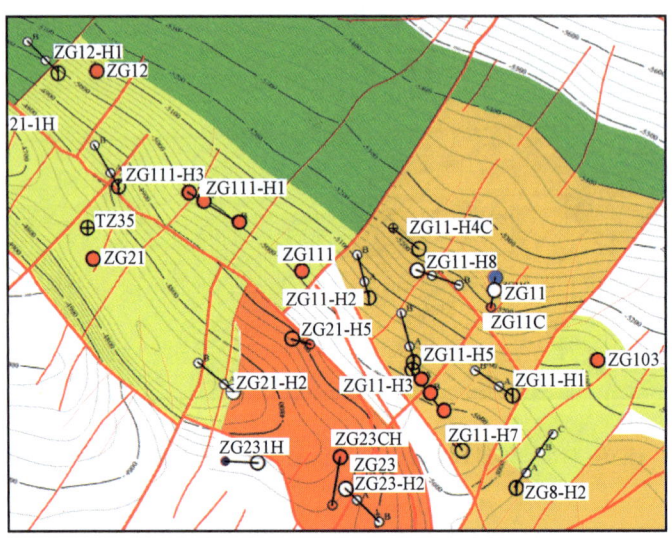

图 6 – 117　ZG111 – 1H 井—ZG111 井—ZG11 – H3 井—ZG11 – H7 井油气藏平面图

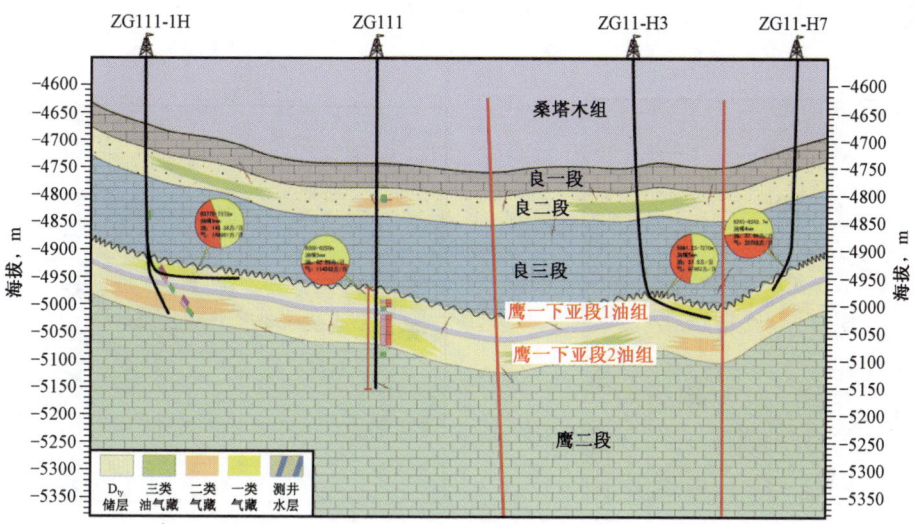

图 6-118 ZG111-1H 井—ZG111 井—ZG11-H3 井—ZG11-H7 井开发概念地质模型

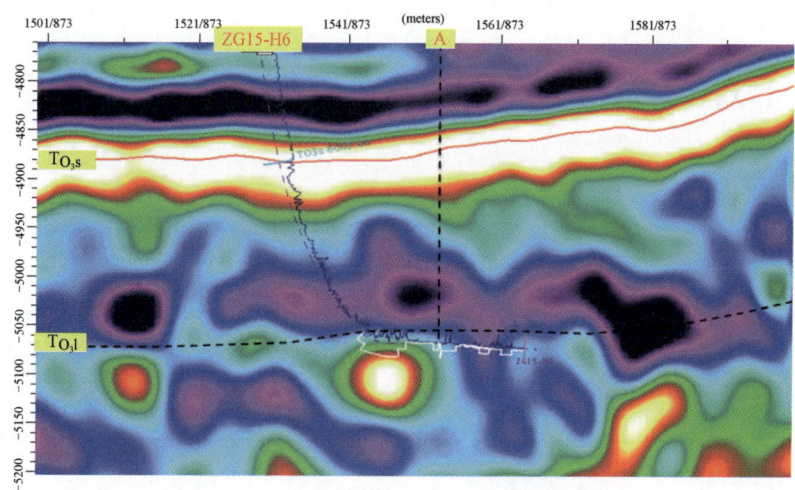

图 6-119 ZG15-H6 井沿轨迹地震剖面图

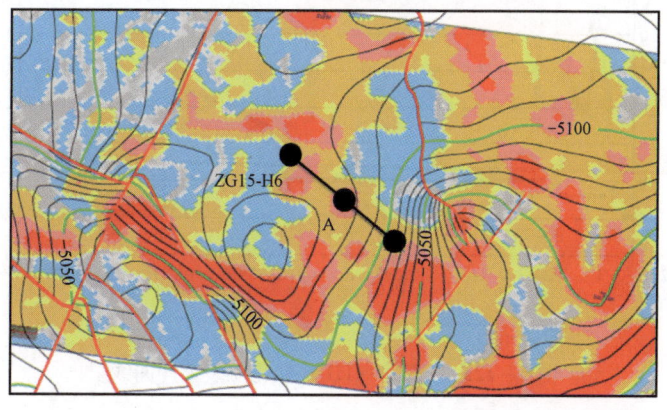

图 6-120 ZG15-H6 井储层预测与盖层底面构造叠合图

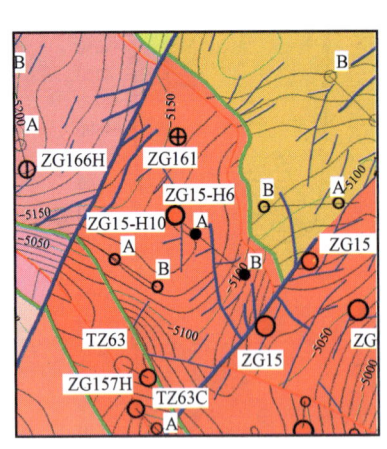

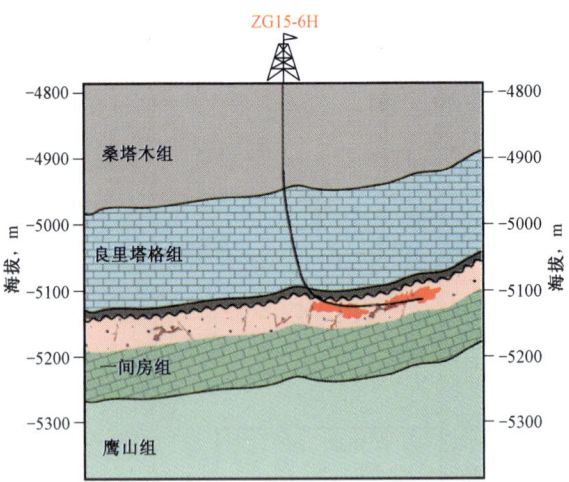

图 6 – 121　ZG15 – H6 井油气藏平面图　　　　图 6 – 122　ZG15 – H6 井开发概念地质模型

第十六节　TZ201 – 1H 井地质成功完井工程失败

■ 一、结论评价

依据该井的试油情况,只能定性为低产气井。

TZ201 – 1H 井分六段酸化压裂改造,酸化压裂总液量 3114.3m³,6mm 油嘴放喷求产,油压 11.84MPa,日产气 2.67 × 10⁴m³,日产水 38.3m³,试油结论:气水同层。该井目前试油完关井待投产(图 6 – 123)。

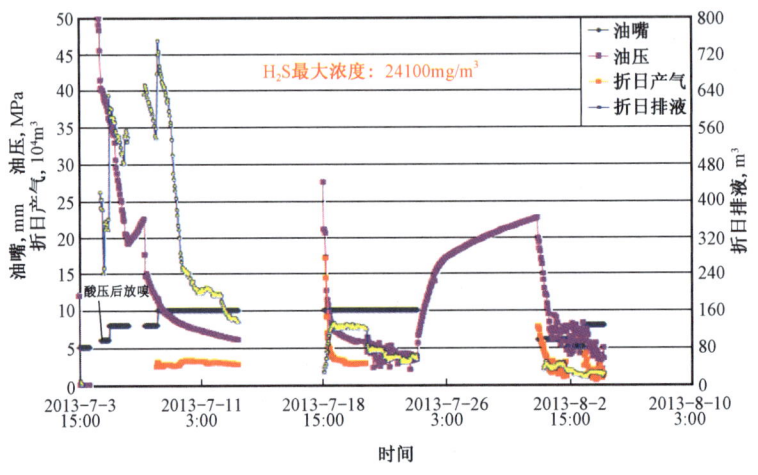

图 6 – 123　TZ201 – 1H 井酸化压裂求产曲线

二、工艺分析

塔中 201 – H1 井在目的层钻遇良好油气显示,槽面上大量油花,在模拟通井时仅采用双西瓜皮扶正器通井。可能井眼轨迹不通畅导致下完井管柱(图6 – 124)时距设计位置216m时遇阻,压裂滑套无法到位,在酸化压裂施工过程中没有明显沟通储层显示(图6 – 125),改造效果不理想。

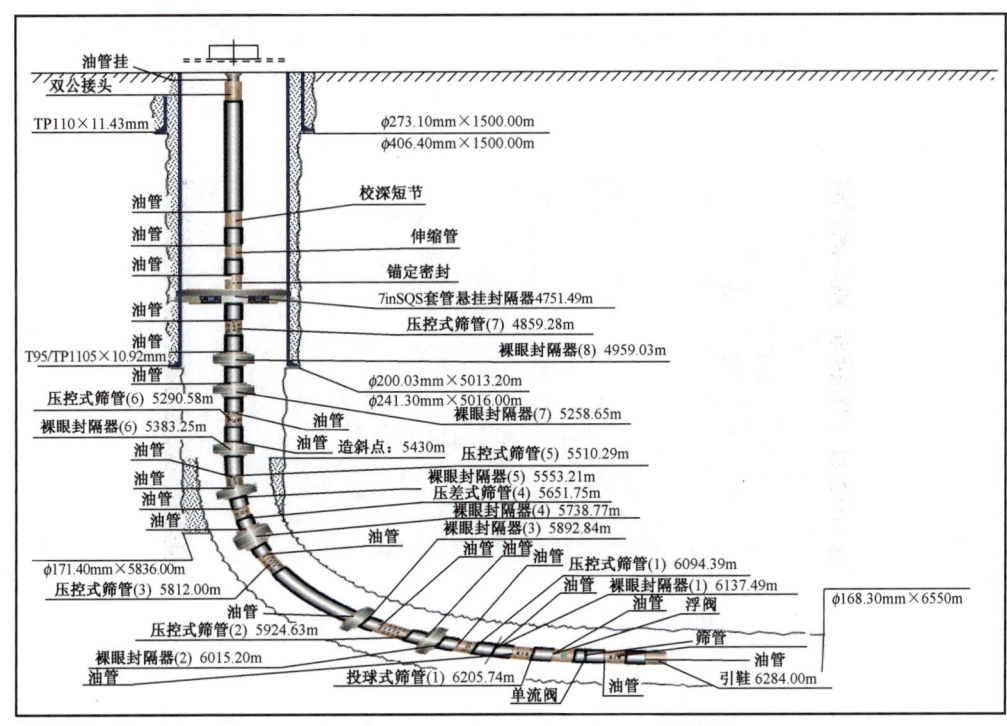

图6 – 124 TZ201 – 1H 井完井管柱示意图

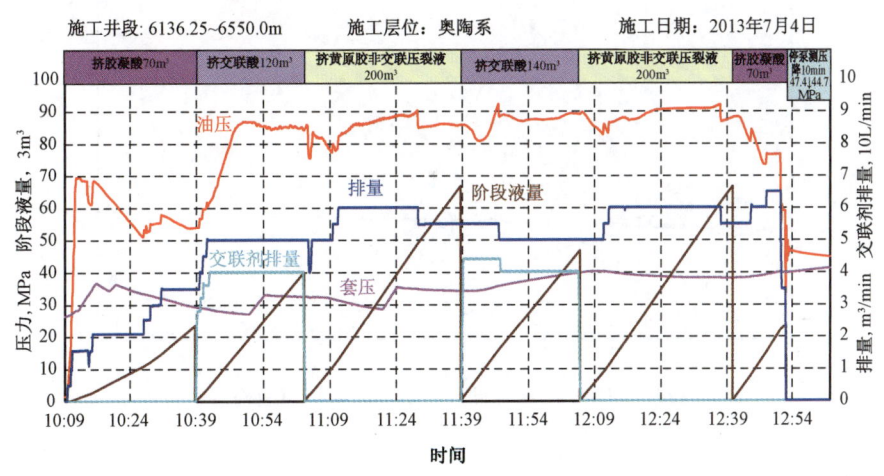

图6 – 125 TZ201 – 1H 井酸化压裂施工曲线图

■三、地质分析

TZ201-1H井位于局部构造高部位,是"片状"地震反射的典型代表。依据"筋脉"理论,用"穿头皮"思路设计水平段轨迹,水平段长862m;钻井过程中见到381m/13层的良好气测显示,测井解释储层厚度596m,其中Ⅰ、Ⅱ类储层厚度213.5m/11层。该井在地质上是成功的,也证明了"片状"地震反射类型是有储层、有油气的。但该井位于局部构造最高部位且裂缝发育,在钻探过程中,水平段前部分下挖、后半段上翘,分段酸化压裂改造未达到设计目的,造成该井酸化压裂集中压裂水平段前部分且沟通深部水体,是出水的主因(图6-126 至图6-130)。

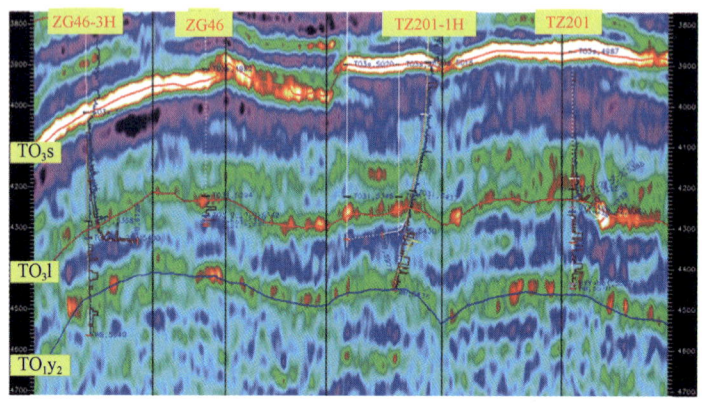

图6-126 过TZ201-1H井轨迹地震剖面图

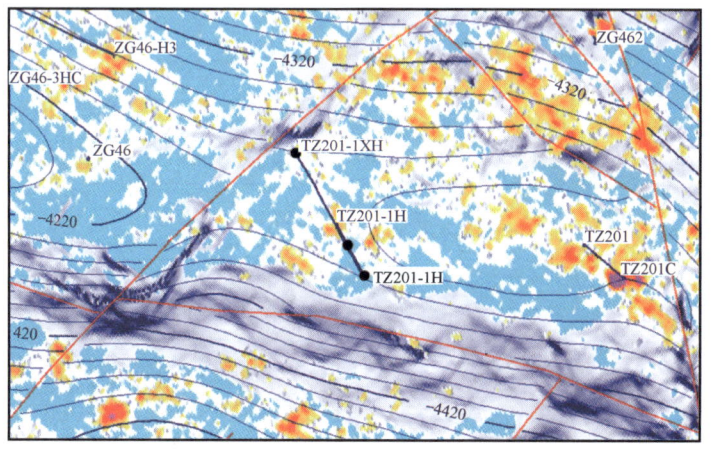

图6-127 TZ201-1H井储层预测与鹰山组顶面构造叠合图

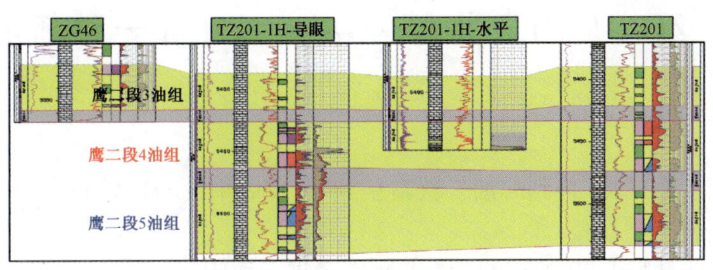

图 6 – 128　塔中 201 井区奥陶系鹰山组储层对比图

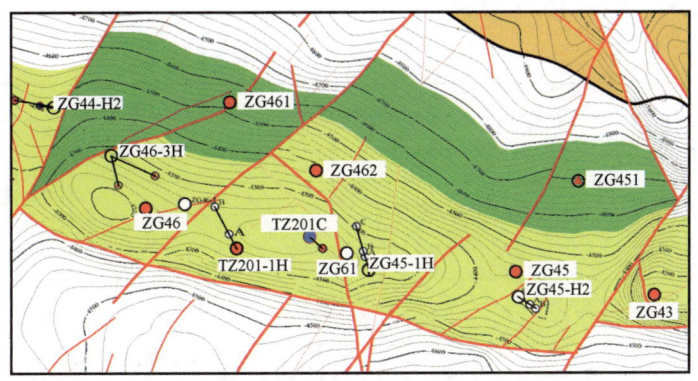

图 6 – 129　TZ201 – 1H 井油气藏平面图

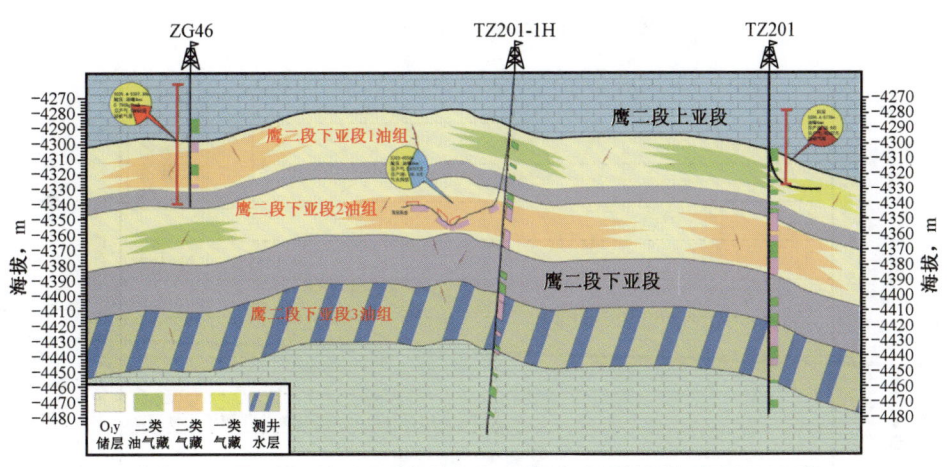

图 6 – 130　TZ201 – 1H 井开发概念地质模型

第十七节　ZG441 -1H 井和 ZG441 -2H 井一种新类型的突破

■ 一、结论评价

"筋脉"理论认为,"脉"伸到哪油气就富集到哪。ZG441 -1H、ZG441 -2H 两井打到"脉"(断层)的末端获高产。

ZG441 -2H 井是鹰山组和良里塔格组油气藏贯通取得重大突破的第一口井,未经改造 4mm 油嘴测试,油压 47.585MPa,日产油 19.2m³,日产气 110313m³。

ZG441 -1H 井未经改造 6mm 油嘴测试,油压 46.821MPa,日产油 80.2m³,日产气 219294m³(图 6 -131、图 6 -132)。

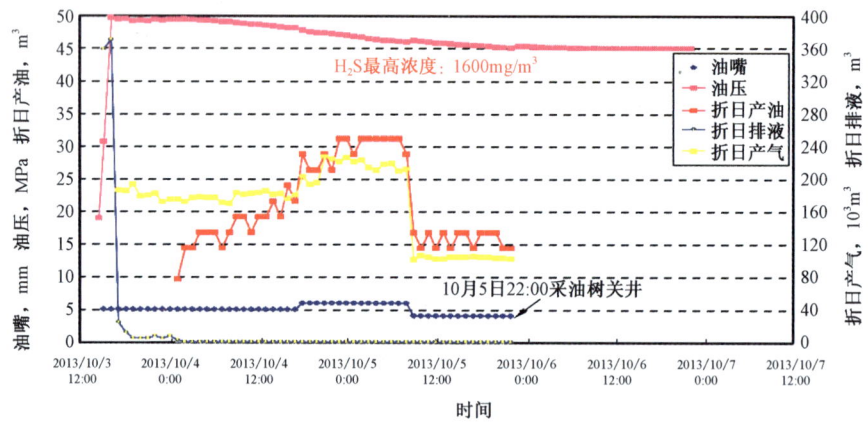

图 6 -131　ZG441 -1H 井求产曲线

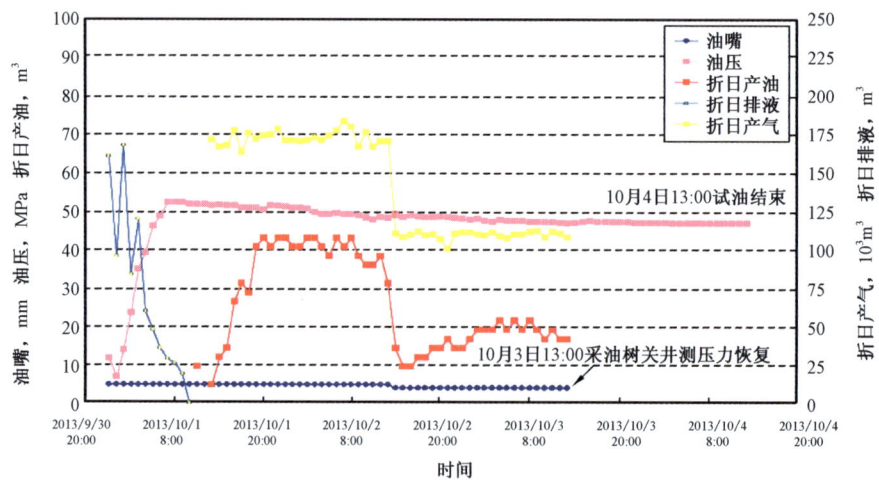

图 6 -132　ZG441 -2H 井求产曲线

二、工艺分析

ZG441-1H井导眼井回填侧钻后,在目的层钻遇好的油气显示提前完钻,井底共放空10.75m/8段,采用油管筛管完井直接放喷求产(图6-133),获得高产油气流。

ZG441-2H井在导眼井段目的层钻遇好的油气显示提前完钻,采用油管筛管完井直接放喷求产(图6-134),获得高产油气流。

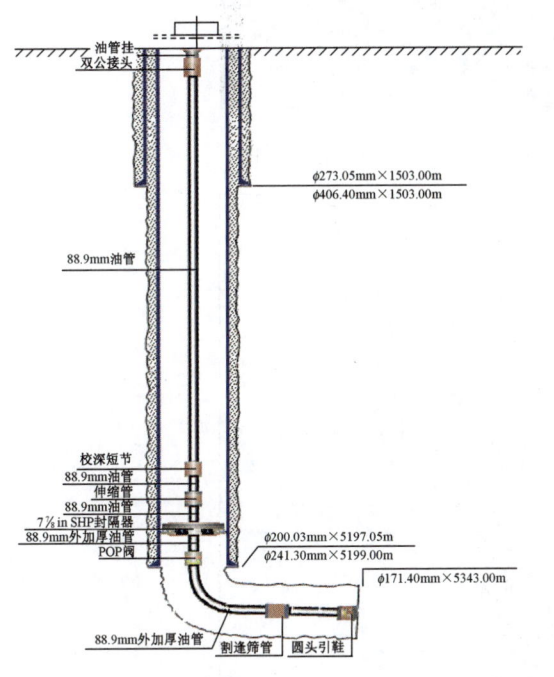

图6-133 ZG441-1H井完井管柱示意图

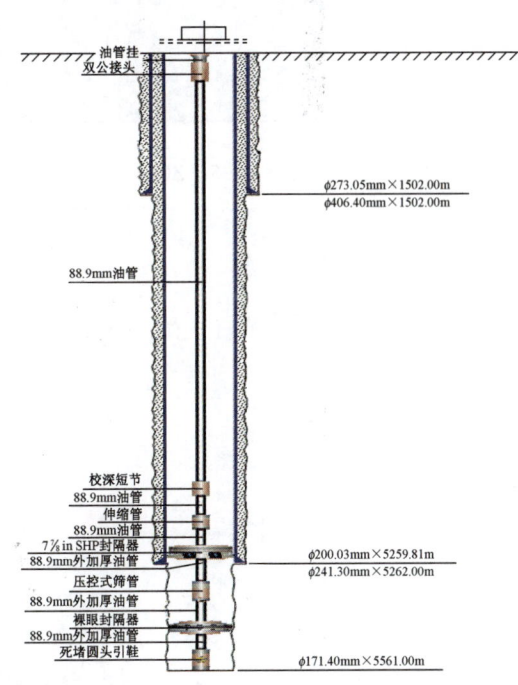

图6-134 ZG441-2H井完井管柱示意图

三、地质分析

ZG441-1H井水平井设计时,同时钻良里塔格组和鹰山组储层,但水平段钻至井深5274m,发生井漏,累计漏失钻井液2584.7m³,最终因井漏严重、气压大,工程风险极大而被迫完钻,未达到地质目的。ZG441-2H井钻进至井深5330.44m,发生井漏,累计漏失钻井液1748m³,Ⅰ类层71.5m/4层,孔隙度24.1%~29.5%;Ⅱ类层5.0m/1层,Ⅲ类层58.0m/6层,最终鹰山组水平段也未钻探。

两口井位于中古8大型走滑断裂附近,断裂极为发育且沟通两个层系,鹰山组和良里塔格组储层贯穿,从两口井试油结果来看,为典型的凝析气藏(而该区带,纯良里塔格组工业油气流井普遍为油藏)。这两口井,打开了一个崭新的局面,其代表的油气藏类型可定为:断裂改造贯通型油气藏(图6-135至图6-138)。

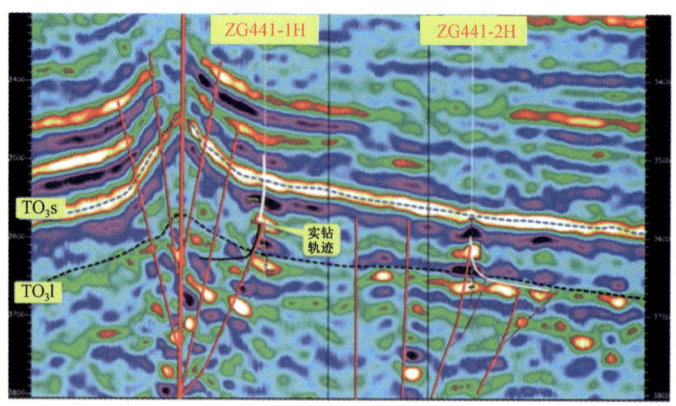

图 6 – 135   ZG441 – 1H 井和 ZG441 – 2H 井沿轨迹地震剖面图

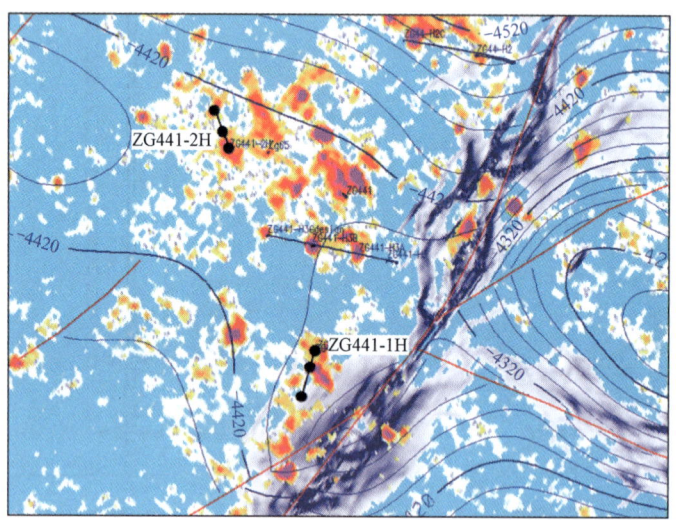

图 6 – 136   ZG441 – 1H 井和 ZG441 – 2H 井储层预测与鹰山顶构造叠合图

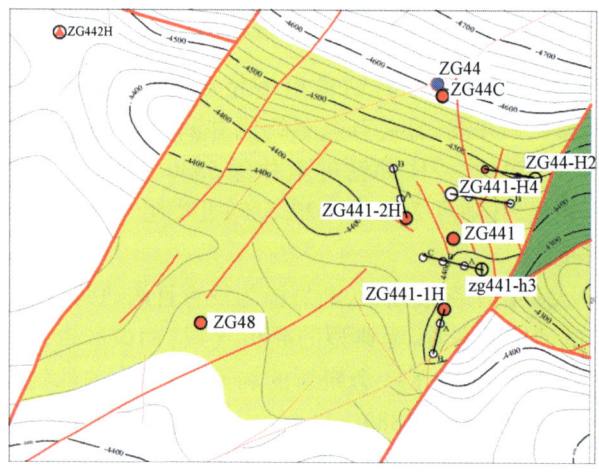

图 6 – 137   ZG441 – 1H 井和 ZG441 – 2H 井油气藏平面图

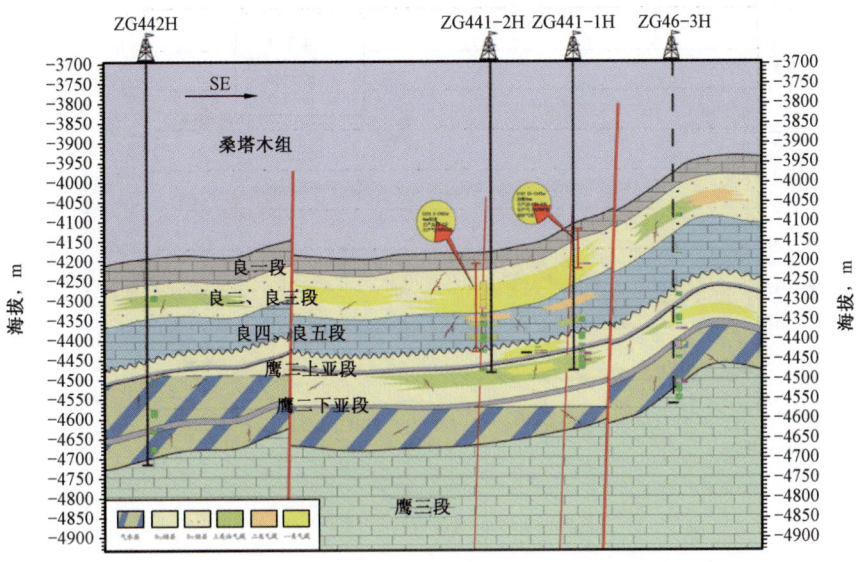

图 6 - 138　ZG441 - 1H 井和 ZG441 - 2H 井开发概念地质模型

第十八节　ZG157H 井、TZ45 - H1 井和 ZG162 - H2 井小"串珠"大成就

■ 一、结论评价

ZG157H 井为一口成功的评价井,钻进过程中在目的层良里塔格组见油气显示 15.35m/5 层,其中 6622.0 ~ 6626.35m 井段显示最好,气测全烃 99.9%。本井未进行完井电测。

ZG157H 井在 5936.71 ~ 6632.00m 井段笼统酸化压裂改造。用 4mm 油嘴放喷求产,油压 27.68MPa,日产油 97.75m³(含油 100%,油密度 $\rho_{20℃}$ 0.8078g/cm³,$\rho_{50℃}$ 0.7853g/cm³),日产气 31892m³(气体相对密度 0.691);取样口硫化氢浓度 4800mg/m³,罐口硫化氢浓度 7mg/m³(图 6 - 139)。

TZ45 - H1 井为一口成功的开发井,钻进过程中在目的层良里塔格组发现油气显示 68m/12 层,其中气测显示最好井段为 6374.0 ~ 6379.0m,气测全烃 94.28%,C_1:28.7523%。测井解释 本井发育三套储层,目的层共解释 I 类油气层 22m/1 层,Ⅱ类油气层 25.5m/3 层,Ⅱ类差油气 层 41.5m/7 层,Ⅲ类 273.5m/19 层。

TZ45 - H1 井分六段酸化压裂改造,用 4mm 油嘴放喷求产,油压 47.1MPa,产油 45m³(含 油 100%,$\rho_{20℃}$ 0.7933g/cm³,$\rho_{50℃}$ 0.7705g/cm³),折日产油 90m³,日产气 49737m³,折日产气 99474m³(气体相对密度 0.77);硫化氢浓度 2100 ~ 2200mg/m³(图 6 - 140)。

ZG162 - H2 井为一口成功的开发井,钻进过程中在目的层良里塔格组发现油气显示 183m/9 层。目的层共解释Ⅲ类储层 86.5m/4 层。

ZG162 - H2 井分六段酸化压裂改造,用 12mm 油嘴放喷排液,油压 10MPa,日产油

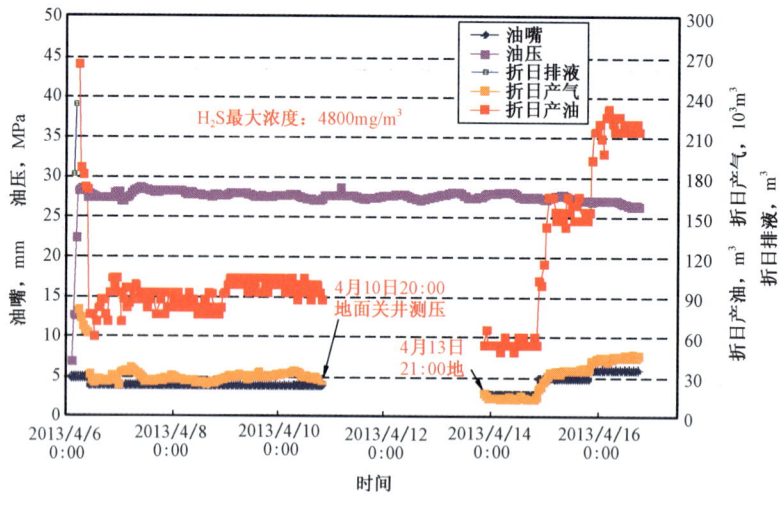

图 6 - 139　ZG157H 井求产曲线

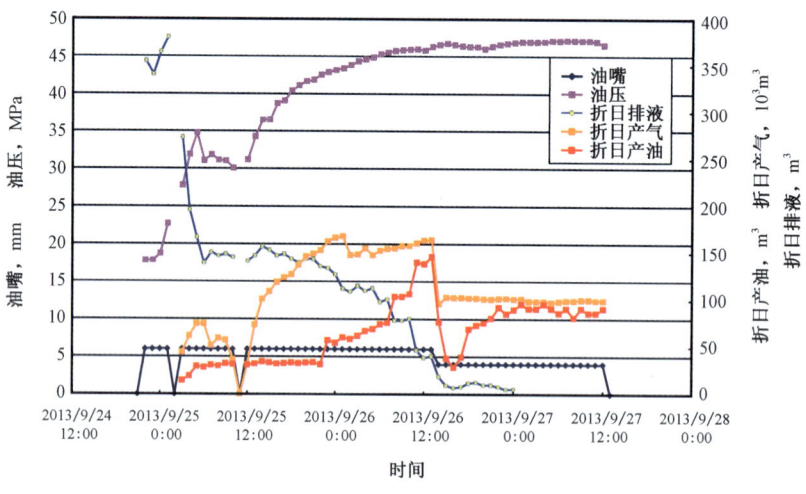

图 6 - 140　TZ45 - H1 井求产曲线

$43.68 \mathrm{m}^3$（含油 15.3%，油密度 $\rho_{20℃}$ $0.7866\mathrm{g/cm^3}$，$\rho_{50℃}$ $0.7633\mathrm{g/cm^3}$），日产气 $38268\mathrm{m}^3$，气体相对密度 0.6900；取样口硫化氢浓度 $234\mathrm{mg/m^3}$，罐口硫化氢浓度 $2\mathrm{mg/m^3}$。

二、工艺分析

中古 157H 井在目的层钻遇良好油气显示，槽面见米粒状气泡占 30% ~40%，斑块状油花占 25% ~30%，液气分离器出口点火呈橘红色火焰，焰高 5 ~10m，采用油管筛管完井直接放喷求产（图 6 - 141），获得高产油气流。

TZ45 - H1 井在目的层钻遇良好油气显示，井底累计漏失钻井液 $1559.54\mathrm{m}^3$，槽面见米粒状气泡占 10% ~20%，液气分离器出口点火呈橘红色火焰，焰高 2 ~6m。从地震剖面上来看，井眼轨迹揭穿三个串珠状储集体，采用全通径裸眼分段改造工艺分六段改造（图 6 - 142、图 6 - 143），获得高产油气流。

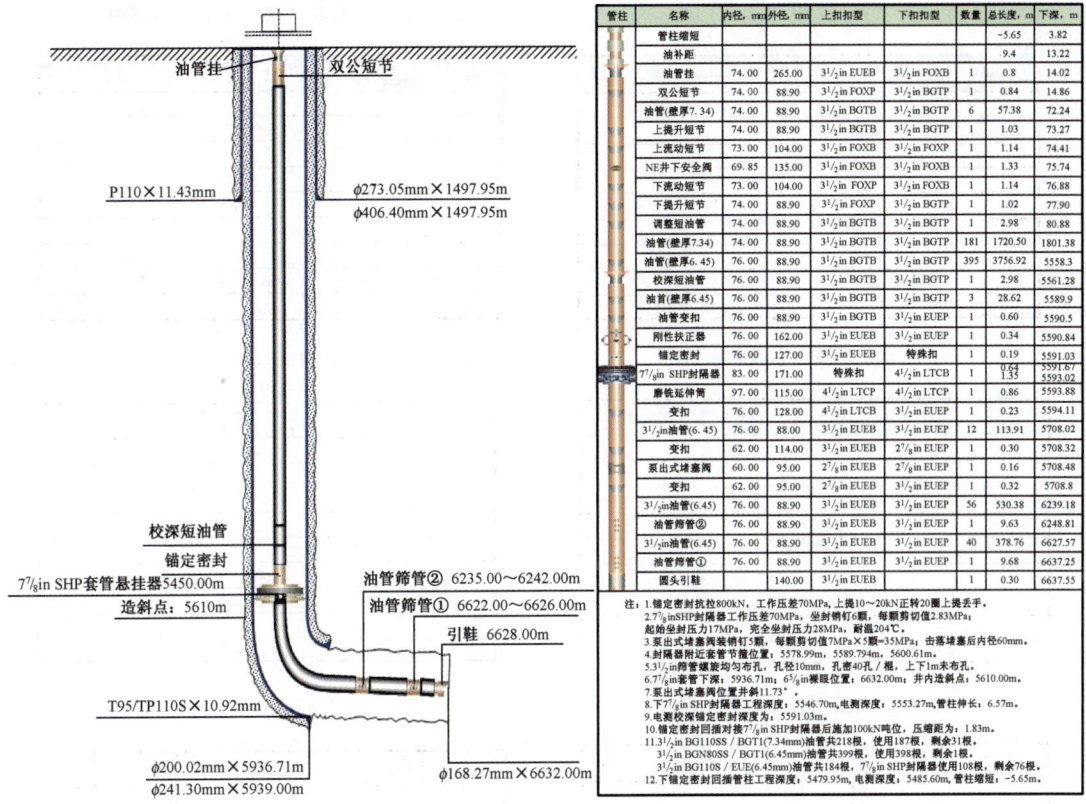

管柱	名称	内径，mm	外径，mm	上扣型	下扣型	数量	总长度，m	下深，m
	管柱缩短						-5.65	3.82
	油补距						9.4	13.22
	油管挂	74.00	265.00	$3^1/_2$ in EUEB	$3^1/_2$ in FOXB	1	0.8	14.02
	双公短节	74.00	88.90	$3^1/_2$ in FOXP	$3^1/_2$ in BGTP	1	0.84	14.86
	油管(壁厚7.34)	74.00	88.90	$3^1/_2$ in BGTB	$3^1/_2$ in BGTP	6	57.38	72.24
	上提升短节	74.00	88.90	$3^1/_2$ in BGTB	$3^1/_2$ in BGTP	1	1.03	73.27
	上流动短节	73.00	104.00	$3^1/_2$ in FOXB	$3^1/_2$ in FOXP	1	1.14	74.41
	NE井下安全阀	69.85	135.00	$3^1/_2$ in FOXB	$3^1/_2$ in FOXB	1	1.33	75.74
	下流动短节	73.00	104.00	$3^1/_2$ in FOXB	$3^1/_2$ in FOXB	1	1.14	76.88
	下提升短节	74.00	88.90	$3^1/_2$ in FOXP	$3^1/_2$ in FOXP	1	1.02	77.90
	调整短油管	74.00	88.90	$3^1/_2$ in BGTB	$3^1/_2$ in BGTP	1	2.98	80.88
	油管(壁厚7.34)	74.00	88.90	$3^1/_2$ in BGTB	$3^1/_2$ in BGTP	181	1720.50	1801.38
	油管(壁厚6.45)	76.00	88.90	$3^1/_2$ in BGTB	$3^1/_2$ in BGTP	395	3756.92	5558.3
	校深短油管	76.00	88.90	$3^1/_2$ in BGTB	$3^1/_2$ in BGTP	1	2.98	5561.28
	油首(壁厚6.45)	76.00	88.90	$3^1/_2$ in BGTB	$3^1/_2$ in EUEP	3	28.62	5589.9
	油管变扣	76.00	88.90	$3^1/_2$ in BGTB	$3^1/_2$ in EUEP	1	0.60	5590.5
	刚性扶正器	76.00	162.00	$3^1/_2$ in EUEB	$3^1/_2$ in EUEP	1	0.34	5590.84
	锚定密封	76.00	127.00	$3^1/_2$ in EUEB	特殊扣	1	0.19	5591.03
	$7^7/_8$ in SHP封隔器	83.00	171.00	特殊扣	$4^1/_2$ in LTCB	1	0.64 / 1.35	5591.67 / 5593.02
	磨铣延伸筒	97.00	115.00	$4^1/_2$ in LTCP	$4^1/_2$ in LTCP	1	0.86	5593.88
	变扣	76.00	128.00	$4^1/_2$ in LTCB	$3^1/_2$ in LTCP	1	0.23	5594.11
	$3^1/_2$ in油管(6.45)	76.00	88.00	$3^1/_2$ in EUEB	$3^1/_2$ in EUEP	12	113.91	5708.02
	变扣	62.00	114.00	$3^1/_2$ in EUEB	$2^7/_8$ in EUEP	1	0.30	5708.32
	泵出式堵塞阀	60.00	95.00	$2^7/_8$ in EUEB	$2^7/_8$ in EUEP	1	0.16	5708.48
	变扣	62.00	95.00	$2^7/_8$ in EUEB	$3^1/_2$ in EUEP	1	0.32	5708.8
	$3^1/_2$ in油管(6.45)	76.00	88.90	$3^1/_2$ in EUEB	$3^1/_2$ in EUEP	56	530.38	6239.18
	油管筛管②	76.00	88.90	$3^1/_2$ in EUEB	$3^1/_2$ in EUEP	1	9.63	6248.81
	$3^1/_2$ in油管(6.45)	76.00	88.90	$3^1/_2$ in EUEB	$3^1/_2$ in EUEP	40	378.76	6627.57
	油管筛管①	76.00	88.90	$3^1/_2$ in EUEB	$3^1/_2$ in EUEP	1	9.68	6637.25
	圆头引鞋		140.00	$3^1/_2$ in EUEB		1	0.30	6637.55

注：1.锚定密封抗拉800kN，工作压差70MPa，上提10～20kN正转20圈上提丢手。
2.$7^7/_8$ in SHP封隔器工作压差70MPa，坐封销钉6颗，每颗剪切值2.83MPa。
起始坐封压力17MPa，完全坐封压力28MPa，耐温204℃。
3.泵出式堵塞阀额定剪切值，每颗剪切值7MPa×5圈=35MPa，由落堵塞后内径60mm。
4.封隔器附近套管节箍位置：5578.99m、5589.794m、5600.61m。
5.$3^1/_2$ in筒管螺旋均匀布孔，孔径10mm，孔密40孔/根，上下1m未布孔。
6.$7^7/_8$ in套管筛管：5936.71m，$6^5/_8$ in裸眼位置：6632.00m，井内造斜点：5610.00m。
7.泵出式堵塞阀位置井斜11.73°。
8.下$7^7/_8$ in SHP封隔器工程深度：5546.70m，电测深度：5553.27m，管柱伸长，6.57m。
9.电测校深锚定密封深度：5591.03m。
10.锚定密封回插对接$7^7/_8$ in SHP封隔器后施加100kN吨位，压缩距：1.83m。
11.$3^1/_2$ in BG110SS / BGT1(7.34mm)油管共218根，使用187根，剩余31根。
$3^1/_2$ in BGN80SS / BGT1(6.45mm)油管共399根，使用398根，剩余1根。
$3^1/_2$ in BG110S / EUE(6.45mm)油管共184根，$7^7/_8$ in SHP封隔器使用108根，剩余76根。
12.下锚定密封回插管柱工程深度：5479.95m，电测深度：5485.60m，管柱缩短：-5.65m。

图6-141 ZG157H井井身结构图

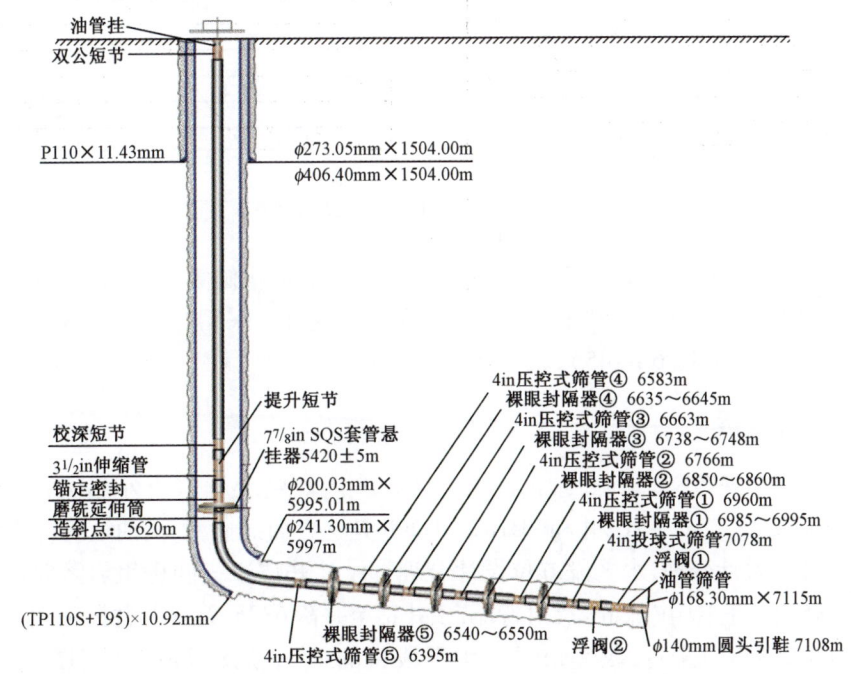

图6-142 TZ45-H1井井身结构图

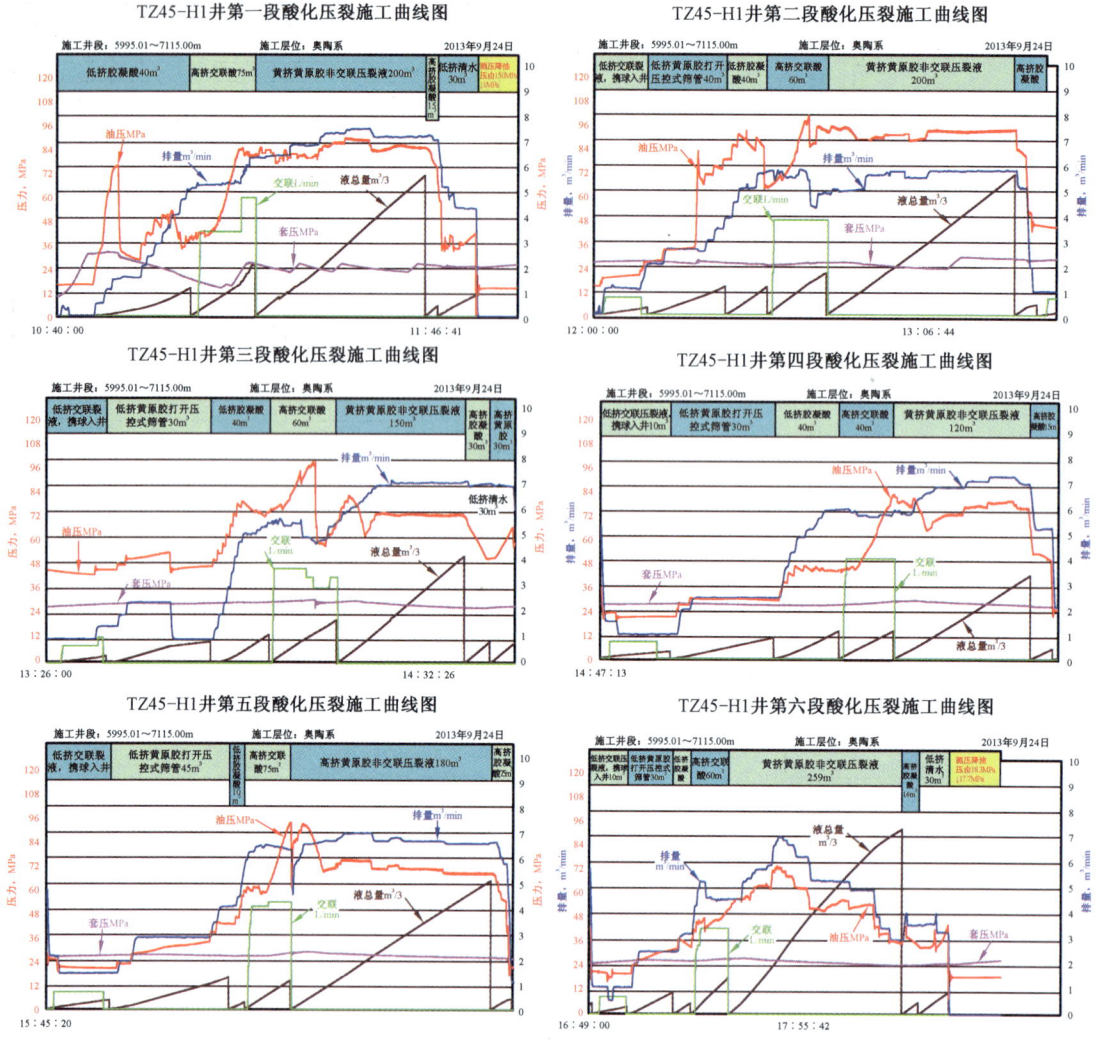

图 6-143　TZ45-H1 井酸化压裂曲线

从地震剖面上来看,ZG162-H2 井眼轨迹揭穿两个串珠状储集体,在钻进过程中井底发生微漏(累计漏失钻井液 6m³),井眼可能已经钻遇洞顶裂缝。采用全通径裸眼分段改造工艺分六段改造(图 6-144、图 6-145),获得高产油气流。

三、地质分析

塔中Ⅲ区的"串珠"小,"筋脉"理论认为用水平井把这些"小器官"(小串珠)穿起来,可高效开发。ZH157H 井、TZ45-H1 井和 ZG162-H2 井是这方面的典型,试油全获百吨高产。

ZG157H 井位设计合理,水平段方位设计合理。设计井位于一间房组岩溶储层发育的有利区带内,地震剖面呈"小串珠群"反射特征,该井钻至井深 6325.71m 时井漏失返。然后控压钻进至井深 6632m 出口未返,仅完成设计水平段长的 1/3,就此提前完钻(图 6-146 至图 6-149)。

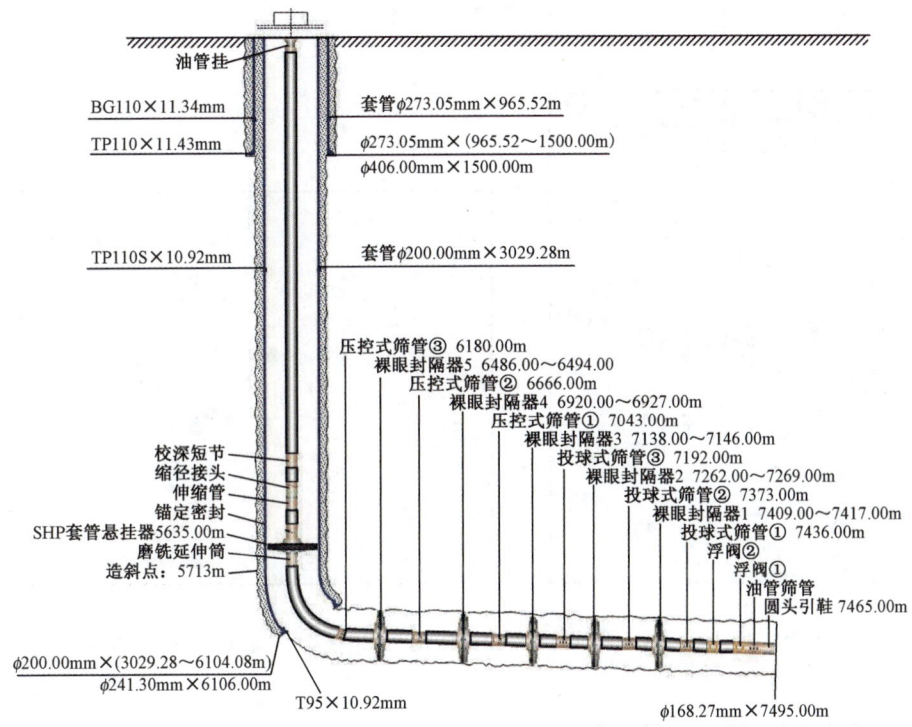

油管挂

BG110×11.34mm

TP110×11.43mm

套管φ273.05mm×965.52m

φ273.05mm×(965.52~1500.00m)
φ406.00mm×1500.00m

TP110S×10.92mm

套管φ200.00mm×3029.28m

压控式筛管③ 6180.00m
裸眼封隔器5 6486.00~6494.00
压控式筛管② 6666.00m
裸眼封隔器4 6920.00~6927.00m
压控式筛管① 7043.00m
裸眼封隔器3 7138.00~7146.00m
投球式筛管③ 7192.00m
裸眼封隔器2 7262.00~7269.00m
投球式筛管② 7373.00m
裸眼封隔器1 7409.00~7417.00m
投球式筛管① 7436.00m
浮阀②
浮阀①
油管筛管
圆头引鞋 7465.00m

校深短节
缩径接头
伸缩管
锚定密封
SHP套管悬挂器5635.00m
磨铣延伸筒
造斜点：5713m

φ200.00mm×(3029.28~6104.08m)
φ241.30mm×6106.00m
T95×10.92mm

φ168.27mm×7495.00m

图 6-144 ZG162-H2 井管柱结构图

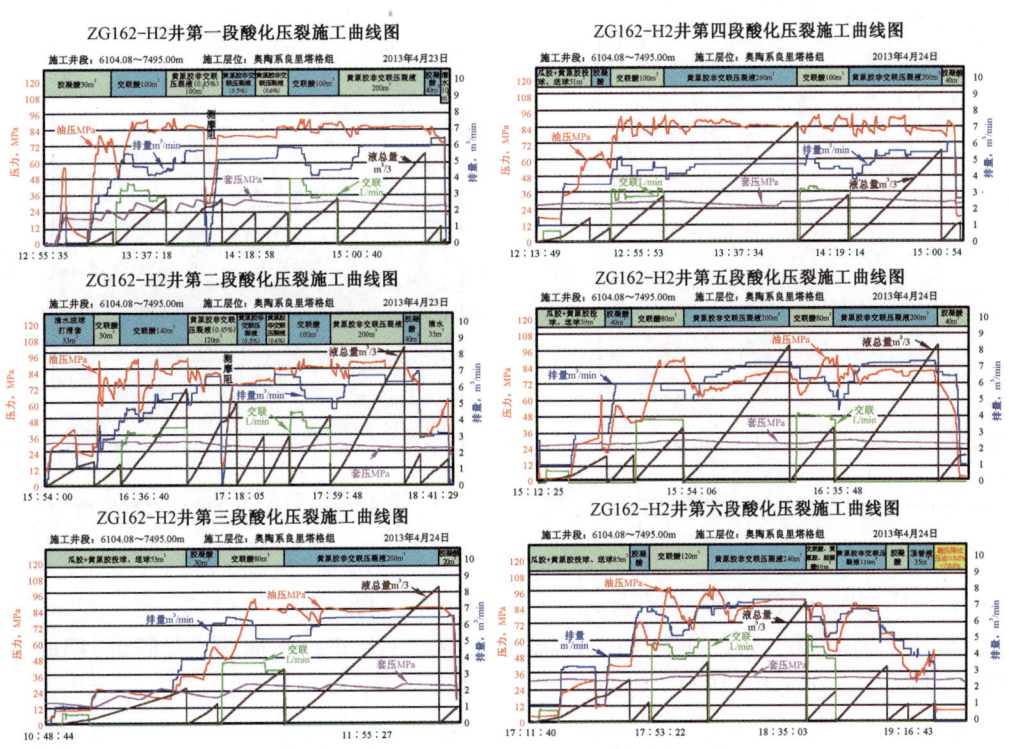

图 6-145 ZG162-H2 井分段酸化压裂曲线

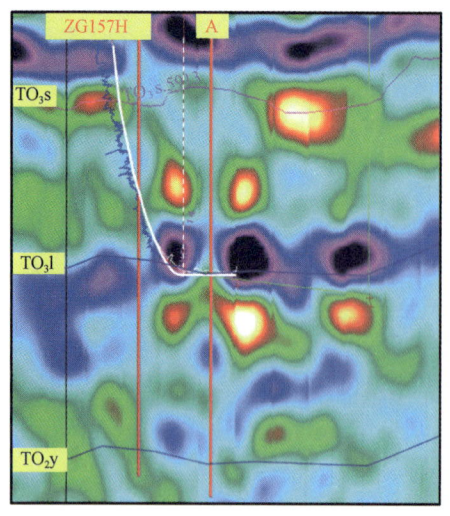

图 6 – 146　ZG157H 井沿轨迹地震剖面图

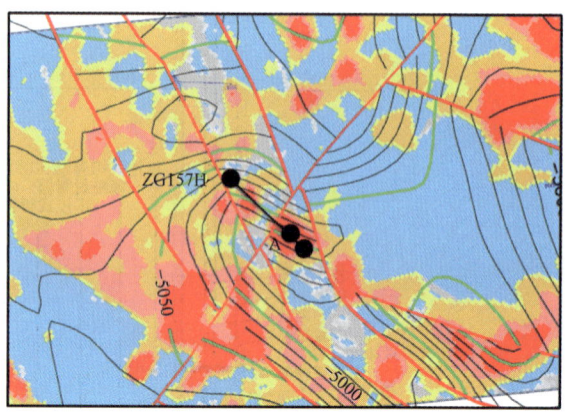

图 6 – 147　ZG157H 井储层预测与盖层底面构造叠合图

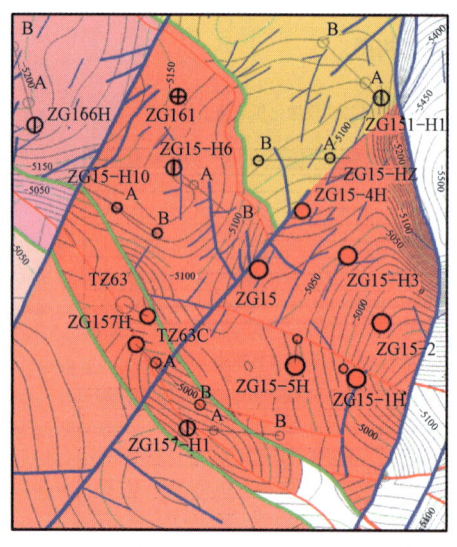

图 6 – 148　ZG157H 井油气藏平面图

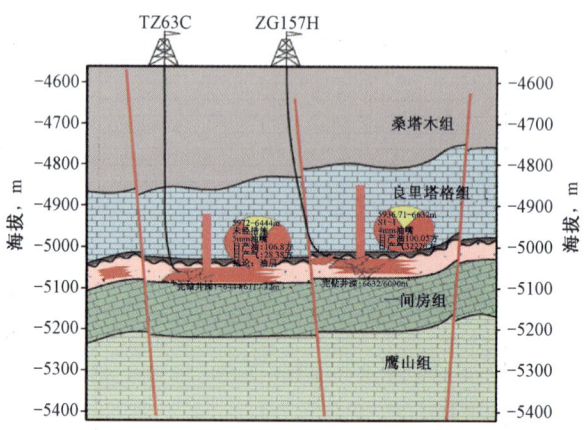

图 6 – 149　ZG157H 井开发概念地质模型

　　TZ45 – H1 井、ZG162 – H2 井地震剖面也呈"串珠状 + 强片状"反射特征,这三口井均是水平井贯穿多个"小串珠",最终获高产工业油气流。这些实例进一步加深了我们对"筋脉"理论的认识(图 6 – 150 至图 6 – 154)。

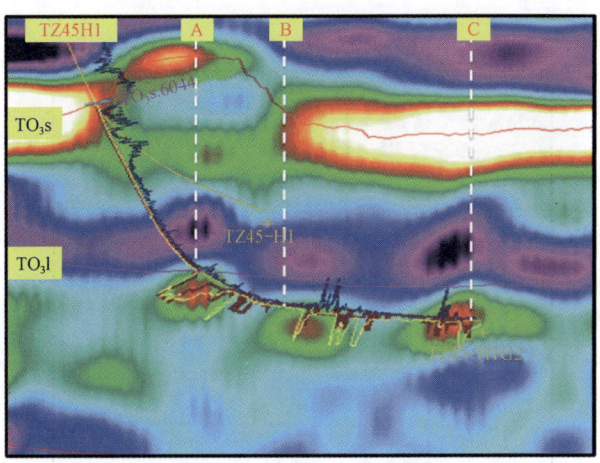

图 6 – 150 TZ45 – H1 井沿轨迹地震剖面图

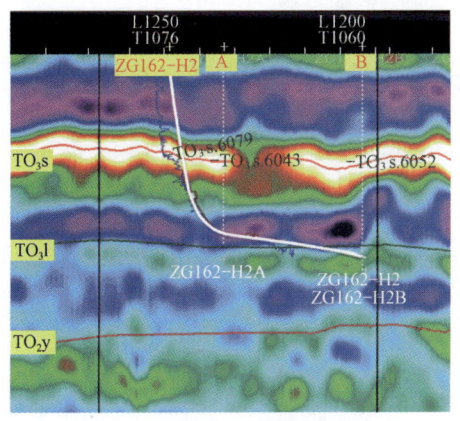

图 6 – 151 ZG162 – H2 井沿轨迹地震剖面图

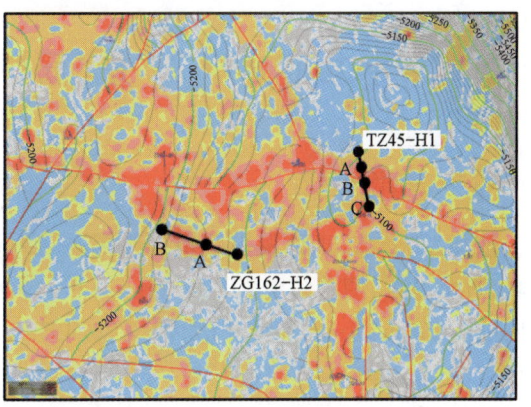

图 6 – 152 TZ45 – H1—ZG162 – H2 井储层预测与盖层底面构造叠合图

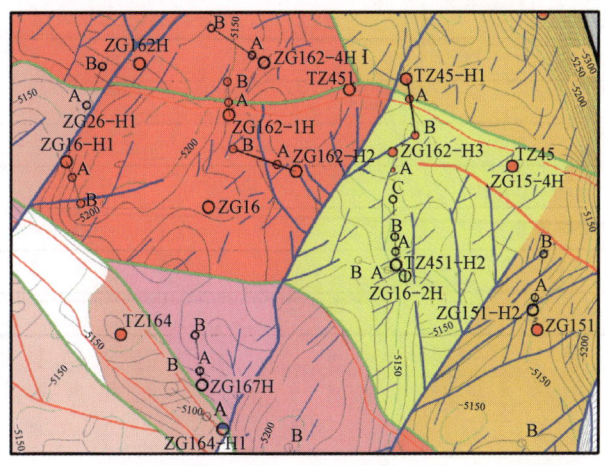

图 6 – 153 TZ45 – H1—ZG162 – H2 井油气藏平面图

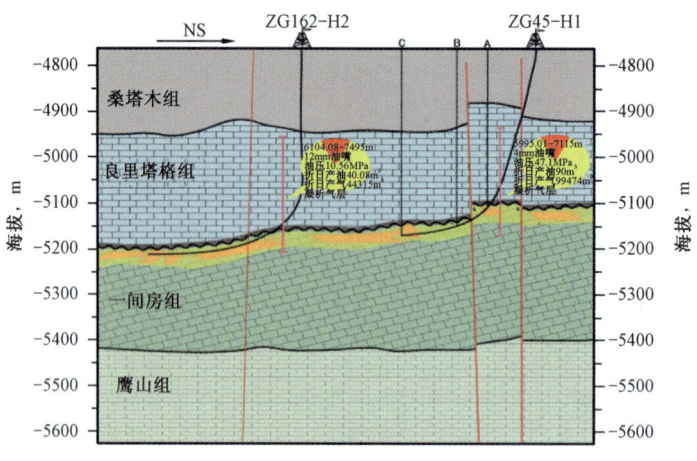

图 6-154 TZ45-H1 井—ZG162-H2 井开发概念地质模型

第十九节 ZG29 井"筋脉"理论把"水井"变油井

一、结论评价

该井为"筋脉"理论发表后指导部署在 ZG15 井南的一口探井,一间房组录井氯离子明显升高,有水显示,测井解释发育 17.5m 的Ⅱ类油水同层和 6m 的Ⅱ类水层。后期对一间房组的水层酸洗 270m³,4mm 油嘴测试,油压 28.453MPa,日产油 119m³,日产气 25479m³。ZG29 井一间房组试油获百吨高产,向南进一步扩大了中古 15 区块高产区面积(图 6-155)。

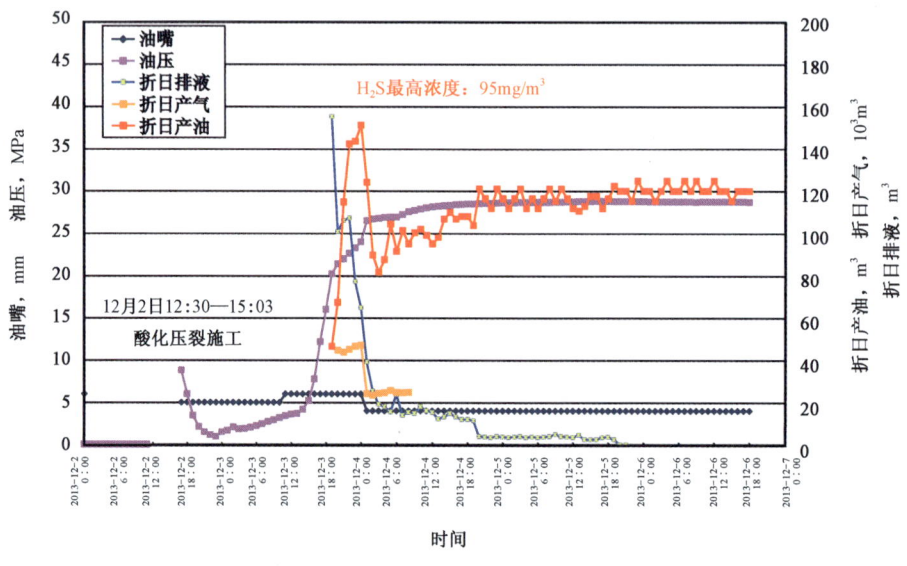

图 6-155 ZG29 井求产曲线

■二、工艺分析

ZG29 井在目的层鹰山组储层改造时井底出水 25.97m³，未见油气。上返目的层良里塔格组完井试油，该井段储层物性较差，采用具有低伤害、高温缓速、深穿透性能的交联酸改造液体系，获得高产油气(图 6-156、图 6-157)。

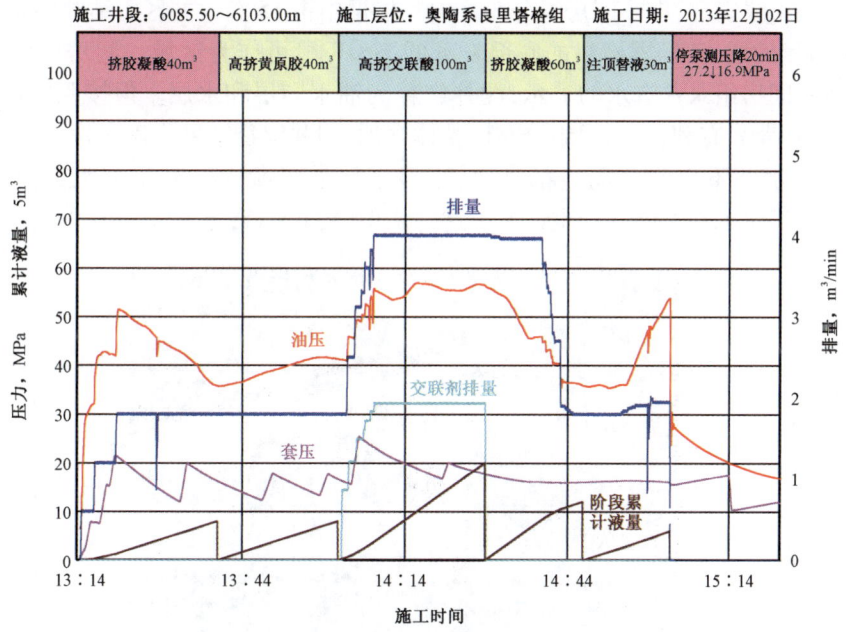

图 6-156　ZG29 井良里塔格组酸化压裂曲线图

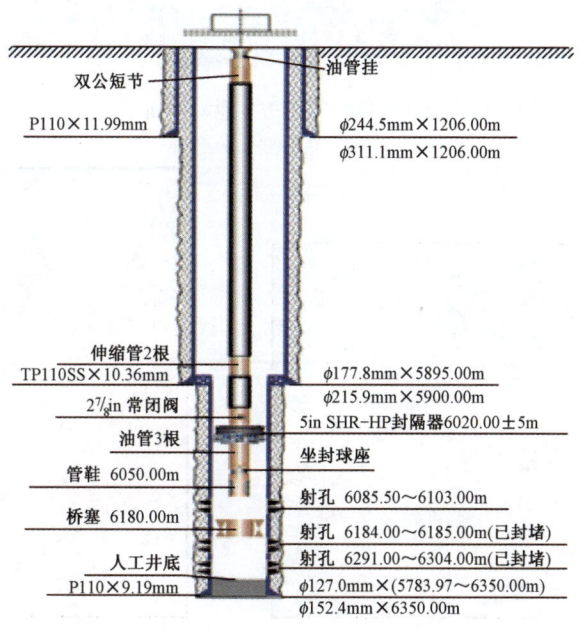

图 6-157　ZG29 井完井管柱示意图

三、地质分析

根据"筋脉"理论,探井(或预探井)原则上以直井井型为主。本井正是按照该理论设计直井,以寻求发现为目的,不做过多的井型优化。同时,按照筋脉理论的要求,探井的部署要进行油气藏识别与油气藏形态的初步刻画,通过层位的解释与追踪,清晰刻画了一间房组尖灭线,ZG29 井位于尖灭线以北,即一间房组分布区内。根据中古 15 高效井区已钻井的认识,一间房组为该区主力目的层,良里塔格组的底部发育的高 GR 段可作为区域一间房组的优质盖层。ZG29 虽然在一间房组录井有水的显示,测井解释为油水同层和水层。但按照"筋脉"理论认为该区整体构造背景有利,一间房组分布区整体含油,测井解释结果只代表井筒很小范围的含油情况,测井有水并不表明井周边都是水,水显示层油气藏内幕是定容水的可能性极大。ZG29 井一间房组试油获百吨高产也证实了这一认识(图 6 – 158 至图 6 – 161)。

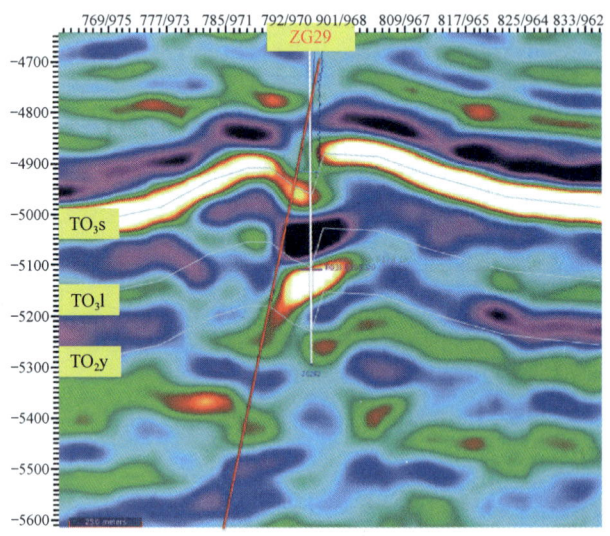

图 6 – 158　ZG29 井地震剖面

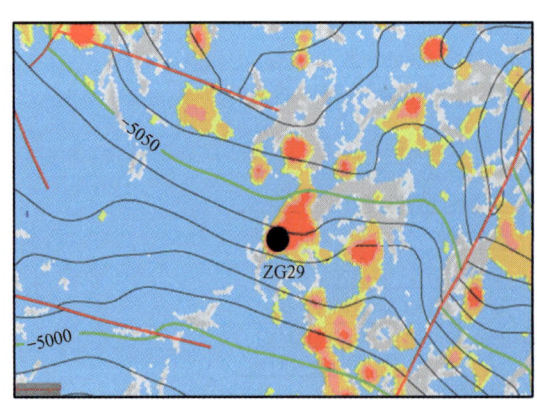

图 6 – 159　ZG29 井储层预测与盖层底面构造叠合图

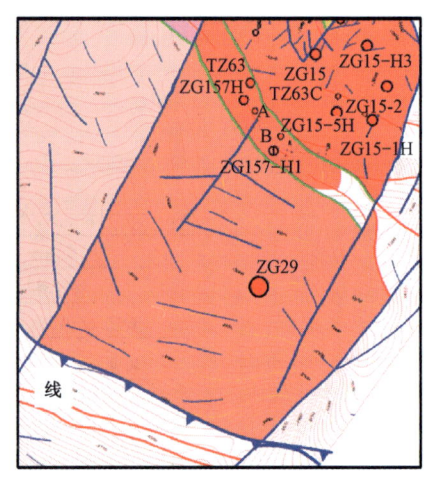

图 6 – 160　ZG29 井油气藏平面图

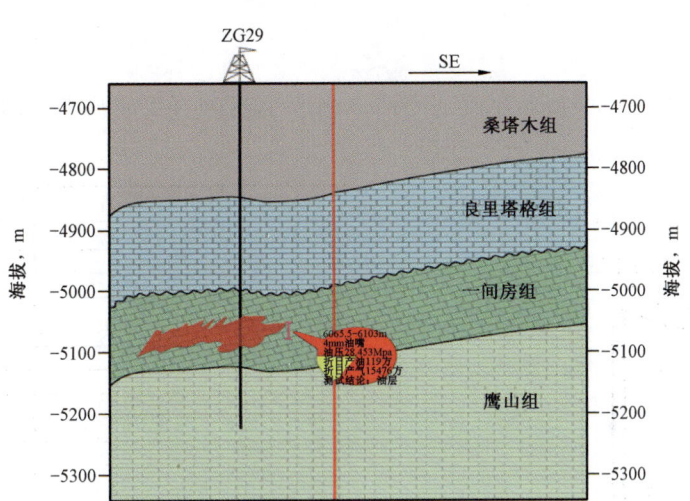

图 6 – 161　ZG29 井开发概念地质模型

第二十节　ZG262 井断裂破碎带成功的典范

■ 一、结论评价

ZG262 井评价为高效井。本井未经酸化压裂改造,直接放喷求产,5mm 油嘴测试,油压 33.14MPa,折日产油 194.8m³,折日产气 13586m³,高产油井。截至 2014 年 1 月 2 日共开井生产 234 天,累计产油 3.41×10⁴t,累计产气 674×10⁴m³(图 6 – 162)。ZG262 井的高效开发,进一步向西扩大了中古 15 高产井区面积。

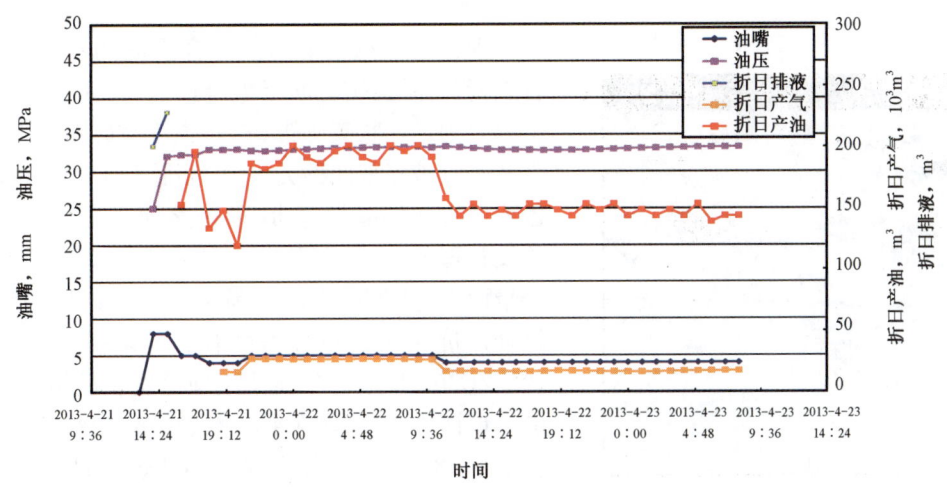

图 6 – 162　ZG262 井求产曲线

■二、工艺分析

ZG262 井目的层钻遇良好显示提前完钻,采用筛管完井直接放喷求产,获得高产油气(图6－163)。

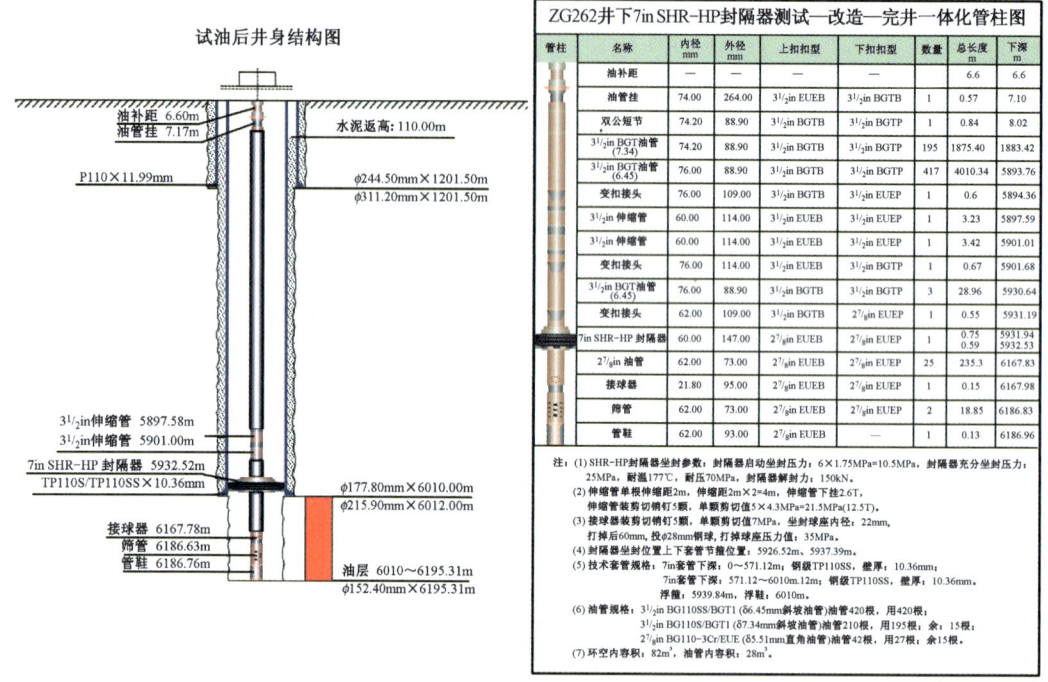

试油后井身结构图

油补距 6.60m
油管挂 7.17m
水泥返高:110.00m

P110×11.99m
φ244.50mm×1201.50m
φ311.20mm×1201.50m

3½in伸缩管 5897.58m
3½in伸缩管 5901.00m
7in SHR-HP 封隔器 5932.52m
TP110S/TP110SS×10.36m
φ177.80mm×6010.00m
φ215.90mm×6012.00m

接球器 6167.78m
筛管 6186.63m
管鞋 6186.76m
油层 6010～6195.31m
φ152.40mm×6195.31m

管柱	名称	内径mm	外径mm	上扣扣型	下扣扣型	数量	总长度m	下深m
	油管距	—	—		—		6.6	6.6
	油管挂	74.00	264.00	3½in EUEB	3½in BGTB	1	0.57	7.10
	双公短节	74.20	88.90	3½in BGTB	3½in BGTP	1	0.84	8.02
	3½in BGT油管(7.34)	74.20	88.90	3½in BGTB	3½in BGTP	195	1875.40	1883.42
	3½in BGT油管(6.45)	76.00	88.90	3½in BGTB	3½in BGTP	417	4010.34	5893.76
	变扣接头	76.00	109.00	3½in BGTB	3½in EUEB	1	0.6	5894.36
	3½in 伸缩管	60.00	114.00	3½in EUEB	3½in EUEP	1	3.23	5897.59
	3½in 伸缩管	60.00	114.00	3½in EUEB	3½in EUEP	1	3.42	5901.01
	变扣接头	76.00	114.00	3½in EUEB	3½in BGTP	1	0.67	5901.68
	3½in BGT油管(6.45)	76.00	88.90	3½in BGTB	3½in BGTP	3	28.96	5930.64
	变扣接头	62.00	109.00	3½in BGTB	2⅞in EUEP	1	0.55	5931.19
	7in SHR-HP 封隔器	60.00	147.00	2⅞in EUEB	2⅞in EUEP	1	0.75 / 0.59	5931.94 / 5932.53
	2⅞in 油管	62.00	73.00	2⅞in EUEB	2⅞in EUEP	25	235.3	6167.83
	接球器	21.80	95.00	2⅞in EUEB	2⅞in EUEP	1	0.15	6167.98
	筛管	62.00	73.00	2⅞in EUEB	2⅞in EUEP	2	18.85	6186.83
	管鞋	62.00	93.00	2⅞in EUEB			0.13	6186.96

注:(1) SHR-HP封隔器坐封参数:6×1.75MPa=10.5MPa,封隔器启动坐封压力:25MPa;耐温177℃,耐压70MPa,封隔器充分坐封压力:35MPa,封隔器解封力:150kN。
(2) 伸缩管单根伸缩量2m,伸缩量2m×2=4m,伸缩管下挂2.6T,伸缩管装剪切销钉5颗,单颗剪切销2.6T(5×4.3MPa=21.5MPa(12.5T)。
(3) 接球器装剪切销钉5颗,单颗剪切值7MPa,坐封座内径:22mm,打捞后伸60mm,投φ28mm钢球,打掉球座压力:35MPa。
(4) 封隔器坐封位置上下套管节箍位置:5926.52m、5937.39m。
(5) 技术套管下深:0～571.12m,钢级TP110SS,壁厚:10.36mm;
571.12～6010m.12m,钢级TP110SS,壁厚:10.36mm;
浮箍:5939.84m,浮鞋:6010m。
(6) 油管规格:3½in BG110S/BGT1(86.45mm斜坡油管)油管420根,用420根;
3½in BG110S/BGT1(87.34mm斜坡油管)210根,用195根,余15根;
2⅞in BG110-3Cr/EUE(85.51mm直角油管)42根,用27根,余15根。
(7) 环空内容积:82m³,油管内容积:28m³。

图 6－163 ZG262 井管柱结构图

■三、地质分析

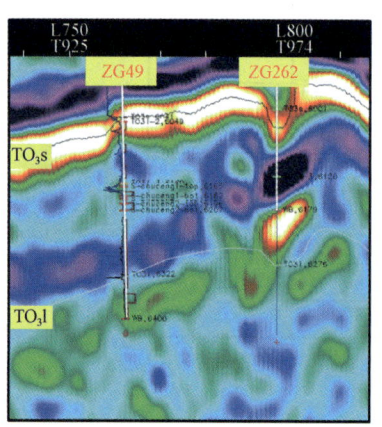

图 6－164 ZG262 井地震剖面图

根据走滑断裂不同段发育不同的花状结构、叠合裂缝和储层,结合断层组合模式,将走滑断裂平面上划分为透入状破碎带、斜列叠置破碎带、羽状破碎带和平行破碎带四种类型。"筋脉"理论布井强调井位要部署在裂缝发育带,通过叠前应力场和叠前裂缝发育程度分析,羽状断裂破碎带相对其他类型破碎带而言,其张性应力更为集中,裂缝呈网状发育,综合评价羽状破碎带为最有利的勘探开发目标区块。ZG262 井正是在"筋脉"理论发表后指导下部署的一口评价井,部署在羽状断裂破碎带裂缝发育区,获日产 180t 高产。按照这样的认识,指导了 TZ45－H1、ZG162－H3、ZG157H 等井的部署,且试油均获得了百吨高产(图 6－164 至图 6－167)。

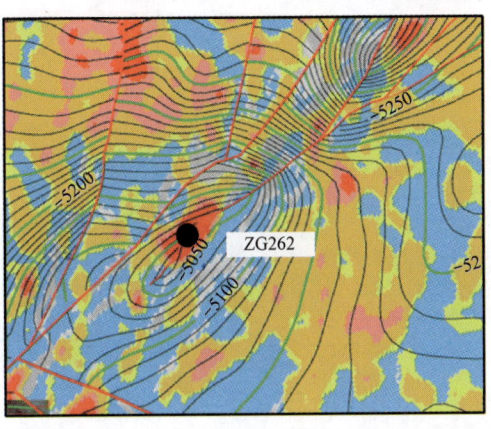

图 6-165 ZG262 井储层预测与盖层底面构造叠合图

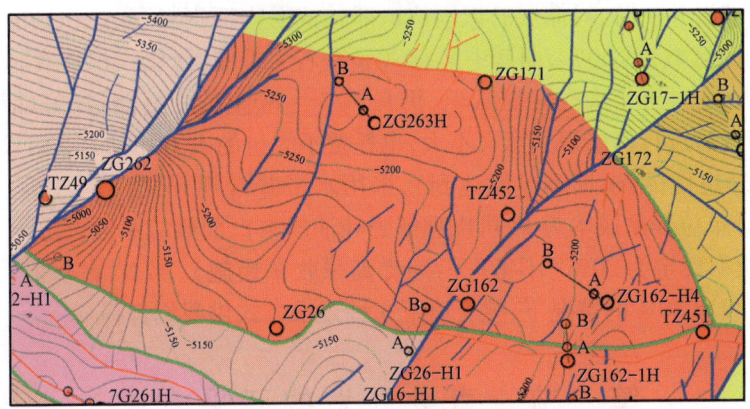

图 6-166 ZG262 井油气藏平面图

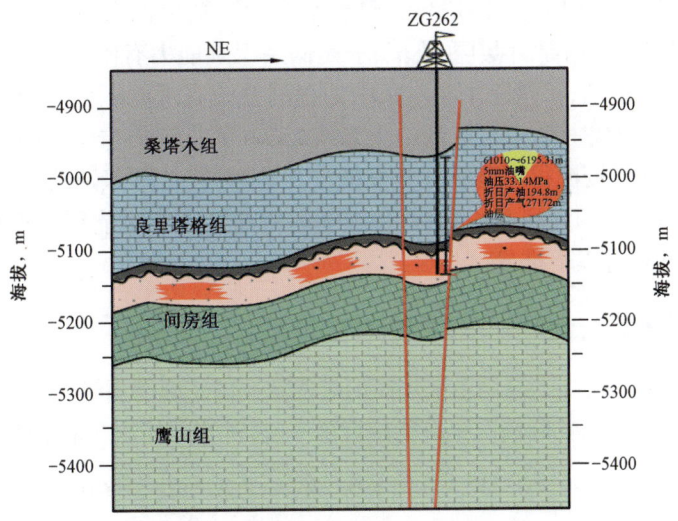

图 6-167 ZG262 井开发概念地质模式

第七章 "筋脉"理论实现油气藏系统整体效益开发的概率推导

目前,我们部署井位时,对储层的识别认识都是依据物探资料,所能识别的储层展布仅占了探明区内(油藏区域)的30%,而其中又有20%左右为差储层(错误识别或非储层),在70%的不能识别区内,通过近年来的钻探认识,仍有70% ~ 80%的中好储层(好储层约占40%)。显然,仅靠物探资料进行储层识别意义不大,也耗费了大量的人力和物力。假设我们的储层识别率为100%(理想目标,永远不可能达到),采用水平井常规开发(仅实施均匀布酸解堵酸化),此时的综合单位开采成本为V(可以理解为吨油成本),而效应系数设定为K,显然K=1,如果将综合采收率设定为30%(不考虑后期提高采收率措施),那么,在目前(可能会长期如此)储层识别率仅有30%的情况下,就有以下3种开采方式供我们选择。

第一节 直井开发的开采方式

此种开采方式目前国内油田比较流行,热衷于将缝洞系统识别为开发单元。这种开采方式表面上看起来似乎十分科学,但其实不然:一是储层识别能力有限,永远达不到100%,而且还有20%左右的错误识别;二是除了相对集中的缝洞系统有可能识别外(也只能识别50%),其他的储集空间就会形成一个相对散乱的大系统,又占了总储集空间40%的储集空间资源,这样看来70%以上油气资源得不到有效开发就成为必然;三是可识别的缝洞系统内的油气资源,由于其储集空间分布的强烈非均质特点,系统内的油气也不可能得到理想化的有效开发。因此,对这种开采方式有以下推导。

■ 一、采收率推导

由于储层的错误识别,加上缝洞系统规模的难确定性以及缝洞系统内强烈非均质特点风险,钻井成功率仅能达到70%,实际情况也只能接近这一值,对实际的油气采出情况可以列式如下:

$$Q = 0.3 \times (0.4 \times 0.5W + 0.4 \times 0.2W < 无效开发 > + 0.2 \times 0 \times W) \quad (7-1)$$

$$\downarrow \quad\quad \downarrow \quad\quad \downarrow \quad\quad \downarrow \quad\quad \downarrow \quad\quad\quad\quad\quad \downarrow \quad\quad \downarrow$$

$$A \quad\quad B \quad\quad C \quad\quad D \quad\quad E \quad\quad\quad\quad\quad F \quad\quad G$$

式中　Q——实际可采出的油气当量产量；

　　　W——探明地质储量。

A：识别率为30%；B：可识别储层中好储层比率为40%；C：好储层理论采收率为50%；D：中储层（我们把储层分好、中、差等三类）在可识别储层中比率为40%；E：中储层理论采收率为20%；F：错误识别的差储层比率为20%；G：直井开发采收率为0%。

如此看来，在开发区好、中、差储层如果按水平井开发的理论采收率为30%的构成如下：

$$30\% = 0.4 \times 0.5 + 0.4 \times 0.2 + 0.2 \times 0.1 \qquad (7-2)$$

（不同于直井和水平井体积酸化压裂改造）

以上公式简化后得出：

$$Q/W = 0.084 = 8.4\% \qquad (7-3)$$

采出的油气总量仅占了探明地质储量的8.4%，8.4/30 = 28%，仅占了理论可采储量的28%，也就是说，如果理论采收率（平均）为30%，而实际采收率仅有8.4%，有72%的可采储量资源被白白浪费，实际采出油气总量所占8.4%地质储量中，又有2.4%是无效开发（收不回直接开采成本）。

■二、效益推导

假设实际单位开发成本为V'（吨油综合成本），可列式如下：

$$V' = V_{地面} \cdot K + V_{钻井}/0.7 + V_{完井} + V_{采油} \cdot K \qquad (7-4)$$

　　其中　　　　　　　　　　$V_{地面} = 0.3 \cdot 0.8V$

说明：开发总投资的30%在地面，前期开发投资 + 后期补充投资在常规开采期内占总开发成本的80%。

$$V_{钻井} = 0.7 \times 0.8 \times 0.7V$$

说明：开发总投资的70%在钻完井，开发总投资在稳产期内占总开发投资的80%，在钻完井投资中，钻井投资占70%；钻井成功率70%，设$V'_{钻井} = V_{钻井}/0.7$（包括了30%的无效投资实际钻井成本）。

$$V_{完井} = 0.7 \times 0.8 \times 0.3V$$

说明：0.7和0.8与钻井成本项相同，而完井在钻完井投资（有效投资）中占30%。

$$V_{采油} = 0.2V$$

说明：后期（常规开采期内）采油成本占总开发成本的20%，以上比例数据为统计经验值（相近值）。

K = 正常开发的理论采收率/实际采收率，可视为效益缺失指数（单位成本自然增加），在此：

$$K = 30\%/8.4\% = 30/8.4 = 3.75 \qquad (7-5)$$

带入式(7-4):

$$V' = 0.24V \cdot 3.75 + 0.392V/0.7 + 0.168V + 0.2V \cdot 3.75 \qquad (7-6)$$

$$= 0.9V + 0.56V + 0.168V + 0.75V = 2.378V$$

三、评价结论推导

通过以上推导,可得出以下评价:

这一开采方式的实际采收率仅有8.4%,有效采收率仅6%,目前的实际结果与此推导结论十分相近。有72%的可采储量资源得不到开发动用;油气单位成本为正常开发成本的2.378倍。目前这种开采方式在油田实际中普遍采用。

结论:开发成本高,储量资源严重浪费,整体开发效果差。

第二节　水平井分段体积改造的开采方式1

此种开采方式完全依赖储层可识别能力进行油藏评价与认识。这种开采方式虽然从理论上讲更加优于第一种开采方式,但与更加科学有效的开采方式相比,仍然没有解决技术上的瓶颈问题,这种方式有以下推导。

一、采收率推导

钻探成功率预计接近100%,但如果不做油藏评价,成功率仍然会偏低(小于70%,实际结果也是如此),这是一个无法预测值,我们设定的条件是做了油藏精细描述(目前常不考虑),所以不考虑无法预测的问题,考虑到综合因素,拟定成功率为90%,如果这样,好、中、差储层在可识别缝洞系统区内可得到连带开发,均可得到有效开发,油气采出可列式如下:

$$Q = 0.3 \times (0.4 \times 0.5W + 0.4 \times 0.2W + 0.2 \times 0.1W) \qquad (7-7)$$

以上各项比例数据的涵义与第一种开采方式的推导式相同,仅有最后一项0.1表示水平井分段改造开采可将20%差储层的储量资源连带有效开采出10%,简化上式可得:

$$Q = 0.09W \qquad (7-8)$$

实际采收率9%左右,但由于采用这种开采方式,一定程度也会采出一些不能识别的储层中的油气资源,所以,实际效果可能会好一些,如果取扩大效应系数为1.3(经验值),采收率为11.7%,考虑到体积改造后,采收率还会有所提高,拟定为12%计算。

二、效益推导

仍然假设实际开采单位成本为V',可列式如下:

$$V' = 0.3 \times 0.8V \cdot K + 0.7 \times 0.8 \times 0.7V/0.9 + 0.7 \times 0.8 \times 0.3V + 0.2V \cdot K$$

$$= 0.6V + 0.436V + 0.168V + 0.5V \tag{7-9}$$

$$= 1.704V \approx 1.7V \quad (其中 K = 30/12 = 2.5)$$

■ 三、评价结论推导

综合考虑后,这一种开采方式略优于第一种开采方式,评价如下:

实际采收率有望达到12%,可达到较有效开发,但仍有理论可采储量资源的60%被浪费,得不到有效开发,实际单位开发的综合成本为理论开发成本(假设储层识别率为100%,水平井常规开发)的1.7倍。目前,这种开采方式在油田实际中没有采用。

结论:开发效果略好于第一种开采方式,但开发成本仍然居高,可采储量资源被严重浪费,整体开发效果仍然较差。

第三节 水平井分段体积改造的开采方式2

此种开采方式依据"筋脉"理论整体部署、区带控制、系统开发的原则,采用"筋脉"理论的成藏理论和油藏描述方法,应用"筋脉"理论倡导的综合地质评价方法对储层进行模糊识别(也可用地质概念精细刻画),进行准层状开发。这一开采方式不同于前两种开采方式,虽然储层识别难以达到100%,但采取了整体部署与系统控制开发的原则,在油藏综合地质精细评价描述的基础上,基本上可以实现对整个油气藏区内不同类型的储层,好、中带差连片开发,全部可采油气储量资源均可得到有效开采,油气储量资源的浪费得到有效避免和控制,理论推导如下。

■ 一、采收率推导

钻井成功率理论上可达到100%,但考虑到综合因素(工程+地质),拟定成功率为90%(实际结果略高),油气采出式为:

$$Q = (0.4 \times 0.5W + 0.4 \times 0.2W + 0.2 \times 0.1W) \times 1.1 \tag{7-10}$$

考虑到分段体积改造效果,有望增大开发整体效益,开发效果放大10%(保守数值),可得出:

$$Q = 0.33W$$

不考虑后期提高采收率的增采措施,在常规开发期内,对所有可采油气储量资源进行了有效开发动用,并且开发效应有效放大。式(7-10)中的比例数据与前两种开采方式相同。

■ 二、效益推导

同样,假设实际开采单位成本为V',可列式如下:

$$V' = V_{地} \cdot K + V_{钻}/0.9 + V_{完} + V_{采} \cdot K \qquad (其中\ K = 30/33 = 0.91)$$

$$= 0.3 \times 0.8V \times K + 0.7 \times 0.8 \times 0.7V/0.9 + 0.7 \times 0.8 \times 0.3V + 0.2V \times K$$

$$= 0.218V + 0.436V + 0.168V + 0.182V = V \qquad\qquad (7-11)$$

显然,在考虑了所有不利的综合因素后,其开发单位成本(吨油成本)等于理论开发成本(储层识别能力达到100%,无错误识别,采用水平井常规开发),综合不利因素与放大效应基本相抵。也就是说,在目前的储层识别能力严重缺失的情况下,如果采用"筋脉"理论指导油气藏综合地质精细评价与描述,坚持"筋脉"理论指导下的油气藏整体部署、系统控制开发的开采原则,采用水平井分段体积改造(个别情况少量直井补充开发)的油气藏整体系统开发的开采方式,仍然可以达到理想的开发效果。

三、评价结论推导

综上评价如下:

实际采收率可达到33%,均可有效开发,所有油气可采出资源全部得到有效开发动用,效应有限放大,实际单位开发综合成本等于理论开发成本。目前这种开采方式在油田塔中Ⅰ号气田普遍采用,接近、甚至优于理论推导,探井 + 开发井综合钻井成功率大于90%。

结论:油气藏开发效果与开发成本均较理想,在现有技术支撑的前提下,未造成油气储量资源的浪费,整体开发效果好。随着工程技术的进步,在强有力的工程技术支撑"平台"下,开采效果会更好。

第四节 "推导"说明

虽然所有推导,均是理论假设,但所有取值均源于实际,推导结论也与实际结果十分相近,这绝不是巧合,以上三种开采方式的选择显而易见,坚持"筋脉"理论指导下的整体控制、系统开发的开采方式是不二的选择。

推导就方法而言,是科学的,所有的经验取值都是有实际依据的,"筋脉"理论的理论体系具通用性,但具体的方法是以工程技术做支撑"平台",随着工程技术的发展与水平的提高,去科学地把握。

通过推导,也进一步从实用的角度证明了"筋脉"理论的方法原理是科学的,其基础理论源于基础石油地质理论,其主要的发展与贡献是方法。基础石油地质理论体系虽然可以有效指导具体工作,但不能支持以上推导,也不能有效指导复杂油气藏高效开采的具体技术路线、方式和方法。所以,从方法的角度出发,"筋脉"理论对任何油气藏开发都是有指导意义的。

此外,指导的目的不是只为了提供一剂高效良药,而是为了讲明一个道理,就如同一团乱麻,当我们的技术水平无法去了解乱麻搅缠的具体细节时,也许快刀斩乱麻的方式,才是解决问题最有效的手段。而"筋脉"理论正是针对当前油气藏认识与评价的方法技术受到严重限制的情况下(这种限制将是永久的),建立的一套基础理论与方法相结合的、能有效指导具体实践的理论体系,通过基础理论的支撑和方法的实践来弥补严重限制带来的不足,以期达到复杂油气藏高效勘探开发的目的。

第八章

理论要点、拓展应用与完善

　　"筋脉"理论将油气藏及其内幕结构拟人化构想,从人体科学的一般性原理和系统论的观点出发,又充分结合碳酸盐岩油气藏的地质特点,十分重视"筋脉"通贯全身的控导作用,即裂缝在油气藏开发时的内幕导流作用;主要通过对油气藏类别的科学判断,油气储集空间结构的深入分析以及油气藏构造地质背景的不断深化认识,摸清不同类别的储集体在油气藏中的空间展布关系,充分发挥工程技术对地质的支撑作用,从理论上最大效率地科学部署和设计水平井,并不仅仅考虑单一缝洞储集体,而是从系统开发的角度,充分注重油气藏开发方案的整体优化。"筋脉"理论倡导的是理念的设计和实际的应用,所以,我们认为,理论要点十分重要,把握了要点,理论的实践应用就有了更广阔的空间。

第一节　"筋脉"理论要点

　　通过对理论和应用实践的归纳与总结,我们系统梳理出了以下理论认识与实践的关键要点,希望在理论的实践应用中能引起足够的重视。

　　(1)"筋脉"理论强调"筋脉"的作用,倡导对古构造应力场的研究,充分利用天然裂缝和人造裂缝在油气藏开发中的控导作用。通过大小"器官"和"毛细血管"的综合效应,人为建立或重植更加有效的导流系统。

　　(2)"筋脉"理论强调储层类别单元的划分及其空间展布的研究,利用精准定位技术指导水平井开发,并不追求单一缝洞体的精雕细刻(这一点与碎屑岩储层不同)。由于其空间上的显著差异性,即使是钻头能及的地方,也难以"管窥一斑",地震资料的粗线条刻画,根本就无法对各储集单元逐一做到"精雕细刻"。

　　(3)"筋脉"理论强调通过油气藏地质背景及其成因机理的研究,严格依据"筋脉"理论之成藏理论指导下的成藏地质分析,科学划分油气藏类型,并充分利用原始地质资料的综合分析加以正确判断。

　　(4)"筋脉"理论注重油气藏静动态结合的综合地质精细评价,强调各储集单元的贡献效率评价,继而准确评价油气藏整体开发的效果。

（5）"筋脉"理论注重水平井的合理设计和科学部署，强调工程地质的紧密配合，而不是直井开发简单的戳洞戳缝，只有个别天然裂缝（内幕）十分发育的情况可进行个性化设计，采用直井开发。"筋脉"理论追求的是单井效益的最大化。

（6）"筋脉"理论注重工程技术对地质目的的强力支持，强调不同地质状况下的工程技术应用地质条件和地质背景刻画的综合研究，是一套工程技术攻关与地质分析研究有机结合的配套理论认识。

（7）"筋脉"理论在充分重视Ⅰ类储层开发的前提下，强调Ⅱ类、Ⅲ类储层区油气资源的效益开发利用，认为只要有足够的储量资源，有物质基础保障，就算天然裂缝不发育（主要是一些微小裂缝），只要有效植入人造"筋脉"（人工造缝），形成有效的控导系统，一盘"死棋"，也能盘活。

（8）考虑到碳酸盐岩油气藏非均质性强，储集空间多样且空间展布杂乱无序，"筋脉"理论强调在充分认识油气藏地质背景的前提下，视其为准层状采取系统评价与开采的方式，达到油气藏高效勘探开发的目的。另外，封存油气概念的植入，应引起我们的足够认识，只有通过油气藏的精细刻画，方可避免短期试油结果的误导，造成不必要的无效投入。

（9）考虑到定容水（锅底水）的存在，因此要通过对油气藏地质背景的深入认识，从而对评价测试中地层出水和测井解释结论为水层的情况加以科学判断。没有地质背景支持的地层出水，是不宜盲目采取过多措施的，以免造成不必要的投入。

（10）"筋脉"理论强调采用水平井分段改造，切片式开采油气藏，可最大限度地提高单井产能，保证高产、稳产的物质基础，同时也可最大限度地降低"盲肠"效应，提高油气采收率。

（11）"筋脉"理论强调对油气藏必需实行整体控制下的系统开发。

以上要点在前几个章节中从不同的方面都有充分的反映，本节将其进行系统的梳理提炼出来，主要是为了便于读者对"筋脉"理论有一个系统的概念，并能在应用中把握关键点，少做无用功，确保高效率。

第二节　"筋脉"理论应用评价

碳酸盐岩油气藏的开发，主要以管流与缝流为主。当能量衰竭不能自喷时，可采用吞吐注水的方式，补充能量开发，主要利用油水重力置换沉降快的原理，这对于以渗流为主的油藏开发是不适用的。"筋脉"理论不倡导这一做法，在早期针对个别井采用这种方法，尚且可行，因为这一做法并不符合"筋脉"理论针对油气藏实行整体控制、系统开发的原则。用"筋脉"理论来描绘碳酸盐岩油气藏非常形象，但我们认为，"筋脉"理论虽源于碳酸盐岩油气藏，由于它倡导的是一种勘探开发理念，这种理念的应用应该不仅仅局限于碳酸盐岩油气藏，比如：人造"筋脉"的植入原理，在碎屑岩油气藏以及裂缝性油气藏和低渗透油气藏的勘探开发中的应用效果预期也会很好（图8-1）。

从图8-1可以看出，通过合理地植入人造"筋脉"，对碎屑岩油气藏的开发也能起到很好的效果，左图笼统酸化压裂也许仅能形成一组规模较大的裂缝，很难有效增加泄油半径，而且

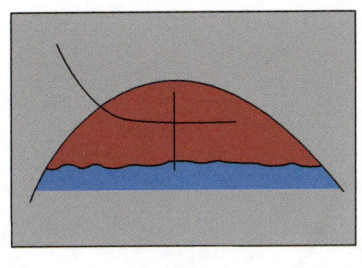

(a) 笼统酸化压裂结果

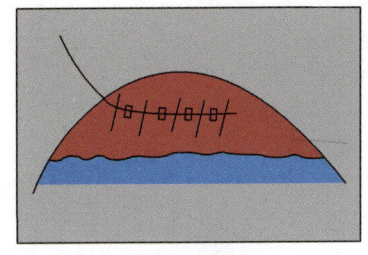

(b) 分段酸化压裂效果

图 8-1　水平井酸化压裂效果对比图

很可能沟通底水,提前水淹;而右图,采取分段酸化压裂,适当控制裂缝规模,多段造缝,可有效扩大泄油半径,并可有效避水。当然,水平井水平段方位的设计必须符合"筋脉"理论的设计原理。

碎屑岩油藏以渗流为主,有时需要相当的生产压差,才能获得相当的产量。通过人造"筋脉"的合理植入,可变单一渗流开采为渗流＋缝流并举开采,能有效扩大泄油半径,就是很小的生产压差,也能获得相当的产量,又由于生产压差小,可有效抑制底水的锥进,从而提高油藏整体开发的效果。

对于碳酸盐岩油气藏来说,由于技术的限制,水平段的长度不宜过长时(水平段太长会导致漏失,控制难度加大),我们也可以采用分枝水平井技术,如图 8-2。

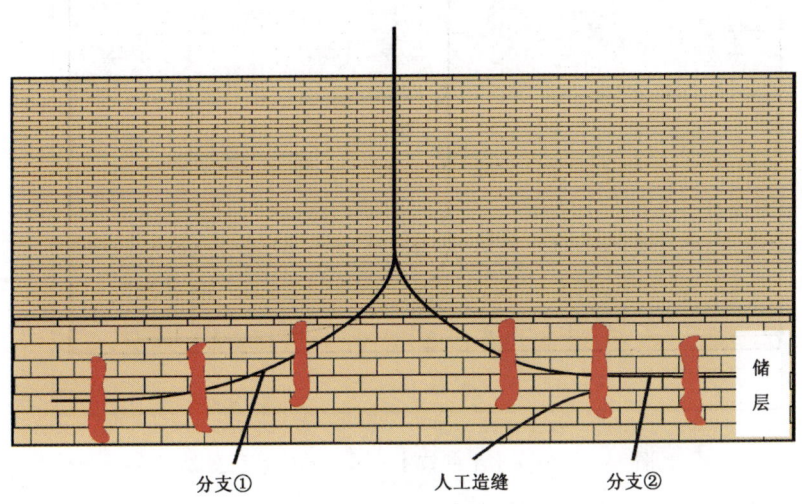

分支①　　　人工造缝　　　分支②

储层

图 8-2　两分支水平井段示意图

通过采用合适的技术,确保足够长的水平段,可最大限度地提升水平井的开发效果;但也不是分支越多越好(图 8-3)。

从图 8-3 可以看出,第③分支段显然是无效的。"筋脉"理论讲求的是"筋脉"达到枢纽和控制的作用,这也是称之为"筋脉"理论而不叫"经脉"理论的原因。"筋脉"理论并非取之于中医原理的扎针激活"经脉"而后取出;"筋脉"理论是植入"筋"再通"脉",从而形成一个

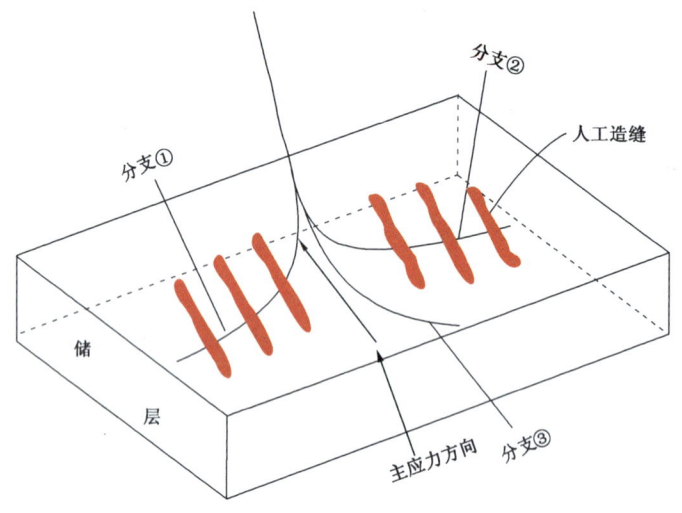

图 8 - 3　多分支水平井段技术示意图

"筋脉"控制的导引(导流)系统,就像一个"人体"系统(并非是激活系统,而是要人为植入系统)。我们正是依据这种系统原理所述的人体科学的"人体系统"现象而取名"筋脉"理论的。所以,图中无效"筋脉"的植入,是"筋脉"理论所不提倡的。此外,还可依据油气藏的实际情况科学选择其他的开采方式,如图 8 - 4。

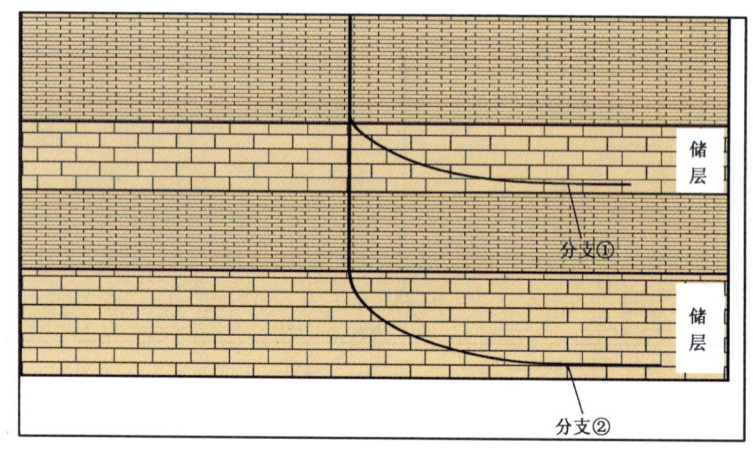

图 8 - 4　分支水平井技术开采不同层系示意图

在图 8 - 4 的情况下,采取分支井技术可对上、下两套储层实现兼容开发。如果是同一油气藏,有区域夹层或者是油气层巨厚,这种开采方式是可行的;但如果是不同的油气藏,则要视其开发的兼容性而定。如果层间干扰严重,则不具备兼容开发的条件,原则上不推崇这种方式;这种方式看似高效,其实根本就不可能实现。分支水平井技术难度高,投入大,后期作业困难,其风险之大是可想而知的。所以,在理论指导下的实际应用中,我们必须坚持三条根本性的原则:

(1)可行性:为了确保主体技术的成功实施,有时要尽早采用高技术含量的辅助技术加以支撑,同时要确保后期开发的采油气工程技术的有效应用空间。

(2)效益性:要从系统开发的角度,确保油气藏综合开发的长远效益,而不局限于单一技术措施的短期投入。

(3)安全性:要尽量使用成熟技术,最大限度地降低技术风险。

前述的开发指导原则,也是遵从这三条根本性原则的。对于具体的油气藏而言,虽然涉及的油气藏类型并不多,但每个油气藏都是不一样的,只有在坚持根本性原则,并遵循开发指导原则的前提下,既注重油气藏系统和整体的优化,又充分考虑每个油气藏的个性化特点,依此科学制定相适应的开发技术对策和工程技术方案,方可达到预期的开发效果。

此外,在油气评价勘探方面,"筋脉"理论也具有极高的参考价值,如图8-5。

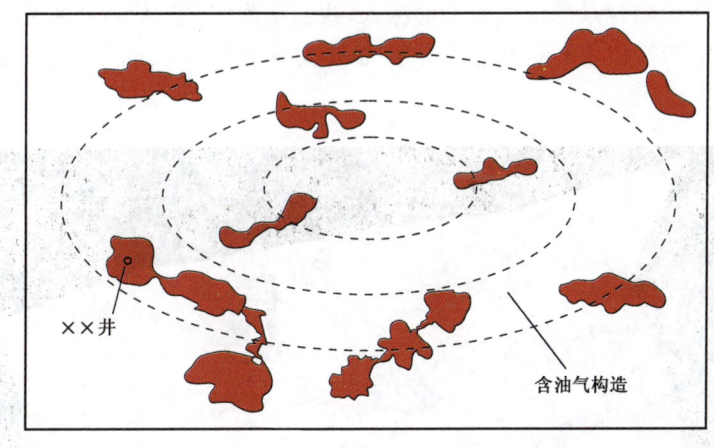

图8-5　缝洞储集单元平面分布示意图

假设图8-5中红色部分是地震资料能辨别的所谓"缝洞储集单元",在这个含油气构造的区域内,××井钻探发现油气。如果继续以"缝洞储集单元"作为目标实施评价勘探(如塔中72井区的情况),是很难对油气藏实行整体评价的,因为如果采取直井勘探评价的方法,将会有一批评价井无法达到工业油气流产量界限,无法上交探明储量。TZ203井就是这种情况,该井经酸化改造后,获低产油气流,未达到工业开发的价值。像这一类井,只能说明区块有油气存在与聚集,但无法上交工业油气储量。但在这种情况下,如果采取水平井钻探并经分段酸化压裂改造,是可以达到工业产量的。TZ162-1H井就是典型实例,该井全井钻进过程中,无论是录井、测井还是测试均未见任何油气显示,但由于采用的是水平井,准层状控制准确,有"筋脉"理论的指导,经实施水平段分段酸化压裂后,获高产稳产油气流。而如果采用直井钻探,结果可想而知;该井的评价成果使ZG16井和ZG162井之间连片,上交石油地质储量2000×10^4t。所以,"筋脉"理论不倡导单一的"串珠"钻探,不强调单一缝洞体的精雕细刻,而是强调通过对油气藏地质背景的充分认识和勘探开发技术的优化,选择采取准层状系统评价与开采的方式来实现碳酸盐岩油气的高效勘探开发。尤其是近两年来,塔中地区全面推广"筋脉"理论指导下的勘探开发,取得了很好的效果,无论是预探井还是评价井,只要是经过了"筋脉"理论的成藏地质分析和储层综合评价后,都取得了成功,探井也普遍采用了"筋脉"理论指导下的井的优化设计,直井与水平井的选择必须符合"筋脉"理论的设计原则,探井成功率也超过了90%,远高于往年不到50%的成功率。

第三节 "筋脉"理论发展完善

一、存在问题

虽然经过一年多的攻关,取得了一定成果,在此基础上提出了"筋脉"理论,但仍然存在一些亟待攻克的技术瓶颈。主要有以下几个方面。

(1)对储层的认识不够深入。当前,我们过于注重第Ⅰ类储层的研究,过于讲究缝洞体的精细雕刻(图8-6),对第Ⅱ、Ⅲ类储层的研究不够,多数人认为,没有大型缝洞体就没有油气聚集;对油气藏构造地质背景的认识也不够深入,我们认为这是造成近年来轮古地区开发井的缝洞体钻遇率高达80%以上(很少有干井),而开发井的综合成功率却远低于这一比率的原因。

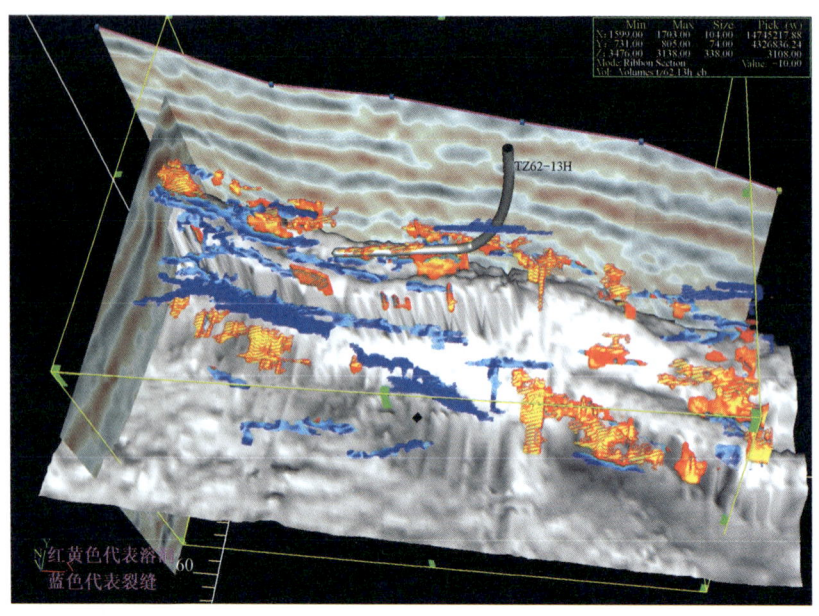

图8-6 塔中62-13H井区奥陶系良里塔格组缝洞系统局部雕刻图

(2)对油气藏类型和形态的研究和判断还有待深入。通过对塔中Ⅰ号坡折带(Ⅰ号气田)的分析研究,第Ⅱ类储层难以判断,而第Ⅲ类储层往往处于油气藏构造地质背景十分有利的部位(当然,这是物探专家们的认识,实际情况并非如此),但这些区域又是多数人认为没有希望的"蓝色深海"区(图8-7)。一年多来,我们通过对TZ62-5H井、TZ1C井、TZ62-10H井、ZG17-1H井、TZ62-11H井等一批井的钻探成果分析研究,对此打了个大大的问号:仅仅依据地震资料的判断而否定隐形缝洞体和第Ⅲ类储层的存在是难以令人信服的。碳酸盐岩油气藏同样是完整成型的,有其规律性,所以我们必须加强对构造地质背景的充分研究与认识,在"筋脉"理论指导下向"蓝色深海"进军,使勘探家们的储量成果在我们开发人的手中变成现实产量,同时,有效提高勘探成功率。通过多年水平井的钻探,在蓝色深海区的遭遇战使我们充分认识到,还有大量的好储层展布在未识别区,所以,这种识别图的危害要引起我们地质家的高度关注。近年来,我们通过油气藏的更加精细化的描述,结合实际的钻探结果,给我们的储层认识带来了一场深刻的革命,也使"筋脉"理论得到了一次意义深远的实践检验。

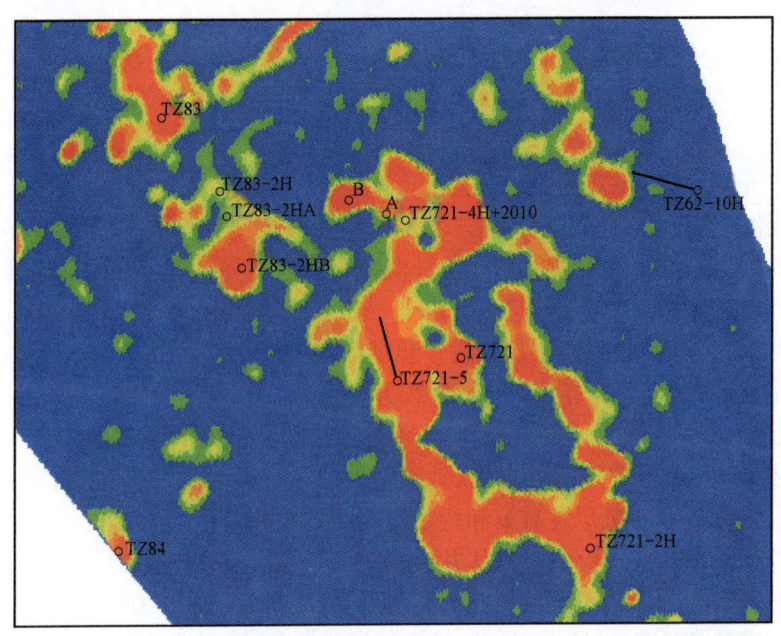

图 8 - 7　塔中 721 井区下奥陶统顶 20～50ms 均方根振幅属性图

(3)目前,工程技术对地质目的支撑作用还十分有限,虽然已经取得了很大的进步,形成了一批成果,但还有很多方面满足不了地质的需求,某些方面的技术缺陷还十分明显,矛盾相当突出,还有相当的技术发展空间。"筋脉"理论的实践还有待构建强有力的工程技术支撑"平台"。

(4)流动机理研究难度大。就目前认识而言,缝洞型油藏流体流动是一个复杂的偶合流动组合,目前以渗流力学为基础的理论不完全适合碳酸盐岩油藏工程研究的需要,必须建立一套适应于这类油藏特征的新的油藏流体流动机理研究方法、手段和数学表征方式,这是一项具有挑战性和开拓性的研究工作。国内外在这些方向的研究还都处于探索阶段,没有形成成熟的开发研究基础。

(5)油气田开发方式研究难度大。目前以天然能量为主体开发方式,在塔河及轮古地区部分实施了单井注水替油和缝洞单元注水开发试验,取得了一定的效果。但总体开发效果有待于进一步提高。碳酸盐岩凝析气藏开发尚未大规模展开,提高凝析油采收率的开发方式有待于进一步研究。

(6)提高采收率技术难度大。油田进入中高含水期后,由于受储集体分布、流体流动特征等认识程度的限制,如何进一步提高储量动用程度、提高动用储量采收率还没有形成成熟的思路和技术手段。应加大油气藏中后期开发开采方式和技术政策的研究。

(7)"筋脉"理论虽然经过多年的研究与实践,已基本形成了一套比较完善的理论体系和

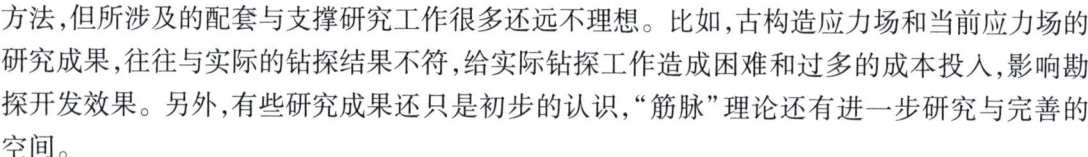

方法,但所涉及的配套与支撑研究工作很多还远不理想。比如,古构造应力场和当前应力场的研究成果,往往与实际的钻探结果不符,给实际钻探工作造成困难和过多的成本投入,影响勘探开发效果。另外,有些研究成果还只是初步的认识,"筋脉"理论还有进一步研究与完善的空间。

(8)"筋脉"理论的储量计算方法还没有得到国土资源部矿产资源储量评审中心的认可,还有待通过进一步的勘探开发实践来加以进一步的证明与完善。

二、"筋脉"理论的发展完善

"筋脉"理论应用于实践虽然取得了丰富的认识和成果,但该理论体系仍有进一步发展与完善的空间,碳酸盐岩油气藏规模效益勘探开发的瓶颈虽然突破,但一些疑难问题还有待在实践中进一步澄清,具体的工作思路如下:

(1)充分结合已有的勘探开发成果,进一步加深"筋脉"理论的认识,理论探索与具体实践相结合,不断完善理论体系,更有效地指导勘探开发实践。

(2)依据已经被实践证明了的正确的理论指导原则,不断优化开发部署,严格水平井设计,进一步优化系统勘探开发的区块部署,针对不同的油气藏类型,在不违背理论指导原则的前提下,分别采取相应的勘探开发对策和行之有效的技术政策。

(3)虽然 TZ62-10H 井、TZ62-11H 井、TZ62-5H 井的钻探成果为"筋脉"理论提供了强有力的实证,但还缺乏一口完完整整钻探第Ⅱ、Ⅲ类储层的超长水平井来证实其规模开发的效益价值;最近完成的 ZG162-1H 井,是Ⅱ、Ⅲ类储层出油气,而被大多数地质家看好的"串珠"却是"铁板一块",算是一个典型实例。"筋脉"理论认为,这一部分资源(Ⅱ、Ⅲ类储层)占了已探明含油气区资源的 60% 以上,潜力巨大,而且其中很大一部分处于构造地质背景十分有利的区域,是我们将来真正实现碳酸盐岩复杂油气藏规模效益开发的关键,这部分资源的大部分只能依靠人工"筋脉"的导流作用变"死"油为"活"油,变无效开发资源为有效开发资源。所以,我们专门部署了 TZ62-12H 井,一旦成功,意义十分重大(该井水平段设计 1200m,只钻了 87m 就获高产油气流,但后期不能稳产),遗憾的是该井未达到地质目的(工程原因)。最近我们又设计了一口水平井,即:ZG519H,水平段设计 1600m,目前已进入目的层,见到了良好的油气显示,一旦成功,将是一次空前的突破。

(4)为了充分吸取 TZ62-10H 井的教训(该井稳定产油 30t/d,气 10000m³/d,水 100m³/d 效果欠佳),后面部署的开发水平井都将严格按照"筋脉"理论的开发指导原则,科学设计,精细操作,进一步强化地质力学分析和工程技术应用地质条件的研究,最大限度地发挥工程技术对地质目的的支撑作用,最大限度地提高水平井的勘探开发效果。

(5)进一步加强古构造应力场的研究,结合天然裂缝的刻画和展布规律的研究成果,使水平井的设计更加优化和科学。同时,要正确判断油气藏类型,不断深化油气藏构造地质背景及其内幕结构的认识,为科学制定油气藏开发对策和技术政策提供依据。

(6)不断加强油气藏类型及其成因机理的研究,加强储层识别标准及其结构研究,建立更加科学的判别标准与规范。

(7)对"筋脉"理论提出的储量计算方法进行验证;对碳酸盐岩油气藏进行地质建模及数值模拟研究。

（8）进一步加强工程技术攻关，不断提高工程技术对地质目的的支撑作用，逐步实现为保护油气储层加快水平段钻井速度为目的的精细控压钻井技术和以最大限度提高水平井开发效率为目标的分段酸化压裂改造技术的完全国产化，开发新型的针对钻遇缝洞体扼制漏、喷的高效酸溶性强力暂堵剂，不断完善针对碳酸盐岩储层的钻完井配套技术系列。

（9）加强理论实践跟踪研究。"筋脉"理论在塔中地区开展了实践，虽然取得了很好的效果，但还有待全面推广应用，尤其是针对复杂油气藏的特点，用"筋脉"理论的方法和理论体系，应进一步加强对油气勘探的指导，提高钻探成功率，如果勘探井成功率也能达到开发井成功率的水平（在"筋脉"理论的指导下，因为常规方法开发井的成功率也得不到保证），那么，勘探与开发工作就可以实行融合开展，探井既求发现与储量评价，又可同期建成一定产能转为开发井，开发井也可在建产的同时兼顾勘探，寻求发现和储量评价，获得勘探成果。塔中近两年就充分证明了这是完全可行的。所以，"筋脉"理论的跟踪研究，不仅仅限于技术与理论体系的研究，在勘探开发一体化方面开展融合式管理的研究，也是大有作为的。

后　记

　　"筋脉"理论的创立、探索与实践是一项全新的工作。多年来,所取得的每一点成绩和进步,都是塔里木油田公司甲乙方广大技术人员共同努力的结果,是集体智慧的结晶,更是中国石油天然气股份有限公司和塔里木油田公司正确领导的结果。本书旨在为我国从事碳酸盐岩油气藏勘探开发的同仁们提供参考与交流,以期为我国深层碳酸盐岩油气藏的高效勘探开发贡献我们的微薄之力。由于自身的水平有限,书中的许多观点和认识,不一定十分正确,加之理论的探索还有待进一步深入和完善,不妥之处,希望得到业界同仁与专家们的批评指导。

千古迷宫探迷踪,

筋脉之论究其中。

开宫寻宝十六字,

把诊问脉依神针。

衷心祝愿我国深层碳酸盐岩油气事业不断取得新的发展与进步!

2014 年 8 月